中蒙俄经济走廊译著系列

俄罗斯地下径流和地下淡水资源的利用现状与前景

〔俄〕伊戈尔·谢苗诺维奇·泽克塞尔（И. С. Зекцер）著
王　平　译
刘诗奇　刘　煜　张学静　王田野　黄其威等　校

科学出版社
北　京

图字号：01-2019-4829 号

内 容 简 介

本书对作为生活饮用水可靠水源的地下淡水资源多年区域评价和编图研究成果进行了综述，重点关注地下水的天然资源量、可开采资源量和预测资源量及其在俄罗斯各地区的实际利用前景和定量评价方法，初步预测了在21世纪各种气候变化情景下的地下水补给变化情况。俄罗斯多年冻土覆盖面积约占全境的2/3，本书重点关注多年冻土发育条件下地下径流和地下水资源的形成过程；指出了北极地区的气候变暖在很大程度上是由于冻土退化及其伴随的甲烷和二氧化碳释放所带来的额外温室效应；分析了地下淡水在工程和经济活动的严重影响下和气候变化背景下的水质状况；分析了切尔诺贝利事故对地下水的放射性污染影响，为水资源极其贫乏的南部联邦管区和北高加索联邦区编制并分析了主要含水层中地下水某些组分的最高容许浓度超标图；研究了有关地下水人为污染和天然成分致病作用的现代资料，阐述了地下水资源管理决策系统中的主要医学和生态学策略。本书还分析了地下水大量抽取对环境的影响，列举了众多案例说明大量开采地下水对河川径流量减少、湖泊水位下降、地表沉降、海水入侵等带来的影响。

本书可供地质学、地理学、冰冻圈科学和环境科学等专业的科研和管理人员，以及相关专业的高校师生及科技人员使用和参考。

Оригинальное название книги，изданной на русском языке：
Подземный сток и ресурсы пресных подземных вод
978-5-91522-324-9
Автор：Зекцер Игорь Семенович
опубликовано издательством « Научный мир »
В 2012 году

审图号：GS 京(2022)1042 号

图书在版编目(CIP)数据

俄罗斯地下径流和地下淡水资源的利用现状与前景/(俄罗斯）伊戈尔·谢苗诺维奇·泽克塞尔著；王平译. —北京：科学出版社，2022. 10
(中蒙俄经济走廊译著系列)
ISBN 978-7-03-073282-8

Ⅰ. ①俄… Ⅱ. ①伊… ②王… Ⅲ. ①地下径流-淡水资源-水资源利用-研究-俄罗斯②地下水-淡水资源-水资源利用-研究-俄罗斯 Ⅳ. ①P331. 3 ②P641. 13

中国版本图书馆 CIP 数据核字（2022）第 181945 号

责任编辑：张井飞　韩　鹏 / 责任校对：何艳萍
责任印制：吴兆东 / 封面设计：陈　敬

科 学 出 版 社 出版
北京东黄城根北街 16 号
邮政编码：100717
http://www.sciencep.com

北京九州迅驰传媒文化有限公司 印刷
科学出版社发行　各地新华书店经销
*
2022 年 10 月第　一　版　开本：787×1092　1/16
2022 年 10 月第一次印刷　印张：16 3/4
字数：397 000

定价：198.00 元

（如有印装质量问题，我社负责调换）

序　一

淡水资源是人类赖以生存的基础，也是国民经济发展所不可替代的重要战略资源。全球大约30%的淡水资源都以地下水的形式贮存在地下含水层中。当前，地下水占所有潜在可用淡水资源的比例高达97%。2022年度《联合国世界水发展报告》以“地下水：让它不再隐身（Groundwater,making the invisible visible）”为主题，呼吁人类共同关注地下水科学的发展、制定全面且有效的地下水管理和使用政策，以应对全球当前和未来的水资源危机。

俄罗斯淡水资源极为丰富，地表水与地下水资源总储量位居全球第一，水资源主要集中在面积广袤、人口稀少的西伯利亚地区。国内外学者对俄罗斯地表水资源的研究成果较多，相比之下，对俄罗斯地下水资源的研究较少。由俄罗斯（苏联）知名水文地质学家伊戈尔·谢苗诺维奇·泽克塞尔教授主持编写的《俄罗斯地下径流和地下淡水资源的利用现状与前景》一书是关于俄罗斯地下水资源利用的最为系统和全面的著作之一。该专著内容涵盖了俄罗斯地下水形成与分布、地下水资源评价、地下水开发利用现状、地下水对气候变化的响应及变化趋势、地下水开采对生态环境的影响、地下水人工回补现状及前景、地下水污染及其与人体健康的关系等诸多方面，代表着俄罗斯地下水领域研究的最新进展和动态。

中国科学院地理科学与资源研究所王平副研究员翻译的《俄罗斯地下径流和地下淡水资源的利用现状与前景》一书，将促进我国学者对俄罗斯地下水资源的了解，推动中俄双方在地下水资源开发、评价、污染防治及相关法律法规制定等各个方面的技术合作和学术交流，并为我国地下水资源利用与保护提供重要参考与借鉴。我相信这本译著的出版必将为中国地下水科学研究与发展贡献重要的力量！

中国科学院院士

2022年6月18日

序　二

《俄罗斯地下径流和地下淡水资源的利用现状与前景》一书，由俄罗斯（苏联）著名水文地质学家伊戈尔·谢苗诺维奇·泽克塞尔教授撰写。1959 年，泽克塞尔教授毕业于莫斯科国立大学地质系后留校任教，并在苏联水文地质学家 Б. И. 库德林教授的指导下从事地表水与地下水交换研究。1964 年，泽克塞尔教授完成了博士论文——《波罗的海国家天然地下淡水资源》。此后几十年科研生涯中，泽克塞尔教授始终致力于俄罗斯（苏联）乃至全球地下水资源研究，参与编制了苏联地下径流图（1∶500 万），并主持了中欧及东欧地下径流图的编制。

《俄罗斯地下径流和地下淡水资源的利用现状与前景》是泽克塞尔教授晚年主持编写的一部汇集了俄罗斯地下水资源最新研究成果的重要著作，涵盖了俄罗斯（苏联）地下水资源调查与编图的基本理论与方法、地下水与气候变化、俄罗斯多年冻土区地下水、地下水开采与人工回补、地下水污染与人体健康等各个方面，内容极为丰富。自出版以来，该专著深受俄罗斯水文地质学专业广大师生及科研人员的认可与喜爱，并成为莫斯科国立大学、俄罗斯国立地质勘探大学、托木斯克国立大学、俄罗斯科学院水问题研究所等诸多知名高校及科研单位的专业推荐书。

译者王平曾于 2000 年从中国地质大学（武汉）赴莫斯科国立大学地质系留学，并于 2008 年获得俄罗斯水文地质学副博士学位，较为系统地学习了俄罗斯（苏联）地下水科学理论知识。作为水文地质学领域的年轻学者，译者王平非常勤奋刻苦，坚持在繁忙的科研工作中抽时间翻译该书，前后历时两年时间，尽心竭力，最终完成了该书的中文版翻译。我相信，这本译著的出版能够为中国地下水研究从业人员、科技工作者及广大师生提供一个深度了解俄罗斯地下水研究的渠道，具有极高的参考价值。我也衷心地期盼，中俄两国科学家能够在今后的地下水教学与科研中，开展更多具有实质性且富有成效的交流与合作。

谢尔盖·帕夫洛维奇·波兹尼亚科夫（Сергей Павлович Поздняков）
莫斯科国立大学水文地质教研室主任、教授

2022 年 6 月 8 日

译者前言

《俄罗斯地下径流和地下淡水资源的利用现状与前景》是由俄罗斯（苏联）著名水文地质学家、苏联国家奖（1986）获得者、俄罗斯科学院水问题研究所区域水文地质问题实验室前主任伊戈尔·谢苗诺维奇·泽克塞尔（Игорь Семенович Зекцер）教授于2012年组织并邀请俄罗斯地下水科学领域的一些知名学者共同撰写的一部学术著作。这部著作汇集了俄罗斯及苏联时期在地下水资源评价、地下水开采与人工回补、地下水与气候变化、地下水污染与人体健康等方面的基础理论与研究方法，是目前关于俄罗斯地下水研究最为系统的著作之一。

译者于2000～2008年在莫斯科国立大学地质系读书期间认识了伊戈尔·谢苗诺维奇·泽克塞尔教授，他也是译者副博士学位论文答辩委员会的委员之一。伊戈尔·谢苗诺维奇·泽克塞尔教授非常重视国际合作，曾多次主持地下水领域的国际合作研究，并担任“亚洲地下水资源及环境地质系列图件”（1∶800万）的俄方负责人。译者留俄回国后，曾先后两次与伊戈尔·谢苗诺维奇·泽克塞尔教授见面。第一次见面是在2011年6月，译者随同中国科学院院士刘昌明先生前往俄罗斯开展国家自然科学基金委员会中俄合作与交流项目研究期间。当时，在莫斯科国立大学水文地质教研室主任谢尔盖·帕夫洛维奇·波兹尼亚科夫（Сергей Павлович Поздняков）教授和俄罗斯科学院水问题研究所地表水模拟实验室主任米哈伊尔·瓦西里耶维奇·博尔戈夫（Михаил Васильевич Болгов）教授的陪同下，在伊戈尔·谢苗诺维奇·泽克塞尔教授办公室进行了深入且愉快的学术交流。第二次见面则是在2013年莫斯科国立大学水文地质教研室成立60周年的学术大会上。非常遗憾的是，伊戈尔·谢苗诺维奇·泽克塞尔教授于2016年因病离世。

本译著的出版得到了俄文原著作者伊戈尔·谢苗诺维奇·泽克塞尔教授遗孀的无私支持。本译著的出版工作也得到了伊戈尔·谢苗诺维奇·泽克塞尔教授生前所在单位——俄罗斯科学院水问题研究所，以及译者曾经留学的莫斯科国立大学水文地质教研室和当前工作单位中国科学院地理科学与资源研究所的鼎力支持。正是在上述单位的大力帮助下，科学出版社最终顺利获得了该著作的中文版权。此外，中国科学院地理科学与资源研究所刘诗奇（俄罗斯国立古勃金石油天然气大学地质学副博士）和广州大学刘煜（莫斯科国立大学水文地质专业副博士）、郑州大学王田野、中国地质环境监测院王龙凤、核工业北京化工冶金研究院谢廷婷、中国科学院农业资源研究中心闵雷雷，还有译者的学生张学静、黄其威、张家玲、白冰，以及云南师范大学陈郸等都在译著的校对工作中付出了巨大的努力。

本译著的翻译和出版还得到了国家自然科学基金中俄（NSFC-RSF）合作研究项目“河川径流与地下水对气候变化的响应：从中国干旱内陆到俄罗斯湿润亚北极的流域对比

研究”（42061134017）和科技部国家科技基础资源调查专项“中蒙俄国际经济走廊多学科联合考察”（2017FY101300）提供的经费支持。

本译著内容涉及大量专业词汇，尽管译者与校对人员付出了很大努力，但因水平所限，译著中的表述和译文可能会有不当或遗漏之处，欢迎读者批评指正。

王　平

俄文版前言

最近几十年，全世界多个国家出现了更广泛地利用地下水作为居民生活用水可靠水源的趋势，诸多气候干旱的国家还将地下水用于农业灌溉。

众所周知，与地表水相比，地下水作为水源具有一系列优势。首先是地下水的水质更加优良、更加不易受污染、对季节波动和年际波动的调蓄能力更强。其次地下水的经济优势也不容小觑，地下水可以随着用水量的增加逐渐地加以开采利用，而为取用地表水修筑的水工构筑物（水坝、水库）则往往需要一次性地投入大笔费用。

地下水还具有不同于其他矿产的诸多特征，在评价地下水的储量和判断其利用前景时必须考虑到这些特征。地下水的主要特征是其在水循环过程中具有可更新性，这个特征使地下水与所有其他矿产资源具有了根本的区别。同时，这一特征也非常重要，地下水在开采利用时不仅会消耗，在很多情况下，由于地表水和其他含水层的水对地下水的补给量加大以及潜水面的蒸发量减少，还会补充形成地下水。地下水的另一个重要特征是其流动性及其与环境之间的紧密联系性。一方面，地下水与含水岩石有着长期和紧密的交互作用，另一方面，地下水与地表径流、海洋、地貌和植被等也有关联。

作为环境的组成部分，地下水与环境的其他组分之间处于复杂和多方面的相互关联中。例如，超量取用地下水会导致地表沉降、引发喀斯特–潜蚀作用活跃、影响河流的水量或者造成土地干旱。潜水的水位决定了植被的特性，影响农作物的产量，并决定在建筑施工时是否需要采取疏干措施。潜水位的一年期或多年期波动可能造成城市地区和农业用地被淹没或导致滑坡发生等。

环境的其他组分也影响地下水，尤其是那些本身也经受外界强烈影响的组分。例如，河流水在春汛时的泛滥会使河谷地带地下水的补给量加大，从而使地下水的天然资源量增加。另外，水库对地表径流的调节会使洪水的持续时间和强度减少并改变含水层的补给状况，这将使地下水的资源量减少并使现有水源地的运行环境恶化。相反，大范围的土壤改良，包括修建灌溉水渠，会增加毗邻区域的地下水资源量。

在大多数发达国家和多个发展中国家，地下水是重要的并且有时是唯一的饮用水来源，地下水占饮用水的比例：奥地利和丹麦为100%，意大利为90%以上，匈牙利为88%，德国、瑞士和波兰为70%~80%，希腊、比利时和荷兰为60%以上，法国为56%，欧盟总体上接近79%。在俄罗斯，地下水在生活饮用水中所占的比例约为45%，在美国约占50%。

在诸多工业发达国家（韩国、日本、荷兰、挪威），工业企业是地下水的最大用户，在另一些国家（德国、比利时、法国、英国、捷克等），工业企业的地下水使用量排在第二位。处于湿润地区以外的发达国家（主要用于农业灌溉）和几乎所有发展中国家，如沙特阿拉伯、利比亚、印度、突尼斯、南非、西班牙、孟加拉国、阿根廷、美国、澳大利亚、墨西哥、希腊、意大利、中国等，农业领域是地下水的最大用户。

根据欧洲经济委员会的资料，地下水是欧洲大多数大型城市生活饮用水的主要来源。例如，欧洲人口接近或超过一百万的城市，如布达佩斯、维也纳、汉堡、哥本哈根、慕尼黑、罗马，城市供水全部或者几乎全部来自于地下水，而在阿姆斯特丹、布鲁塞尔、里斯本等城市，地下水贡献一半以上的用水量。

在俄罗斯，地下水在生活饮用水中的占比约为45%，且在最近十年基本没有变化。但是，由于政府对地下水开采实行了收费制度，居民用水更加节约，加上输水管线的漏失量和实际用水量的减少，这十年期间，地下水的绝对用水量从2130万 m^3/d 下降至1530万 m^3/d。

能否加大对地下水的利用力度由一系列因素决定。比如地下水的储量（资源量）、水质和对地表污染的抵御度、地质经济学以及工艺技术的研究程度等。但是，不论是在俄罗斯的全国范围内，还是在某一联邦主体范围内，由于资源潜量的分配不均衡，很多地区缺少地下淡水或者大范围地分布着微量组分超过最高容许浓度的地下水，另外还有多年冻土发育以及其他因素，使各地居民的地下水资源保证率有显著区别。因此，出现了为全国及其某一地区建立地下水资源管理系统的重要课题，为此需要建立专门的信息系统。

本书对地下淡水资源作为生活饮用水可靠水源的相关问题进行了广泛研究，包括地下水资源的区域评价、制图等。这些研究首先是在俄罗斯开展的，也包括诸多其他国家。这些研究的某些内容之前已经在科学杂志上发表过，但是，笔者认为，参照最新研究成果对现有的研究成果进行综合分析，会令从事合理利用地下水作为生活供水和灌溉用水水源的前景构建和评价工作的广大水文、水文地质、水文化学工作者以及水利专业人士非常感兴趣。

本书重点关注了地下水的天然资源量、可开采资源量和预测资源量及其在俄罗斯各地区实际利用前景的定量评价方法，还研究了世界各国采用的地下水天然资源图编图的基本原理，详细地描述了水文地质信息在图件上的表征方法，分析了注记中所列的水文地质和资源特征要素的表征特点。其中一章的主题是研究现代水文学和水文地质学问题——海底淡水泉的研究和利用。

本书研究了多年冻土发育地区的地下径流的产流特点及对这些特点的评价，因为这些地区的水-冰-水的相变具有重要意义，在对地下水天然资源量的评价进行水文学论证和解决其他水文地质课题时必须考虑这些相变。本书还援引了在某些水文地质区从俄罗斯的欧洲部分流向巴伦支海和白海的多年平均径流量的定量评价，包括地下水径流、离子径流和热径流。分析了不同纬度带的人为源甲烷和天然源甲烷从下垫面向大气层的排放通量和密度的计算结果。通过分析甲烷循环和多年冻土融化的过程，论证了在现代气候变化与欧亚大陆北部多年冻土融化之间形成的正向气候反馈新构想。

本书分析了大量取用地下水对环境的影响，列举了俄罗斯国内外大量案例说明长期开采地下水对河川径流量减少、湖泊水位下降、地面沉降、植被退化和消失、加剧海水入侵等带来的影响。指出了潜水位变化与植物生长的关联性，研究了在大量取用地下水及地下水位下降影响下地表的沉降机制及其所带来的后果，定量分析了气候变化影响下的海平面升高对海水入侵近岸含水层强度的影响，援引了不同国家为防止出现取用地下水导致上述后果所采取的对策。专著中还研究了与如何消除过量开采潜水所带来的不良后果有关的管理决策，指出了建模在研究取用地下水对地表径流和海水入侵近岸含水层的影响中的特殊作用。

本书介绍了俄罗斯国内外在地下水人工回补储量方面的经验。在三个因素基础上（对地下水人工回补的需求、地下水回补的潜在水源、含水层或包气带的储存空间）划分出人工回补区的三个主要类型：①当迫切需要人工回补时具有人工回补前景的地区；②当前没有回补需求但是具备回补水源和储存空间的前景区；③由于缺乏地下水回补水源和储存空间，而没有人工回补前景的地区。书中引用了俄罗斯南部地区根据是否具备人工回补条件和是否存在人工回补储存空间绘制的分区示意图。同时，详细地分析了亚速-库班自流盆地的人工回补前景，并按照人工回补储存空间的大小绘制了分区示意图。

本书的最后两章研究了地下淡水作为饮用水的水质及其对人体健康的影响。

本书对地下淡水在工程和经济活动以及气候变化强烈影响下的水质情况进行了分析，指出了切尔诺贝利核事故对地下水产生的放射性污染影响。

书中阐述了查明饮用水污染物的有害作用的科学和方法学原理，以俄罗斯国内外具体的医学与生态学案例研究了未达标的地下水饮用水对人体健康产生的致病、致毒影响。指出了可以通过采取有针对性的管理方案预防地下水饮用水对人体健康造成的不良后果，列述了现行卫生法律法规的部分条文，这些条文中包含对利用地下水和保护地下水免受污染的现代卫生学要求。

本书对与选择地下水饮用水的水源、利用地表水和地下水的掺混水、咸水和微咸水的淡化处理、修正地下水的天然盐基成分等有关的管理方案进行了分析，从医学和生态学角度研究了在全球水文气候变化背景下利用地下水饮用水水源的特殊性。

本书的共同作者包括：引言（И. С. 泽克塞尔）；1.1 节地下淡水资源的研究与评价问题现状（Б. В. 博列夫斯基，И. С. 泽克塞尔，А. Л. 亚兹温）；1.2 节地下天然淡水资源形成与分布的主要规律（И. С. 泽克塞尔）；1.3 节地下天然淡水资源的评价与编图（И. С. 泽克塞尔）；1.4 节地下淡水可开采资源及其潜力的评价与编图（Б. В. 博列夫斯基，А. Л. 亚兹温）；1.5 节地下淡水区域评价与编图的国际经验（О. А. 卡里莫娃，Л. П. 诺沃肖洛娃）；1.6 节海底淡水泉的研究与利用（О. А. 卡里莫娃，Ю. Г. 尤罗夫斯基）；第 2 章地下淡水——战略型供水资源（Б. В. 博列夫斯基，И. С. 泽克塞尔，А. Л. 亚兹温）；3.1 节冻土区地下水的形成特点（М. Л. 马尔科夫）；3.2 节欧洲俄罗斯地区流入北冰洋边缘海的地下径流（И. С. 泽克塞尔，А. В. 久巴）；3.3 节冻土区地下水与气候变化的互馈关系（А. В. 久巴，И. С. 泽克塞尔）；3.4 节海底地下径流对北极海域大陆架甲烷水合物分解的影响（А. В. 久巴，И. С. 泽克塞尔）；第 4 章 21 世纪不同气候情景下的地下天然淡水资源（补给）潜在变化（А. В. 久巴）；第 5 章地下水开采对环境的影响（И. С. 泽克塞尔，H. Loaiciga，Дж. Т. 沃立夫）；5.1 节对河川径流和湖泊的影响（И. С. 泽克塞尔，М. М. 切列潘斯基）；第 6 章俄罗斯南部地区的地下淡水人工回补前景（И. С. 泽克塞尔，Е. Ю. 波塔波娃，А. В. 切特韦里科瓦，Р. С. 施特根诺夫）；7.1 节地下水饮用水水质研究与评价中的迫切问题（М. С. 戈利岑，В. П. 扎库金，В. М. 什韦茨）；7.2 节工程和经济活动影响下的俄罗斯南部地下水污染特征（А. В. 切特韦里科瓦）；7.3 节放射性核素对地下水的污染（А. П. 别洛乌索娃）；第 8 章地下水型饮用水的环境健康问题

(Л. И. 埃尔皮纳)；结语（Б. В. 博列夫斯基，И. С. 泽克塞尔）。

需要指出的是，1.2 节是在笔者与多位水文地质学和水文学专家（Б. И. 库德林，В. А. 弗谢瓦洛日斯基，Р. Г. 贾马洛夫，Н. А. 列别杰娃，О. В. 波波夫，И. Ф. 菲德利等）合作完成的地下径流多年区域研究成果的基础上撰写的。

本书中的英语版图件及其注记由 О. А. 卡里莫娃，А. А. 奥尔诺娃和 А. В. 切特韦里科瓦翻译成俄语。

笔者在此谨向为本书手稿付诸印刷做了大量准备工作的俄罗斯科学院水问题研究所区域水文地质问题实验室的 О. А. 卡里莫娃，Ю. В. 米妮亚耶娃，А. В. 切特韦里科瓦和 Л. П. 诺沃肖洛娃等人员致以深深的谢意。

目　录

第1章 地下水资源的区域评价与编图经验

1.1 地下淡水资源的研究与评价问题现状

在1931年的全苏水文地质大会上，苏联科学院院长A. П. 卡尔宾斯基院士在发言中指出："水，不仅是矿产资源，也不只是发展农业的基础，水还是文化的真实载体，是在没有生命的地方创造生命的鲜活血液。"

地下水具有不同于其他矿产资源的诸多特征，这些特征在评价地下水储量和判断其利用前景时必须加以考虑。地下水的主要特征是其在水循环过程中的可更新性，这一特征使地下水与其他所有矿物具有了本质区别。地下水的可更新性非常重要。在开采地下水的过程中，虽然会发生地下水的消耗，但在多数情况下地下水是可以得到补给更新的。比如，地下水可以得到地表水补给和其他含水层地下水的越流补给，以及潜水蒸发减少所带来的地下水消耗减少。地下水的另一个重要特征是流动性以及与环境的紧密联系性。一方面，地下水与含水层岩石长期相互作用；另一方面，地下水与地表河流、湖泊（水库、坑塘、湿地）、海洋、地貌、植被等相互关联。笔者将在下文讨论地下水与环境的相互关系。目前，存在多个划分地下水数量的分类标准，大多数分类标准中都有"储量"和"资源量"这两个概念。由于地下水在水循环过程中的不断更新，且不像其他矿产资源一样具有固定储量，所以Ф. П. 萨瓦连斯基院士很早就将"资源量"这一概念引入到了水文地质学中（Саваренский，1933）。Ф. П. 萨瓦连斯基院士认为，用"资源量"来量化地下水更为准确。在利用地下水时，通常不单单要了解地下水在该流域或含水层中所占据的体积，"储量"只代表目前处于该流域或含水层中的水量，而"资源量"则是指含水层内的地下水补给量和消耗量。含水层的体积和其中的地下水储量可能不大，但如果含水层具有补给来源，那么该含水层的生产力可能很大。相反，地下水盆地虽然可能有很大的规模，但水均衡中的地下水年耗水量可能不大。

地下水的另一个重要特征与对地下水利用前景的评价有关，即能否取用地下水不仅取决于赋存在地层中的和在天然条件下进入含水层中的水量，还取决于含水层的渗透性，渗透性决定了地下水向水源地运动的阻力大小。因此，要想区分地下水与其他矿产资源的不同，必须明确以下几个概念：①赋存在含水层中的水量；②在天然条件下和被扰动条件下进入含水层的水量；③合理设计水源地的可能取水量。

在评价固体矿产、石油和天然气矿产的利用前景时，如果只知道矿产资源的储量，这对于判断能否合理开采地下水来说是不够的。

一般会区分出地下水的天然储量（或称"静储量"、"永久储量"、"地质储量"或"容积储量"），该储量代表含水层中以体积为单位的总水量。而在评价承压含水层的地下水储量时又区分出"弹性储量"概念，即地下水开采（人工抽取或自流）造成含水层压力下降，直到降落漏斗稳定或发展至稳定状态时，所释放出来的水量，这是由水的体积膨胀和含水层孔隙变小导致的。

在进行实际水文地质调查时，会评价地下水的天然资源量和可采资源量。天然资源量（或称“动态储量”）是指由大气降水入渗、河流渗漏补给和从其他含水层越流产生的地下水补给量，其总量通过地下径流量或者水位埋深来量化。因此，天然资源量是地下水回补量的指标，反映地下水作为可更新资源的基本特点。地下水多年平均补给量减去蒸发量等于地下径流量，因此在进行区域评价时，地下水的天然资源量常常用年均和最小地下水径流模数来表示，单位为 $L/(s \cdot km^2)$。

地下水的可采储量是指可以在水源地（地段）利用合理的取水设施，按照设定的工况和开采条件以及在设计用水期内满足用途要求的地下水水质条件下，兼顾水利环境、自然保护、卫生要求以及利用地下水的社会经济可行性等可能获得的地下水量。

因此，可采储量（资源量）是能否将地下水用于不同用途及评判其用途是否合理可行的主要指标之一。同时，按照既定的传统，在进行区域评价时通常使用“可采储量”术语，而评价向具体对象的供水时使用“可采资源量”。

俄罗斯地下淡水资源的研究分为两个基本方向：①为保障具体用水对象（城市、企业）的供水进行地下水可采资源量的勘探和评价；②为规划未来能否利用地下水对天然资源量和可采储量进行区域评价。

苏联水文地质学家（М. Е. 阿里托夫斯基，Н. Н. 宾杰曼，Ф. М. 博切韦尔，Н. А. 普洛特尼科夫，Н. И. 普洛特尼科夫，С. Ш. 米尔扎耶夫，Л. С. 亚兹温，Б. В. 博列夫斯基等）为上述两个方向中的第一个方向制定了相当完善的科学方法。20 世纪 60 年代，对第二个方向开展了广泛的研究。现实的需要使这些研究得到发展，即必须从地下淡水资源保证率角度来评价其在一个大区域或全国范围内的应用前景。

下面简要分析这两个方向的研究现状。

首先，如何研究具体供水水源地（尤其是城市和居民点的供水水源地）的地下水储量？必须强调的是，研究和评价作为有价值矿物资源的地下水储量，是俄罗斯地质工作的组成部分。几乎在俄罗斯境内的所有地区（联邦主体、共和国、州）都有专业化的地质企业。矿产使用者在取得地质研究许可证的基础上进行水资源的普查和勘探工作。在取得许可证并为普查和勘探工作划拨地质区域后，由专业单位进行专项水文地质普查和勘探工作（钻井、试井——从井中抽水、注水和压水、观测水位和化学成分在不同季节的变化、分析地下水水质），之后计算地下水的可采储量。普查和勘探工作的工作量和方法、工作顺序、地下水储量计算方法等首先取决于具体的水文地质条件和工作区的研究程度。之后，地下水储量计算工作报告送交国家矿产储量委员会审查。根据国家矿产储量委员会的规程，地下水的可采储量根据其研究程度划分等级，其中，对研究程度最高的 A 类和 B 类授予建设地下水取水工程的权利。只有在地下水储量被国家矿产储量委员会采纳并被联邦矿产资源利用署批准后，才允许设计和建设取水工程。

目前，俄罗斯联邦自然资源部、俄罗斯科学院、高等院校的水文地质教研室等单位正在进行研究各类型地下水的运动规律、地下水中化学元素的运移、改进普查和勘探工作方法、渗流试验工作方法和不同自然环境下地下水可采储量的评价方法等大型科研工作。

应当特别强调，近年来在Б. В. 博列夫斯基教授的主持下，主要是由水文地质与地质生态公司（HydrogeoecoLogy）来开展地下水可采储量评价方法的改进和完善工作。该公司的专家们提出了地下水资源量的概念并将其应用到实践中，且首次绘制了俄罗斯联邦全境的地下淡水资源潜量图（比例尺1∶250万）。在下一节中将更加详细地探究地下水的可采储量和资源潜量的计算和编图方法。

不管是积累总结在各种水文地质条件下勘探地下水的经验，还是分析从诸多大型取水工程运行中获得的数据，都要求制定一套完整的地下水动力学理论，因此需要建立全新的基于非稳定流、弹性释水机制和弱透水层越流补给等理论的地下水勘探和储量评价方法。含水层的边界条件既是决定地下水储量形成规律的因素，也是用于储量计算的水文地质条件的图示化原理，因此设计含水层边界条件的表征方法具有重要意义。在评价地下水储量时，广泛采用数学建模法来提高储量计算的准确性以及普查与勘探工作和渗流试验工作的合理性。

为提高地下水储量评价的可靠性与准确性，应参照地下水可采储量的研究程度和准确度来制定新的划分地下水可采储量等级的科学原理和原则。基于Л. С. 亚兹温教授带领全苏水文地质工程地质科学研究所科研人员完成的研究成果，可以论证地下水水源地的定义、完善普查勘探工作方法以及制定更加科学的可采资源量的等级。

地下水水源地是指分布于含水层或者含水系统的那部分区域。目前，地下水水源地的概念已开始被广泛使用。此外，针对地下水水源地，在天然或人为因素的影响下，还开发出与周围区域相比最有利的并保证合理开采量的地下水取用条件。

1.2　地下天然淡水资源形成与分布的主要规律

1.2.1　地下天然淡水资源的形成与分布

通过分析现有不同比例尺下的苏联时期的图件，可以查明俄罗斯境内地下水（地下径流）天然资源量在各类自然气候条件和地质、水文地质条件下形成和分布的主要规律（Подземный сток на территории СССР, 1966; Подземный сток Центральной и Восточной Европы, 1982）。

苏联时期的学者通过多年工作发现，地下水天然资源量在不同地质构造单元、地貌单元、气候区具有明显的不均衡性和差异性。从不同地质构造单元来看，在地台（平原）区，地下水天然径流模数为0.1到6.0~6.8L/(s·km^2)，而在褶皱造山带为0.1到30~50L/(s·km^2)。在苏联境内地下水天然资源量超过55%赋存于褶皱造山带内，约42%赋存于辽阔的俄罗斯地台、西西伯利亚地台、图兰地台等地台区域，仅3%~4%赋存于结晶地盾。

从不同地貌单元和气候区来看，80%的地下径流量形成于湿润区和半湿润区，约18%地下径流量形成于半干旱地区，仅有约2%的地下径流量形成于干旱地区（Подземный сток на территории СССР, 1966; Подземный сток Центральной и Восточной Европы, 1982）。

受气候条件影响，全球陆地上地下水天然径流模数具有典型的纬度地带性。在地台(平原)区，地下水天然径流模数呈现出自西北湿润地区（10%～20%）向东南草原地区和半荒漠地区（1%及以下）减少的特征。

在欧洲俄罗斯的平原区，降水自西北的600～700mm普遍减少到东北的300～400mm，而蒸发量的显著增加可能导致东南部的降水量被全部蒸发掉，地下径流量也普遍减少。由于降水量的季节性分配特征，地下水有可能在秋冬季和春季得到补给。

以俄罗斯地台为例来说明蒸发对地下径流的数量和分布的影响。在约600mm/a同等大气降水量情况下，伯朝拉自流盆地北部蒸发量约300mm/a，地下水径流模数达到1～3L/(s·km^2)。而在伯朝拉自流盆地西南部，由于蒸发量大幅增加至500mm/a，地下水径流模数显著减少。

在西西伯利亚低地，因气候因素形成的纬度地带性，使得地下水径流模数从鄂毕河下游地带的2～3L/(s·km^2）减少到巴拉宾斯克草原和库伦达草原的0.3～0.5L/(s·km^2)。在西伯利亚干谷的鄂毕河、普尔河和塔兹河的河间地带，降水量大、气候条件湿润、砂质冰水沉积物和湖相冰碛物广泛分布、水文地质条件优越，其地下水径流模数的最大值达3.5L/(s·km^2)。自西伯利亚干谷向北，由于降水量的变小和多年冻土的发育，地下水径流模数减少至0.5L/(s·km^2)。自西伯利亚干谷向南，由于气候干旱程度增加，地下水径流模数下降至0.2L/(s·km^2)。在乌拉尔山脉和阿尔泰山脉附近，西西伯利亚自流区的总体纬度地带性缺失，而气候的垂直分带性显著。

在东西伯利亚境内，大气降水量从亚纳河-因迪吉尔河低地北部的300mm/a增加到低地南部的800mm/a。同时，北部地区发育的多年冻土限制了大气降水对浅层地下水的入渗补给。受气候因素纬度地带性与多年冻土区的叠加影响，地下水径流模数整体自北部的约0.5L/(s·km^2）增加至南部的近3～4L/(s·km^2）及以上。

在褶皱造山带，降水量随海拔升高而增加，再加上切割较深的侵蚀地形，褶皱造山带具有渗透性的裂隙岩和山间盆地具有强渗透性的粗碎屑岩沉积物广泛分布，含水层渗透性强，因而地下水得到有利的补给，地下水径流模数大（Фиделли，1980)。

由于岩石裂隙发育和风化的强度随海拔上升而增大，地下水入渗补给条件得到改善，加上大气降水类型的变化，都对地下径流量在山区的分配产生了重要影响。固态降水的比重随海拔上升而增加，与短时强降雨相比，在很大程度上更加有利于浅层地下水的补给。

在地台范围内，也观测到地下水径流模数随海拔的升高而增加的现象。在地台瓦尔代高地、中俄罗斯高地、伏尔加河沿岸高地和其他高地，大气降水高于低地，同时，由于伊尔门低地、梅晓拉低地等低地侵蚀地形的切割程度低，地下水径流模数因此相对较低。

地下径流模数分布的规律性由气候和地形因素共同决定。地下径流形成过程主要受控于水文地质条件。地下水径流过程主要受包气带物质组成、厚度及含水层渗透性的影响。在喀斯特地貌强烈发育地区、粗碎屑物冲积平原、现代与古下切谷的冲积平原，以及透水性良好的冰水沉积平原，水文地质条件对地下水径流模数的影响是非常显著的。这些地区的地下水径流模数整体上是在增加的。

大量研究实例表明，岩石喀斯特化程度决定了含水层岩石的渗透性，并对地下径流的分布产生影响。例如，在俄罗斯地台地区，地下水径流模数的增加与喀斯特有关，在奥涅加河和北德维纳河河间地带的地下水径流模数增加到3～6L/(s·km^2)［区域地下水径流模数为2～2.5L/(s·km^2)］，而志留纪高原的地下水径流模数高达6L/(s·km^2)［区域地下水径流模数达2.5L/(s·km^2)］。

岩石的强喀斯特作用还直接影响山地褶皱带的地下径流分配，以乌拉尔山脉为例可以证实这一点。在广泛分布强喀斯特化含水层的山地褶皱带，比如乌拉尔山脉西坡，这里的地下水径流模数数倍于未发生喀斯特作用的流域地下水径流模数。乌拉尔地区舒戈尔河、维舍拉河、科西瓦河中游流域的地下径流模数最大值达到10 L/(s·km^2)甚至更高，这里广泛发育古生代喀斯特含水层。

在俄罗斯的亚洲部分，也存在岩石强喀斯特作用控制地下水径流模数的类似例子。例如，在萨彦–阿尔泰山地褶皱带，在古生代碳酸盐岩发育的西坡上，多年平均地下水径流模数最大值达到5～9L/(s·km^2)，而非碳酸盐岩的其他区域地下水径流模数为1～2L/(s·km^2)。在上亚纳–楚科奇山地褶皱带内，多年平均地下水径流模数的最大值为2.0L/(s·km^2)，这与科雷马中间地块的一系列喀斯特碳酸盐岩块状隆起有关。在小兴安岭山脉的阿穆尔河中游流域，地下水含水层由元古宇和寒武系的富水碳酸盐岩组成，地下水径流模数增加至3L/(s·km^2)。

在喀斯特地区，不仅观测到年均地下水径流模数显著增加，还观测到最小地下水径流模数显著升高的现象。例如，在河川径流稳定的枯水期，维舍拉河的多年平均地下水径流模数达到4.5L/(s·km^2)，而乌拉尔山脉东坡河流的多年平均地下水径流模数为1.5L/(s·km^2)。乌法高原、奥涅加–北德维纳高原多年平均地下水径流模数为3～3.5L/(s·km^2)，而在库洛伊高原达到4.0L/(s·km^2)及以上。同时，在没有发生喀斯特的流域，最小地下水径流模数介于1～2L/(s·km^2)范围内。在伏尔加河中游流域以及其他喀斯特地区，与区域平均地下水径流模数相比，最小地下水径流模数的增加则更为显著。

含水层岩石导水性或包气带岩石渗透性的变化通常影响区域地下水径流模数的空间变化特征。例如，在莫斯科自流盆地的边缘地带，由于石炭系富水石灰岩出露于地表或埋藏较浅，地下水径流模数增加至3 L/(s·km^2)及以上。与此同时，在由中生界陆源沉积物组成的周围区域，相似气候条件下的地下水径流模数则下降至1.0～1.5L/(s·km^2)。

在俄罗斯亚洲部分以及俄罗斯地台东北部、季曼岭和乌拉尔山脉的个别地段，多年冻土发育对地下水天然资源的形成和分布具有很大影响。多年冻土的存在使地壳上部岩层被分割为活动层中的季节性地下径流区，以及基本上没有液相地下水流动的冻土带和冻结层下含水带。其中，多年冻土层分布的连续性和厚度具有重要意义。多年冻土层分布的连续性越好，厚度越大，对地下水强烈交换的径流形成条件越不利。例如，勒拿河流域从上游到下游，多年冻土逐渐由岛状冻土类型向连续性多年冻土类型转变，同时多年冻土层的厚度也逐渐增加。受冻土条件变化的影响，地下水径流模数从勒拿河流域上游的3L/(s·km^2)减少至下游的0.5L/(s·km^2)。在维柳伊台向斜地区，由于发育厚度达600m的多年冻土，多年平均地下水径流模数极低，不到0.01L/(s·km^2)。

在冻土连续发育区的地下水径流模数相对偏高，这与冻融层的季节性地下径流有关，但并不意味着这里的地下水适宜供水。

在多年冻土发育区的地下径流形成过程中，一个重要特点是冬季的涎流冰中积蓄大量地下水。地下水在涎流冰的大量累积导致冬季河川径流量显著降低。在温暖季节，涎流冰融化形成的径流增加了河流补给。因此，涎流冰现象使地下径流被涎流冰调节，地下径流在季节上得到了重新分配。因此，在定量评价地下水天然资源量时应当考虑到这一点。涎流冰发育的地区通常代表这里的地下水排泄条件好，因此，涎流冰本身指示着这里是地下水集中排泄区。同时，在多年冻土分布区的地下水形成过程中，通常存在傍河融区，这些融区往往成为水量充沛的淡水来源。多年冻土对地下径流和地下水资源形成条件的影响详见本书3.1节。

通过相关分析法与回归分析法，可以客观评价各种自然因素对某一地区地下水天然资源量形成所产生的影响。在俄罗斯很多地区（西北地区、东西伯利亚、欧洲区中部），俄罗斯学者建立了水交换活跃区的地下径流与各种地质、水文地质与地貌条件以及多年平均降水量和蒸发量之间的关系。正如我们所预期的一样，如果两者之间的相关系数好（0.8左右），表明地下径流量与包气带厚度（对于浅埋型地下含水层而言）或者上覆地层厚度（对于埋深型地下含水层而言）存在联系。这两个因素都指示含水层上部岩层的渗透阻力，决定含水层的补给条件。

已经查明，地下径流量与指示含水层渗透性能的导水系数和决定径流量的水力梯度之间存在密切关系。

基于相关分析法和回归分析法可以得到地下径流量与各种自然因子之间的相关关系值。在很多情况下，根据该相关关系值和已知参数就可以来预测地下水天然资源量。

在水交换活跃区的上部，含水层主要由泥岩、泥质碳酸盐岩、硅质泥岩（泥质砂岩、泥灰岩、蛋白土、粉砂及细砂岩等）组成，总体上不利于地下水天然资源的形成。在这种情况下，通常与现代和古老河谷的谷坡和谷底相连通的阶地赋存较为丰富的地下水资源，这样的地段具有地下水资源开发前景。

如前所述，地域气候条件决定了自流盆地内地下水资源的形成具有明显的纬度地带性，这一特点在从半湿润地区和湿润地区向半干旱地区以及从岛状多年冻土区向冻融区和连续多年冻土区的过渡带中表现最为明显。

在第一种情况下，即从半湿润地区和湿润地区向半干旱地区的过渡，纬度地带性与年降水总量有规律的减少和总蒸发量的增加有直接关系；而在第二种情况下，即从岛状多年冻土区向冻融区和连续多年冻土区的过渡，则与水文地质断面上部的逐渐冻结有关，这种冻结使地下水的入渗补给条件和水文地质剖面上部含水层之间的交互作用条件均显著恶化。

单位面积的地下水天然资源量与主要气象要素（年降水总量、湿润系数等）之间具有一定的相关性，但相关系数在不同纬度带内存在显著差异。地下水径流模数的分布与湿润系数（年降水量与蒸发量的比值）之间具有更强的相关性。

在半湿润和湿润地区和俄罗斯地台的喀斯特地区，地下水径流模数与气象要素之间相关性低，相关系数分别仅为0.02和0.05。这一点很容易理解，因为在相当湿润的环境下，地下径流的时空分布主要受控于水文地质剖面、含水层岩性、包气带结构等地质和水文地质因素。在俄罗斯地台的半干旱地区，地下水径流模数与气象要素之间相关性有所增加，但总体上仍然很弱，相关系数为0.20~0.38。这里的年降水总量和湿润系数可以看作是决定地下水天然资源分布的重要因素。

仅在地质和水文地质类型相对单一的地区，可以观测到地下水径流模数与气象要素之间显著的相关关系，相关系数可达0.62~0.96。其中，西西伯利亚地台中央地区的相关系数值最高，为0.70~0.96。

综上，通过上述规律可以得出结论，即在评价地下水天然资源和地下水径流模数时，以及利用地下水径流模数来预测地下水可采资源量时，必须考虑自然与气候条件的水平和垂直分带性、地质和水文地质条件的区域和局部特殊性。

1.2.2 地下水在水均衡和水资源总量中的作用

在各地区的水均衡和水资源量的形成中，可以用地下水径流系数和地下水对河流的补给系数来定量表征地下水在其中的作用。

地下水径流系数反映地下径流量与大气降水量的比值，指示进入到含水层中的大气降水与总大气降水量之间的关系，通常用百分比表示。俄罗斯地区的平均地下水径流系数为9%，变化范围通常在1%和50%之间，甚至更大。自然因素的综合影响决定了地下水径流系数在空间上的差异性。在影响地下水径流系数大小的自然因素中，大气降水量和蒸发量之比、包气带岩性和厚度具有重要意义。在平原区，地下水径流系数在空间上的变化规律符合纬度地带性，自西北向东南，地下水径流系数从湿润地区的10%~20%下降至草原和半荒漠地区的1%及以下。

地下水径流系数的总体分布规律在某些地区会出现异常，主要表现为地下水径流系数相对于区域平均值的变化。首先，在瓦尔代高地、中俄罗斯高地、伏尔加河沿岸高地、叶尼塞岭、北贝加尔高原等山地地区，由于大气降水充沛及降水入渗条件良好，可以观测到地下水径流系数在这些地区都在增加。在山区，大气降水量随海拔升高而增加，地下水径流系数也随之上升（直至某一阈值）。例如，在喀尔巴阡山脉，地下水径流系数从5%上升至10%~15%，在乌拉尔山脉从10%上升至20%~40%，在阿尔泰山脉从5%~10%上升至15%~20%。在高加索和中亚的山区，地下水径流系数增加最显著，近25%~35%。

地下水径流系数在岩溶发育地区也很高，其中地下水径流系数在伊若拉（志留纪）高原、奥涅加河和北德维纳河的河间地带、库洛伊高原、季曼岭达30%~40%及以上。

多年冻土对地下水径流系数的变化具有十分重要的作用。在西伯利亚和俄罗斯东北部的辽阔地域，大气降水量达300~400mm，局部达500~600mm，地下水径流系数极低，为5%。仅在岛状多年冻土区的西伯利亚南部（贝加尔湖北部沿岸和上扬斯克山脉的支脉），这里的年降水量增至800mm，地下水径流系数达到15%~20%。

地下水对河流的补给系数是地下径流的重要特征指标，反映地下径流在总河川径流中所占的比例，从而可以判断湿润区地下水资源量与地表水资源量之间的比例关系。

俄罗斯全境的地下水对河流的补给系数总体为25%。在水交换活跃区厚度相对不大、地形较为平坦和地表径流产流条件有利的地区，地下水对河流的补给系数为5%~10%。在含水层富水极好和河流密集排泄的地区，地下水对河流的补给系数能够达到40%~50%甚至更大。

在解决水资源综合利用问题中，尤其是在编制某一地区的水资源资产平衡表和评价地下水开采对河川径流的影响时，分析地下径流与总河川径流的比值关系具有重大的实际意义。

地下水径流系数和地下水对河流的补给系数的变化特征值，可以用于定量评价地下水在国内水资源总量和水均衡中的作用。

1.3 地下天然淡水资源的评价与编图

1.3.1 评价与编图的主要方法

从20世纪中叶开始，苏联地质部、科学院和重点高等院校等单位研究和评价了俄罗斯境内的地下水天然资源量。

俄罗斯学者（Б. И. 库德林，В. А. 费谢瓦洛日斯基，Р. Г. 贾马洛夫，И. В. 泽列宁，И. С. 泽克塞尔，В. М. 施斯塔帕罗夫，В. П. 卡尔波娃，Н. А. 列别杰娃，И. Ф. 菲德利，Б. И. 皮萨尔斯基，О. В. 波波夫，Н. С. 拉特纳，А. П. 拉夫罗夫，В. И. 克利门科，Б. Л. 索科洛夫，М. Л. 马尔科夫等）在一些地区地下水天然资源量的区域评价和编图中完成了大量的研究工作。

如前所述，天然资源量（或称“动态储量”）代表着从大气降水、河川径流和其他含水层越流所获得的地下水补给量，由进入地下含水层的径流量或者地下水水层的厚度表示。因此，天然资源量是地下水回补的指标，反映地下水作为可更新的地下矿产资源的主要特征。地下水多年平均补给量减去蒸发量等于地下径流量，因此，在进行区域评价时，地下水的天然资源量往往用地下水径流模数的年均值和最小值表示，单位为L/(s·km^2)。

地下水天然资源量的主要区域评价方法及其优缺点见表1.3.1。

表1.3.1 地下水天然资源量的区域评价方法

方法名称	优势	局限
河流的流量过程线分割法	可获得多年平均特征值；可评价年际和季节变化率	需要多年观测处于未破坏环境中的河川径流；仅适用于地下水的排泄区
评价两个水文断面之间的枯水期河川径流的变化	可获得多年平均特征值；可评价年际和季节变化率	在枯水期径流值的差异应当超过其测量精度
地下水水均衡和流量的水动力学计算（包括建模）	可评价某一含水层的天然资源量	无法评价年度和季节变化率，需要求水文地质参数的平均值
地下水补给区或排泄区的多年平均水均衡法	可计算未被排泄的地下径流量	地下径流量的评估值应当超过水均衡的主要组分的计算误差
根据水位动态评价地下水的入渗补给量	可评价某一含水层的天然资源量	需要对抽水井的数据进行外推；主要适用于天然状态下的地下水位变化
根据地下径流系数评价入渗补给量	不受研究程度和水文地质条件的影响，基于大气降水数据	由专家估算的地下径流系数的近似值

应当强调一点，在很多情况下，区域评价中的地下水天然资源量数值上等于排泄至河流的地下径流量。因此，地下径流量是可以根据流量过程线分割法，同时兼顾河流地下补给在不同季节上的动态变化和补给模式来计算。这一方法由Б. И. 库德林提出，并在20

世纪60年代初首次运用在他主持编制的《苏联地下径流图》（比例尺1：500万）中。

由于流量过程线分割法操作简单，并且可以计算任意面积的行政单元、水文地质单元以及流域的地下水径流模数，因此在评价地下水天然资源量方面得到极其广泛的应用。

在专业文献中，已详细介绍了表1.3.1中所列出的区域地下水天然资源量评价的主要方法。

地下水天然资源量具体计算方法的选择不仅取决于研究目的、任务和规模，还取决于评价区的水文与水文地质条件，以及人类活动的影响。但是，必须强调以下两种情况：第一，上述地下水天然资源量的区域评价方法之间并不相互矛盾，而是相互补充。因此，联合利用这些方法可得到最准确的结果。第二，表中列举的所有方法都是对已有水文和水文地质信息的分析计算和建模，不要求专门开展费用较高的钻孔和渗流试验工作。第二种情况极大地提高了地下水天然资源量区域评价工作的经济效益。

区域地下水资源量的定量评价往往需要编制不同比例尺的专业图件，这对于水文地质学、水文化学、水文学等地球科学具有重要价值。根据区域地下水资源的评价结果，可以发现地下径流在不同自然气候、水文地理与水文地质条件下的形成与分配规律，这为预测地下水圈（首先是活跃的水量交换带）在气候变化和日益剧烈的人类活动影响下的变化提供依据。利用地下径流的定量研究数据，可以识别地下水在各地区的水资源量和水均衡中的作用，这对制定地下水综合利用和保护方案十分重要。

在实际生产中，地下水天然资源量是地下水的回补指标，指示着长期取用地下水而不会造成地下水资源耗竭的阈值（岸边式入渗补给型水源地除外）（Зекцер，1977）。

20世纪60年代初，在Б. И. 库德林教授的主持下，由多名苏联水文地质和水文学家组成的专家组首次完成了区域地下径流评价和小比例尺编图的工作。出版的《苏联地下径流图》和《苏联地下径流占河流总径流量的百分比图》（比例尺1：500万）成为制定苏联全国及其各地区的水资源综合利用和保护方案的基础（Карта подземного стока СССР，1964）。

在随后完成和出版的区域地下径流评价和编图成果中，比较重要的有《苏联地下径流图》（比例尺1：250万）（Карта подземного стока территории СССР，1974）、《中欧和东欧地下径流图》（比例尺1：150万）（Карта подземного стока Центральной и Восточной Европы，1983）和《全球水文地质条件和地下径流图》（比例尺1：1000万）（World Map of Hydrogeological Conditions and Groundwater Flow，1999）。其中，后两幅图件是在联合国教科文组织的国际水文计划框架内，由国际专家组在俄罗斯专家的主持和直接参与下编制而成的。

上述两幅国际图件以及之后编制的美国加利福尼亚州地下径流图，是全球科学工作者为解决重大的水利问题通力合作的典范。

上述所有地下径流图以及在内容上相似的俄罗斯某个自流盆地的地下径流图，首次给出了区域地下水天然资源量的定量特征值［$L/(s \cdot km^2)$］，并以其占大气降水和多年平均河川径流量的百分比来表示其在水资源总量和水均衡中的作用。这区别于此前出版的所有水文地质图。

利用地下径流图可以确定地下淡水的天然资源量，解决与水资源综合利用和保护有关的实际问题，从而评价和预测地下淡水的利用前景；在对区域地下水的可采资源量进行评价时，需要确定地下水的补给量、基流量（地表径流最稳定的部分）；在对水资源综合利用和保护进行远景规划时，需要确定水均衡重要组成的地下径流量。

1.3.2　地下径流图的应用实例

利用前述的全球水文地质条件和地下径流图（Р. Г. 贾马洛夫和 И. С. 泽克塞尔主编），可以首次定量表征流入全球大洋和海域的地下径流，并揭示地下水在全球水均衡中的作用。

下文中，将列举《中欧和东欧地下径流图》（比例尺 1 : 150 万）、《全球水文地质条件和地下径流图》（比例尺 1 : 1000 万）和《加利福尼亚州地下径流图》（比例尺 1 : 200 万）的局部放大图以及这些图件的图例。应当强调的是，这些天然资源和地下径流图的图例可能各有不同，但其实质都是地下径流模数 ［L/(s · km²)］ 或者以其占大气降水百分比（或占河川径流总量百分比）表示的地下径流量等形式，来定量表征地下径流的特征值。此外，还有地下淡水形成的水文地质条件，包括主要含水层的分布和岩性、化学成分、对形成河川径流的贡献率等（图 1.3.1 至图 1.3.5）。

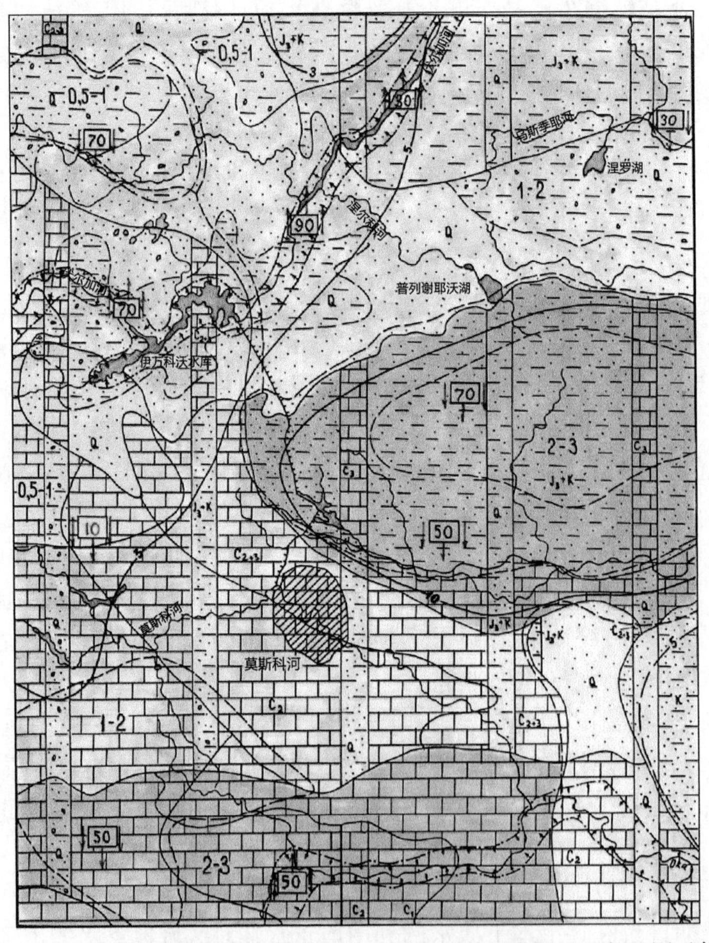

图 1.3.1　欧洲中部与东部地区地下水年径流系数示意图（局部地图示例）

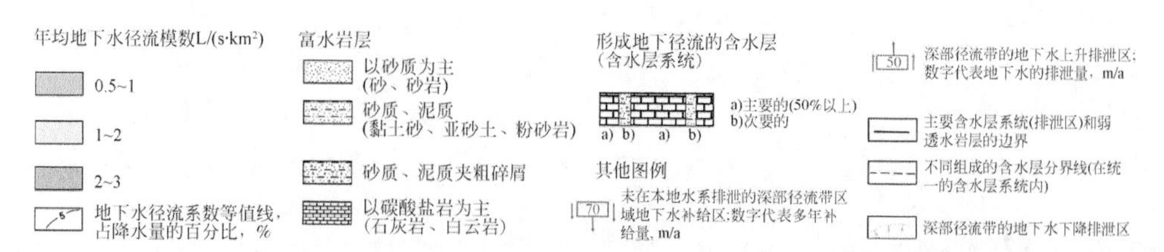

图 1.3.2　欧洲中部与东部地区地下水年径流系数示意图（局部地图）图例

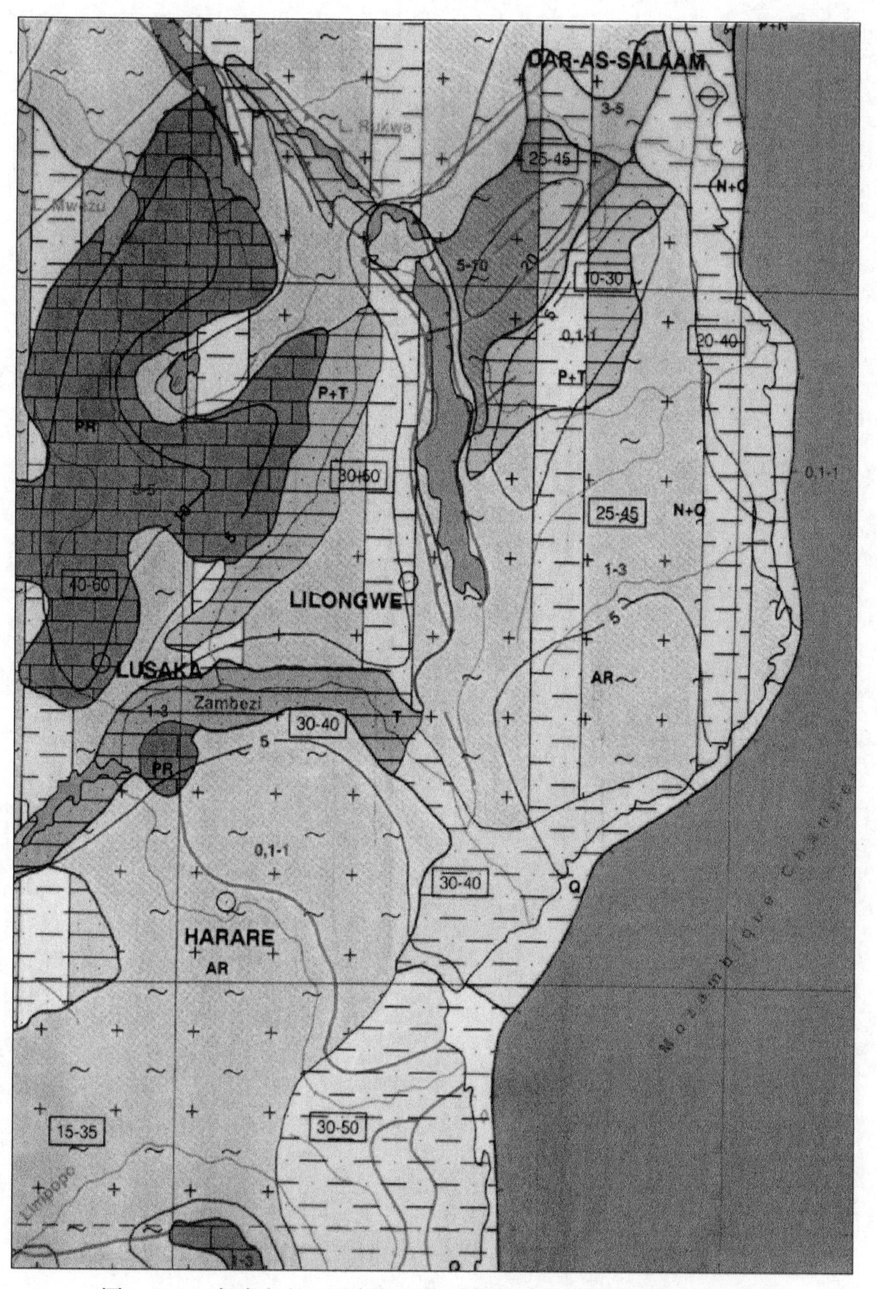

图 1.3.3　全球水文地质条件与地下径流示意图（局部地图示例）

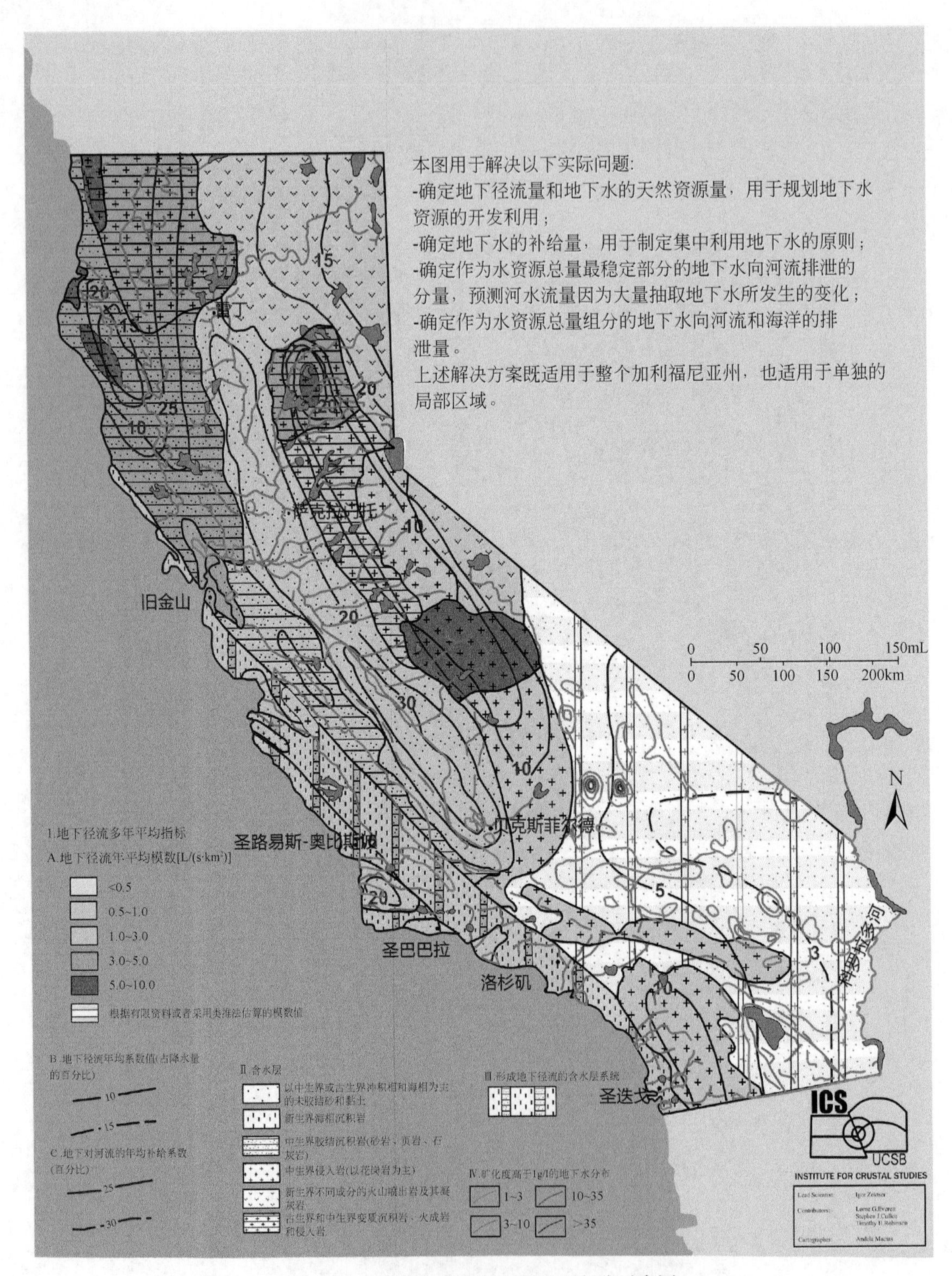

图 1.3.4　美国加利福尼亚州地下径流示意图

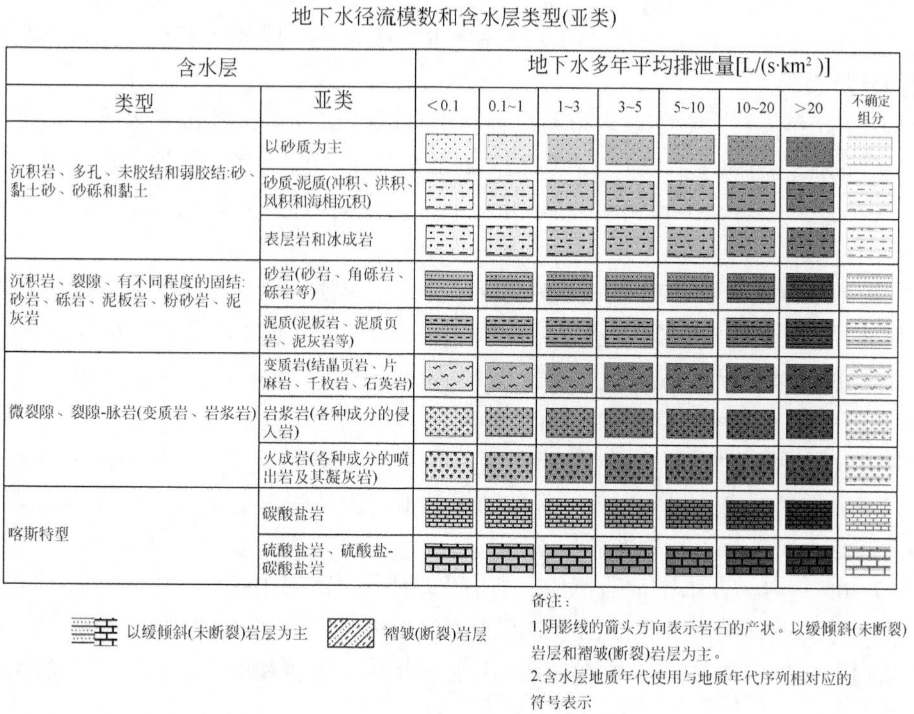

地下水径流模数和含水层类型(亚类)

含水层		地下水多年平均排泄量[L/(s·km²)]							
类型	亚类	<0.1	0.1~1	1~3	3~5	5~10	10~20	>20	不确定组分
沉积岩、多孔、未胶结和弱胶结:砂、黏土砂、砂砾和黏土	以砂质为主								
	砂质-泥质(冲积、洪积、风积和海相沉积)								
	表层岩和冰成岩								
沉积岩、裂隙、有不同程度的固结:砂岩、砾岩、泥板岩、粉砂岩、泥灰岩	砂岩(砂岩、角砾岩、砾岩等)								
	泥质(泥板岩、泥质页岩、泥灰岩等)								
微裂隙、裂隙-脉岩(变质岩、岩浆岩)	变质岩(结晶页岩、片麻岩、千枚岩、石英岩)								
	岩浆岩(各种成分的侵入岩)								
	火成岩(各种成分的喷出岩及其凝灰岩)								
喀斯特型	碳酸盐岩								
	硫酸盐岩、硫酸盐-碳酸盐岩								

以缓倾斜(未断裂)岩层为主　　褶皱(断裂)岩层

备注：

1.阴影线的箭头方向表示岩石的产状。以缓倾斜(未断裂)岩层和褶皱(断裂)岩层为主。

2.含水层地质年代使用与地质年代序列相对应的符号表示

图 1.3.5　全球水文地质条件和地下水径流图图例

1.4　地下淡水可开采资源及其潜力的评价与编图

1.4.1　资源潜量评价的主要阶段

如前所述，地下水天然资源量是指可供稳定水源地长期取用地下水的可能上限值。在现实中，能够让取水量达到天然资源量的地质和水文地质条件是极其罕见的。因此，在制定水资源综合利用和保护总方案的过程中，应当借鉴资源潜量（预测资源量）的数据和资料，以此为基础来评价居民和工业用地下水的保证率，并规划地质勘探工作。

鉴于本书的既定目标，下文将更加详细地介绍地下水预测可采资源量（或地下水总资源潜量）的区域评价方法。由于资源量的区域评价方法主要是在苏联（俄罗斯）制定的，因此这里仅介绍与苏联（俄罗斯）有关的经验方法。

为了评价地下水资源的潜在利用前景，并为水资源的综合利用和保护提供水文地质方面的科学依据，在进行地下水可采资源量的区域评价时，既可以选择某一行政单元、自然单元和水文地质单元为研究区域，也可以选择一个国家或者整个大陆为评价对象。利用区域评价资料，可以从地下水资源保证率的角度论证某一地区长期的生产布局与发展规划。

在进行区域评价中，最重要的任务就是预测地下水资源用于供水、灌溉农田和喷淋牧场等领域的利用前景。

在确定地下水可采资源量的过程中，一定要考虑地下水开采对地表径流和其他生态环境要素的影响。天然和可采资源量的区域评价主要作为某一地区地下水资源普查和勘察工作规划的科学基础。

20 世纪 60 年代初，对苏联水资源综合利用与保护总方案以及地下水普查与勘探工作进行了科学论证，并构建了全苏工作框架。在此框架下，首次完成了地下水可采资源量的评价，并由 Н. Н. Биндеман 和 Ф. М. Бочевер（1964）设计和制定了地下水可采资源量区域评价的方法。

对水源地取水构筑物平面布局方案进行评价时，应整合评价结果，将其绘制到中小比例尺的区域评价图中，并以地下水径流模数［$L/(s \cdot km^2)$ 或 L/s］进行标注。1965 年出版的《苏联淡水和微咸水可采资源模数图》（比例尺 1∶500 万）就是该项工作的最终成果。

20 世纪 60 年代后期至 70 年代初期，《苏联水文地质学》专著对这一评价成果进行了调整。在之后的工作中，对俄罗斯联邦的非黑钙土带、某些被超采的自流盆地或其部分区域，以及其他地区进行了预测性评价。

近 40～45 年内，在水文地质测绘、普查和勘探工作、国家储量登记、地下水开采数据和统计报表、资源量评价和编图（比例尺从 1∶50 万～1∶20 万到 1∶500 万～1∶250 万）的基础上，积累和总结了大量关于地下水资源量、水质和地下水形成与分布区域性规律的第一手资料。

之后，在进行区域性地下水可采资源评价时，依据不同自然条件下的地下水的形成特点，对评价方法进行了完善。Л. С. 亚兹温，Б. В. 博列夫斯基，М. А. 霍尔季凯年，В. Д. 格罗津斯基，М. П. 普尔卡诺夫，С. М. 谢米诺娃-伊娜菲耶娃，А. Н. 克柳克温，Д. И. 叶夫列莫夫，В. К. 戈赫别尔格，И. С. 帕什科夫斯基，С. С. 米尔扎耶夫，В. М. 施斯塔帕罗夫，В. И. 伊奥特卡伊斯，Д. И. 佩列孙科，И. И. 克拉申，В. С. 普洛特尼科夫以及其他多位专家为评价方法的制定和实施做出了大量贡献。

20 世纪七八十年代，为莫斯科盆地、黑海沿岸盆地、第聂伯-顿涅茨克盆地、捷列克-库马盆地、亚速-库班盆地、西西伯利亚盆地的南部等大型自流盆地设计的地下水渗流数学模型具有特殊意义。基于这些模型不仅计算了盆地的地下水可采资源量，还揭示了地下水资源形成的基本规律。

全苏水文地质工程地质科学研究所根据各地区研究程度的不同，有针对性地制定了地下水可采资源量的区域评价指南（Боревский и Язвин，1971；Пересунько и др，1972）。前述研究工作都是在该指南的基础上完成的。

20 世纪 90 年代，在水文地质与地质生态公司（Hydrogeoecology）的科学和方法学指导下，俄罗斯联邦自然资源部地质调查局为俄罗斯国内所有地区部署并完成了地下水资源量和利用现状、居民饮用水保证率的专项评价工作，工作分为三个阶段：

第一阶段（1993 年至 1995 年），评价生活饮用水的供水现状。查清地下水水源地和取水水源地。

第二阶段（1995 年至 2002 年），评价地下水资源量和居民生活饮用水保证率。编制地下水资源量模数图和居民地下水资源保证率图。

第三阶段，在建立电子数据库的基础上绘制比例尺1：250万的俄罗斯地下水资源量数字图件。但该阶段工作在2002年前两个阶段的工作结束后被暂停，直到2007年才恢复。

在评价保证率的工作中，分析了20世纪90年代中期前完成的成果，并指出在下述情况下地下水可采资源量的评价结果需要加以修正：

1. 以往的地下水可采资源量评价工作完成至今已经超过20年。在此期间，水文地质和地下水开采方面已积累了新的资料，可以查明以往评价过的区域地下水可采资源量，并为以往未评价的地区提供评价基础。

2. 在需要改变地下水可采资源量评价策略时。在以往进行区域评价的过程中，既考虑地下水容积储存量的潜在降幅，也考虑在开采过程中进入被评价含水层的补给，并且以有限的开采期（25~50年）进行评价。

同时，通过分析水源地地下水抽水理论和实际开采经验，可以发现，在水源地地下水开采过程中，随着开采期的增加，在开采后的10~20年内，含水层弹性释水量占地下水储量的一般为百分之几，而在取水水源地无限期使用的情况下，这一比例则接近于零。

在某些取水地段，地下水容积储存量在地下水可采资源量的形成中也起到重要的调蓄作用。为了引来补给，必须形成降落漏斗，降落漏斗的设计尺寸和深度由取水量的多少和水文地质条件决定。因此，在计算具体的取水工程时，为了评价地下水位随时间的降深并预测水质的变化，必须考虑容积储存量。此外，在某些情况下，当地下水被季节性定期补给时（例如，取水设施设在干涸和冻结河流的河谷中时），正是容积储存量限制了地下水可采资源量。

但是，在计算地下水饮用水的可采资源量时，应当按照非常长的几乎无限的使用期进行计算。这时，不应当考虑容积储存量的多年降深，而应把含水层补给形成的地下水天然资源量和通过地表水渗漏形成的诱发资源量作为可采资源量的产流来源。仅通过容积储存量的定期消落和之后回补对地下水的补给源进行年内调节时，应当在评价地下水可采资源量过程中考虑通过地表水形成的诱发资源量。

3. 对环境保护和卫生限制的考虑不充分时。在以往完成的区域评价中，在某些地区，基本上没有考虑由于环境保护限制和卫生限制而无法开采或者不适宜开采地下水的情况。不得在自然保护区所在区域内开采地下水，也不得在固体矿床开采区、工业设施区设置地下水的取水工程，在这些区域几乎不可能为水源地设置卫生防护带。

4. 之前对岸边式（渗滤）取水水源地的可行性论证方面存在一定的不足，主要是没有考虑地下水开采过程中会导致河水向水源地的渗漏补给。此外，在某些区域，当不考虑地下水开采对地表径流可能造成影响的情况下，正是傍河水源地全部或部分满足当地居民生活与生产的用水需求。

因此，水文地质与地质生态公司（HydrogeoecoLogy）设计了新的分别考虑天然资源量和诱发资源量的地下水可采资源量评价方法（Боревский и Язвин，1995）。这其中应当指出，20世纪六七十年代设计的按照网格计算地下水可采资源量的基本原理至今仍具有指导意义，并以此作为评价基础。

因此，所采用的地下水可采资源量评价的新方法与以往方法的主要区别在于，在第一种情况中，仅计入了容积储存量（Биндеман и Бочевер, 1964），在第二种情况中，除了容积储存量，还考虑了天然资源量和诱发资源量（Боревский и Язвин, 1971），而在最后一种情况中，没有考虑容积储存量，而是按照无限的开采期进行评价（Боревский и Язвин, 1995）。

居民地下水资源保证率的评价方法的主要内容和工作成果已经发表在一系列报告、文章和专著中（Язвин, 2003；Подземные воды мира: ресурсы, использование, прогнозы, 2007；Водные ресурсы России и их использование, 2008）。

第三阶段的工作开始于2007年。在此之前，法律法规出现了一系列变更，这对研究工作的方向和内容都产生了影响。2007年，批准了《地下水饮用水、工业用水和地下矿泉水的储量和预测资源量分类标准》和如何使用该分类标准的推荐方法，在该文件中，“地下水资源量”的术语得到了正式确立，而地下水可采资源量按照论证度递减的顺序被细分为P_1、P_2和P_3三个等级。

其中，随着新版《地下水开采储量及预测资源量分类》出台，“预测资源量”术语的内涵也发生了改变（见1.1节）。“资源潜量”术语，即最大潜在取水量，在内容上取代了2007年前定义中的“预测资源量”术语。目前，预测资源量是指减去已确定的可采资源量的最大可取水量。

因此，新阶段的工作目标是同时评价俄罗斯联邦的联邦主体和各级水文地质区（主要是一级和二级）的地下水资源潜量和预测资源量。

2010年，水文地质公司（HydrospetzgeoLogiya）（联邦国有单一制地质企业）编绘了俄罗斯联邦水文地质分区图（比例尺1：250万）。目前，该图件在对地下矿产资源状况实施国家监测，对地下水饮用水和工业用水资源量实施国家登记，以及对水资源均衡进行研究时使用。对于被评价的俄罗斯联邦水文地质区和联邦主体来说，该图件是资源潜量和预测资源量计算和编图的基础。

1.4.2　地下水资源量评价方法的主要内容

如前所述，应俄罗斯联邦自然资源部和联邦地下资源利用署的委托，在20世纪末和21世纪初，水文地质与地质生态公司（HydrogeoecoLogy）设计并通过了地下水资源量的现代评价方法。值得注意的是，在进行第二阶段工作时，可能的取水量用“预测可采资源量”术语来表示，而在第三阶段用“资源潜量”表示。在本节中，除了对第二阶段工作成果的多处援引外，均使用“资源潜量”术语。

资源潜量评价方法的主要内容汇总如下：

1. 以某种形式反映地下水形成特点的初步水文地质分区必须作为大型区域的评价基础。

在此情况下可以使用：

- 基于地质构造的水文地质分区；
- 参照各级河流流域的集水面积进行的水文地理分区。

这些方法都有各自的优点和不足。在第一种情况下，应当充分考虑特定地质基底中的水量和水质，利用水量和水质可以判断地下水主要的形成、储存和运动特点。在第二种情况中，可以更充分地考虑在该汇水流域形成的天然资源量。

因为在各级别的同一个河流集水流域范围内，地下径流的补给量、模数和地下水的水质可能有显著的变化，因此采用地质构造原则作为水文地质分区的基础。

在这一原则的基础上，根据水文地质构造单元的构造特点、地质剖面的结构、地下水补给、径流和排泄条件、在自然和人为环境中化学成分的形成和变化等划分水文地质构造（地区）。同时，重要的是，和河流流域一样，在Ⅰ级水文地质单元中可以划分出更小级别的Ⅱ级、Ⅲ级和Ⅳ级等类型区。

应该强调的是，对于高阶水文地质构造来说，它们与地表河流流域的联系更加紧密，以至于对于足够高的分区等级而言，水文地质构造单元可能对应小型河流的流域。

因此，应当根据Ⅰ级水文地质构造的各向同性或各向异性，按照区域分区的次级分类单位系统划分水文地质区①。

根据区域地质构造和水文地质条件划分出：

- 台地和板块的水文地质区（台地区）；
- 褶皱系统的水文地质区（山地褶皱带）。

在台地和板块内，这些地区是依据褶皱基底的压实期、沉积盖层岩石结构和地层岩系的地质年代、第四纪构造运动特征和强度来划分。这些地区的特点在于，在板块本身和水文地质区块的地盾范围内，优先发育自流盆地。

在山地褶皱系统中，所划分的水文地质结构组合综合了其皱褶期的主要年代、第四纪构造运动的方向和强度。

根据地下水形成的结构、构造及水文地质特征，各级水文地质结构分为以下类型：

- 台地和板块自流盆地；
- 山麓自流盆地；
- 山间自流盆地；
- 水文地质褶皱带；
- 水文地质地块。

笔者在此不再赘述更高构造级别的划分原则，而是指出，制图比例尺越小，用来论证的分类单元就越大。例如，在比例尺 1∶250 万的俄罗斯全境图中考虑了Ⅰ级和Ⅱ级构造单元，而在主要比例尺为 1∶50 万的联邦主体图件中，考虑了Ⅲ级和Ⅳ级构造单元，水文地质条件要求在Ⅱ级构造范围内区分出Ⅲ级和Ⅳ级构造单元。

有必要指出，根据以地质构造原则预测资源量模数的组合图，可以容易地根据原始图件的比例尺为所有不同面积的流域、行政区、自然地理单元计算得到资源量模数值。

2. 在工作的第二阶段，在全苏水文地质与工程地质科学研究所绘制的相关图件基础上，地质监测中心（Geomonitoring）对全国地下水资源进行统计，并分别评价了俄罗斯联邦所有联邦主体的地下水预测可采资源量，顺序如下（2001 年）：

---

① 所述原则在形式上针对融区比例低于 5% 的多年冻土分布区，但这些分布区的地质构造原则具有单纯形式上的特性，因为地下水的形成条件完全取决于融区的发育情况，而不是地质构造环境。

• 在俄罗斯联邦的每个联邦主体范围内，以二级水文地质构造（地下水盆地）或者按照上述俄罗斯联邦水文地质分区方案进入该联邦主体范围内的那部分作为最大的单元。

之后，在每个地下水盆地区中划分出需要评价的主要含水层（含水系统）。其中，首先区分出矿化度为 $1g/dm^3$ 以下的地下淡水含水层，这些含水层是主要且在很多地区是唯一的评价对象。在没有地下淡水的地区或地下淡水资源贫乏的地区，还评价了矿化度 $3g/dm^3$ 以下的地下水，在没有矿化度 $3g/dm^3$ 以下的地下水时，评价矿化度 $3\sim10g/dm^3$ 的地下水。

• 判断了主要的含水层之后，进行了专门的水文地质分区，区分出形成地下水资源的水文地质条件以及据此采用不同评价方法的大类地区。

其中，在每个俄罗斯联邦主体范围内区分出以下大类地区：

A 类评价区内的主要含水层具有广泛的面状分布。根据水文地质条件，在含水层的整个分布区都可能开采地下水。水源地的可能分布区与地下水补给区（地台及山间洼地的自流盆地、未固结碎屑沉积物中的地下水盆地等）重合。

B 类主要含水层（或单一地层内的产水区）的面积分布有限。仅在这些区域内可能开采地下水。在开采过程中，可能安置取水结构的区域与水源地分布不重合。该类包括所谓的由较高渗水性岩石组成并被低渗岩石包围的受限圈闭和带状结构。

C 类主要含水层呈面状分布，但是由于渗透性极不均匀，按照水文地质条件，仅在个别局部地段可能开采地下水。水源地的可能分布区具有局域特点，面积要显著地小于开采过程中的地下水补给区。属于这一类的主要是裂隙结晶岩分布区，以及多年冻土连续分布区的融区分布段。通常，补给区与小河和溪流的局部集水区一致。

D 类仅通过利用泉水或者袭夺泉水才能开采到地下水的山区，例如，利用河谷内的取水水井。

E 类主要含水层位于可以修建傍河（渗滤）水源地的河谷。

在划分出的每个地区内，找出了由于各种限制而不适宜或者无法开采地下水的区域（含水层的导水性极低；缺少适宜矿化度的地下水；几乎没有地下水补给；国家自然保护区；固体矿床的开采区；根据地形和水文条件无法开采地下水，如湖泊、水库等）。

通过计算地下水的资源潜量的面积模数和（或）线性模数对其余地区进行了评价。

资源潜量的面积模数是指从每平方千米通过水源地（包括通过泉室，即集取泉水的构筑物）从被评价含水层中抽出的地下水量［单位为 $L/(s\cdot km^2)$］。

资源潜量的线性模数是指从每千米傍河（渗滤）水源地中抽出的地下水量［单位为 $L/(s\cdot km)$］。

在面积模数值已知时，通过将模数乘以相应的面积计算出评价区的资源潜量，而在线性模数值已知时，资源潜量是指按照线性模数乘以评价区的长度计算出的傍河水源地的可能涌水量。

3. 在评价地下水的资源潜量时，需要确定地下水天然资源量的潜在开采比例，用利用系数 α 表示。

在一般情况下，资源潜量的面积模数按照以下公式计算：

a）对于非承压含水层

$$M_{\text{开采}}^{\text{非承压}}=\alpha_1 M_{\text{补给}} \tag{1.4.1}$$

式中，$M_{开采}^{非承压}$为资源潜量的面积模数；$M_{补给}$为地下水的入渗补给模数；α_1为地下水补给的利用系数。

b）对于承压含水层

$$M_{开采}^{承压}=\alpha_2 M_{越流} \tag{1.4.2}$$

条件式：

$$M_{越流}\leqslant(M_{补给}-M_{开采}^{非承压}) \tag{1.4.3}$$

式中，$M_{越流}$为地下水从上覆的潜水含水层穿过弱透水沉积层的最大可能越流量模数；α_2为越流补给系数。

最大可能越流量（承压水的潜在补给量）是在其含水层的整个分布区达到允许降深的情况下，可能通过越流进入被评价含水层的流量。

因此，地下水资源量模数是地下水入渗补给量（或者来自上覆含水层的渗漏量）中可能被地下水水源地袭夺的那部分补给量。最大利用系数为1.0，即非承压含水层的资源潜量不能超过其天然资源量，而承压层的资源潜量不能超过在该参数下的极限越流值。

其中，根据条件式（1.4.3），水从非承压层向承压层的越流量$M_{越流}$不能超过地下水的天然资源量；而在同时开采潜水和承压水时，不能超过计算非承压水资源潜量时仍然未被动用的那部分天然资源量。

在仅能通过泉室（即集取泉水的构筑物）开采地下水的山区，资源潜量按照枯水年95%保证率条件下的泉水径流量计算。其中，主要应当仅考虑那些可以用于供水的泉水。

4. 对于用取水井开采地下水的含水层，即在评价区的大部分区域，应当根据所选择的水源地布局型式（即根据为布置水源地所选择的网格步长）进行计算，选择网格步长时要考虑主要用水对象的分布密度。

5. 地下水资源量的评价难度在于难以确定地下水的补给模数。目前，地下水（天然资源量）补给模数通常认为等同于进入河流的地下水径流模数。在很多情况下，这种看法严重低估了地下水的补给量，因为地下水向河流网的排泄仅是地下水的消耗环节之一，而且也没有体现出地下水的蒸发和植物蒸腾、泉水溢出，地下水向海洋、沼泽、湖泊、湿地等的排泄。尤其是使用河流在枯水年95%保证率条件下的地下水补给模数时，地下水的补给量被显著低估。因此，为了计算补给模数，应尽可能地利用不同的方法，包括：

- 根据地下水进入河流的多年平均（或枯水年95%保证率条件下）模数评价补给量；
- 利用专项水均衡工作数据和文献数据，根据大气降水入渗系数评价补给量；
- 根据地下水水位观测数据评价补给强度；
- 通过数学建模的反问题求解评价补给量；
- 根据达西公式计算的地下径流消耗量评价补给量；
- 根据地下水水源地开采数据评价补给模数。

尽管上述方法都存在一定的不足，考虑到研究区的区域性特点，并且通常是在已有资料基础上评价地下水的潜在资源量，通过上述方法对地下水补给量进行评估总体上还是较为可靠的。对地下水补给量的准确评估能够为潜在地下水资源量的计算提供依据。与此同时，通常我们在计算过程中所采用的地下水补给模数，其值都要低于实际值，尤其是当我们根据地下径流量来计算含水层地下水补给量的时候。

6. 公式（1.4.1）中的系数α_1表示在开采非承压含水层时，可能将一部分地下水补给量袭夺至水源地。这一系数取决于含水层的渗透参数、厚度、水位容许降深和地下水开采井之间的间距：

$$\alpha_1 = f(k_m, S, R_k, W) \tag{1.4.4}$$

式中，k_m 为被评价含水层的导水率，m^2/d；S 为水位的允许降深，m；W 为地下水的补给强度，m/d；R_k为开采半径，m，其面积等于在相邻水源地的正中间穿过的线段所形成的块段面积。

在按照均一网格设置水源地时：

$$R_k = 0.565 \cdot l \tag{1.4.5}$$

式中，l 为相邻水源地的间距，m。

7. 公式（1.4.2）的系数 α_2 取决于越流参数和水源地的间距：

$$\alpha_2 = f(B, R_k) \tag{1.4.6}$$

式中，B 为越流参数，m，

$$B = \sqrt{\frac{k_m \cdot m_0}{k_0}} \tag{1.4.7}$$

式中，m_0和 k_0分别是弱透水层的厚度和渗透系数，单位分别为 m 和 m/d。

水文地质参数变化范围很大情况下的 α_1 和 α_2 系数值以及设计水源地开采半径达 10m 的 R_k 计算值，推荐参考现有的工作手册（Боревский и Язвин，1995）。

8. 如前所述，在可能通过傍河水源地开采地下水的河谷地带，计算了资源潜量的线性模数，计算公式如下：

$$M_{线性} = \alpha_3 \cdot Q_{管渠} \tag{1.4.8}$$

式中，$M_{线性}$为资源潜量的线性模数，L/(s · km)；$Q_{管渠}$为长度 1km 管渠的考虑河道沉积层阻力和到河流的距离计算的涌水量，L/s；α_3为诱发资源量的利用系数，

$$\alpha_3 = f(\lambda, L, \Delta L) \tag{1.4.9}$$

式中，λ 为井的间距，m；L 为从被评价的水源地到河流的距离，m；ΔL 为河道沉积层的阻力，m，

$$\Delta L = \sqrt{k_m \cdot A_0}\, \mathrm{cth} 2b / \sqrt{k_m \cdot A_0} \tag{1.4.10}$$

式中，$A_0 = m_0/k_0$，m_0和 k_0分别为淤泥层的厚度和渗透系数，单位分别为 m 和 m/d；$2b$ 为河流的宽度，m。

按照公式（1.4.8）求出的线性模数值应低于河床沉积物的渗透能力，且考虑容许变化量情况下的河流枯水径流流量。

9. 在具备地下水开采经验的情况下，为评价资源潜量的面积模数和线性模数，采用水文地质比拟法。

10. 对俄罗斯联邦各联邦主体的资源潜量评价结果（工作的第二阶段）反映在地下水现状及其利用条件的图件中（主要以比例尺 1：150 万至 1：50 万绘制）。在这些图件中表征了资源潜量的面积模数和线性模数，而对于山区而言，可以采用泉水的旱季径流模数进行表征。图件中还区分出由于研究不充分或者无法开采地下水而没有评价资源量的地区。

这些图件成为根据已经采用的俄罗斯联邦水文地质分区来进行编制电脑版综合图《俄罗斯联邦预测可采资源模数图》的依据（Язвин и др.，2003）。

在这些图件的基础上，按照比例尺1：250万对原始图件进行了取舍，即把小轮廓加以合并，根据相邻各联邦主体的评价结果，对资源潜量面积模数值不同的地带的边界线进行修正。

图件上仅表征了不同的面积模数。由于成果图的比例尺小，没有在图件上表征可以修建傍河水源地地段的线性模数。但是，在图件中用专门符号区分出了可以修建傍河水源地的地段。并在地下水资源量的总值中，计入了这些水源地涌水量的资源潜量。

在成果图中，表征的主要是矿化度小于$1g/dm^3$的地下水资源潜量模数。在矿化度大于等于$1g/dm^3$的地区，则反映了矿化度$1\sim3g/dm^3$的水资源模数。而在矿化度大于等于$3g/dm^3$的地区则被列为地下水无法作为生活饮用水开采的地区。俄罗斯欧洲部分南部的部分地区是例外，对这些地区表征了矿化度$3\sim10g/dm^3$的地下水资源模数。

在俄罗斯境内，连续多年冻土区的分布面积非常之大。在这些地区，只有贯通融区和河道下融区的地下水可以用于生活供水，尤其是在大型河流的河谷地带，这里的地下水与地表水存在水力联系。贯通融区和河道下融区的分布具有点状特点。因此，在多年冻土基本上呈连续发育的地区内，评价地下水资源量时，根据岩石的负温情况，地下水资源量模数与融区的预估发育面积（等于5%和1%）成比例减少。

同时，在这些地区也可能发现大型的地下水水源地（例如，诺里尔斯克工业区的塔尔纳赫水源地和叶尔加拉赫水源地）。在多年冻土基本上呈连续发育的某些地区，利用以往的水文地质学研究可以区分出数量众多的融区，评价了这些融区的地下水资源量，其总值被用于计算地下水的预测可采资源量的平均模数，这个平均模数作为整个地区的平均特征值也表征在模数图上。

11. 俄罗斯联邦的各联邦主体取得了地下水资源量的原始评价结果，而为了计算各水文地质区的地下水资源量，使用了两种方法：

- 根据资源潜量模数图评价资源潜量；
- 通过汇总联邦主体相应区域的评价结果来评价资源潜量。

由于通过模数图评估资源潜量需要在所界定的每个区域变化范围内确定模数的平均值（这导致了计算数值的特定条件），因此采用第二种方法获得的数据作为主要结果。

12. 前文阐述了早期制定的和1996年至2002年间制定的地下水资源量（旧的术语为“预测可采资源量”）的一般评价方法，这些方法适用于Ⅰ级和Ⅱ级行政区或较大的水文地质区，且没有对含水层的评价值进行细分并将其绑定至某一用水对象的河流流域的面状评价。

在更详细地评价某一自流盆地和水文地质构造单元的资源潜量时，对某一用水对象的布置方案和用水需求、主要含水层的资源潜量分配、地下水水源地的局部远景地段的划定等方面，可以使用与评价地下水可采储量时相同的方法（Боревский и др., 1989）。其中，对于自流盆地和山间盆地，最好用数学建模法，而对于褶皱区的水文地质构造单元，最好用均衡法和水文地质比拟法。

为评价河谷地带的地下水资源量，结合水文地质比拟法和专家评价法的水动力学法最为有效。

对于长期开采和已被深入研究的地下水盆地，在水利工程发生显著和快速变化的情况下，适宜建立能够迅速对其范围内的地下水资源量进行重新评价的稳定数学模型。

13. 联邦地下资源利用署提出了“为俄罗斯联邦境内居民饮用水供水和保证工业设施用水的地下水资源量评价”课题。在该课题框架下完成的第三阶段工作（2007 年至 2011 年），便使用了水文地质与地质生态科学研究所在 1995 年制定的方法。

同时，第二阶段工作中所完成的潜在水资源量评价分析结果表明，需要对本次评价的技术方法进行进一步的发展和完善。因此，在完成上述课题的工作时，主要对这一方法进行了以下方面的补充：

13.1　计算方法基本上被保留下来。但是，考虑到按照此方法评价的是资源潜量，为评价地下水的预测可采资源量，应当从计算值中减去以往评价过的并通过国家审核和国家登记的地下水可采资源量的总和。

于是，预测资源量首次从资源潜量中区分出来。所得到的预测资源量可以在相应的分级后与可采储量一起进行国家登记。每个被评价的水文地质区的预测资源量应当定为 P_3 级。但是，鉴于新版《地下水开采储量及预测资源量分类》中预测资源量被分为 P_1、P_2 和 P_3 级，因此预测资源量可能按照以下方式细分：

——按照推荐的计算方法计算出的预测资源总量符合 P_3 级；

——从计算得到的预测资源总量中可以划分出在地下水可采储量评价报告中已经计算过的某些水源地的 P_1 级预测资源量；

——在储量未被评价和未被国家登记的矿产地段，实际的集中取水可以定为 P_1 级；

——某一水文地质区的累计分散取水可以定为 P_2 级；

——将计算值按照单独产水含水层和含水系统细分到某一水文地质区内时，通过更详细的工作计算出的预测资源量可以按照《地下水开采储量及预测资源量分类》定为 P_2 级。

同时，必须再次强调，在设定的任务框架内，计算出的预测资源量在研究的详细度方面符合 P_3 级。但是，不应根据研究程度从 P_3 级中区分出研究程度更详细的 P_1 和 P_2 级资源量，而是应该根据利用适当方式计算出的结果和国家地质监测中心登记的地下水利用数据完成分级。

还需指出，对于俄罗斯联邦的欧洲部分和亚洲部分（主要是东西伯利亚地区和远东地区）的研究程度有显著不同。在俄罗斯联邦欧洲部分的很多地区，不论是采用解析计算还是采用数学建模方法，现有的资料都可以作为评价 P_2 级预测资源量的依据。

13.2　在以往对联邦主体完成的评价中，对计算方法的部分原则进行了严格的规定，而对于另一部分原则，使用者有一定的选择自由，包括：

——没有规定计算网格的间距，因此对于处于相同水文地质条件下的相邻联邦主体，取得的预测资源量的面积模数值不同；

——没有规定天然资源量的评价方法，这也使得在同类型条件下的模数值可能有显著的不同；

——用河流的多年平均枯水期地下径流值或用 95% 保证率的泉水径流模数论证 C 级和 D 级预测资源量，论证时可以不代入利用系数。利用系数事先等于 1（根据专家评价，实际值为 0.1 ~ 0.6），这导致图瓦、戈尔内阿尔泰等地区预测资源量的计算值增大数倍；

——可以根据编图中采用的平均值判断某一地区的预测资源量平均模数值。但这与计算值存在明显偏差，而且在2～5L/s区间尤其明显，因此需要细分；

——在评价地下水水质时，仅考虑了矿化度超过标准值的情况，而某一浓度超过标准值的情况没有考虑；

——没有评价冻结层下水。

13.3　上述问题要求完善预测资源量（资源潜量）的评价方法并按照以下要求加以修正：

——把计算的地下水资源量值分为可采储量和预测资源量，并把预测资源量报送国家批准和登记；

——修正评价区内部分联邦主体毗连区域的网格计算步长；

——修正并统一天然资源量的计算值；

——根据修正后的网格步长和天然资源量，重新计算已经评价过的资源潜量和预测资源量；

——把预测资源量模数2～5L/(s·km^2)划分为两级：2～3L/(s·km^2)和3～5L/(s·km^2)；

——当俄罗斯联邦主体的研究报告中包含原始数据时，应对三级的独立水文地质区（山间自流盆地和山内盆地）的地下水预测资源量进行计算；

——在对泉水径流和河流枯水期径流的利用系数（α=0.1～0.6）进行专家评价的基础上，计算C类和D类地区的资源潜量，这样可以真正地修正资源潜量值；

——完成P_3级预测资源量的计算，包括以往没有评价的自然保护区和无法开采地下水或者不具备地下淡水的地区，即普遍存在微量［M<0.1 L/(s·km^2)］的地下水；

——进行区域水文地球化学分区，在总矿化度、常量和微量组分方面，已评价的预测地下水资源的水质存在不同。

此外，变更和修正了俄联邦境内的水文地质分区，这使地下水资源量的计算结果发生相应的改变。

14. 编制了俄联邦资源潜量的标准数字图件（比例尺1∶250万），该图件与地形底图、行政界线、水文地质分区具有拓扑匹配。

该图件是在各联邦主体已有资料基础上进行绘制的。这些基础资料包括不同比例尺的图件（从1∶250万到1∶20万）以及含水文地质参数的计算表格。经过系统化、数字化等处理后，上述资料为已经建立的资源潜量专题数据库和地图数据库中相互关联的部分提供了信息。

为了建立编图区块，使用了ArcGIS 9.3（ESRI）地理信息系统。主要工作步骤如下：

• 建立联邦主体的原始数据库。在统一的地形底图下，按照统一的结构为所有联邦主体建立地下水资源量的数字模型图件，得到一套矢量图层，这些矢量图层的每一个对象都是地下水资源量及其模数的计算区块，并使计算区块与采用的水文地质参数的专题数据库相关联。再将图件数据库进行可视化处理，使专题数据库的变化能交互反映出来。

• 分析、更新和修正联邦主体的原始数据库。评价地下水资源量，为联邦主体的部分毗邻区域建立GIS项目，插入原始图件的栅格图像，并运用降水量图、河流流域图和冻土图等补充数字信息。重点关注水源地数据库的建立，为每个区块计算地下水储量并更新地下水资源量。修正地下水资源量模数的相应图层边界和模数的绝对值，调整主体边界的对象特征值，并根据部分主体重新建立专题图层。通过开展此项工作，得到了联邦主体的现代数字图件模型（DCM）。

• 建立俄罗斯联邦资源潜量数字图件模型（DCM of RF）。原作者对于地下水资源量模数的评价，是以原始资料的比例尺或者不大于1∶100万的平均化比例尺进行的，所以在向DCM of RF（比例尺1∶250万）转化时，出现了地下水资源量模数和矿化度的边界线多余细化和图层模糊化，故应该对某些图层进行综合处理。利用ArcGIS 9.3软件并参照地形底图的元素对边界线进行修正。当边界线与地形底图的元素或者与水文地质分区界线重合时，不进行综合处理。对地下水资源量的图层进行综合处理时，首先把具有相同注记内容的相邻对象进行合并，然后计算合并对象地下水资源量模数的权重，最后再综合处理地下水资源量。

在设计和编制资源潜量图时：

——把2～5L/(s·km^2）划分为2～3L/(s·km^2）和3～5L/(s·km^2）两个区间，并按照这两个区间分别编制地下水资源量模数图；

——在图件上给出地下水预测资源量和可采储量［用泊松和（或）数字］的地下水资源潜力范围；

——将水文地质区Ⅰ、Ⅱ和Ⅲ的边界在地图上用不同的符号标出；

——在图件上区分出地下水饮用水总矿化度、主要常量和微量组分未达标的区域水文地球化学区；

——在图件上标出主要产水含水层和含水系统的代号。

图件的属性表包含了Ⅰ级和Ⅱ级水文地质区、部分Ⅲ级区、联邦主体和联邦区的资源潜力计算值、估算的水资源数据，以及进行国家登记的可采地下水资源储量。

利用比例尺为1∶250万的图件，直接将面积与相应面积模数相乘，计算地下水的资源潜量。

鉴于上述原因以及水文地质区自身边界线的变化，对以往计算出的单独水文地质区和联邦主体的地下水预测资源量总量进行了重新评价和修正。

1.4.3　地下水资源量的评价结果

本节阐述了最终阶段（2007年至2011年）的研究成果，其中，主要的工作成果如下：

1. 评价了地下水作为俄罗斯全境居民饮用水和工业设施用水的资源潜量，包括在各联邦主体和水文地质构造中的分布。

2. 把计算出的资源潜量值细分为可采储量和预测资源量，准备把预测资源量报送批准并列入国家地下水统计与均衡系统。把计算出的预测资源量值定为P_3级，P_3级对应小规模的水文地质调查。

3. 建立了专题数据库和图件数据库，这些数据库简化了资源潜量和预测资源量的计算流程。根据新取得的区域调查和地质勘探工作资料，来修正原始数据并实时变更评价结果。

4. 建立了俄罗斯联邦地下淡水和弱矿化水的资源潜量数字标准图件（比例尺1∶250

万)，该图件与地形底图、行政区边界线、水文地质分区拓扑匹配和对应。

绘制了俄罗斯多个地区的自流盆地和褶皱造山带的局部图，详见图 1.4.1 至图 1.4.4。

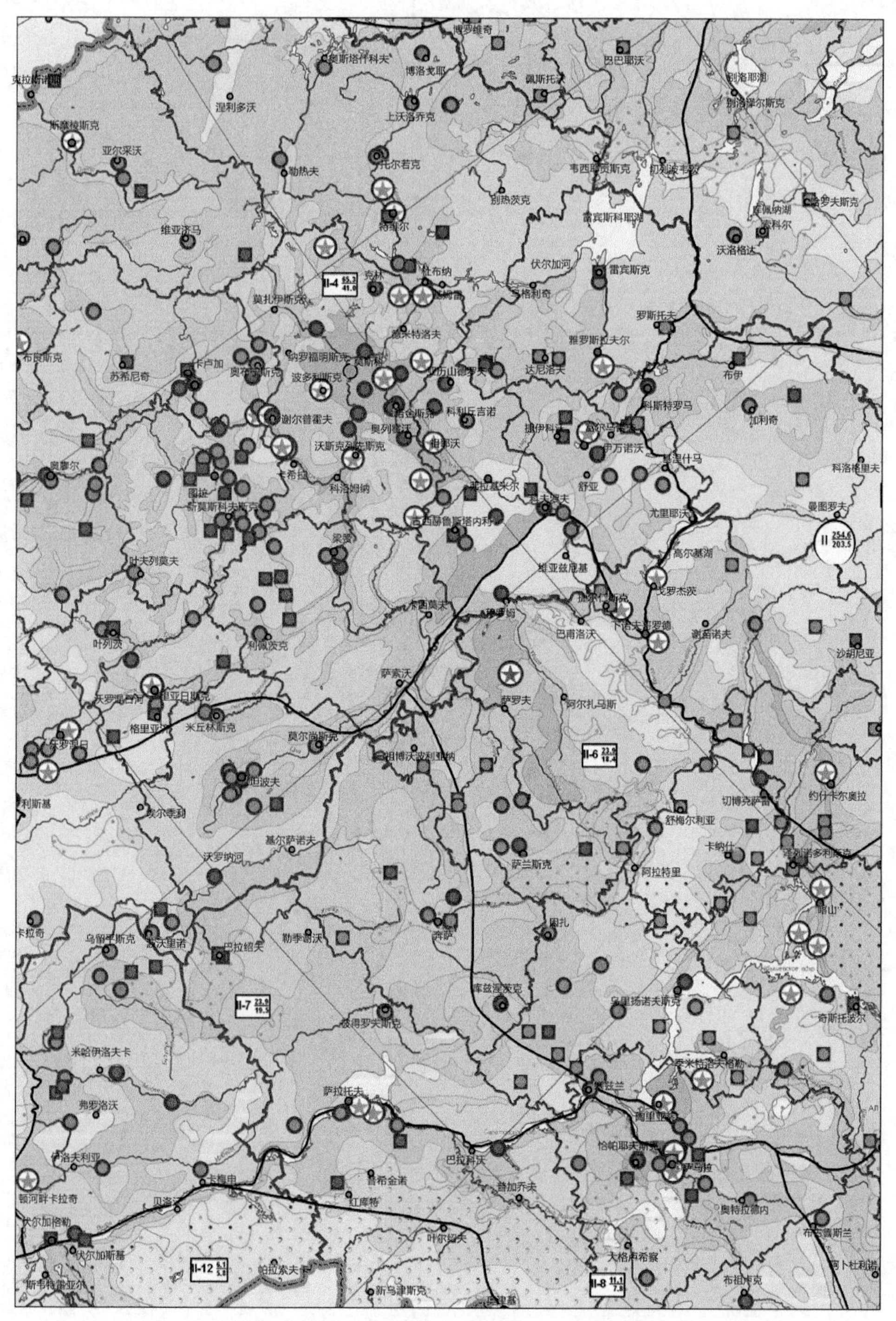

图 1.4.1 《俄罗斯联邦地下水资源潜力分布图》俄罗斯联邦欧洲地区中部的局部地图示意图

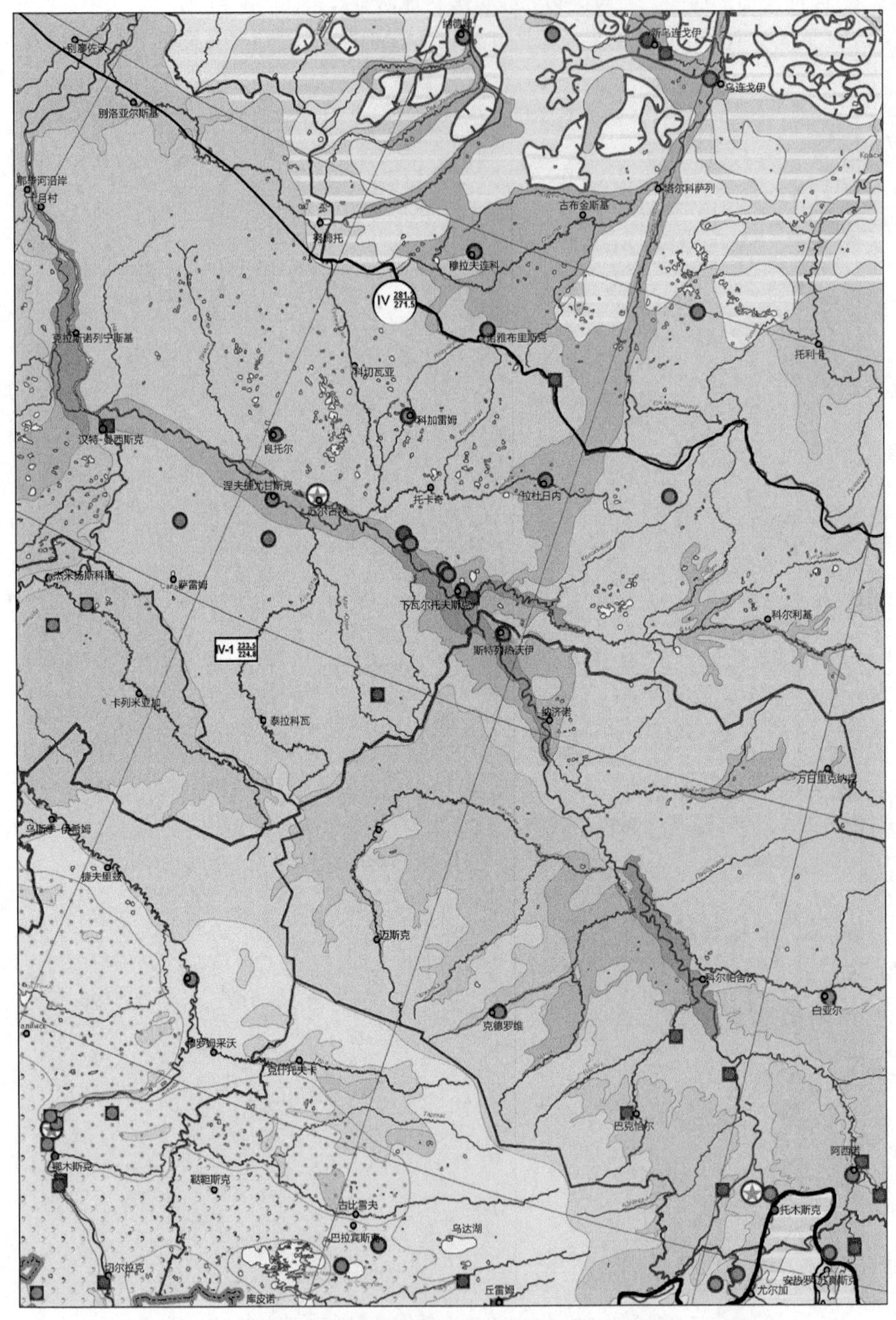

图 1.4.2 《俄罗斯联邦地下水资源潜力分布图》西西伯利亚自流盆地中部局部地图示意图

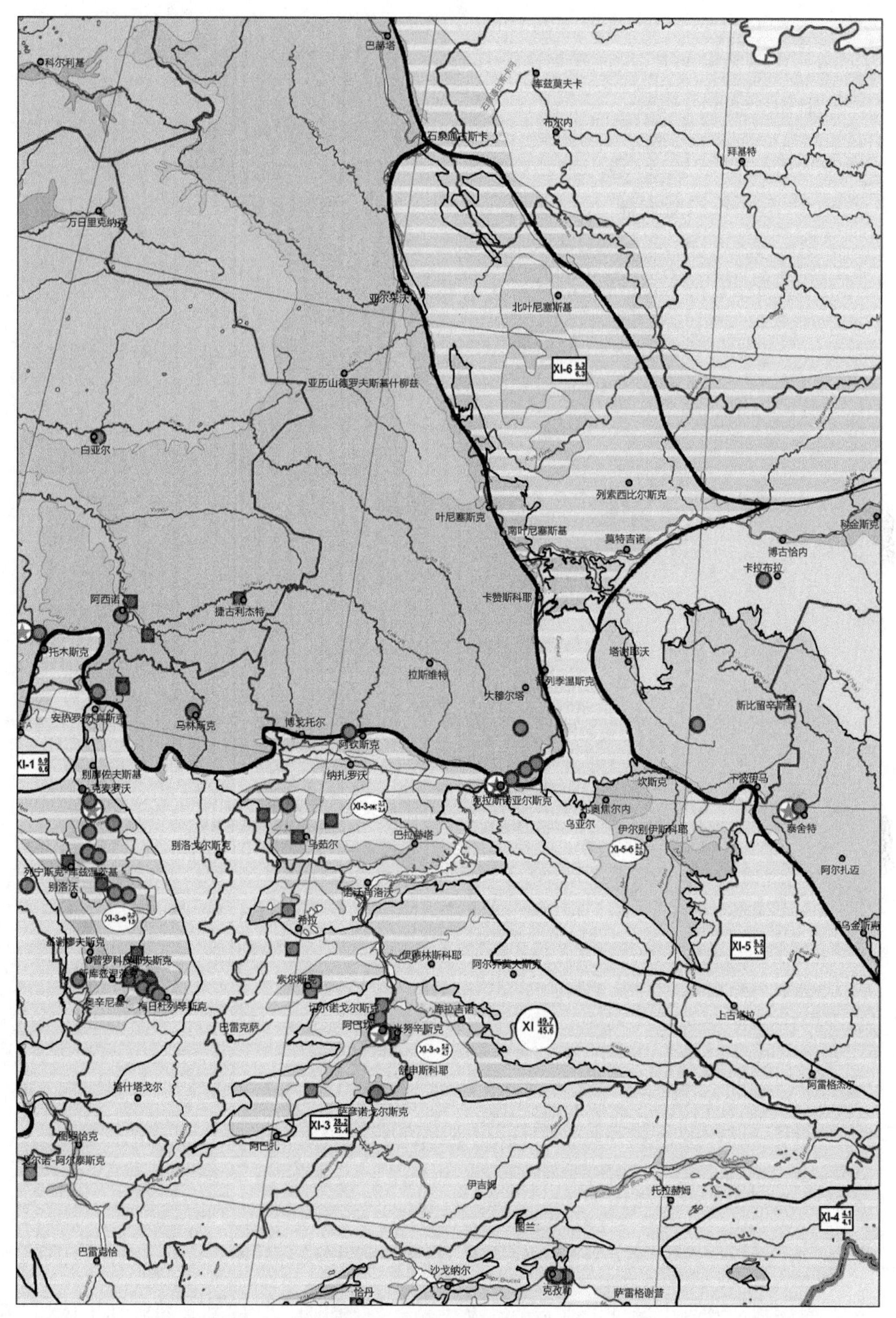

图 1.4.3　《俄罗斯联邦地下水资源潜力分布图》西西伯利亚自流盆地与阿尔泰-萨彦褶皱区过渡带局部地图示意图

规律。

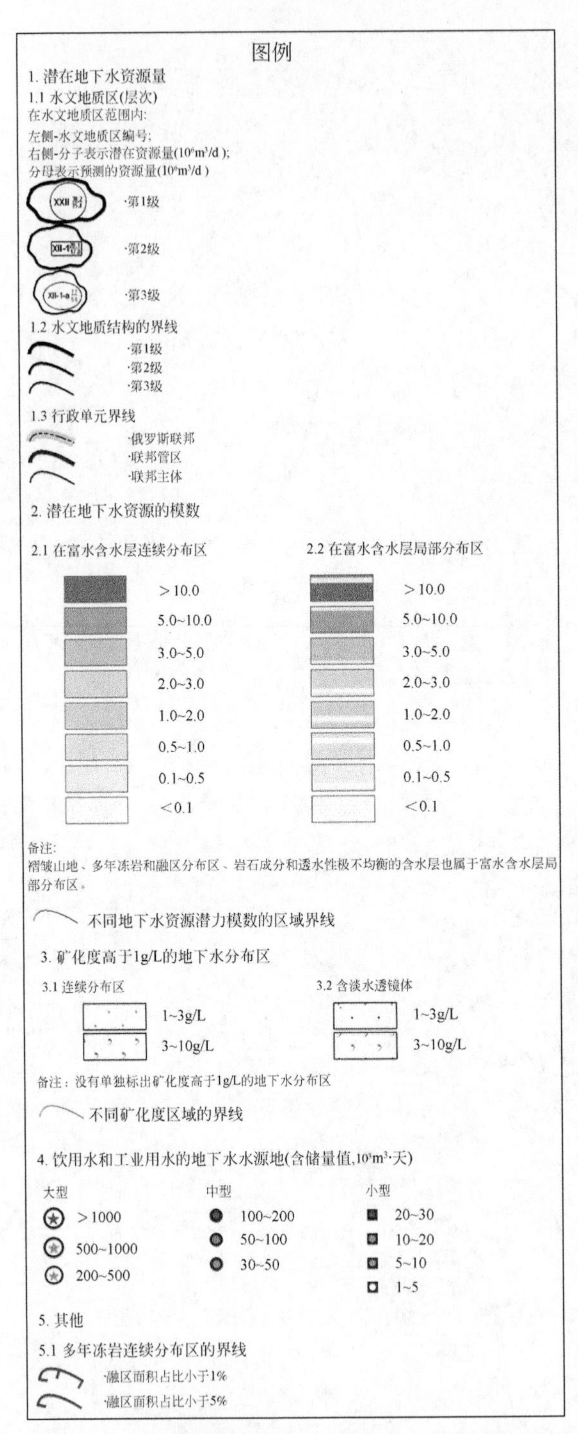

图 1.4.4 《俄罗斯联邦地下水资源潜力分布图》图例

在已有资料的基础上评价了地下水资源量在水文地质构造、联邦区和联邦主体的分布规律。

俄罗斯联邦主体和联邦区的地下水资源潜量和预测资源量评价结果见表1.4.1。

表1.4.1　俄罗斯联邦主体和各联邦区的地下水资源量、预测资源量和可采储量分配表

编号	联邦主体名称	面积/10^3km^2	资源潜量/(10^6m^3/d)			资源潜量模数（面积模数）/[L/(s·km^2)]	储量/(10^6 m^3/d)	预测资源量/(10^6 m^3/d)	勘探度(用小数表示)
			小计	不计傍河水源地的资源潜量	傍河水源地的资源潜量				
	西北联邦区	**1 557.1**	**99.4**	**96.1**	**3.3**	**0.7**	**5.4**	**94.0**	**0.05**
1	卡累利阿共和国	138.5	1.7	1.7		0.1	0.0	1.7	0.02
2	科米共和国	407.5	45.2	44.7	0.5	1.3	1.3	43.9	0.03
3	阿尔汉格尔斯克州	379.9	16.6	15.7	0.9	0.5	1.4	15.2	0.08
4	沃洛格达州	136.6	11.9	11.8	0.1	1.0	0.2	11.7	0.02
5	加里宁格勒州	13.2	1.8	1.4	0.4	1.2	0.5	1.3	0.30
6	列宁格勒州和圣彼得堡市	72.7	5.2	5.2		0.8	1.0	4.2	0.20
7	摩尔曼斯克州	132.8	2.9	1.8	1.1	0.2	0.3	2.6	0.12
8	诺夫哥罗德州	52.4	3.9	3.9		0.9	0.2	3.7	0.05
9	普斯科夫州	51.7	7.1	7.1		1.6	0.3	6.8	0.04
10	涅涅茨自治区	172.0	3.2	2.9	0.3	0.2	0.2	3.0	0.05
	中央联邦区	**631.5**	**76.0**	**66.2**	**9.8**	**1.2**	**28.1**	**47.9**	**0.37**
11	别尔哥罗德州	26.8	3.5	2.0	1.5	0.8	1.5	2.0	0.44
12	布良斯克州	34.4	5.3	5.0	0.3	1.7	1.1	4.2	0.21
13	弗拉基米尔州	28.6	3.5	3.5		1.4	1.9	1.6	0.53
14	沃罗涅日州	51.5	4.1	3.2	0.9	0.7	1.7	2.4	0.43
15	伊万诺沃州	20.6	2.0	1.9	0.1	1.1	0.7	1.3	0.36
16	卡卢加州	29.2	5.2	3.6	1.6	1.4	1.2	4.0	0.24
17	科斯特罗马州	58.2	3.5	3.5		0.7	0.4	3.1	0.10
18	库尔斯克州	29.6	2.4	1.4	1.0	0.6	1.3	1.1	0.52
19	利佩茨克州	23.4	2.2	2.2		1.1	1.5	0.7	0.67
20	莫斯科州和莫斯科市	45.6	11.1	9.0	2.1	2.3	10.2	0.9	0.91
21	奥廖尔州	24.3	2.2	2.2		1.0	0.8	1.4	0.35
22	梁赞州	38.8	3.8	3.8		1.1	0.7	3.1	0.18
23	斯摩棱斯克州	48.5	8.6	7.1	1.5	1.7	0.8	7.8	0.09
24	坦波夫州	34.0	3.2	3.2		1.1	0.9	2.3	0.29
25	特维尔州	81.2	8.8	8.8		1.3	1.4	7.4	0.16
26	图拉州	25.0	2.6	2.5	0.1	1.1	1.5	1.1	0.60
27	雅罗斯拉夫尔州	31.7	4.0	3.3	0.7	1.2	0.6	3.4	0.15

续表

编号	联邦主体名称	面积 /$10^3 km^2$	资源潜量/($10^6 m^3/d$)			资源潜量模数（面积模数）/[L/(s · km^2)]	储量/($10^6 m^3/d$)	预测资源量/($10^6 m^3/d$)	勘探度（用小数表示）
			小计	不计傍河水源地的资源潜量	傍河水源地的资源潜量				
	北高加索和南部联邦管区	**577.9**	**49.2**	**41.5**	**7.7**	**0.8**	**16.7**	**32.5**	**0.34**
28	阿迪格共和国	7.4	1.2	0.8	0.4	1.2	0.3	0.9	0.24
29	达吉斯坦共和国	50.7	4.1	3.8	0.3	0.9	1.2	2.9	0.28
30	印古什共和国	3.6	0.5	0.3	0.2	0.9	0.1	0.4	0.29
31	卡巴尔达-巴尔卡尔共和国	12.5	4.8	3.9	0.9	3.6	1.4	3.4	0.30
32	卡尔梅克共和国	73.2	1.9	1.9		0.3	0.1	1.8	0.06
33	卡拉恰伊-切尔克斯共和国	14.3	3.2	0.6	2.6	0.5	0.8	2.4	0.26
34	北奥塞梯共和国	8.1	2.0	1.3	0.7	1.8	1.7	0.3	0.86
35	车臣共和国	15.9	2.6	2.6		1.9	1.3	1.3	0.49
36	克拉斯诺克尔边疆区	74.5	9.2	8.4	0.8	1.3	4.5	4.7	0.49
37	斯塔夫罗波尔边疆区	65.7	5.7	5.4	0.3	0.9	1.8	3.9	0.32
38	阿斯特拉罕州	45.5	3.1	2.7	0.4	0.7	0.1	3.0	0.03
39	伏尔加格勒州	107.6	8.1	7.4	0.7	0.8	1.9	6.2	0.23
40	罗斯托夫州	98.9	2.9	2.5	0.4	0.3	1.5	1.4	0.53
	伏尔加河沿岸联邦区	**1 003.9**	**126.5**	**116.8**	**9.7**	**1.3**	**17.4**	**109.1**	**0.14**
41	巴什基尔斯坦共和国	138.7	15.5	13.7	1.8	1.1	2.5	13.0	0.16
42	马里埃尔共和国	22.5	3.2	3.2		1.6	0.5	2.7	0.16
43	摩尔多瓦共和国	25.7	3.5	3.5		1.6	0.5	3.0	0.13
44	鞑靼斯坦共和国	63.0	8.1	8.1		1.5	1.9	6.2	0.24
45	乌德穆尔特共和国	40.8	4.1	4.1		1.2	0.2	3.9	0.05
46	楚瓦什共和国	17.7	1.5	1.1	0.4	0.7	0.3	1.2	0.18
47	彼尔姆边疆区	154.5	32.1	32.1		2.4	1.2	30.9	0.04
48	基洛夫州	117.3	11.8	11.5	0.3	1.1	0.4	11.4	0.04
49	下诺夫哥罗德州	74.4	9.5	8.0	1.5	1.2	2.6	6.9	0.27
50	奥伦堡州	123.2	8.4	6.8	1.6	0.6	2.0	6.4	0.23

续表

编号	联邦主体名称	面积/10^3km^2	资源潜量/($10^6m^3/d$)			资源潜量模数（面积模数）/[L/(s·km^2)]	储量/($10^6m^3/d$)	预测资源量/($10^6m^3/d$)	勘探度(用小数表示)
			小计	不计傍河水源地的资源潜量	傍河水源地的资源潜量				
51	奔萨州	42.9	7.5	6.9	0.6	1.9	0.4	7.1	0.05
52	萨马拉州	50.8	7.3	5.8	1.5	1.3	2.8	4.5	0.38
53	萨拉托夫州	97.8	10.5	9.0	1.5	1.1	1.4	9.1	0.13
54	乌里扬诺夫斯克州	34.8	3.4	2.9	0.5	1.0	0.7	2.7	0.20
	乌拉尔联邦区	**1 676.5**	**189.9**	**189.0**	**0.9**	**1.3**	**6.3**	**183.6**	**0.03**
55	库尔干州	69.1	4.8	4.8		0.8	0.2	4.6	0.04
56	斯维尔德洛夫斯克州	188.7	23.5	23.5		1.4	1.5	22.0	0.06
57	秋明州	154.7	14.8	14.8		1.1	0.8	14.0	0.05
58	车里雅宾斯克州	85.7	7.0	6.5	0.5	0.9	1.1	5.9	0.16
59	汉特-曼西自治区	515.9	100.3	100.3		2.2	1.7	98.6	0.02
60	亚马尔-涅涅茨自治区	662.5	39.6	39.2	0.4	0.7	1.0	38.6	0.03
	西伯利亚联邦区	**4 900.7**	**260.2**	**235.6**	**24.6**	**0.6**	**15.2**	**245.0**	**0.06**
61	阿尔泰共和国	91.4	4.4	4.4		0.6	0.2	4.2	0.05
62	布里亚特共和国	325.7	18.5	14.5	4.0	0.5	1.3	17.2	0.07
63	图瓦共和国	165.1	9.4	7.1	2.3	0.5	0.2	9.2	0.02
64	哈卡斯共和国	59.8	5.9	3.2	2.7	0.6	0.5	5.4	0.08
65	阿尔泰边疆区	163.2	11.3	9.6	1.7	0.7	2.3	9.0	0.20
66	外贝加尔边疆区	424.0	19.0	17.8	1.2	0.5	1.8	17.2	0.09
67	克拉斯诺亚尔斯克边疆区	696.9	60.4	53.9	6.5	0.9	1.6	58.8	0.03
68	泰梅尔自治区	783.7	2.8	2.8		0.04	0.2	2.6	0.08
69	埃文基自治区	745.6	6.2	6.2		0.1	0.0	6.2	0.00
70	伊尔库茨克州	737.7	48.2	44.0	4.2	0.7	2.1	46.1	0.04
71	克麦罗沃州	94.2	6.1	5.6	0.5	0.7	1.8	4.3	0.29
72	新西伯利亚州	169.3	7.0	6.2	0.8	0.4	1.9	5.1	0.27
73	鄂木斯克州	137.5	5.7	5.0	0.7	0.4	0.4	5.3	0.08
74	托木斯克州	306.6	55.1	55.1		2.1	0.9	54.2	0.02
	远东联邦区	**5 989.5**	**199.4**	**193.5**	**5.9**	**0.4**	**7.3**	**192.1**	**0.04**
75	萨哈（雅库特）共和国	2 984.9	50.4	50.4		0.2	0.6	49.8	0.01

续表

编号	联邦主体名称	面积/10^3km²	资源潜量/(10^6m³/d)			资源潜量模数（面积模数）/[L/(s·km²)]	储量/(10^6 m³/d)	预测资源量/(10^6 m³/d)	勘探度(用小数表示)
			小计	不计傍河水源地的资源潜量	傍河水源地的资源潜量				
76	堪察加边疆区	454.1	25.5	23.0	2.5	0.6	0.6	24.9	0.02
77	滨海边疆区	162.8	11.5	10.6	0.9	0.8	1.4	10.1	0.12
78	哈巴罗夫斯克（伯力）边疆区	764.5	46.2	44.6	1.6	0.7	1.9	44.3	0.04
79	阿穆尔州	352.8	22.0	21.4	0.6	0.7	0.7	21.3	0.03
80	马加丹州	451.1	8.2	8.2		0.2	0.7	7.5	0.09
81	萨哈林（库页）州	85.1	26.8	26.8		3.6	0.6	26.2	0.02
82	犹太自治州	35.4	3.5	3.2	0.3	1.1	0.7	2.8	0.21
83	楚科奇自治区	698.9	5.3	5.3		0.09	0.2	5.1	0.03
	俄联邦全境合计	**16 337.2**	**1000.6**	**938.7**	**61.9**	**0.7**	**96.4**	**904.2**	**0.10**

注：克拉斯诺亚尔斯克边疆区的数据参照2007年行政区划划分的联邦主体数据。

由表可知，俄罗斯联邦拥有极其丰富的地下水资源潜力，为10亿m³/d或者超过365km³/a。其中，傍河水源地地下水资源潜力巨大。在具备傍河水源地修建条件的地段，仅建成5%的水源地。这些已建成的傍河水源地地下水资源潜力已经超过6000万m³/d（包括已把水资源储量计算在内的地下水水源地，其地下水资源潜力为2000万m³/d）。

同时，截至2010年1月1日，已批准地下水储量为9690万m³/d。因此，俄罗斯联邦的地下水资源量平均勘探率约为10%。在表1.4.1中列出了各联邦主体的地下水资源量勘探度。由表可知，各联邦主体的地下水资源量勘探度变化范围较大，从0至90%。

由表1.4.1可知，俄罗斯全境的平均模数（不考虑傍河水源地的地段）为0.7L/(s·km²)。

表中列出的地下水资源量模数平均值等于总资源潜量（不包括入渗补给型水源地的涌水量）除以相应的联邦主体或水文地质构造的面积。因此，它代表被评价区的平均值。

各联邦区的资源潜量模数从0.4L/(s·km²)（远东联邦区）到1.3L/(s·km²)（伏尔加河沿岸联邦区、乌拉尔联邦区）不等。各联邦主体的模数变化幅度更大，从0.04L/(s·km²)（泰梅尔）和0.1L/(s·km²)（卡累利阿共和国、埃文基自治区、楚科奇自治区）到3.6L/(s·km²)（卡巴尔达-巴尔卡尔共和国）。

地下水潜在水资源量的波动范围也相当大。汉特-曼西自治区（超过1亿m³/d）和克拉斯诺亚尔斯克边疆区（约6000万m³/d）的地下潜在水资源量最大，这是由于这两个联邦主体的面积较大。然而，俄罗斯10个联邦主体的潜在水资源量仅为100万~200万m³/d，甚至更少。

在微咸地下水的分布区，计算出的资源潜量不到3500万m³/d，占总数的3%。在卡尔梅克共和国、库尔干共和国、阿斯特拉罕共和国、罗斯托夫州和其他多个联邦主体，矿化度高于1g/L的水在供水中发挥的作用最大。

如前所述，表1.4.1中的数据代表每个联邦主体的地下水资源量的平均值。

但是，由于多个地区没有地下淡水资源，或者地下水中的微量组分浓度超过最高容许浓度，并且分布范围较广，再加上多年冻土的发育和其他因素，使得地下水资源量在全国和某个联邦主体内的分配并不均衡，因此表中所列数字并不能充分地表明居民利用地下水资源的保证率。

以下简要说明俄罗斯各联邦区的地下水资源量。

1.4.3.1　西北联邦区

西北联邦区的预测可开采地下水资源量略高于1亿m^3/d，平均地下水开采模数为$0.7L/(s \cdot km^2)$。科米共和国境内的预测可开采地下水资源量约占整个西北联邦区的50%。科米共和国境内大部分区域（除了连续性多年冻土发育区之外）都具备形成潜在地下水资源的有利水文地质条件。在阿尔汉格尔斯克州中部和列宁格勒州的某些地区，含水岩石为喀斯特化和微裂隙石灰岩，为形成大型的地下水水源地提供有利条件。

在地下水矿化度高的诺夫哥罗德州、列宁格勒州大部分地区、阿尔汉格尔斯克州的西南部以及沃洛格达州的部分地区，资源潜量的形成条件较为复杂。

位于裂隙水盆地的卡累利阿州和摩尔曼斯克州的条件最不利。尽管天然资源量相当可观（地下水补给量约为5亿m^3/d），但资源潜量却不到500万m^3/d，这与该地区含水基岩的渗透性能极低有关，并且水源地的主体部分为脉状裂隙水。在这两个州，仅在现代河谷和埋藏河谷以及具有更高导水性的砂岩发育段可以找到较大型的地下水水源地。涅涅茨自治区北部地区的地下水资源形成条件也很复杂，该区域的地下水极其贫乏，仅在规模不大的傍河融区和湖下融区才可能开采到地下水。

1.4.3.2　中央联邦区

中央联邦区的地下水资源量约为8000万m^3/d，其中傍河水源地占1000万m^3/d。平均资源潜量模数（傍河水源地除外）为$1.2L/(s \cdot km^2)$。

在中央联邦区境内，坐落着俄罗斯欧洲部分最大的自流盆地——莫斯科自流盆地，在该盆地内的石炭系和泥盆系碳酸盐岩沉积层中形成了大型地下水水源地，而中央联邦区北部和东部（雅罗斯拉夫尔州；特维尔州、伊万诺夫州和科斯特罗马州的一系列地区）的条件略差一些。但是在这些地区的第四系河谷沉积层中，可找到相当大规模的水源地。在莫斯科州、斯摩棱斯克州、卡卢加州、别尔哥罗德州和库尔斯克州，入渗补给型水源地的开采可能起到重要作用。

在中央联邦区的南部，库尔斯克地磁异常区（KMA）内铁矿床的开采以及随之而来的高强度排水使地下水的开采难度增加。另外，在一定条件下，矿山排水可能成为工业供水的来源，在某些情况下也可能成为生活饮用水的来源。

1.4.3.3　伏尔加河沿岸联邦区

伏尔加河沿岸联邦区的地下水资源量为1.2亿m^3/d，平均模数为$1.3L/(s \cdot km^2)$。在这一计算值中，萨马拉州、萨拉托夫州、下诺夫哥罗德州和巴什基尔斯坦共和国的入渗补给型水源地占了相当大的比例。

伏尔加河沿岸联邦区的大部分区域位于东俄罗斯自流盆地内，该盆地的主要含水层大都具有地下水富水性差或者矿化度偏高的特点。然而，部分地区（下诺夫哥罗德州的乔沙河和莫克沙河间地带、摩尔多瓦自流盆地、鞑靼斯坦共和国的古河谷等）却具备形成地下水资源的有利水文地质条件。

同时，在鞑靼斯坦共和国、巴什基尔斯坦共和国、楚瓦什共和国、乌德穆尔特共和国、萨拉托夫州和萨马拉州的一系列地区，极度缺乏地下水，这导致居民供水问题十分严峻。

1.4.3.4　北高加索联邦区和南部联邦管区

在北高加索联邦区和南部联邦管区，地下水资源量的形成条件十分多样。总资源量约为5000万m^3/d，其中傍河水源地为700万m^3/d。平均地下水径流模数（不计傍河水源地）为0.8L/(s·km^2)。

在这两个联邦区，除了预测资源量相当可观的地区，还存在地下水资源极其有限的区域。卡巴尔达-巴尔卡尔共和国、北奥塞梯共和国和车臣共和国的地下水径流模数最高，这三个共和国的大型地下水水源地都位于山前平原和山间盆地内。在亚速-库巴自流盆地（克拉斯诺达尔斯克边疆区、阿迪格共和国）、东-前高加索盆地（斯塔夫罗波尔边疆区东部、达吉斯坦共和国西部），以及高加索黑海沿岸地区（克拉斯诺达尔斯克边疆区）的河谷地带，也具备地下水资源形成的有利条件。在罗斯托夫州、斯塔夫罗波尔边疆区西部和中部、东达吉斯坦，地下水资源的形成条件不利。卡尔梅克共和国和阿斯特拉罕州的地下水资源形成条件最不利，这里大部分地区发育矿化度高于3g/L的矿化水。在卡拉恰伊-切尔克斯共和国，地下水资源量几乎全部来自于入渗补给型水源地开采时的地表径流渗漏补给。

1.4.3.5　乌拉尔联邦区

乌拉尔联邦区的地下水资源量的形成条件也很复杂，并且极不均匀，资源潜量的总量约为1.9亿m^3/d，平均模数为1.3L/(s·km^2)。其中，西西伯利亚自流盆地中部和北部、亚马尔-涅涅茨自治区的南部和中部，以及汉特-曼西自治区的形成条件最为有利。在西西伯利亚自流盆地的南部（秋明州南部地区、库尔干州的大部分）发育着高矿化度的水。在乌拉尔水文地质带（斯维尔德洛夫斯克州和车里雅宾斯克州），特别是有地表径流时，山间洼地的局部地质构造带中的地下水具有重要意义。值得一提的是，该水文地质带的含水层主要是由具有裂隙和喀斯特化的石灰岩组成。

1.4.3.6　西伯利亚联邦区

西伯利亚联邦区具有巨大的地下水资源量，其总量约为2.7亿m^3/d，其中傍河水源地为2400万m^3/d。平均地下水资源量模数（不计傍河水源地）为0.6L/(s·km^2)。

资源量如此巨大是由于西伯利亚联邦区的面积巨大。同时，可开采资源在西伯利亚联邦区的联邦主体境内分布得相当不均衡。在克拉斯诺亚尔斯克边疆区的南部、托木斯克州和伊尔库茨克州、外贝加尔边疆区和布里亚特共和国，地下淡水资源的形成条件最优越。

东西伯利亚的大部分区域处于连续性多年冻土分布区，北部地区的冻土层厚度达600m以上。在这一地带基本上没有地下淡水，也没有利用地下淡水的可能性，这与贯通融区和冻结层上融区有关。在伊尔库茨克州、克拉斯诺亚尔斯克边疆区、布里亚特共和国和哈卡斯共和国境内，与降水入渗型水源地的流量对应的资源潜量具有重要作用；而在北部地区，与河谷下方贯通融区水源地的水资源量对应的资源潜量很重要，在这些融区的枯水期时，地下水的容积储存量会下降并随后向洪水补给。

1.4.3.7　远东联邦区

远东联邦区的资源潜量约为2.1亿m^3/d，平均模数为0.4L/(s·km^2)，这是俄罗斯全境的最小值。西伯利亚东部如此低的地下水资源量模数与多年冻土的分布面积大有关。在远东联邦区内，哈巴罗夫斯克（伯力）边疆区和滨海边疆区的南部地区、萨哈林岛（库页岛）、堪察加边疆区、犹太自治州的可开采资源的形成条件最有利。萨哈（雅库特）共和国、马加丹州和楚科奇自治区的条件最不利。

最后，笔者指出俄罗斯地下水资源量评价工作在今后的主要研究方向，包括：

1. 在已经建立的图件数据库和专题数据库基础上，评价资源潜量在不同地域单元的分布情况。已经建立的数据库简化了资源潜量和预测资源量的计算流程，利用该数据库，可以根据新获取的区域调查和地质勘探工作资料修正原始数据并实时变更评价结果。

到目前为止，已经完成了在俄罗斯联邦的各联邦主体和水文地质构造单元内的分配情况调查。在制定水资源利用和保护方案时，可以提供地下水资源量在盆地区域、河流流域和水利地段的分布情况。

2. 对已经完成的P_2级评价进行细化，把资源潜量按照含水层和含水系统划分，确定三级和四级水文地质区、某一联邦主体的行政区，以及各级中小型河流流域的资源潜量。

3. 深入地研究地下水的水质，包括评价人类活动对地下水造成的污染。

在今后的工作中，最重要的任务是按照水质等级，同时考虑区域内个别化学组分含量与相应标准存在偏差的情况，进行水文地球化学分区，并细化潜在水资源量。在2011年完成的工作中，就包括水文地球化学分区图的编制。

我们面临的另一项同样迫切的任务是科学地评价人为污染对潜在地下水资源量减少的影响，尤其是在高度城市化地区、工业和农业发达地区。

4. 在评价地下水的天然防御度，并计算大型区域的资源量时，需要将资源量划分为含水层和含水系统，这是向P_2级过渡时的必要研究环节。

5. 研究冻土环境在地下水资源量形成中的作用。

6. 已经完成的工作是部署地下水扩采和今后研究工作的良好基础。已经取得的资料可以作为建立全俄罗斯及其各个地区的地下水资源管理系统的依据。工作的成果应当用于：

- 判断地下水用于居民生活饮用水和工业用水的保证率；
- 制定水资源综合利用和保护方案；
- 对地下水利用战略的选择作出管理决策；
- 在地下水研究、开采和利用领域内，发挥国家矿产利用管理系统的高效作用；

- 进行地下水预测资源量和储量的登记；
- 组织普查和评价工作。

1.5 地下淡水区域评价与编图的国际经验

制图学，作为一种借助各种符号模型研究自然现象与人类经济活动的空间布局、结合和交互作用的方法，已经在自然环境与技术环境的现代研究和分析方法中占据了一席之地。在从其他图件获得的数据基础上，所制图件可以进行数学建模、反映自然现象的空间联系和动态、说明自然和社会因素的交互联系，并反映这些交互作用的动态。利用图件作为研究工具是评价和研究自然资源、生产发展、人口增长、工业、经济和社会发展的需要(Новоселова, 2004)。

在专题制图学中，水资源制图学占据着显著的地位。能够表示全部指标并反映与其他自然现象和经济活动的交互作用的水资源编图是一项复杂的任务。水资源图根据使用目的可以分为水均衡图、地表水图、地下水图、水利图，这些图都可以采用揭示被绘制对象的总体特征及其局部特性的图组的方式表征（Новоселова, 1975)。

从用途来看，水资源图属于科学参考类图件，可以由科学、设计、规划机构在解决各种理论和实际问题时使用。

水资源的典型特征是在自然因素和人类活动的影响下，随时间而不断变化。因此，需要在一定程度上准确地反映水资源图的时间特性。不断增长的用水需求、严重的污染或没有被充分净化的污水排放、水资源的短缺及其时空分布的不均，以及人口和工业分布不均所导致的水资源供需不平衡等，这些都反映了水资源图时间特性的重要性。

通过分析和总结在该方面现有的编图经验，可以得出结论，即编图的复杂程度和详细程度决定了水资源图的信息量。因此，水资源图根据呈现形式可以分为分析图、合成图和综合图（Новоселова, 1994; Преображенский, 1962)。

分析图具有重要的实际意义，却是对被研究现象的某种单方面解释。分析法编图的优势在于，它可以把编图对象分割为不同的组成部分，从而分开研究这些部分甚至区分出这些组成部分的要素。

合成图通过合成在系列分析图中反映的数据，完整地表征被表现的对象或者现象。制作合成图的方法是基于地理信息系统，一张图同时包括数十个信息图层。应当指出，由于在合成图中通常反映大量的原始参数，因此它具有相当详细的图例，有时甚至是十分庞杂的图例。

综合图兼容了相近专题的多个要素的图像。在一幅图中同时反映两个、三个和更多的专题时，可以对这些专题进行综合研究和相互比较，并且可以发现一个指标相对于另一个指标的分布规律，这正是综合图的主要优势。但是，一幅图往往很难在兼容多个现象时还能让阅读者很好地读懂。因此，在编制综合图时，可能会出现多种信息“超载”。例如，可以同时包括两种不同的等值线，但是当等值线类型超过三种时，系统将无法反映准确的信息。但可以在图件上绘制两个属性地图（cartogram）（一个使用色标，另一个使用阴影线)，用所有可能的符号、线条、图像等加以补充，但是在达到五到六个图层时，综合图已经难以阅读和理解。

至于编制水文地质图，正如 M. P. Никитин（Никитин，1974）指出的，没有表征水文地质数据的统一原则，这是由于编图对象是具有流动性且随时间变化的地下水。地下水的形成和分布条件复杂而且多样，因此需要编制大量的图件，综合反映地下水在各种地质和水文地质条件下的定量和定性特征、水平和垂向结构。同时，需要编制单独的总体和局部的资源盘点图和评价图、分区图以及从小比例尺总览图到大比例尺详细图的系列图（Новоселова，2004）。

水文地质图在内容、用途、比例尺和覆盖面上的多样化也决定了其编图方法的多样化。这些方法的共同特点在于，需要制作原创图并附详细的图例，来反映图件上表征的现象和对象的分类及其类型特征。任何图件的主要特征，如比例尺、内容和投影等，都应当根据编图目的和任务选择（Новоселова，2004）。

天然资源图不仅反映形成地下水资源量的天然条件和干扰条件，也可用于预测在自然气候和人类活动影响的各种情景下，地下水可能产生的变化。地下水资源图的编图工作已经开展多年，尽管 GIS 技术得到了广泛推广，但是编图方法及其特点总体上没有显著变化。以下将列举国外的地下水资源图制作经验和水文地质信息表征法的若干实例。

2000 年，为了绘制全球地下水资源信息，按照联合国教科文组织（UNESCO）的设计，开始了小比例尺 1∶5000 万世界水文地质测绘与评估计划（WHYMAP，www. whymap. org）。在该计划框架内，收集并绘制了来自各个区域、国家以及全球的地下水数据。最终绘制出的图件不仅为专家提供了关于全球地下水资源的数量、质量和脆弱性的信息，也让大众对此有所了解。

在联合国教科文组织开展的这次工作中，共发表了一系列不同比例尺和不同内容的全球地下水资源图。选择用来绘图的特征主要是用亮度和色度来描述地下水的形成和分布条件、地下水的补给和动态等。

在这些图件上，用蓝色表征位于大型沉积盆地并具有适宜地下水开采条件的含水层和含水系统。用从深蓝色到浅蓝色的不同色度表征不同的地下水补给条件，分别对应最大补给量到最小补给量。

绿色代表山地褶皱带、发生强位移地区等水文地质构造复杂的地区，即强含水层可以靠近隔水层的区域。在这些地区，为确定强含水层的分布带，主要采用结合泉水径流和河川径流的详细地面测绘与分析的遥感法。

褐色代表局部含水层或者浅埋型含水层的发育地段，相对致密的基岩在这些地段出露于地表。

橙色阴影线指示矿化度大于 5g/L 的地下水分布地段。这些地区的地下水基本上不适合作为居民用水，但是可供牲畜饮用。

陆生冰聚积区和大型冰川在图件上用浅灰色表示。约三分之二的淡水资源量赋存在这些冰层中，由于它们主要分布在人烟稀少且难以到达的地区，故不能成为供水水源。

在图件上标出国境线具有双重目的：第一，可以作为地理坐标；第二，也是更重要的一点，地下水在全球范围内广泛分布，地下水含水层的界限与国界线是相互跨越的。因此，形成了跨界含水层，这反映在专门的《全球地下水资源图（跨界含水层）（比例尺

1：5000万)》中。跨界含水层具有无国界性、多功能性、隐蔽性等特点，在保障饮用水供应方面发挥着极为重要的作用，支撑着全世界数百万人口的生存与发展。

北极附近的高纬度地区分布有多年冻土，在图件中用绿色区分这些冻土区的分界线。

应当指出，《全球地下水资源图》包含的与地下水相关信息是有限的。因此，出版了比例尺 1：12000 万的系列专题图，这些补充图反映了年均降水量、年均河川径流、人口密度和地下水人均补给量等补充参数。所有的基础图件和四张小比例尺专题图件可以更好地说明地下水和地表水资源在各大洲和不同国家的分配、利用情况，以及地表水与地下水之间的相互关系。

天然资源量通常直接反映在水文地质图上，并用单独的分项在图例中注明。在这方面，联合国教科文组织出版的《南美洲水文地质图》作为编图案例非常具有代表性(图 1. 5. 1)。

Republica Federativa de Brasil
Ministerio de Minas y Energia
Departamento Nacional de Produccion Mineral (DNPM)
CPRM - Servicio Geologico de Brasil

Organizacion de las Naciones Unidas
para la Educacion, la Ciencia y la Cultura (UNESCO)
Oficina Regional de Ciencia y Tecnologia para
America Latina y el Caribe

MAPA HIDROGEOLOGICO DE AMERICA DEL SUR

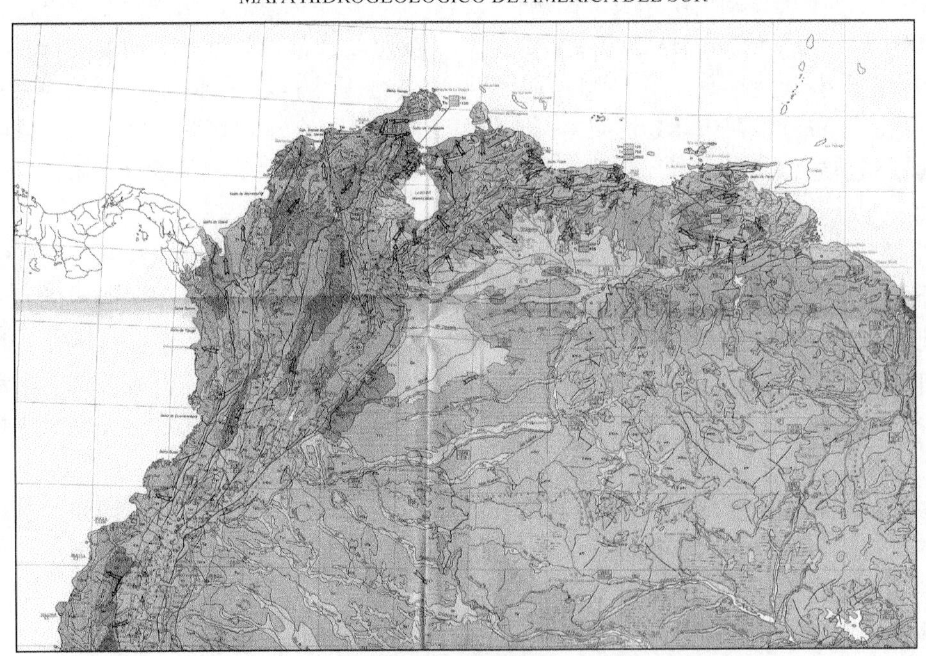

图 1. 5. 1　《南美洲水文地质图》(局部地图示例)

在《南美洲水文地质图》中，反映了水文特征（地表淡水和咸水的流动方向），地质、水文地质和地球化学特征（含水层的岩石成分和性质、渗透性、钻井及其深度、地下水排泄方向的流量、微咸水和咸水发育区、热泉）以及资源特征（例如，超采地段、含水层和井的产水率）(图 1. 5. 2)。

用普染色的色度表示含水层的产水率，普染色用于区分不同类型的含水层（在水文地质方面非常重要的孔隙型、沉积型等用碧绿色表示；中等重要的微裂隙型等用绿色表示；

CARACTERISTICAS DE LOS ACUIFEROS

A-EN ROCAS POROSAS CON IMPORTANCIA HIDROGEOLOGICA RELATIVA GRANDE A PEQUEÑA

Acuíferos contínuos de extensión variable, libres y/o localmente confinados. Constituidos por sedimentos clásticos no consolidados. Permeabilidad variable. Calidad química de las aguas generalmente buena. Posibilidades de explotación a través de pozos someros.

Acuiferos contínuos de extensión regional a regional limitada. Libres y/o confinados, en sedimentos clásticos no consolidados y consolidados. Incluyen depósitos morenicos de la provincia Patagonia. Permeabilidad generalmente alta a media. Calidad química de las aguas generalmente buena. Aguas salinizadas en Patagonia y algunas regiones de la provincias Chaco-Pampeano, Parnaíba y Costeras.

Acuiferos contínuos generalmente de extensión regional a regional limitada. Libres y/o confinados. constitudos por sedimentos clásticos no consolidados y consolidados. Permeabilidad generalmente media a baja. Calidad química de las aguas generalmente buena. Aguas salinizadas predominan en la provincia Chaco-Pampeano.

Aquíferos locales limitados en capas delgadas o lentes arenosas, libres y/o confidados. En determinadas regiones incluyen tambien, acuíferos profundos de dificil explotación debido a la gran profundidad de los niveles de agua. Consisten de sedimentos clásticos no consolidados y consolidados. Permeabilidad generalmente baja. Calidad química de la aguas genetalmente buena.

B-EN ROCAS FRACTURADAS CON IMPORTANCIA HIDROGEOLOGICA RELATIVA MEDIA A PEQUEÑA

Aquíferos locales restringidos a zonas fracturadas, ampliados en ciertos trechos por el sistema inter e *intratrapp*, libres y/o confinados. Compuestos por efusivas básicas e intrusivas asociadas. Permeabilidad generalmente media a baja. Agua generalmente de buena calidad química, a veces con mucho sílice. Las características corresponden principalmente a la provincia hidrogeológica de Paraná.

Acuíferos locales restrigidos a zonas fracturadas, ampliados en ciertos trechos debido a la associación con rocas porosas del manto de intemperismo o por la disolución cárstica, libres y/o confinados. Están constituidos de rocas sedimentarias consolidadas, meta-clásticas y/o carbonaticas. Permeabilidad generalmente media a baja. Calidad química de las aguas generalmente buena.

Acuíferos locales restringidos a zonas fracturadas, ampliados en ciertos trechos por la disolución cárstica, libres y/o confinados. Formados por rocas calcáreas. Permeabilidad generalmente media a baja. Aguas generalmente duras.

Acuíferos locales de extensión variable restringidos a zonas fracturadas, libres y/o confinados. Constituidos por rocas volcánicas y mixtras sedimentario-volcánicas. Permeabilidad media a baja. Calidad química de las aguas feneralmente buena a regular. Las características corresponden principalmente a las provincias higrogeológicas Andinas y Altiplano.

C-EN ROCAS POROSAS O ROCAS FRACTURADAS CON IMPORTANCIA HUDROGEOLOGICA RELATIVA MUY PEQUEÑA

Acuíferos locales de limitados en capas delegadas o lentes aresosas, libres. Constituidos por sedimentos clásticos no consolidados a consolidados. Permeabilidad muy baja. Calidad química de las aguas generalmente buena. Agua salada en ciertas áreas de la provincia Costeras.

Acuíferos locales restringidos a zonas fracturadas, ampliados en ciertos trechos debido a la asociación con rocas porosas del manto de intemperismo, libres. Consisten de rocas metamorficas. Permeabilidad generalmente baja. Calidad química de las aguas generalmente buena (excepto en et Nordeste del Brasil).

Acuíferos locales en zonas fracturadas, libres y/o confinados en rocas volcánicas y mixtas sedimentario-volcánicas, eventuamente con cobertura discontinua de sedimentos no consolidados. Permeabilidad muy baja a nula. Las caracteristicas corresponden exclusivamente a las provincias higtogeológicas Andinas y Altiplano.

Acuíferos practicamente ausentes. Consisten de rocas intrisuvas y efusicas asociadas.

图1.5.2　《南美洲水文地质图》(局部地图示例)图例

不具有重要水文地质意义的孔隙或者微裂隙型用棕色表示)，并细分为高、中等和低产水率（图1.5.2）。例如，高产水率的含水层特点是井的生产力高，为每月4m^3/h以上，而低产水率的含水层为每月0.5m^3/h以下。此外，在图件上反映了因研究程度低而不具备含水层生产力数据的地段。

所有这些特征相当详细地体现在《南美洲水文地质图》的图例中（图1.5.2）和附带

的备注说明中。

还有一个相当有趣的地下水天然资源量的编图实例，即1982年发表的由欧洲多国科学家团队制作的38张系列图（比例尺1∶50万）（Hollis et al., 1982）。这个系列图附有一个总备注说明，与系列图一起“在当前地下水补给条件下，向地区、国家和全欧盟级别的水资源使用者提供关于欧盟境内的地下水，以及所有成员国协商达成的地下水资源开采数量下的水资源可用量和分配情况的实际图景”（CEC，1982）。此外，利用这些图件还可以评价地下水的勘探程度并判断可能补充取水的区域。

这些图件综合了欧盟所有成员国的信息，反映了大部分的研究成果，为地下水资源的简易比较分析提供了工作依据。

为了确保完整并依次覆盖全部9个国家，这些图件（World 1404）的底图被细分为38个网格。至于图件的比例尺，由于过大的比例尺会使结果的主次分不清，而过小的比例尺不能详细地反映国土面积小的国家的水文地质数据从而导致信息损失，所以本项目的最佳比例尺为1∶50万。除了制图比例尺，还使用了时间尺度，利用时间尺度可以得到对于多年和年均以及最重要年份均有效的结果（CEC，1982）。

在图件编制过程中运用了网格系统，网格系统是表征地下水取用密度分布和资源可达性的依据。导水率等水文地质参数的图件也可以作为今后管理全欧盟范围的水资源的建模依据。原图中只删除了含有地理轮廓线的基准图层（CEC，1982）。

绘制完的所有图件（水文地质图、等水位线图、地下水开采量图和资源图）将按照四个专题进行分组（图1.5.3a～d）（Hollis et al., 2002）。

1. 根据含水层空间分布、地质和岩石性质、地层的类型（潜水层或承压层）和水流类型（孔隙水、裂隙水或岩溶水）描述含水层，并用各种颜色、图形和符号在图件上标出。

2. 含水层的水文地质特征，包括地下水承压面的轮廓（如果可以获得该信息）、反映地下水流动方向的箭头和地表水与地下水以及含水层之间的耦合。在这一专题范围内，用单独符号在图件上标出了地下咸水发育区和海水入侵地段。

3. 地下水的开采，包括地下水源的分布、类型（井、泉或者矿井排水）和这些源头的可用水数量等信息。

4. 潜在的额外地下水源，包括描绘潜在的水资源富余区、平衡区或者没有充足地下水资源的地区。

同时使用水文地质图与等水位线图，可以获得水文地质图全貌，而同时使用等水位线图与取用水图或者资源图，可以把取水密度、钻井的分布和潜在资源量与某一含水层的水文地质条件联系起来。

水文地质图与等水位线图的制图精度相当高，这个精度是通过三个以内相互叠加含水层的图表来表征（图1.5.3a和1.5.3b）。在不能使用这个方法的情况下，用相应的剖面图进行补充。

图件中，用水文地质构造的实际边界线，结合因含水层埋藏深且矿化度高而限制开采的人工界线来圈定含水层的边界线。当用二维形式绘制三维环境使图像变得难以理解时，则用剖面图加以补充。

COMMISSIONE DELLE COMUNITA EUROPEE.- DIREZIONE GENERALE DELL'AMBIENTE,
DELLA TUTELA DEI CONSUMATORI E DELLA SICUREZZA NUCLEARE

COMMISSION OF EUROPEAN COMMUNITIES.- DIRECTORATE GENERAL FOR
THE ENVIRONMENT, CONSUMER PROTECTION AND NUCLEAR SAFETY

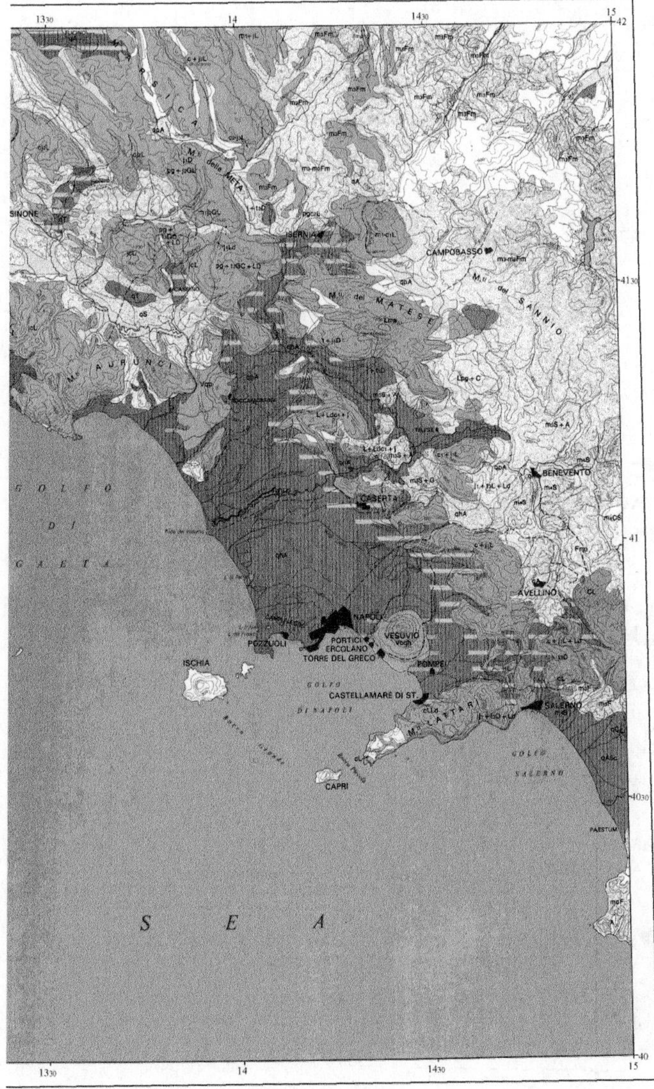

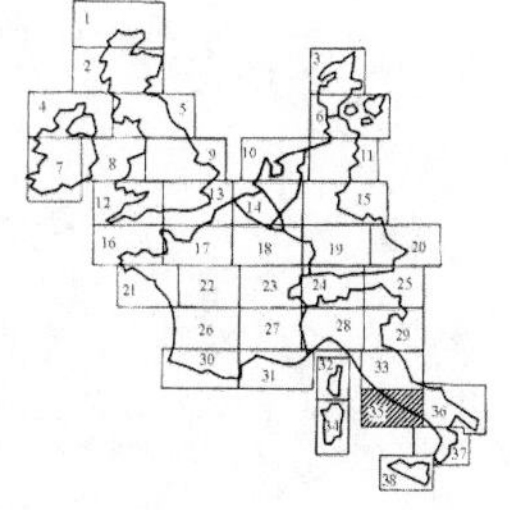

Consulente Consultant
F. Mangano J. Mouton D. Ferrara P. Celico

Coordinatore Coordinator
J. J. Fried, Professeur à l'Université Louis Pasteur de Strasbourg

Consulente per la cartografia/Consultant for cartography

Université Louis Pasteur Strasbourg-France
Centre de Géographie Appliquée (L. A. 95 CNRS)
Claire Beller: Cartografo/cartographer

Base topografica riprodotta dai tipi dell'IGMI nº 1966 in data 29.7.83

Disegno ed allestimento per la stampa/Drawn by:
GEOMAP - Via della Robbia 28 - Firenze - Italia
A. Messeri: coordinatore/coordinator

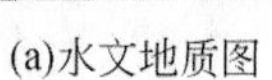
(a)水文地质图

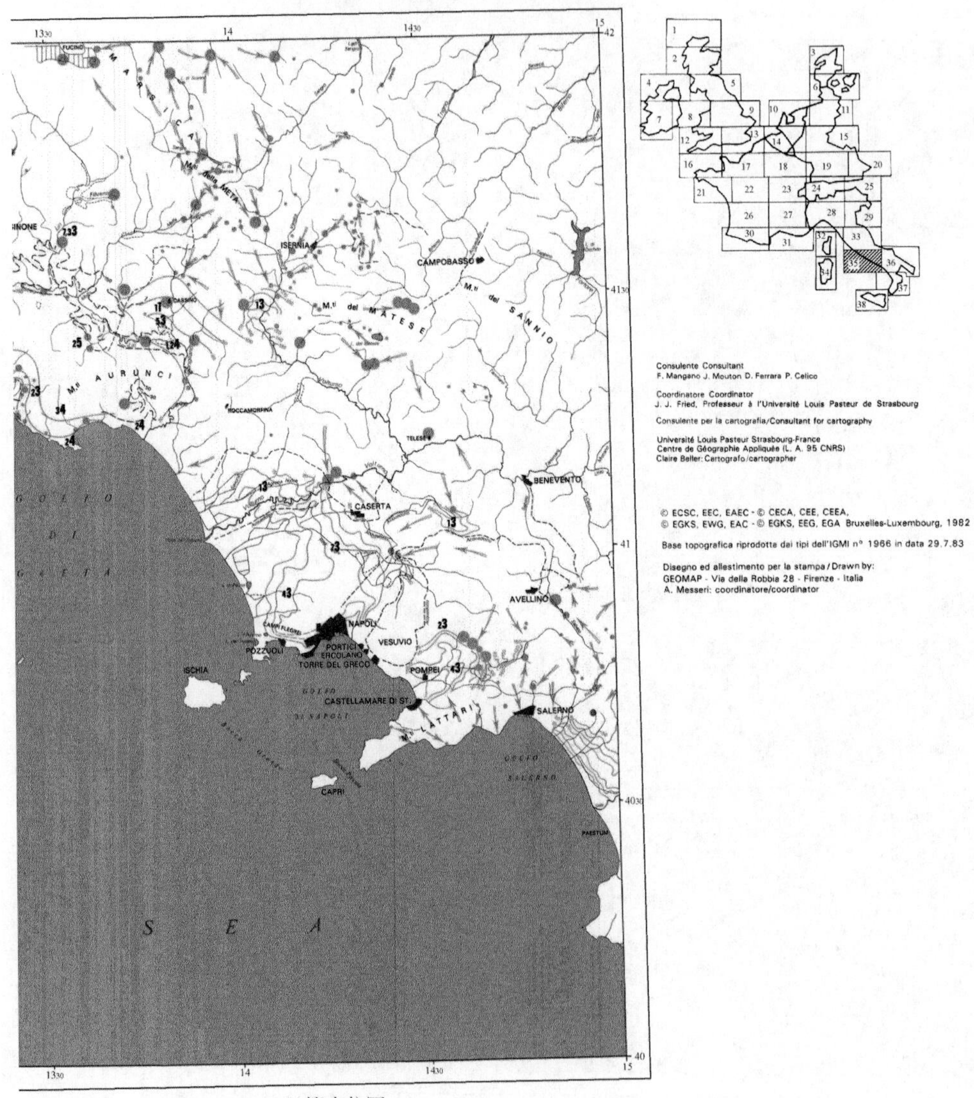
COMMISSIONE DELLE COMUNITÀ EUROPEE.- DIREZIONE GENERALE DELL'AMBIENTE,
DELLA TUTELA DEI CONSUMATORI E DELLA SICUREZZA NUCLEARE
COMMISSION OF EUROPEAN COMMUNITIES.- DIRECTORATE GENERAL FOR
THE ENVIRONMENT, CONSUMER PROTECTION AND NUCLEAR SAFETY
ISERNIA
CAMPOBASSO
M.ti del MATESE
M.ti del SANNIO
M.ti AURUNCI
ROCCAMONFINA
TELESE
BENEVENTO
CASERTA
AVELLINO
NAPOLI
VESUVIO
POZZUOLI
PORTICI
ERCOLANO
TORRE DEL GRECO
POMPEI
ISCHIA
CASTELLAMARE DI ST.
SALERNO
CAPRI
PAESTUM
GOLFO DI GAETA
S E A
Consulente Consultant
F. Mangano J. Mouton D. Ferrara P. Celico
Coordinatore Coordinator
J. J. Fried, Professeur à l'Université Louis Pasteur de Strasbourg
Consulente per la cartografia/Consultant for cartography
Université Louis Pasteur Strasbourg-France
Centre de Géographie Appliquée (L. A. 95 CNRS)
Claire Beller: Cartografo/cartographer
© ECSC, EEC, EAEC - © CECA, CEE, CEEA,
© EGKS, EWG, EAC - © EGKS, EEG, EGA Bruxelles-Luxembourg, 1982
Base topografica riprodotta dai tipi dell'IGMI n° 1966 in data 29.7.83
Disegno ed allestimento per la stampa / Drawn by:
GEOMAP - Via della Robbia 28 - Firenze - Italia
A. Messeri: coordinatore/coordinator

(b)等水位图

COMMISSIONE DELLE COMUNITÀ EUROPEE.– DIREZIONE GENERALE DELL'AMBIENTE, DELLA TUTELA DEI CONSUMATORI E DELLA SICUREZZA NUCLEARE

COMMISSION OF EUROPEAN COMMUNITIES.– DIRECTORATE GENERAL FOR THE ENVIRONMENT, CONSUMER PROTECTION AND NUCLEAR SAFETY

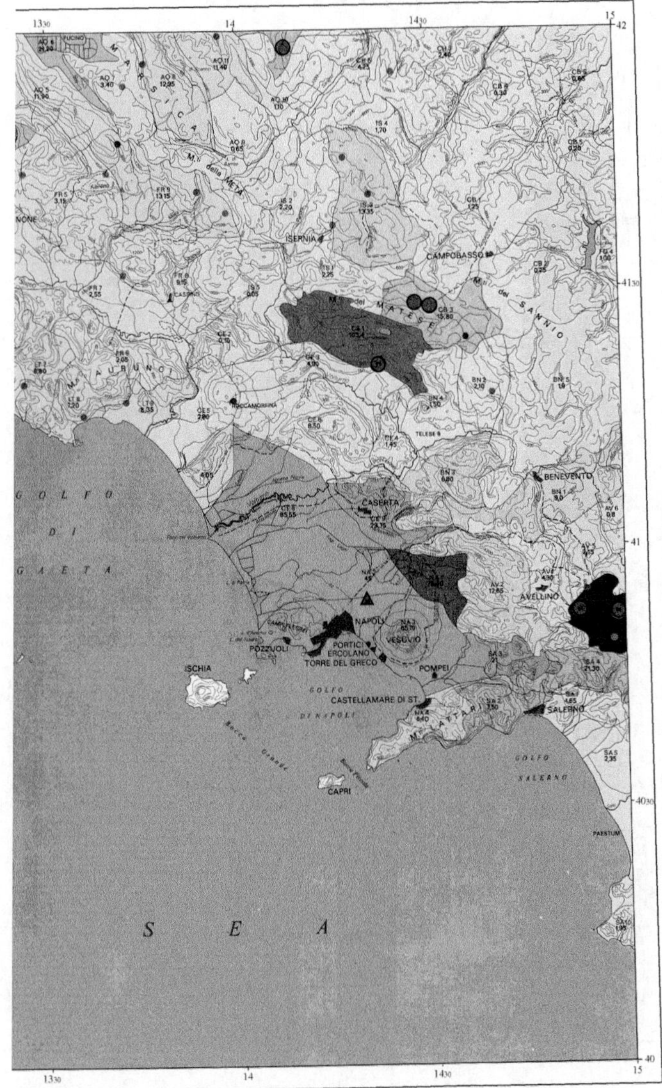

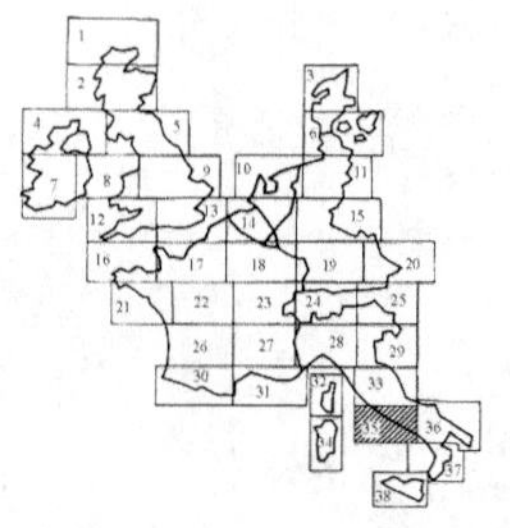

Consulente Consultant
F. Mangano J. Mouton D. Ferrara P. Celico

Coordinatore Coordinator
J. J. Fried, Professeur à l'Université Louis Pasteur de Strasbourg

Consulente per la cartografia/Consultant for cartography

Université Louis Pasteur Strasbourg-France
Centre de Géographie Appliquée (L. A. 95 CNRS)
Claire Beller: Cartografo/cartographer

Base topografica riprodotta dai tipi dell'IGMI n° 1966 in data 29.7.83

Disegno ed allestimento per la stampa / Drawn by:
GEOMAP - Via della Robbia 28 - Firenze - Italia
A. Messeri: coordinatore/coordinator

(c)地下水取水图

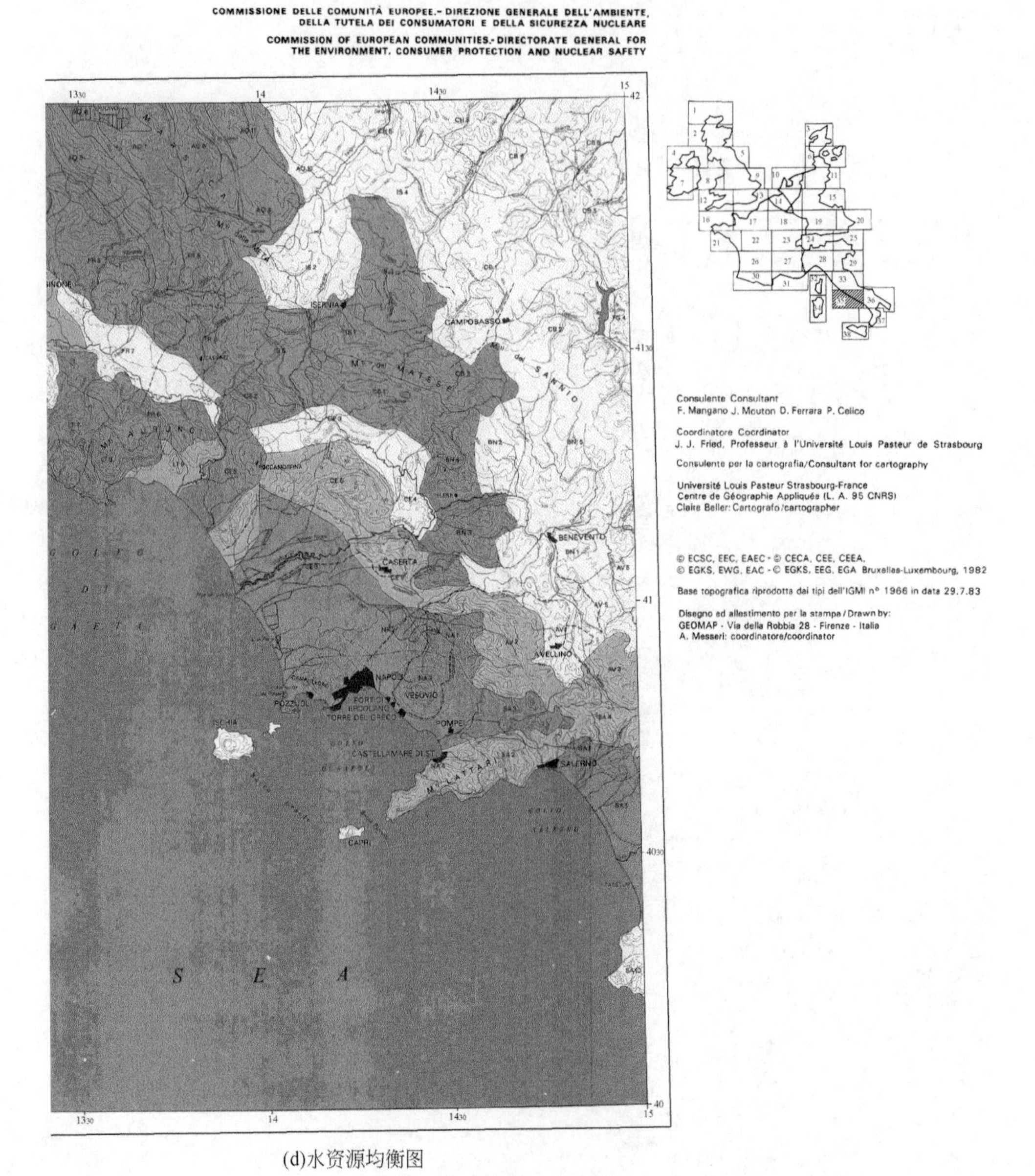

(d)水资源均衡图

图 1.5.3　欧洲地下水资源系列地图（局部地图示例）

在编制等水位线图和水文地质图时使用的普染色是完全一致的，这样可以最佳地利用配色并清楚地理解研究区的水文地质环境。海水入侵区的轮廓线是根据地下水中的氯离子含量划定的，界定的准则是氯离子浓度大于 500mg/L 且地下水埋深不超过 50m（图 1.5.4）。

图件中，用两个基本特征反映地下水的取用，即取水密度和有无大型取水井、取水装置或泉。

取水密度，即从每平方千米面积开采的地下水资源量，反映取水的空间分布，可以容

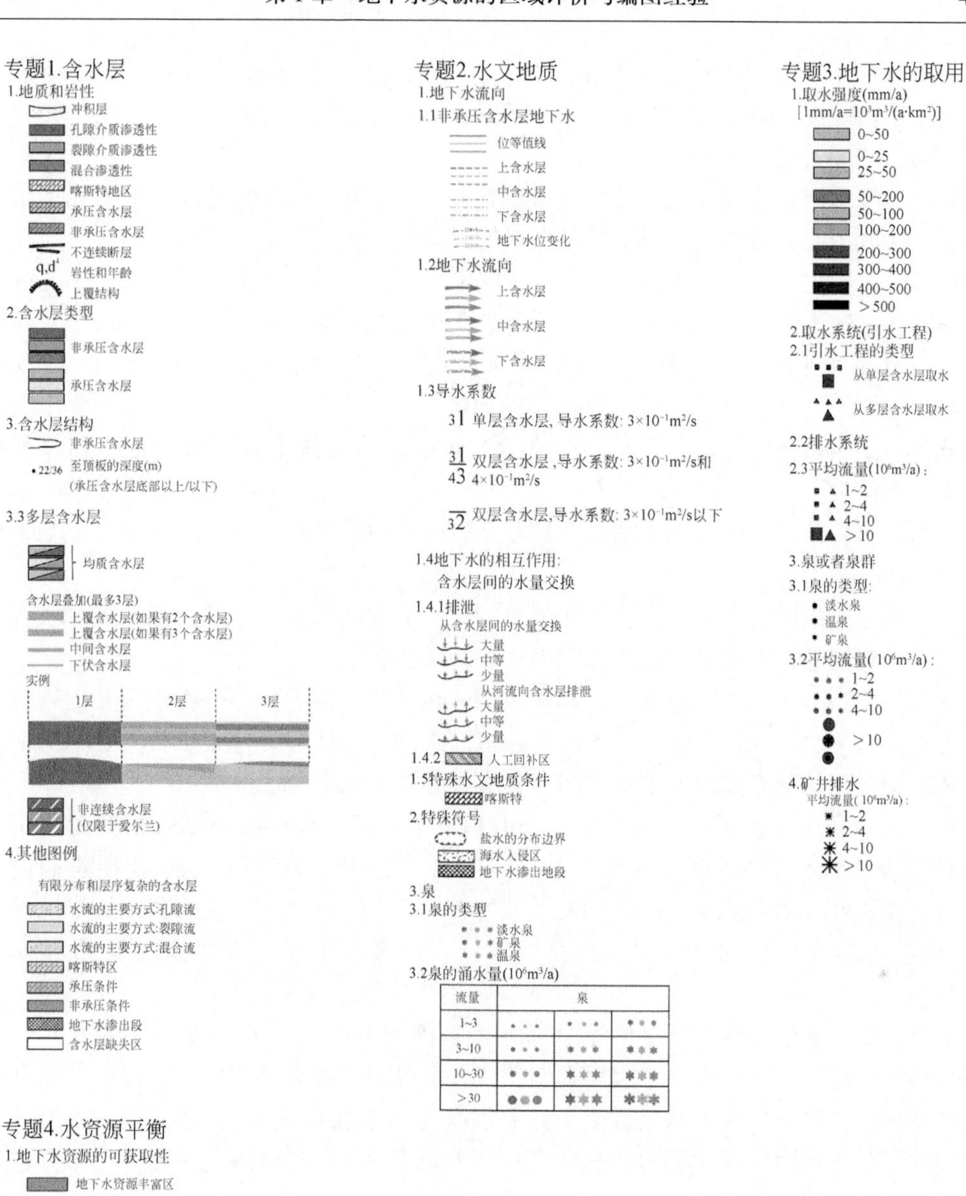

图 1.5.4　欧洲地下水资源系列地图的图例

易地反映在图中。为此，对已有数据取平均值，以 mm/a（$1mm/a = 10^3 m^3/km^2/a$）为单位，对取水密度按不同等级进行划分，分别为：0～50；50～200；200～300；300～400；400～500；>500（图 1.5.4）。

每个等级都用颜色或者色度反映（可视化）。这些颜色或色度可以清晰地表征出欧盟境内地下水取用的分布情况。用于居民供水的大型取水井、取水装置或泉通常分布在人口稠密地区，既有出水量大于 $10m^3/a$ 的单个取水井，也有总供水量大于 $10m^3/a$ 的取水井群。在某些地区，由于大型取水井的布设位置可能相当靠近，所以决定将以 1.5～2km 的辐射半径合并为井群。大型取水井或者取水源头合并为四个等级：$(1\sim2)\times10^6\ m^3/a$；$(2\sim4)\times10^6\ m^3/a$；$(4\sim10)\times10^6\ m^3/a$；$>10\times10^6\ m^3/a$（图 1.5.4）。

此外，图中用特殊符号表示从一个含水层或者含水系统取地下水的取水站以及淡水泉、热泉和矿泉。

应当指出，已经出版的纸质图件非常复杂，图件中反映的信息可以分为四个专题（图 1.5.4）。

关于所绘制地区的水文地质特征和资源特征的更详细信息，以及关于区域开发程度的信息附于系列图的扩展图例和备注说明中（CEC，1982）。

不仅需要为大区域绘制地下水天然资源图，在某些情况下，评价面积很小的行政区并用图表表征地下水的资料，以及在不破坏环境取水的可能性资料也很重要。在这方面，为美国俄亥俄州绘制的系列地下水资源图非常有代表性（www.ohiodnr.com）。

地下水资源图反映了一个地区可能抽取地下水的所有地点的预期可采储量。所有图件都使用表示抽水井产水能力的统一色标。例如，在用浅蓝色标记的地段内正确设计的开采井可能提供 100～500gal/min（455～2275L/min）的涌水量。在用黄色标记的地段为 25～100gal/min（114～455L/min）。总体上，六种颜色用于识别可采储量的等级（图 1.5.5）。

此外，地下水资源图上还反映了分布在俄亥俄州全境的开采井数据（图 1.5.5），包括开采井的总深度、涌水量、含水层类型和隔水层埋深（如果开采井钻进深度至隔水层）。多幅图件还包括最典型的天然无机化学元素数据（如铁和总硬度），还有关于测绘区内含水层或地层的类型数据（例如，砂岩、石灰岩和砾石等）、典型的井深和在钻水井过程中可能引起注意的任何非常规条件（图 1.5.5）。

地下水资源图覆盖在地形底图上。地形底图中标明道路、水道和河流、湖泊、行政区，其中包括居民点的边界线。地下水资源图采用的比例尺为 1∶62500。

利用钻井报告、地质和水文地质勘察数据以及未公布的地质与水文地质数据，包括咨询报告、工程地质分析和抽水实验结果等编制地下水资源图件（图 1.5.5）（www.ohiodnr.com）。

地下水资源图的另一个编图实例是亚洲地下水资源及环境地质系列图件（Mapping of Groundwater Resources，2009）。亚洲国家地下水资源和环境地质系列图的编制旨在为水资源使用者提供合理利用地下水和其他自然资源的信息，用以保护环境并预防自然灾害。

系列图件的绘制工作从亚洲地下水资源和环境地质的全方位分析开始，运用遥感方法、GIS 和互联网等建立动态信息平台，为今后的使用积累信息。最终的成果是绘制出亚洲地下水资源及环境地质系列图件。正如编者们指出的（Mapping of Groundwater Resources，2009），

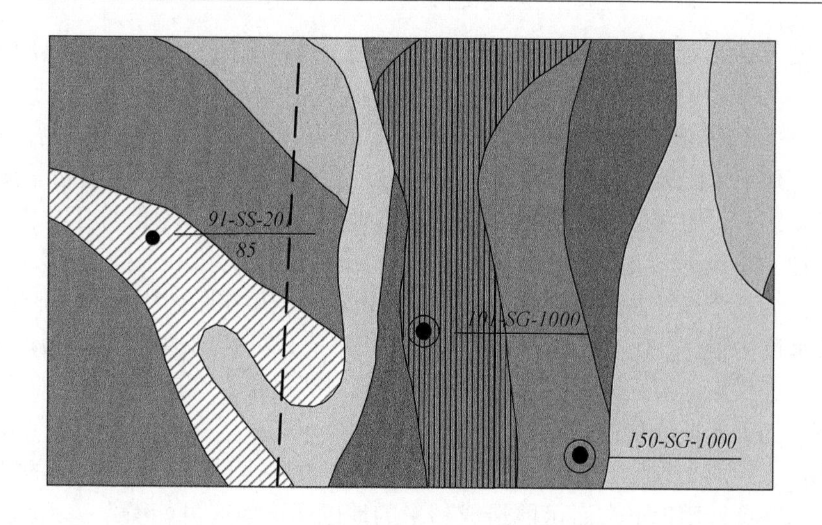

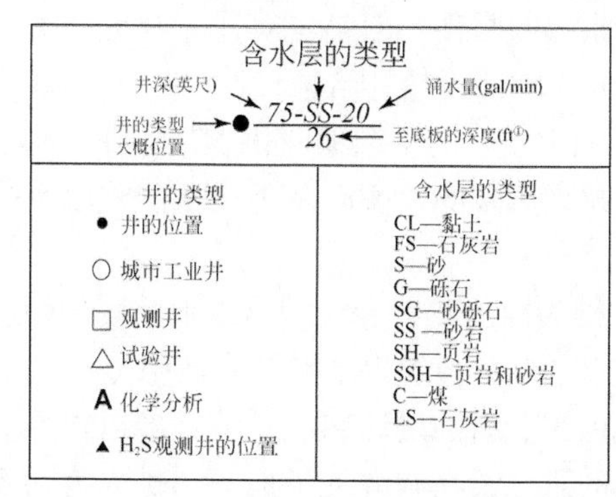

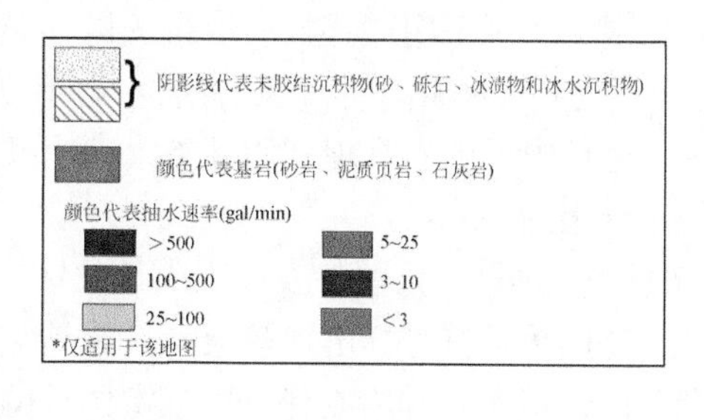

图 1.5.5 俄亥俄州（美国）地下水资源图的布局实例

这是一项十分重要的工作，基于编制的图件，可以更加有效地利用亚洲地下水资源并制定和谐的利用环境政策。地下水资源及环境地质系列图件是亚洲的大型多用途、多层面、多维度和多因素系统。

这一系列图件的编制基于以下原则（Mapping of Groundwater Resources，2009）：

1）技术规范统一协调原则：即参照亚洲大陆地质区划的特点制定地下水资源和环境地质图的专项编图方法，按照统一原则汇总和构建区划图。在实际制图过程中，采用统一的编图大纲，制订适合亚洲地下水资源及环境地质特点的编图内容及表示方法，统一编图单元划分，分区编图和汇总协调相结合；

2）传统编图技术与技术创新相结合原则：在深入分析研究以往地下水资源与环境地质编图技术方法的基础上，采用国际先进技术，统筹考虑资料不平衡问题，兼顾资料缺乏研究程度较低的地区，图面整体协调一致；

3）增进学术交流与促进学科发展的原则：对《亚洲地下水资源图》项目中某些参与国编制的区划图进行汇编，并以统一的图件形式反映总结果，这将促进巩固国际合作。

① 1ft＝0. 3048m。

系列图包括《亚洲地下水资源图》、《亚洲地下水水质图》、《亚洲地热图》，其主要内容如下：

《亚洲地下水资源图》：该图件反映了含水层的分布、含水层的容积储存量、地下水的流动方向、地下水的天然补给模数、地下水的天然资源量、开采资源量和总体上仅能利用昂贵技术加以开采的深层含水层以及其他水文地质特征。图件中区分了孔隙水、裂隙水、岩溶水三种主要地下水类型。此外，区分出多层的孔隙、岩溶和裂隙含水层。每个含水层类型都细分为五个等级并用特殊颜色标识。还用单独代号在图件中标出关于含水层补给量及其开发程度的信息。区分出深埋型含水层中已经完成勘探的地段，这些深埋型含水层原则上可以用于供水，但是因为需要大笔资金进行深部钻孔，给开采增加了难度。

地下水的天然补给量通常用补给模数［$m^3/(a \cdot km^2)$］或补给强度（mm/a）表示，在补给条件、地形、气候、水文和水文地质特征等的基础上划分这些指标的区间。应当特别注意因高强度取用地下水而可能造成超采的地区，该地区可能引发一系列的负面后果。通过对每个国家计算的地下水资源量进行汇编来编制图件。但是，对于无法完成天然资源量计算的国家，则采用遥感方法取得的以 mm/a 表示的天然补给量。

《亚洲地下水水质图》：该图件表示地下水的水质、类型和地球化学带等在空间上的分布情况，还反映了因不合理利用地下水而出现超采风险的地区以及天然水的化学组分严重影响居民健康的区域。

《亚洲地热图》：该图件表征火山地热区、微裂隙地热区和沉积盆地地热区的地质构造和特征。还用单独符号标出地热泉和开采地热水的钻井位置以及地热水的组分。

利用创新理念和方法编制可以丰富图件的内容。新的设计和统一的标准可以作为后续构建小比例尺图件的有利工具。对跨界含水层的研究，在调解关于地下水被人为污染问题的国际争议中可能成为关键因素。在以下阶段应当运用创新的编图方法：

1）积极利用遥感方法完成初始阶段的研究。在研究信息量不足的地区时，此方法可以用于补充现有的数据；

2）利用地理信息系统（GIS）和互联网建立信息平台，用于交换和更新地下水资源量和环境的现有数据；

3）对比跨界含水层的研究方法，并评价毗邻国家共有河流流域的水资源，共同解决生态和地质课题；

4）在水文地质图中，多孔隙结构型、裂缝-孔隙型等特殊类型地下水含水层往往可以不研究，或把这些不同类型的判断结果用特殊符号反映在图件中。

1.6　海底淡水泉的研究与利用

“海底淡水泉”一词用于描述地下水在大型湖泊、海洋水域不同深度的集中排泄。而地下淡水的排泄主要集中在大陆架，在大陆坡并不常见。因此，本节只述及那些在海岸线附近发现的泉。通常可以通过海面特有的“沸腾”现象来识别这些海底淡水泉。在某些情况下，海底淡水泉的地下淡水排泄量可能非常大，甚至可能会降低海水的盐度。

在美国（纽约州、佛罗里达州、加利福尼亚州）、古巴、墨西哥、智利、牙买加、澳大利亚和日本（Taniguchi et al., 2002; Milkov, 2000; Kvenvolden and Lorensen, 2001; Fleischer et al., 2001）的大陆架地带都发现了海底淡水泉。在利比亚、以色列、黎巴嫩、叙利亚、希腊、法国、西班牙、意大利和克罗地亚等地中海地区，海底淡水泉最多。仅在克罗地亚的亚得里亚海东岸，就有 50 多个大型海底淡水泉被绘制在地图上（Bonacci, 1987）

在整个人类历史时期，海底淡水泉一直备受关注。古希腊、罗马和波斯的作家描写了利用地中海沿岸的泉水补充船上的淡水储备，这是关于海底淡水泉的最早记载（Potie and Tardieu, 1977）。公元前 1 世纪，古罗马哲学家和诗人卢克莱修在《物性论》一书中描述了以“沸腾”状呈现在海面的水下泉。普林尼指出，在土耳其、叙利亚和西班牙的南部沿岸存在着大量的海底淡水泉。一个利用海底淡水泉作为供水源的典型例子，便是 2000 年前由腓尼基人为阿姆利特市（Amrit）建造的供应淡水的集水系统。另一个例子见于古罗马地理学家斯特拉波的札记中，札记中叙述了在叙利亚附近阿拉杜斯岛（Aradus）修建的一个供水系统：“在战争期间，市民用城市附近的水渠来补充饮用水的储备，水渠的水来自一个大泉，市民从专门建造的船上放下铅制的漏斗，漏斗的口向下打开，之后把漏斗连接到用动物皮做成的管子上，饮用水就通过这条管子到达地面。”

尽管早已知道海底淡水泉的存在，但直到 20 世纪才开始对海底淡水泉进行详细的研究。到目前为止，尚没有对地下水海底排泄的形成条件进行严格的分类。仅可以区别出影响海底淡水泉形成与否的几个主要因素：

——地质和水文地质因素（存在喀斯特化岩石；被排泄地下水的承压水头远远高于预计排泄区海水的静水头，这对于滨海的山地设施来说很典型）；

——地形因素（海底排泄发生在具有典型山地地形的岛屿水下斜坡处，例如大巽他群岛和小巽他群岛、菲律宾群岛、夏威夷群岛、大安的列斯群岛等，或者在有大量沉积岩的地区，巴林群岛除外）；

——构造因素（构造断裂的分布、规模和形状、空间位置对海底淡水泉的形成产生影响，如沿海山地结构）。

所有海底淡水泉都可以按照形成条件分为三个主要的成因类型：①岩溶成因的海底淡水泉；②在三角洲和三角洲前缘因地下水流排泄形成的泉；③构造成因的海底淡水泉（Коротков и др., 1980）。

岩溶成因的海底淡水泉。这个类型的海底淡水泉数量最多，研究程度良好（图 1.6.1）。

一系列研究论著（如 Mocochain et al., 2009; Audra et al., 2004; Clauzon et al., 2005）明确指出，岩溶成因海底淡水泉的形成与地壳在距今约 596 万～533 万年（中新世末期）地质时期的褶皱运动有关。在这一时期，地中海与大洋分离，其海平面下降至 1500～1600m，这使得地中海大部分区域被疏干，沿岸地块以及更远的地块出现强烈喀斯特化。后来发生的大规模海侵使这一时期形成的岩溶系统被沉积物充填。因此，在现代海平面以下 150m 深处，发现了地中海某些地区呈现高原形态的岩溶地形，而在约 700m 的深部发现海底排泄和岩溶溶洞（Климчук, 2006）。

岩溶海底淡水泉的典型特征是与气候因素，尤其是与大气降水之间具有紧密的联系。

由于岩溶溶洞中的水流动力使承压水的水头压力出现骤然下降，从而决定了海底淡水泉的反渗特点，即在岩溶溶洞中的承压水水头压力降至低于水体的静水位时，这些海底淡

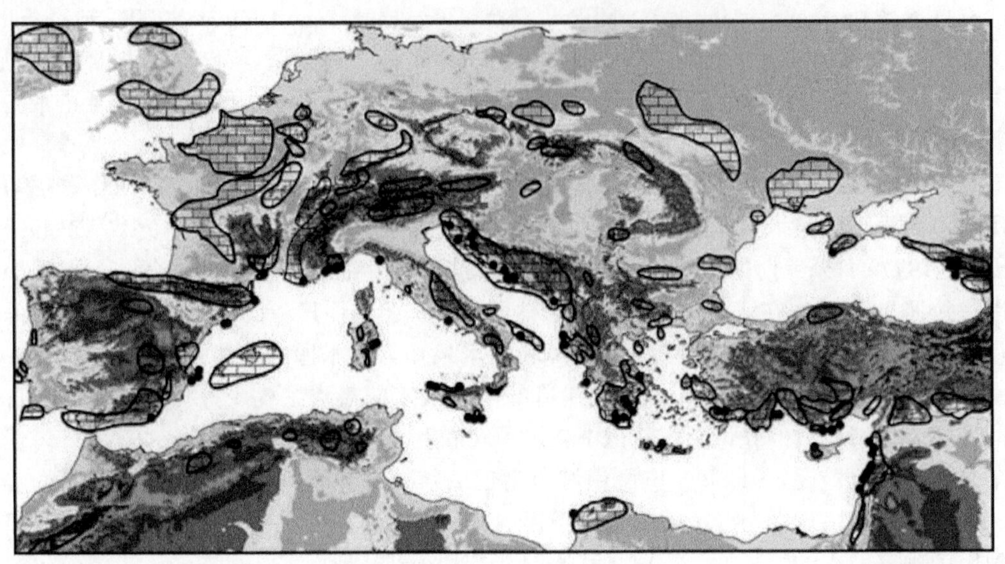

图 1.6.1 地中海流域的岩溶地区（细碎斑点）和沿岸与海底岩溶泉（黑圆点）分布图
（Dorfliger et al.，2009）

水泉可能开始类似于落水洞的活动，即吞吸海水。在地下水和海水的压力水头达到平衡时，海底淡水泉停止活动，而在地下水的压力水头高于海水的静水位时，海底淡水泉开启渗透模式。

海底淡水泉喷出口的形状主要取决于岩溶岩石的产状。此外，它的形状受沉积物流动的强度及其物理组成的影响（细粒沉积物可能完全封住喷出口，海底淡水泉停止喷水，而高涌水量的海底淡水泉是例外，它能够用巨大的压力水头把封堵打穿）。

这一类型的海底淡水泉相当多。例如，在佛罗里达半岛的水底坡上，有大量的海底淡水泉在喷水，其中就有涌水量很大的海底淡水泉（Коротков и др.，1980）。在这里，喀斯特化石灰岩的强烈发育、大量的沉积物（1200～1400mm/a）以及几乎没有地表径流的辽阔湿地构成的平原地形为海底淡水泉的活跃排泄提供了条件。

在尤卡坦半岛（中美洲）也发现了类似的排泄条件。尤卡坦半岛的地表是低洼平原，仅东南部的局部地段被马亚山脉占据。石灰岩的分布面积为 10 万 km^2，而半岛的总面积约为 18 万 km^2，海岸线长 1000km。在多沙的沿岸岛屿上，淡水赋存在海水之上的透镜体中。

地中海的地下水的水下露头最丰富，这里的海底淡水泉赋存在岩石的裂隙和岩溶溶洞中。在爱琴海的希腊东南沿岸，发现了流量巨大（100 万 m^3/s）的海底淡水泉，而在亚得里亚海沿岸约有 700 个海底淡水泉。

在土耳其西南部的哥科瓦海湾，海岸岩溶泉和海底岩溶泉的排泄区主要位于中生界碳酸盐岩的断裂处。排泄区可以分为 3 个亚区，这 3 个亚区在地下水的流动方向和泉本身的集中度方面有差异。已经完成的水均衡计算表明，海底淡水泉的排泄量平均为 2 亿～6.4 亿 m^3/a（Meditate，2007）。哥科瓦海湾中的所有完成测量和编图的海底淡水泉都分布在海岸带附近，这些泉的排泄点分散，这为研究和监测增加了难度。

在叙利亚的巴谢赫-巴尼亚斯区（叙利亚的地中海南部沿岸，叙利亚和黎巴嫩的边界以北），由于水头梯度大，白垩系承压含水层直接通过海底淡水泉向海中排泄。在该地区的海岸带发现了约30个海底淡水泉，其平均深度为5m至30m（IBG/DHV，2000）。对其中一个位于海平面以下5m深的海底淡水泉安装了专用监测仪器，用于监测地下水的排泄速度。根据得到的监测数据，这个海底淡水泉的涌水量在夏季达到2L/s（Meditate，2007）。这期间，没有发现导水率和地下径流量有任何变化。海底淡水泉所在含水层的集水盆地面积为855km^2。参照流速、同位素和化学调查等数据，分布在巴谢赫湾和塔尔图斯湾的海底淡水泉的总涌水量为3.5亿m^3/a或11m^3/s。

分布在叙利亚北部切卡湾的海底淡水泉最有名，对这些泉的研究相当充分（Sanlaville，1977；Kareh，1967；El Hajj et al.，2006）。在距离海岸线25～1500m，深度为5～150m处发现了高涌水量的海底溶洞泉，这些海底淡水泉赋存在塞诺曼-土仑阶的石灰岩中。推测切卡湾海底淡水泉的集水盆地覆盖面积可达700km^2，海底淡水泉的总涌水量为1.7～2.7m^3/s。这些海底淡水泉可以作为淡水资源短缺地区的生活备用水源，这为今后详细考察这些海底淡水泉的引水可能性提供了研究课题。

在苏联时期，位于黑海的高加索大陆架的岩溶成因海底淡水泉非常有名，甘提亚地镇附近的海底淡水泉涌水量约0.3m^3/s，加格拉地区的海底淡水泉涌水量近8m^3/s。

在阿拉比卡山山麓附近的大陆架，其中昌德里普什-加格拉地段（西高加索），坐落着宽约5km、长约9km、深约380～400m的一个辽阔的封闭式海底盆地（Tsandripsh）（Климчук и др.，2008）。这个海底盆地被深约260m的横堤与大陆坡分隔（图1.6.2），盆地的（与山体接合的）北坡和东坡陡峭，南坡和西南坡平坦。距离海岸100～150m处的位于5～10m深的列普鲁阿泉（Reprua）以及附近的小型海底排泄点和格鲁吉亚水文地质学家记录到的深排泄点分布在海底盆地的边坡上（Буачидзе и Мелива，1967；Кикнадзе，1972，1979）。这个海底盆地可能仅具有岩溶成因，多位研究者推测，其形成时间很可能与地中海的溶洞泉的形成时间重合（Hsu and Giovanoli，1979；Маруашвили，1969，1970）。这一结论的依据包括：关键沉积地层的生物地层学和磁性地层学研究结果，以及地震剖面数据、对大陆架阶地分布和深水三角洲组合的结构的分析数据。

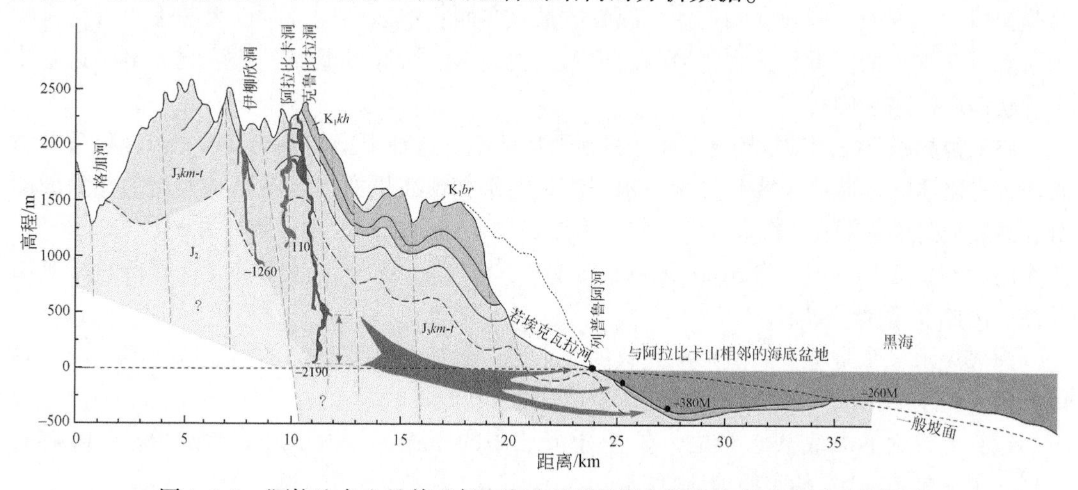

图1.6.2　阿拉比卡山及其毗邻海底盆地的地质和洞穴水文地质剖面示意图

在克里米亚半岛沿岸的艾亚角和阿亚兹马风景区（Ayazma）之间，巴拉克拉瓦山以东（图 1.6.3）的海底淡水泉具有自身的独特性。在沿岸地区，构成克里米亚山脉主脊的上侏罗统碳酸盐岩向海平面下方倾伏。从地表到海底的上侏罗统岩石均沿着构造断层发生强烈位移，岩石多孔且喀斯特化，这都有利于在地表和地下形成各种显著的碳酸盐岩岩溶。

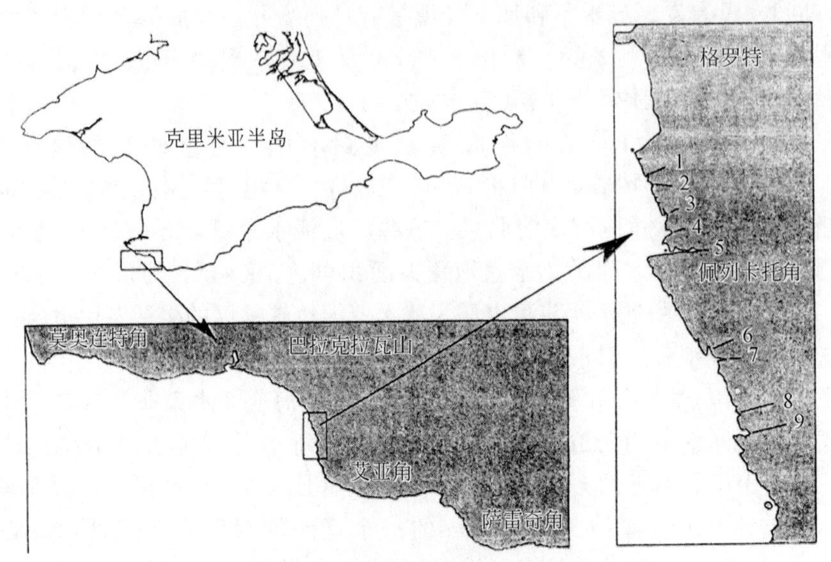

图 1.6.3　克里米亚半岛的海底淡水泉分布图

图中数字 1 ~9 代表海底淡水泉分布点

赋存在这些岩溶溶洞的上侏罗统含水层是克里米亚半岛整个山地区的主要开采层。地下水的海底排泄发生在数量众多的岩溶溶洞中（山洞和岩穴），这些溶洞分布在近 600m 高（艾亚角的最高点）的海岸悬崖基底附近以及低于海岸悬崖基底的水面线上（图 1.6.4）。海底排泄段的长度约为 200m，并且只能在无风天从海一侧接近这些岩溶溶洞。

这个地下水海底排泄段的另一个特殊之处在于，它分布在溶洞壁和溶洞尽头的某些大型喷出口中的裂隙、洞穴和凹坑中。因为数量众多而且难以到达，所以无法逐个研究这些出水点。在这种情况下，适宜将溶洞的出露孔视为某一海底排泄点，从溶洞的出露孔总体上评价海底淡水泉的排泄量。

在三角洲和三角洲前缘因地下水流排泄形成的泉　这种类型的泉的最大特点是呈现分散排泄，水化学成分异常区域的分布面积相当大。例如，在里海地区的某些河流的三角洲前缘，海底垂向排泄模数非常大，萨穆尔河为 100L/(s · km^2)，吉利吉柴河为 30L/(s · km^2)，库雷河为 5L/(s · km^2)（Батоян и Глазовский, 1974）。此外，这些泉没有清晰的排泄羽状流，因此非常难以取水。

海底淡水泉常常会大到能形成完整的淡水流。例如，在罗讷河的河口区，海底淡水泉就形成了盐水中的淡水流。在热那亚湾也有类似的淡水“河”。

世界上最大的海底淡水泉之一位于牙买加岛的岸边，深度 256m，距离海岸 1600m，它形成了流量 43m^3/s 的完整淡水“河”。

大量的海底淡水泉赋存在地下大峡谷中，这些大峡谷往往是河口的水下延伸段。例

图1.6.4 海蚀崖基岩的半淹没岩溶溶洞

如，从恒河的河口向孟加拉湾延伸着一条长超过1600km、宽约700km、深超过70m的水下大峡谷，海底地下水的露头就分布在大峡谷中。

构造成因的海底淡水泉 这一类型的海底淡水泉的形成通常与喷出岩和变质岩中的大型构造断裂系统有关，这些海底淡水泉既可能分布在陆地上，也可能分布在海的近岸区。例如，克里米亚半岛的熊山（Ayu-Dag）西北坡发现了3个深6m至8m的海底淡水泉。在地中海也有非常深的海底淡水泉，主要赋存在岩溶沉积层中的局部构造断裂带（海底淡水泉的深度在迦南山附近为165m，在圣雷莫市为190m，在圣马丁湾为700m）。海底淡水泉大量发育在具有明显山地地形的群岛海底坡上（如夏威夷群岛、菲律宾群岛、大安的列斯群岛、大巽他群岛和小巽他群岛）。

1.6.1 海底淡水泉的研究方法

研究海底淡水泉和判断海底淡水泉的基本特征（包括一般特征和喷水口的大小；泉水的温度、矿化度和化学成分；泉水的涌水量，用于评价其作为供水水源的可能性；泉水水量动态）是在普查法和详查法这两个方法基础上进行的。

普查法 普查法的内容是完成沿岸剖面和测量。首先测量水的盐度、温度和导电性。例如，低盐度段是地下淡水排泄的指示物。同时，应当指出，不论是海上的波浪还是潜在的暖流都不对发现这些泉产生实质的影响。至于水的温度和导电性，则根据这两个指标的下降可以相当确切地圈定海底淡水泉的露头。但是，温度的变化，尤其是电导率值的变化，也可能与污染区和河流水分布区有关，因此这两个指标并不可靠。一些研究者指出，地球物理方法成功应用于勘探海底淡水泉，如电法勘探、伽马测井、自然电场法等（Глазовский и др., 1973；Брашнина, 1963）。应当指出的是，这一系列方法并不总能给出充分的结果，这些结果的解释会引起一系列问题。然而，地球物理方法成功应用在研究海底淡水泉的实践中，前提是必须与剖面法或者岩性地球化学方法相结合。剖面法和岩性地球化学方法能够根据海平面以下地下水溢出过程中所带来的一系列化学组分沉淀及其形成的地球化学异常数据，来确定地下水排泄的水量（Брусиловский, 1971）。

详查法　运用详查法不仅可以判定海底泉并得到海底淡水泉的一般特征（像普查法一样），还能直接追踪到喷出口，确定表土泥沙对喷出口的充填程度、地下水排泄的流量和水位动态（Коротков, 1980）。基本上，该系列方法可以成功地应用于研究深水泉或者其物理与化学性质与海水区别不大的泉，这时还要运用指示剂法（Braudo et al., 1967）和计算法。

目前已知，所有海底淡水泉都具有独特的物理和化学特征，这些特征对海洋生态系统产生着显著的影响。因此，用于发现、编图和监测每一个海底淡水泉的方法都要求具有一定的方法学依据。

所有的工作可以相应地分为三个主要阶段：

第一阶段（准备阶段）　此阶段包括收集基础资料和评价区域地质与水文地质条件，从而划分出对识别与绘制海底淡水泉具有特殊意义的地段。首先，划分出存在强烈喀斯特化岩石和裂隙岩的地段。为了发现地下水的局部排泄点，广泛使用卫星遥感观测及地球物理法。尤其是利用红外热成像可以非常准确地确定海底排泄段，因为海底淡水泉排泄的淡水比海水轻很多，因此会在水体表面形成利用多光谱红外摄像机能拍摄到的热异常。

第二阶段　在此阶段直接研究由专家预测的海底淡水泉地区。采用声学设备、地球物理设备和专用的三维超声波摄影仪进行海上调查，完成海底淡水泉周围区域的测深分析和形态学分析。此外，在第二阶段还进行泉水水样和岩样的采集以及泉水流量的测量。

第三阶段　即最终阶段，对海底淡水泉本身进行定性和定量评价：判断泉的物理和化学特征，评价泉的出水能力（涌水量）和用于日常供水的可能性。此外，为每眼泉建立数据库（流速、盐度、形态特征），这样可以评价因大气降水而产生的流量变化以及判断泉水的水质。

应当认真地对所有这些参数进行长期研究，从而发现泉的参数与气候变化的关联性，最终建立海底淡水泉的水文地质模型，这一模型与未来开采海底淡水泉的技术和经济可行性分析、开发费用估算共同使用。此外，在第三阶段，还应当考虑所开采水的原始水质以及其埋藏深度和到用水对象的距离。

下面，笔者以乌克兰国家科学院海洋水文物理科学研究所的科学家们的工作成果为例，说明海底淡水泉的评价工作。

为了评价位于艾亚角岩溶溶洞（克里米亚半岛）的地下水海底排泄泉的涌水量，提出了基于修正液体流量模型和使用混合公式的理论方案。如前所述，由于该海底淡水泉有数量众多而且难以进入的出水点，给研究工作造成一定难度。因此专门为这一排泄类型制定了方法，利用这些方法能够准确地确定野外条件下的经验参数。

正如前人学术专著指出（Железняков，1976），淡水或淡水与海水混合物的密度低，因此会填充溶洞的上部，这些上部水流涌向露头，而填充溶洞的整个水体可能分为三层。上层（h_1）是淡水与海水的混合物，具有相对稳定的温度和盐度。第二层是下垫层（h_2），淡化程度低一些，它与其他层水体的区别在于这一层水体的温度和盐度不稳定。底层（h_3）是海水。为确定上两层的总流量，利用了水文测量学中已有的液体流量模型并按照混合公式评价每个水流中的淡水比例（Железняков，1976；Коротков и др.，1972）。在设计修正流量计算方案时，实际上研究的是关于不同密度的水流的课题。将根据经验判断的两个液体层之间的过渡边界作为下边界，上边界是水面，或者是岩溶溶洞的穹部。在所有情况下，必须为每股水流确定水流的运动学和几何学要素。

根据图1.6.5，按照控制点布置坐标轴，从而半淹没溶洞上层和下垫层的流量计算公式为：

$$Q' = q_1' + q_2' = \int_{x=0}^{x=B}\int_{y=0}^{y=h_1} v_1\cos\alpha \mathrm{d}x\mathrm{d}y + \int_{x=0}^{x=B}\int_{y=h_1}^{y=h_2} v_2\cos\alpha \mathrm{d}x\mathrm{d}y \tag{1.6.1}$$

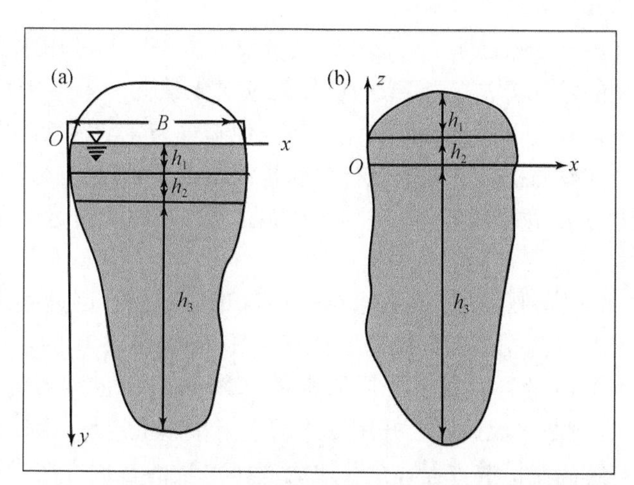

图1.6.5　用于评价岩溶溶洞中海底地下淡水排泄量的坐标轴位置示意图

（a）半淹没溶洞（x 轴沿着水面）；（b）全淹没溶洞（x 轴沿着海水和混合层的边界）

式中，h_1、h_2 和 h_3 分别为溶洞中的上层、下垫层和底层；B 为溶洞的宽度；q_1'为 h_1 截面的混合水流的流量；q_2'为 h_2 截面的混合水流的流量；α 为速度方向和控制面的法线之间的夹角；v_1 和 v_2 分别为 x 和 y 坐标点的瞬间流速。

全淹没溶洞的混合物流量的表达式如下：

$$Q' = q_1' + q_2' = \int_{x=0}^{x=B}\int_{z=h_2}^{z=h_1} v_1\cos\alpha \mathrm{d}x\mathrm{d}z + \int_{x=0}^{x=B}\int_{z=0}^{z=h_2} v_2\cos\alpha \mathrm{d}x\mathrm{d}z \tag{1.6.2}$$

文献中已有这种形式积分方程式的解（Железняков，1976）。每个分层中的混合物流量根据式（1.6.1）和式（1.6.2）计算如下：

$$q_1'=\bar{v}_1\omega_1, q_2'=\bar{v}_2\omega_2 m \tag{1.6.3}$$

式中，$\omega_1=h_1B$；$\omega_2=h_2B$；ω 为分层的截面面积；B 为溶洞的宽度；$\bar{v}_1$ 和 $\bar{v}_2$ 为每一层的截面面积中的平均速度；m 为系数值。

在进行相关的野外观测时，根据经验求得 m 值，允许由同一个涡旋转移热量和动量（Богуславский, 1958），而水流的流速脉动与温度脉动成正比，即

$$\sqrt{\overline{v'^2}}=m\sqrt{\overline{t'^2}} \tag{1.6.4}$$

不论是半淹没溶洞还是全淹没溶洞，淡水的最终流量（Q）都按照以下公式计算：

$$Q=q_1'W_{淡水1}+q_2'W_{淡水2} \tag{1.6.5}$$

和

$$W_{淡水1,2}=1-\frac{C_1-C_{淡水}}{C_{海水}-C_{淡水}} \tag{1.6.6}$$

式中，$W_{淡水1,2}$为淡水在每个分层中的占比；C_1为淡水和海水混合物的化学组分之一的浓度；$C_{淡水}$和 $C_{海水}$分别为这一组分在淡水和海水中的浓度。

在艾亚角附近完成的海底排泄段研究表明，溶洞涌出的淡水流量在 2007 年为 1915m^3/d，在 2008 年为 5000m^3/d。

在研究文献中（Кондратьев и др., 2010），研究人员提出了利用水文化学数据来计算溶洞地下淡水涌出量的替代方法。氯离子是水文地球化学混合模型中稳定且保守的示踪剂，其对温度变化、碳酸盐平衡没有影响，且与其他物理与化学因素不发生反应。

在方法学方面，在按照推荐的方案进行海底排泄量的评价时，必须遵守以下要求：

1. 应当在完全风平浪静时进行测量，通过水在溶洞中的反向运动使波浪造成的误差达到最小。

2. 考虑到温度梯度值和脉冲分量值相对较小且难以记录，因此必须布置灵敏度不低于0.010～0.015℃和足够高精度的传感器（热敏电阻等）。用专用的水样采集器或者将外接软管固定在浮标上的吸量管对每个分层取水样（Железняков, 1976；Юровский и др., 1986）。用示踪剂取样判断水流速度，并用专用的水下摄影机记录示踪剂的移动。

建立数学模型与解湍流扩散方程式是获取海底排泄量的替代方案（Кондратьев и др., 2010）。

水域的水文地质研究工作的部署和方法见文献（Юровский и др., 1986）。

文献中推荐的岩溶溶洞中的海底排泄量计算方案为独家设计，它的主要特点在于同时使用水文物理参数和水文测量参数。在实际使用所推荐的方案时，不排除以液体流量模型的理论为前提建立计算模型的可能性。

1.6.2　海底淡水泉利用工程的现代案例

在相关研究文献中，有时会无依据地提出关于海底淡水泉具有极高的利用可能性以及海底淡水泉资源几乎用之不竭的看法。但实际上，从海水中就地提取海底淡水泉水的问题极不简单。在地下淡水通过海域内的泉水集中排泄的地区，试图以可供居民使用的数量提

取地下淡水时，遇到非常大的困难。这首先是由于很难在海底为海底淡水泉的露头安装引泉装置，同时要考虑建造引泉装置的必要性和经济可行性，而且在海中钻孔的技术难度也非常大，等等。此外，在抽水时，即使承压水位下降较小的幅度也可能导致海水与淡水的混合，从而让本来可利用的泉报废。尽管如此，地下泉仍应当被视为未来重要的资源类型。

应当指出，目前已经有成功利用海底淡水泉的案例。例如，日本已经申请了海底淡水泉淡水提取方法的专利。该专利的作者提出，应当直接在海底把海底淡水泉的淡水与海水分开。为此，在泉上方安装带有传感器的特殊装置，传感器用于连续测量水的含盐量，取水装置完全以自动化方式运行。如果水的盐度超过容许值，就自动停止向用水对象送水，水被排入大海，直到水的含盐量和成分重新达到之前设定的数值。

意大利专家提出利用特殊的井从海底淡水泉取水，取水井中安装安全阀，用于控制水的流量并在必要时控制水的成分，取水井设置在海底，覆盖住海底淡水泉。

由于在大陆架、大陆坡和海洋底部钻井和取样的技术设备取得了巨大发展，为通过海上取水工程利用海底淡水泉创造了有利条件。在澳大利亚的大陆架、美国的大西洋沿岸、墨西哥湾的大陆坡及其他地点的一系列钻孔，均揭露了具有巨大压力水头的弱矿化海底淡水。例如，在大西洋的佛罗里达海岸附近钻孔时，在杰克逊维尔市以东距离海岸43km处发现了淡水。通过钻探船钻孔，在海平面以下250m深处揭露到矿化度0.7g/L的水，同时，水的压力水头达到海平面以上9m。

目前，通过定量评价海底地下径流，可以查明可用于供水的非常规水资源。现实中利用海底淡水泉的最直观例子，便是在希腊的东南沿海修建的专用水坝，这个水坝把海底淡水泉的露头围起来，如同在海中形成一座淡水湖。这里的海底淡水泉的总涌水量超过100万m^3/d。这座“湖”的水被用于灌溉沿岸地区的土地。

在法国南部沿岸的马赛市和卡西斯镇之间，人们通过多种方法极详细地研究了这一地区的海底淡水泉。早在1964年，马赛市的地质与山地调查局和水资源协会就建立了专门的科学组织，用来研究两个特大型海底淡水泉——波尔特莫伊泉（Port-Moi）和别斯图安泉（Bestuan），查明其用于供水的可能性并制定此类泉的研究方法。已经查明，这两个海底淡水泉赋存在白垩系喀斯特化石灰岩中，这些石灰岩形成了一个向大海倾斜的单斜层，海底淡水泉是向地中海排泄的两条地下岩溶河的河口（图1.6.6）。

波尔特莫伊泉的平均涌水量介于$2m^3/s$和$5m^3/s$之间（Potie et al., 2005；Cavalera and Gilli, 2009）。几乎完全浸没的波尔特莫伊岩溶地下通道的顶板位于海平面以下10～20m，从10m逐渐向30m及更深处浸没。在2200m处最初呈直线的岩溶通道突然中断，下落呈深的竖井状。设置了测量点并安装了流速传感器、压力计、电阻测量器，采集了水样和土样，用可以判断渗流的运动方向和速度的着色剂（荧光素）进行了试验，以此完成地球物理试验。经查明，岩溶溶洞中的水体出现分层：更深处是咸的海水，上部是密度最小的地下淡水。咸海水向地下通道深部的移动速度与被排泄的地下淡水的压力水头成反比。淡水压力水头本身决定了海底淡水沿着密度更大的海水表面向大海方向流入的流量。淡水水流的水力梯度、海水的波动、形成扩散作用的淡水与盐水的密度比及其温度差，这些都影响淡水与盐水之间的平衡。

图 1.6.6　穆阿拉港海底泉

所取得的研究成果被用于设计和建造一个混凝土大坝，该大坝穿过主要岩溶通道，从而防止海水入侵。混凝土坝建在岩溶地下通道的最深处，距离通道在海中的出口大约500m。通过建设这座混凝土大坝，可以长期测量被排泄地下水的流速，跟踪沿岩溶通道的压力水头损失，预防海水入侵和论证开采地下水的最佳条件。

关于能否利用海底溶洞泉来弥补优质水的短缺，通过引泉并不能给出明确的答案。但是，对海底淡水泉的监测，应当是合理利用岸边岩溶含水层的重要勘查阶段。为防止海水入侵，应当在初期对这一类型的监测进行整合。如果海底溶洞泉的勘查目的是将其作为供水水源的备选方案之一，那么可以通过反渗透技术对海底淡水泉进行海水淡化。海水淡化工艺主要取决于海水的含盐量（Meditate，2007）。经过处理的海水既可以满足灌溉和工业用水，也可以用于居民日常供水。

Nymphea Water 公司研制了基于海水和海底淡水泉水之间密度差的一个引泉系统：用一根管盖住泉的喷出口（露头），管把上升的淡泉水与海水分开，但是这样的结构并不改变淡水的流速。泉水填满上部的半球形拱（图 1.6.5）。从球拱的上部抽出淡水并储存在特殊装备的船中。测试工作非常成功，而储存在船上的水是微咸水。这套系统成功地运行了数月。

之后，Nymphea Water 公司对这套海底淡水泉的淡水引泉系统进行了升级，并在2003年第一季度进行测试。与之前的方案不同，球拱采用坚固材料制成，用以增加系统的耐用性和降低不良自然条件（波浪、洋流等）的影响。该系统包括覆盖泉口的安全柱，安全柱的造型与海底的轮廓一致。用一个半球和管架盖住管，这样可以直接在海中打开。固接点位于半球的顶点，用于保证管能够牢牢固定并防止在水面打开。这套系统同时还能为科研提供服务，可以直接测量泉的一系列水文参数。所获取的数据由安装在泉边的专用仪器自动记录下来。

管内安装有两个探测器，用于测量水的传导性、盐度、温度以及氡的浓度。电磁流量计（液体流量计）用于测量流速，测量时考虑以百分比表示的测量误差。在测量和记录海底淡水泉的物理和化学性质的同时进行水文地质勘查，用于确定集水面积和每日气候数据。利用一个及一个以上水文年期间获得的数据，可以建立海底淡水泉的概念模型，对海底淡水泉在未来变化自然环境影响下的水文地质特征的变化概率进行初步预测。

但是，必须强调的是，只有在完成海底淡水泉可采储量评价的专项工作，包括技术和经济可行性论证后，才能得出能否实际利用海底淡水泉的结论。正如科特（Kohout）指出的："海底淡水泉是大自然创造的奇观，是迄今为止仍鲜被研究的遍布全球的海岸水文过程。"

第2章　地下淡水——战略型供水资源

2.1　现　状

近几十年，地下水在全球多个国家生活供水和农田灌溉中发挥着越来越重要的作用。这是由于地下水具有优于地表水的诸多优势，首先是地下水不易受到污染，受气候和降水量的多年和季节性的显著波动影响更小。其次，经济因素也很重要，地下水取水工程可以根据用水量的增加逐步投入使用，而修建地表水水工构筑物则往往需要一次性地投入大量资金。

在全球范围内，地下水的开采可提供约50%的饮用水需求量、20%的灌溉用水需求量和40%的各类自给自足型工业企业用水需求量。

在俄罗斯联邦，地下水被广泛用于经济和社会领域，主要用于生活饮用水、工业生产用水、土地灌溉和牧场喷淋。此外，在开采固体矿床（排水）时，为了降低水位等也需要抽取地下水，但这不能用作生活用水。相应地，地下水总取水量、可利用的取水量（开采量）和不可利用的取水量（抽取量）在统计数据中被分类列出。

根据《俄罗斯联邦水法典》，地下水首先应用于满足饮用水需求，只有在资源过剩的情况下才允许满足工业需求。实际中，地下水往往同时用于满足生活饮用水和工业用水。

2009年，地下水工程设施的总取水量为2700万 m^3/d，其中开采量为2300万 m^3/d（Информационный бюллетень…, 2010）。

通常在已探明的水源地（1500万 m^3/d）和未获批可采储量的地段取水。其中，在已探明地段的地下水取水量占已评估可采储量（9580万 m^3/d）的15.6%。

对地下水观测数据分析表明，2009年，俄罗斯全境地下水总取水量为2760万 m^3/d，其中，2150万 m^3/d 用于经济和社会领域（其中1530万 m^3/d 用于供应生活饮用水），水在运输管道中损失为150万 m^3/d，矿井和露天矿排水排出的地下水量为460万 m^3/d。

与2009年相比，1999年地下水总利用量为2810万 m^3/d，其中，2130万 m^3/d 用于生活饮用水。

可见，从1999年至2009年，地下水利用量减少了660万 m^3/d，其中生活饮用水减少600万 m^3/d，这两个指标的年平均降幅分别为66万 m^3/d 和60万 m^3/d。笔者研究发现，地下水在生活饮用水中的占比约为45%，这一比例在此期间基本没有变化。

20世纪80年代末以来，由于实行地下水资源收费制度，居民更加节约用水。同时，由于输水管线渗漏量和实际用水量相应减少，地下水的绝对取用量呈减少趋势。

在地下水占城市生活供水比例最高的莫斯科地区，在对地下水储量勘探程度不断提升的背景下，地下水取水量在最近20年间几乎减少了20%。最近20年，地下水运输中的消耗率减少了三分之一以上，但是仍显著高于欧洲平均水平。因此，未来人均用水量有待于进一步减少。

当然，这并不意味着要减少或停止地下水资源研究工作，相反，应当把研究方向转向新的课题，对常规课题进行补充。

下文中，笔者将更详细地研究能否通过增加地下水的利用比例来提高俄罗斯居民生活饮用水供水的稳定性。

在这方面，不易受人为和工业污染的地下水应当被看作是生活饮用水的优先供水源。

此外，在赋存地下水的含水系统中，由于含水层体积巨大，因此能够在年内或者多年期调节地下水储量，确保地下水在极端气候条件下不受干旱和地表水枯竭的影响。因此，在很多情况下，当由于干旱导致地表水资源锐减（符拉迪沃斯托克（海参崴）市、库尔干市等）、地表水被污染（切尔诺贝利核事故、乌法市的酚泄漏、德涅斯特河斯捷布尼克钾盐天然盐水存储库爆炸事故、奥廖尔污物排放事故）等情况下，地下水总能弥补全部或者部分供水不足。因此，地下水能够为供水水安全提供充分的保障。

多数情况下，尽管地下水中含有天然的矿物质，也不符合饮用水标准。但是，近几十年里，水处理系统得到迅速的发展和改进，包括反渗透技术的广泛应用，在缺乏饮用淡水的地区，或在需要远离用水对象建设取水工程的地区，扩大不符合饮用水标准的地下水的利用事宜已被列入议程。

可见，在极端天气和人为事件发生时，地下水依然是唯一可靠的饮用水源。而在上述情况下，俄罗斯的国家安全在很大程度上取决于地下水的可获取性和有效利用性，因此地下水无疑是战略型水资源。

由于不断加剧的人为环境灾害与恐怖活动，地下水作为最不易受污染的饮用水水源的意义在近年显著增加。

对于每个居民点来说，具备可靠的水污染防护措施，并在极端干旱和枯水年份能够保障充分的饮用水源，具有极其重要的意义。俄罗斯为此专门制定相关法律规范。《俄罗斯联邦水法典》规定，在有污染防护的地下水水源地应当建立供水储备，并为这些水源地设置专门的保护和监控制度。俄罗斯国家标准《紧急情况下的安全标准》之《保护生活饮用水供水系统》（GOST R 226.01—95）的一般要求中规定，大中型城市的生活饮用水供水系统应当建立在两个及两个以上独立水源基础上，为此应当利用现有的所有地下淡水资源。毫无疑问，大型工业和采矿企业、烃类等战略资源的矿床、疗养与康复综合体等应当被列入这一范畴。

应当利用现有的所有地下水资源为居民提供生活饮用水，而在地表水水源的渠首工程因污染事故而关闭时，地下水在生活饮用水总量中的最低占比应当能够保证向居民稳定供水。其中，地下水源在集中供水系统中的占比不应低于25%～30%。紧急情况下的最低卫生标准不应低于每人每天30L。

实际上，地下水在俄罗斯的城市供水系统中的占比极为有限，并且随着城市体量的增大而急剧减少（详见2.2节）。目前，现有的供水水源，尤其是俄联邦的大中型城市，特别是在水质安全及日常与紧急情况下人为和工业污染预警上，都不能令人满意。

考虑到地表水源面临外在污染缺乏防护，以及地表水在不同年份有多有少，因此，将生活饮用水的来源尽可能由地表水转为地下水，包括建立备用地下水水源地，是最重要的国家战略任务。

如前所述，为了实现这些目标，也可以利用需要进行特殊水处理的非达标地下水。目前，这一方案被广泛应用在食品工业企业。

综上，评价地下淡水的潜在资源量及其在俄罗斯全境及其某一地区、联邦主体、自然地理带和河流流域利用的可能性具有特别重要的意义（Подземные воды мира：ресурсы，использование，прогнозы，2007；Водные ресурсы России и их использование，2008）。

地下水作为饮用水水源的可能性、合理性和扩采条件等由一系列因素决定，其中最重要的影响因素如下（Боревский и Язвин，2003）：

a）地下水可采储量可以完全或部分满足居民饮用水需求，对地下水资源的前期研究决定了能否开采地下水或者是否需要进一步研究；

b）地下水在天然条件下和在开采过程中的水质，决定能否直接作为饮用水或者运用一定的水处理方法（工艺）后加以利用；

c）地下水对地表人为污染的天然防御度，建立水源地卫生防护带的可能性和条件；

d）建设和运营水源地的地质、经济和工艺研究和论证程度；

e）开采对主要环境组分的容许影响程度或者减少（弥补）开采不良后果的可能性。

鉴于以上因素，建立了全国及其各个地区（联邦区、联邦主体、行政区和城镇）地下水资源管理系统的重要课题。

这一管理体系的基础应该包括地下水潜在资源量、已评价和已探明的可采储量、可开采的水量和水质等信息。为此，需要建立专业化的信息系统，包括专题数据库、图件数据库、地下水模型和相应的管理软件（Боревский и Язвин，2010）。

在很多地区，不论是多年冻土区，还是干旱区，地下水资源量在区域内部的分布极不均衡，因此，利用数据库中的信息资料，可以为地下水利用战略的选择作出管理决策，包括向低保障地区建设供水的集中输水管道、就地进行水处理，以及合理配置地下水与地表水的比例等。

为了及时应对水资源潜力变化（尤其是因地下水污染带来的水资源潜力变化）以及水环境变化，需要根据各级行政单位利用和研究地下水的管理决策级别，把建立和维护基础数据库和制定各比例尺水资源潜力分布图的工作落实到位。

2.2　利用地下淡水为城市居民供水

欧洲经济委员会的资料显示，地下水是欧洲大多数大型城市生活饮用水的主要供水水源。例如，在布达佩斯、维也纳、汉堡、哥本哈根、慕尼黑和罗马等人口达到或超过一百万的城市，供水完全或者几乎完全地依赖于地下水。在阿姆斯特丹、布鲁塞尔、里斯本等城市，地下水满足一半以上的总用水量（表2.2.1）。

表2.2.1 世界大型城市供水情况表

城市	人口/百万人	地表水/%	地下水/%
阿姆斯特丹	1.3	52	48
安特卫普	1.1	82	18
巴塞罗那	3.3	83	17
柏林	5.6	58	42
布鲁塞尔	2.3	35	65
维也纳	1.7	5	95
汉堡	3.6	–	100
格拉斯哥	5.2	63	37
哥本哈根	1.0	16	84
里斯本	2.1	45	55
伦敦	6.7	86	14
马德里	4.1	91	9
莫斯科	7.6	98	2
慕尼黑	1.6	–	100
巴黎	7.1	60	40
鹿特丹	1.4	90	10
苏黎世	0.5	70	30
东京	11.3	89	11
芝加哥	5.9	88	12

根据粗略估算，目前，全世界每年取用地下水约7000亿m^3，其中的65%用于生活饮用水，20%用于灌溉和畜牧业，15%用于工业和矿业（Custodio，1982）。

在俄罗斯，地下水在城市居民生活饮用水中所占的比例约为37%（对于农村居民约为83%）。同时，随着人口数量的增长，地下水的占比在下降，而对于大多数超大城市来说，地下水的占比微乎其微或者接近于零，俄罗斯几乎所有超大城市（莫斯科、圣彼得堡、新西伯利亚、顿河畔罗斯托夫、伏尔加格勒等）以及摩尔曼斯克、阿斯特拉罕、符拉迪沃斯托克（海参崴）等重要战略城市都在此名单中。

按照供水条件，可以把城市分为三类（Язвин，2003）：以地下水供水为主的城市（地下水的占比超过90%）；以地表水供水为主的城市（地表水占比超过90%）；混合型供水的城市。

根据2002年的数据，在2959座城市和市级镇的饮用水供水中，有2030座（69%）采用地下水，576座（19%）主要采用地表水，353座（12%）采用地表水与地下水混合供水。

俄罗斯全境的不同人口等级城镇的生活饮用水供水水源分配情况见表2.2.2。

表 2.2.2 不同人口数量级别的城市和市级镇的供水水源结构分配表（截至 2002 年）

不同人口等级的城市和市级镇	所有城市	以地下水供水为主的城市和市级镇的数量	%	以地表水供水为主的城市和市级镇的数量	%	混合供水的城市和市级镇的数量	%
1 万	1710	1276	74.6	293	17.1	141	8.3
1 万~2.5 万	617	434	70.4	107	17.3	76	12.3
2.5 万~5 万	283	172	60.8	61	21.6	50	17.6
5 万~10 万	178	97	54.5	51	28.6	30	16.9
10 万~25 万	93	29	31.2	30	32.2	34	36.6
25 万~50 万	45	18	40	17	37.8	10	22.2
50 万以上	33	4	12.1	17	51.5	12	36.4
俄罗斯联邦合计	2959	2030	68.6	576	19.5	353	11.9

在主要利用地下水供水的城市中，人口不足 2.5 万的城市占 72%，人口 2.5 万至 10 万的城市约占 55%，人口超过 10 万的城市占 30%。

如果更详细地研究人口 10 万以上的城市，那么情况会有显著区别。在“俄罗斯联邦用于居民生活饮用水的地下水资源保证率评价”工作中（2002 年），研究了 171 座人口 10 万以上的城市的生活饮用水现状。

以上列出的生活饮用水供水水源的数据显示，俄罗斯所有大型城市可以分为数量大致相等的三类。有 64 座城市（约占 37%）主要利用地表水提供生活饮用水，其中的许多城市中，地表水是唯一的供水水源。有 51 座城市主要利用地下水满足饮用水需求。其余 56 座城市利用混合型供水水源，其中，有 11 座城市的地下水占比为 70%~90%，7 座城市为 50%~70%，16 座城市为 30%~50%，其余 22 座城市为 10%~30%。

但是，如果分析人口超过 25 万的大型城市的供水水源，那么情况又会发生显著变化。在 78 座人口 25 万以上的城市中，有 34 座城市主要利用地表水来供水（其中包括 13 座人口超百万城市中的 10 座），有 22 座城市主要利用地下水来供水。其余 22 座城市采用混合型供水，其中近一半城市的地下水占比为 10%~30%。

由此可见，大多数大型城市不具备可靠的和受保护的地下水供水水源。

无论从水文地质学角度，还是从经济学角度，都很容易解释这一情况。用于保证农村和其他小型居民点居民用水的地下水资源储备普遍充足，足够保证在用水对象境内或者近处建立取水工程。随着城市人口数量的增长，用水量也在快速增长，因此需要截取大量的水资源，而这通常通过利用地表水水源更加容易实现。

在大城市附近一般没有满足供水需求的地下水水源，这就要求在远离大城市的其他地方来寻找地下水水源。这样一来，利用地下水来作为大城市的供水水源将带来巨大的成本，因此大城市或者城市群通常是选择地表水来作为城市的供水水源。

另外，通过分析地下水的潜在资源量、储量及其利用量发现，俄罗斯地下水资源十分丰富、取之不竭，因此无论是城市生活用水还是农村居民点用水，提高地下水的利用比例具有广阔的前景。

同时，必须指出，尽管已探明和未开发的水源地数量众多，但是俄罗斯有大量城市（包括超大城市）和居民点完全不具有已探明或者已发现的饮用水水源，而多座城市的已探明但几乎没有受到污染防护的地下水不能被视为战略储备。同时，在 20 世纪 50 至 80 年代探明的大量水源地，在此之前已经被占用或者因其他原因无法利用。

我们总认为俄罗斯境内所有地区的地下水资源是取之不尽、用之不竭的，而且可以无节制地使用，其实这种认识是错误的。事实上，地下水资源的分布极不均匀。在很多地区，如多年冻土分布区、干旱的草原或半草原地区、山区、含盐自流盆地区及很多其他地区，地下水资源严重缺乏，因此需要加强地下水源地勘探和水文地质调查工作。

应当指出，地表水作为供水水源，具有天然上的优势。因此，大型城市适宜统筹考虑，将地下水和地表水作为共同供水水源。

20 世纪 50 年代末至 60 年代初，苏联首次部署了评价在特殊时期利用地下水为人口 10 万以上城市供水可行性的任务。“特殊时期”是指由于“核打击”而无法使用地表水水源的时期。这项任务被责成给苏联地质部系统内的单位，主要通过每隔 10 年定期对现有资源进行内业整理来完成。

在切尔诺贝利核事故之后，“特殊时期”问题变得更加广泛和尖锐，任何与人为或者自然灾难、事故、恐怖活动等有关的紧急情况都被定为“特殊时期”。

特殊时期，国家部署了向莫斯科市输送流量为 $30m^3/s$ 地下水的可行性方案论证研究任务。由全苏水文地质工程地质科学研究所和国家专家评审总局莫斯科分局的专家组来共同承担此项评价工作（Б. В. 博列夫斯基，В. Д. 多尔宾，М. В. 科切特科夫，А. М. 普拉赛科夫，В. И. 列乌托夫）[①]。

由于在莫斯科近郊没有找到符合要求的地下水，专家们提出从四个方向向莫斯科输送地下水，即建立东、西、南和北供水系统，供水管道距离均在 100km 以上。

这一估计值已被专门为此建立的莫斯科城市群数学模型的建模结果所证实（Л. К. 戈赫别尔格，Д. И. 叶夫列莫夫，А. Н. 克柳克温，И. С. 帕什科夫斯基，А. А. 罗沙利）。相应地，国家部署了大量的地质勘探工作，对地下水的可开采储量进行了评价，制定了供水量达 50 万 m^3/d 城南供水系统一期项目设计方案。但是，由于各种主观和客观原因，该项目至今没有实施。正如学术界和媒体多次指出的那样，莫斯科实际上依然是欧洲唯一一座缺少地下水作为备用饮用水水源地的首都。

到目前为止，在地下水利用相当有限的背景下，大中型城市和超大城市的供水系统却存在地下水水源取用量减少的趋势。最近 20 年，几乎没有修建和投用一个大型的地下水取水工程。虽然建立了数量众多的小型取水工程，但仅限于个别企业、住宅、村镇、城市居民区的供水，而不是用于城市的集中生活供水。

同时，应当指出，最近几十年，区域中心城市在寻找和评价新的地下水水源地方面取得了显著成就。这些区域中心城市之前都缺少固定或者备用的地下水供水水源地。这几十年中，已探明和评价了能够全部或者部分地保证摩尔曼斯克、蒙切戈尔斯克、彼得罗扎沃茨克、伏尔加格勒、喀山、下诺夫哥罗德以及其他多座城市供水的新的地下水水源地。

但是，目前还没有对这些水源地进行开采，或者实际上仅停留在项目前期设计阶段。

① 专家评价的结果此前未曾被公布过，因此在此列出了专家组的成员名单。

目前可以断定，虽然对大中型城市扩大利用地下水问题进行了反复讨论，但很少能够真正转入制定和落实设计方案的阶段。因此，任务依然极其迫切和现实。

应当指出，经过多次特大干旱，目前符拉迪沃斯托克（海参崴）市地下水取水工程正在恢复建设，喀山市地下水取水工程建设的经济与技术可行性论证工作正在进行。

制定地下水为大型用水对象供水的战略时，应当同时考虑地下水的资源量、有希望建设大型取水工程水源地的位置等因素。

可以划分出以下典型任务：

1. 潜在的用水对象位于自流盆地内，既可以在市区内也可以在周边区域开采水量充足的地下水。在这种情况下，一般是通过独立的和彼此关联的取水系统实现供水。这种情况对于俄罗斯中部和南部的大中型城市来说最为典型。最典型的例子是克拉斯诺达尔斯克市的地下水水源地，该水源地的总储量为 100 万 m^3/d（$0.4km^3/a$）。坦波夫、布良斯克、奥廖尔、特维尔、图拉、梁赞等城市的地下水取水工程也处于同样的环境下。同时，这些水源地的地下水储量通常显著超过实际取水量。

2. 岸边渗水型取水水源地往往是主要的供水水源，可能直接设置在市区，也可能设置在城市附近。乌法、新库兹涅茨克、沃罗涅日、克拉斯诺亚尔斯克等城市的取水水源地就属于这种情况。

3. 用水对象位于地下水开采层系统的分布区内，但是，由于水文地质和水利情况复杂，必须到 100km 以外才能开采到所需数量的地下水，莫斯科市就是最典型的例子。

4. 用水对象位于大型地下水水源地范围之外，潜在的供水水源距离用水对象 50 ~ 100km 以上。20 世纪 70 年代，在苏联的亚速-库班平原内，为新罗西斯克市和格连吉克市的供水就属于这种情况：修建了穿过高加索山脉支脉的 70 ~ 75km 长的特洛伊茨克取水和供水系统。其中，新罗西斯克市完全不具备从当地水源供水的可能性。

符拉迪沃斯托克（海参崴）市的地下淡水水源的情况类似，由若干小型的年调节水库为该市供水。每年受台风的影响，而无法回补水库蓄水量时，会出现供水紧张现象。这样的情况在最近 40 年发生了 5 次。最近一次的水危机（2003 年）被媒体广泛报道。在哈巴罗夫斯克（伯力）市，则是其他原因造成需要研究该市利用地下水的可能性。目前，在距离这些城市约 50km 处修建了地下水取水构筑物。符拉斯沃斯托克市、阿尔乔姆市等其他用水城市的取水工程建在普希金诺地下水水源地的拉兹多利内段，哈巴罗夫斯克（伯力）市的取水工程修建在通古斯地下水水源地。

已经探明位于斯塔夫罗波尔边疆区和卡巴尔达交界处的马尔卡地下水水源地，可以用于向高加索矿水区的城市供水。目前，该水源地被部分开发，为格奥尔吉耶夫斯克和高加索矿水区的城市供水，输水线路长约 90km。

5. 在用水对象附近及半径 100 ~ 150km 范围内没有足量的地下水供水水源时，必须以数百千米的距离运输地下水。尽管如此，这样的情况仍需要专门研究。最典型的例子是巴库市的供水。早在 1907 年，巴库市杜马就决定从距离巴库市 100km 处建设巴库第一地下水输水管道。之后又建设了巴库第二和第三输水管道，从水源地到巴库市的距离达到了 180 ~ 200km。2010 年末，地下水取水工程投入使用，生产力为 $5m^3/d$ 或者 43 万 m^3/a，采用 2m 直径的水管从距离巴库市 260km 处向巴库市输送地下水。

目前，正在实施向埃利斯塔市供水的项目，该项目利用分布在该市方圆数百千米内的集群取水工程开采地下水。

6. 在乌拉尔地区的很多工业中心城市为居民用水寻找可靠水源，可谓是困难重重。下面以中乌拉尔工业枢纽为例，研究以 400～450km 距离运输和利用地下水的可能性。

叶卡捷琳堡市、下塔吉尔市、上萨尔达等城市和很多用水需求更少的城市，生活饮用水总用水量为 80 万 m^3/d，其生活用水完全来自供水并不太稳定的地表水水源，比如距离叶卡捷琳堡市近 120km 的乌法河和丘索瓦亚河的水库。在干旱时期，由于降水少，枯水期持续时间长，例如 20 世纪 70 年代中期，在中乌拉尔地区发生的特大旱灾。遇到干旱年份，河流和水库的可供水源就会相应减少。

同时，乌拉尔褶皱造山带北部分布着特有的裂隙-岩溶含水层盆地。这些盆地地处生态环境极好的地区，水质极佳，总水资源量超过 100 万 m^3/d，完全可以满足经济较为发达的北乌拉尔矿区居民用水需求。这个取水项目的水文地质可行性和社会重要性显而易见。同时，也面临从 350～450km 之外将地下水远距离输送到用水点的问题，经济上是否可行仍需要进一步论证。

多数情况下，大型城市的生活用水可以通过综合利用地下水和地表水，然后逐渐增加对地下水的利用比例来保障。例如，在枯水年份可以增加地下水的取用量，而在丰水年份则增加地表水的取用量。通过这种方式可以在地表水资源短缺时期，增加地下水开采强度。与多年平均值相比，水资源短缺时期的地下水开采量可能增加至 1.5～2 倍甚至更高，从而显著提高地下水利用效率。在丰水年份，为了保证对已开采储量的回补，应当相应地减少地下水取水量。

目前，在为符拉迪沃斯托克（海参崴）市提供水源的拉兹多利内地下水取水工程正是实施这一方案。在设计的多年平均取水量为 12.5 万 m^3/d 情况下，在 1～2 个连续枯水年份增加地下水取水量达 25 万 m^3/d，这样就可以避免重新开发更远的水源地。

最后，需要强调的是，为了提高俄罗斯各地区，特别是超大、巨大和中型城市地下淡水供应的可靠性，应当启用现有的可以通过以下方式获取的所有地下淡水资源：

——未被利用的可采储量；

——降低工业利用地下饮用水的比例；

——利用远距离的水源；

——利用含有天然无机和有机杂质的微咸水，并使用经过核准、可行的工艺方法和技术设备去除这些杂质。

对现有的未动用的水源状况进行系统监控。

目前，首先需要研究大中型城市供水系统的平衡问题，包括：

——生活饮用水系统中的地表水与地下水平衡；

——水源的水质，是否符合规范要求；

——有无水处理系统（针对什么组分）和水质达标水平；

——有无已发现和已探明，但未开发的地下水水源（和水源的储量），能否开发这些水源；

——水源开发的推荐措施和技术方案；

——能否储备土地和划地边界建议；

——是否需要和能否建立卫生防护带。

在不具备已探明的水源或者（因某种原因）无法开采水源时，编制寻找新水源或补充水源的建议书。

第3章　全球气候变化与冻土区地下水的交互作用

3.1　冻土区地下水的形成特点

在多年冻土发育区，水-冰-水的相变对于河流补给地下水具有重要意义。因此，在评价地下水天然资源量以及解决其他水文地质问题时必须对此予以考虑。下面简要阐述占俄罗斯联邦国土面积达65%的多年冻土区，以及影响水资源与水文情势的冻土现象和过程。

冻土区河流的地下补给形成于河流与地下含水系统水交换的水动力过程，冻土-水文地质条件与气候条件共同决定了水交换特征。其中，作为隔水屏障的多年冻土的厚度和分布、冻土的构造破碎性和裂隙度、一年内的负温期持续时长（近7～8个月）起最重要的作用。水文和水文地质工作者通过调查这些地区河流的地下补给情况，得出以下基本结论：

1. 河流与地下含水系统之间能够实现水交换，仅仅是由于在水成和水文地质成因的贯通融区和非贯通融区内的多年冻土为断续分布。这些融区主要分布在河谷底部，多处于河道下方。根据冻结条件和水文地质条件的不同，地下水或者经过融区进入河流网，或者相反，由河流水补充地下含水层。随着气候条件变化加剧，融区的规模减小，区域地表水与地下水交换的范围在加大。流域上大面积的水文过程以地表水交换为主，仅在有限的河段地表径流可以形成地下径流。

2. 在多年冻土区，由于存在涎流冰、河冰、冰川冰和季节性地下冰等不同类型的冻结水体，从而极大地影响了河川径流的年内分配。这导致冬季的河川径流量减少，而暖季河流的地下径流贡献增加（Соколов，1986）。

3. 在河流系统的不同环节，地下径流的“低温坝”造成地下水补给河流的水量在年内的动态变化与河川径流过程不同步（Марков，1994）。

一般情况下，河流及其下切的流域含水系统在年内的动态联系由外部因素（气候和气象条件）的变化速率和特征，以及下垫面条件（地质与构造、地形和冻土）共同决定。俄罗斯国立水文研究所研究人员通过分析基于冻土区的水文与水文地质观测数据，得出的总体结论是多年冻土区年内的水交换特征具有极大的变异性。

利用在专项水文观测中取得的数据，可以按照含贯通融区河段的河道水均衡法计算年内的水交换特征值。根据水交换的性质，这些河段可以划分为三个类型：

1）仅有地下水流入的河段，这些河段的水交换量在整个温暖季节均为正值；

2）仅有河水渗漏的河段；

3）河流与地下水交换的方向取决于河水水位变化，在雨季高水位的丰水期为正，在枯水期为负（图3.1.1和图3.1.2）。

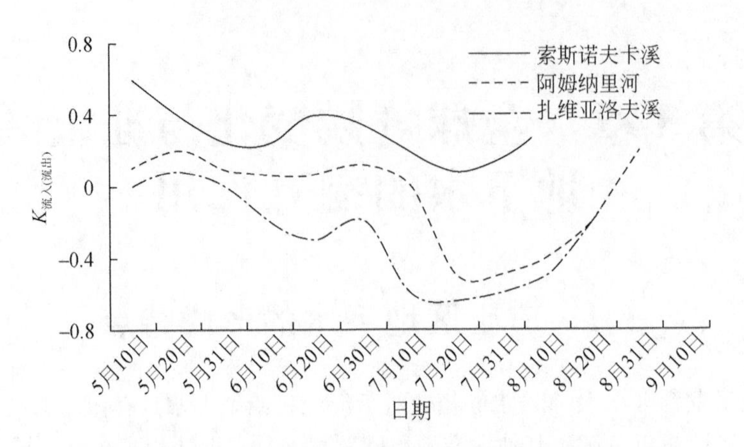

图 3.1.1　滕达市地区的小型河流与含水层的水量交换示意图

地下水（河流水）流入（流出）系数，$K_{流入(流出)}$等于河流的水文断面之间的径流量差值与河段末尾断面的径流量的比值（不计侧向流入量）

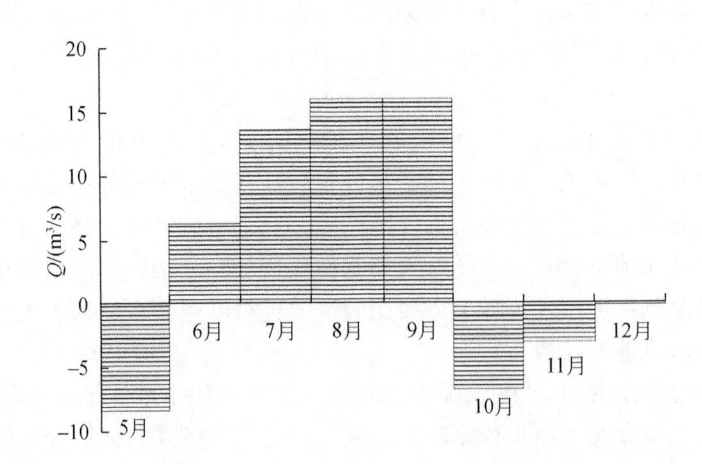

图 3.1.2　1988 年吉柳伊河与地下含水层（F=21000km^2）在 12km 长度河段（至滕达河河口）的水量交换（Q）示意图

总结俄罗斯国立水文研究所于 20 世纪 90 年代在贝阿铁路中央地带所获得的观测资料（Колотоев，1988），可以得出结论：夏季，90% ~98% 长度的调查河段存在河流与地下水交换；枯水期，55% 长度的调查河段存在地下水补给河水，20% 长度的调查河段存在河流向地下水排泄，另外 25% 长度的调查河段内河水与地下水之间不存在明显的水量交换。这也是各类型河流与地下水交换的平均比例。自然条件下，在同一条河流的相邻河段，河水与地下水交换的方向有可能是相反的，尽管在很多河段也常见地下水单向补给河流或者河水单向渗漏补给河流下方含水层的现象。总体上，调查区的河流表现出以下规律：在集水面积小于 3km^2 的河流，仅发生地下水补给河流；在集水面积增加到大约 100km^2 时，仅 60% 的河段存在地下水补给河流；当集水面积 $F\cong$10000km^2 时，约 40% 的河段存在地下水补给河流。出现这一规律是由于含水层的分布和厚度随着集水面积的增加而增加。地下水补给河流的流入量与河流渗漏补给地下水的绝对损失量随着集水面积、水交换强度的增加而增加，反之亦然。在集水面积为1000～3000km^{2}时，这一数值基本上没有变化，也就是说，集水面积大于这一范围的河流完全向河流下方含水系统排泄。因此，地下水向河流补给的动态特性系数（河流在暖季的地下补给量与夏季河流枯水期的最小径流量之间的比值）随着集水面积的增加而减少。

由水与河冰、地下冰、冰川冰以及地下水、河流水、雪水和湖水的涎流冰等各类型冰体之间相变所决定的冻土现象，在被调查区的水量和热量交换中常常具有非常显著的作用。这些冰体共同构成冻土区的季节性冰体，通常在每年冻结期之后完全融化并消失。在山区的小型河流流域，这些冰体可能占据河流集水面积的7%～10%。冬季，季节性冰体中的水完全不参与水分循环，不计入河川径流量及其地下径流分量。

季节性冰体对冻土区水文状况的影响是双重的。首先，由于水的冻融相变，每年的冷季和暖季，一部分河川径流会随着各类冰体的形成以及其后的消融而得到重新分配。其次，季节性冰体与冻土共同形成低温坝，对水流过程带来额外的阻力。低温坝使流域内的水和热储存量在冷季急速下降。

由于河冰和涎流冰共同形成河流的冰盖层，因此对河冰和涎流冰的储水量进行综合评价。河流冰盖层的厚度由俄罗斯联邦水文气象与环境监测局的国家水文观测站长期观测。

下面以研究相对充分的贝阿铁路沿线地区为例，来阐述季节性冰体在形成河川径流量及其地下分量中的作用。

根据俄罗斯国立水文研究所的野外调查结果，评估了面积约150万km^{2}的勒拿河上游右岸支流季节性冰体中每年聚积的总水量，还评价了季节性冰体对河川径流量的影响。结果表明，每年冬季，季节性冰体中聚积和融化的水量不少于10.4km^3，其中，在河流的冰盖层中约6.6km^3，在涎流冰和季节性地下冰中约3.8km^3。

计算表明，季节性冰体平均贡献了中型河流年径流量的2%～6%，以及小型河流近30%的年径流量（表3.1.1）。季节性冰体的形成对径流量的年内分配产生的影响最大。在冰封河流，结冰体是河流冬季模态的主要形式。季节性冰体的融水在春汛中的占比为5%～15%（最大30%）。仅有地下水的涎流冰的融水和季节性地下冰的融水参与形成夏秋时期的河川径流。在这一时期，由于河道径流量总体较大，涎流冰对径流贡献作用较小，即使对于涎流冰体量大的小型河流，其贡献也不超过10%。

表3.1.1　季节性冰体融水在勒拿河流域右岸中型河川径流量中的贡献

河流，观测站	集水面积/km^2	季节性冰体/mm			季节性冰体的水在河川径流中的占比/%		
		在地下水和地下冰中的涎流冰	河流的冰盖层	总和	全年	春季	冬季
维季姆河，罗曼诺夫卡站	18200	0.8	2.0	2.8	2.0	8.5	−66.8
维季姆坎河，伊万诺夫卡站	969	0.5	1.0	1.5	0.6	3.5	−38.3

续表

河流，观测站	集水面积/km²	季节性冰体/mm			季节性冰体的水在河川径流中的占比/%		
		在地下水和地下冰中的涎流冰	河流的冰盖层	总和	全年	春季	冬季
卡拉坎河，卡拉坎站	10700	0	2.8	2.8	1.2	7.0	–70.0
卡拉尔河，卡图吉诺站	7980	20.0	1.6	21.6	6.1	17.9	–93.1
卡拉尔河，中卡拉尔站	13700	13.0	2.1	15.1	3.9	14.4	–100
齐帕河，西乌尤站	15600	8.4	3.5	11.9	6.2	25.3	–55.1
齐皮坎河，齐皮坎站	5990	2.4	1.7	4.1	2.3	4.1	–77.1
阿马拉特河，拉索希诺站	8790	0	1.7	1.7	1.3	11.3	–68.1
穆亚河，塔克希莫站	9900	16.7	2.2	18.9	5.3	18.8	–29.8
恰拉河，恰拉站	4150	2.1	2.1	29.2	7.6	18.2	–62.4
纽克扎河，纽克扎河口站	32100	1.0	3.3	4.3	1.3	2.9	–66.4
阿尔丹河，上别列沃兹站	696000	1.5	5.8	8.3	3.1	8.5	–25.0
奥廖克马河，塔斯–尤里亚赫支流	79290	1.0	5.3	6.3	2.5	4.0	–55.2

注：所列为从河流的地下水补给中袭夺用于形成季节性冰体的水的占比。

根据已有的数据，在被调查区，季节性冰体在冬季平均贡献约40%的地下径流量，即地下水向河流的排泄量。

如前所述，季节性冰体对被调查区河流水文情势的影响，还与冬季冰下水文系统的流通性下降密切相关。与土壤的活动层共同形成了独特的低温坝，阻碍了水体的流动。

季节性冰体的多样性以及融区的分布不均匀性是重要的水动力阻力，导致受河水位变化影响的河岸带地下水水位的周期性涨落，并形成空间上交替的水量消落区和蓄积区（Марков，1994）。在山区，可以沿河流流向划分出三个消落区和两个蓄积区。第一个消落区位于河谷的最上游部分，其下方是蓄积区，这个消落区位于涎流冰带（Кравченко，1992；Кравченко и др.，1991）。水在这里的集聚导致在涎流冰空旷地区快速冻结的辫状浅河道与下覆冲积含水层之间的连通性骤然下降。在某些情况下，在第一个消落区的上部观测到向上移动的冻结壅水。

在涎流冰带的下游是第二个消落区。这里，地表水流被冻结，由于形成地下水的涎流冰，从河流上游水流入量骤然减少（Кравченко и др.，1991）。由于在这些河段储蓄的地表水在重力作用下向下游河段消落，导致这里的热量资源也相应减少。因此，冲积含水层常年冻结。例如，在维季姆–帕托姆山原，根据已探明金矿的地球物理勘探和钻井数据查明，Ⅵ级河流的河道基本上冻结，同时在小型河流形成巨大的涎流冰。

在第二个消落区的下游，大型河流冻结深度以下有径流形成。在这些河段的浅水段冻结时，河水聚积在深水段的冰下。根据已经完成的评价结果，冬季被冰封冻的河流深水段主要分布在集水面积大于5000km^{2}的河流。这些河段的水量约占河道冻结水量的10%（Марков，1988）。在更大河流的河段，河水不发生聚积，其原因主要有两方面：首先，这里的冰在过水断面挤压时会产生额外压力，在此压力下河冰自由地弯曲（Чижов，1990）；其次，大量的水可能通过深厚的松散沉积层，河流与地下含水层之间的水量交换分析结果也证实了这一点。

总体上，低温坝对河流与地下含水层之间的水量交换产生如下影响。因为低温坝更多是出现在小型水流，所以这里的地下水水位在冬季的消落幅度与暖季相比更小。相反，大型河流的贯通融区在冬季会向河流排泄大量的地下水。最终，这里的河流与含水层之间的水量交换非常显著。

在小型山地河流流域，地下基流在冬季被冻结。由于低温坝的作用，这些水没有完全被排泄到河流，其消落变慢并聚积在河谷中，在个别河段可能出现地下水流激增和在河谷谷底和谷坡涌出地表，并形成坡上涎流冰的现象。在冷季后期，气温升高，贯通融区和河流的水流由冻结过程转变为融化过程。低温坝消退，而之前在河谷的傍河区域积累的地下水向河流的排泄量增加。因此，在西伯利亚地区的很多河流，观测到在积雪层开始产水前发生独特的地下水洪水过程（Кравченко，1992），这也是这些地区春汛径流系数等于或者大于1，而冬季枯水径流期开始向冬季中期后移并伴随集水面积增加的原因之一。

融水和地下水在冰上或穿过冰下通道向下游流动，并沿途补给地下水位较低的含水层。河川径流因向两岸含水层渗漏和补给贯通融区的含水层而发生水量损失（见图3.1.2中的5月）。当大中型河流两岸的地下含水层得到补充之后，在随后的夏季月份开始向河流排泄。

由于低温坝季节性的变化，改变了地表水与地下水相互作用关系，导致河川径流向地下水排泄过程在丰水（在5月占河川径流的30%～50%）和枯水期的明显重新分配。由于地表水与地下水交换区的厚度增加（其调节作用加强）及其与河流的相互作用加强，由气象因素决定的大型河流水文情势变化幅度趋于缓和。换言之，对于大型河流而言，其水文情势受地表水与地下水交换的影响在加强。冬季对地下和地表水流形成的低温坝促使冻土区山地河流流域的水资源在空间和时间上的分配更加均匀。

在全球变暖带来的升温，尤其是冬季气温升高的背景下，低温坝对水流调节的作用在未来可能会减小，处于河流排泄影响下的部分地下水会从流域的上游河段向下游河段重新分配。这将导致这里（即使降水量没有变化）冬季径流量增加、年平均潜水位提高（因为地下含水层储存空间的消落幅度降低），这可能对工程构筑物（管道、道路、建筑物等）造成不良后果。地表水与地下水交换强烈的河岸带贯通融区的水量调节作用也下降。因此，河川径流量极值的变化率和幅度、河道的变形可能增加。

由于对进入河流的地下径流量观测仅限于相对短暂的枯水期，而缺少可以直接观测全年的地下径流量，也就是说在枯水期之外的时间，只能通过计算来推测地下径流量，因此判断地下水向河流的补给量仍具有很大的难度。在多年冻土区，由于地下水和地表水相互作用过程中存在上述的复杂多变特点，导致难以准确计算地下水对河流的补给量。

自20世纪70年代初开始，苏联（现俄罗斯）国立水文研究所对冻土区河流的地下水补给量的计算方法进行了不断地修正和补充（如Методические рекомендации，1991）。

修正的计算方法中考虑了冻土区的河流与向河流排泄的地下水含水层之间的水量交换和地下水向河流补给的主要特征：①贯通融区（主要位于河道下方和河滩地下方）中的含水层排泄点呈集中分布；②由于地下水季节性地聚积在上文所述的冰体中，使地下水基流随冷暖季节交替而重新分配；③由于地下径流的低温坝，使河流系统的不同环节中的地下补给量在年内出现动态变化（Марков，1994）。

受低温作用的影响，地下水通过排泄到河流和形成季节性冰体而发生重新分配，因此需要区分地下水补给河流的流量过程线与河川径流的地下分量的流量过程线。地下水补给河流的流量过程线反映地下水盆地在全年内的实际排泄强度，与地下水暂时被冻结成冰的数量无关，即径流过程线反映的是地下水盆地的地下径流动态。对于地下水补给河流而言，水在冰中的聚积是正值，而流量过程线本身主要说明水文地质学方面的问题，应当主要用来为评估地下水天然资源量提供基础水文数据。河川径流的地下分量的流量过程线反映由地下水形成的那部分河川径流，正因如此，它不应当包括涎流冰的补给和河川径流的其他冬季损失，因为它们封存于冰体中，没有到达水文测量断面。对于河川径流来说这是负值。在一年中的温暖期，在水文断面记录到低温水体（冰体）的融水，而流量过程线本身主要说明水文方面，实质上反映的是冻土区河川径流的成因。

河流的地下水补给量计算，特别是计算被河流完全切割的地下含水层补给量（即评价地下水的天然资源量），是基于把河川径流的流量过程线分割为地表分量和地下分量。存在分割径流流量过程线，即基流分割的多种方案。但是这些方案都一致把冬季和夏季枯水期的地表径流量作为计算地下水补给量的基准。对冬季和夏季枯水期地表径流形成产生影响的不仅有水文地质条件，还有气象条件变化等外部因素。

图 3.1.3 给出了影响冬季河川径流量最低值（尤其在多年冻土分布地区）的冬季气象因素。

前文描述的水在季节性冰体中的聚积属于第一个因素。第二个因素是气候条件对冬季径流的影响，它与冰下方的河道连通性下降有关。众所周知，分布在森林带到冻原带的河流流域的大部分河川径流（占水文系统长度的 70% ~80%）是由长度 10km 以下的小河流形成的。在冰厚度为 0.3 ~0.5m 时，这些小河流可能完全冻结或者过水断面显著减小。在俄罗斯联邦的北部地区，如果没有地下水补给，小型河流可能冻结，而中型河流可能干涸。如果在冬季河流的地下补给量和河川径流量的下降程度小于密集结冰河段的通过能力的下降程度，那么小型河流（冰与河岸坚固冻结）的冰下水流可能出现压力水头。压力水头可能表现为冰体破坏、水涌向地表形成涎流冰，或者地下水向河流的补给量减少。

按照 Марков（2003）所述研究方法计算获得的径流流量过程线表明，冬季气温越低，冰盖层越厚，河流的径流量下降得就越快。在不太严寒的冬季，笔者观测到河冰的厚度减少，在冬季结束前河流中保持更高的流量（Гуревич，2009）。不仅在冻土区，在像北德维纳河流域这样的非多年冻土区，冰厚度也增加，其厚度增加 10cm 导致冬季结束时小溪流的径流量与暖冬相比几乎减少了一半。对于阿尔丹河流域，冬季平均气温与多年平均气温相差 2 ~3℃，会导致计算得到的冬季平均径流与多年平均径流相差约 20% ~30%。

第三个气候因素与未冻结的水分向冻结锋面的运移有关。俄罗斯国立水文研究所瓦尔代试验站对维亚特卡河土壤冬季储水量变化的研究表明，未冻水迁移可增加土壤储水量，

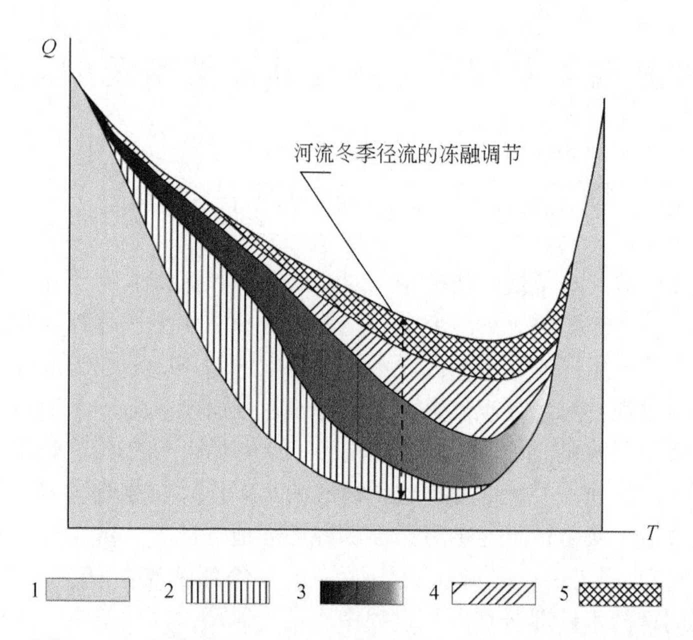

图 3.1.3　冬季径流组成变化及其与气象要素之间的响应关系

冬季径流的流量过程线示意图（1）；用于聚积在冰盖中的径流量损失（2）；由于小型河流河道的冰下的通过能力下降，地下水对河流的补给量减少（3）；包气带中的未冻结水分向土壤冻结锋面迁移（4）；由于冻层透水性下降使潜水位下降时在潜水上方出现低气压（5）

在初始浅度冻结时其增加量约为 40mm（10cm 以下），在深度初始结冰时约为 25mm（20～40cm）。相应地，潜水资源量可能短暂地减少同等的量。在多年冻土区，由于这种现象可能全年出现，因此这一效应可能要大很多。

第四个气候因素是气压。尽管研究时间相对不长，但是早在两百多年前人们就知道大气压的变化对井水的水位、用于疗养的泉水流量、水磨的运转等产生的影响。

俄罗斯国立水文研究所正在开展包气带内的气压波动对地下水向地表水体排泄机制的影响的实验研究工作。初步研究结果表明，大气锋面经过时，大气与非饱和土壤之间的压力差可能相当于 50～100mm 水柱，而在冬季，当出现季节性冻结层时，空气在潜水位下降过程中将填充土壤孔隙，导致大气与非饱和土壤之间的压力差达到 200mm 水柱甚至更大。在冻土区，冻结土壤广泛分布，这可能阻碍大部分汇水区的冻结层下饱水层中的气压与大气压保持平衡，这一效应可能使地下水无法完全向河流排泄。

在冬季变暖时，这一物理现象对地下水消落的影响变弱。

最近二十年，俄罗斯多个地区的气温在寒冷季节升高，这使得上述诸因素对地下水基流的影响强度减弱。某些地区的最小径流量增加 1.5 至 2 倍（Водные ресурсы России и их использование, 2008）。但在某些地区则呈现相反的趋势，由于之前被低温坝阻拦的水文系统上游地区的地下水资源量呈连续多年的下降，导致最小径流量减少。例如，在加拿大，虽然降水量和蒸发量没有显著变化，但是冬季气温升高使分布在冻土区的数百座地下水补给的湖泊消失。因此，在多年冻土区，利用河川径流量的数据分析各种水文地质问题时，必须考虑冻融现象和过程。

3.2 欧洲俄罗斯地区流入北冰洋边缘海的地下径流

3.2.1 欧洲俄罗斯地区流入北冰洋的地下径流量

在陆地与海洋的地下水交换的研究中，对海底地下径流排泄的研究是新兴的水文与水文地质综合课题的一个组成部分。研究陆地与海洋的地下水交换过程，是地球科学领域的新方向，也是最近几十年迅速发展的海洋水文地质学的基础。陆地与海洋的地下水交换包括两个方向相反的过程：地下径流流入海洋和海水入侵海岸。地下水通过三条不同的路径流入海洋：作为河川径流的地下组分，与河流一起流入海洋的地下水部分；在陆地上形成，以直接排泄入海的地下径流部分，包括海底淡水泉；以在地幔岩浆冷却过程中形成的初生水的部分。最后一条路径只能被有条件的称之为地下径流。定量计算初生水流入海洋的数量非常困难。通常认为，发源于火山、热泉和深部断层的初生水的入海量不超过 $1km^3/a$，考虑到同样的水量部分在沉积过程中不进入循环，因此基本上不会影响到大洋的现代水均衡（Джамалов и др.，1977；Зекцер и др.，1984；Zektser and Dzhamalov，2007）。

第一条路径——地下水伴随河流一起流入海洋，这条路径相当清楚。这部分是指通过河流排泄的地下水。其定量方法首先由俄罗斯学者提出，目前已相对成熟，该方法主要是通过对长时间序列的河川径流过程线进行分割（Джамалов и др.，1977；Зекцер и др.，1984）。地下径流是河川总径流量的一部分，因此计入水均衡计算中。

没有通过地表河网而直接从地下流入海洋的这部分地下水量，难以准确予以评价。这部分水量正是在定量研究海洋水均衡时通常“缺失”的那个分量。因此，下文所述的地下入海径流量是指形成于陆地并未经过河网系统排泄进入海洋的那部分地下水。对地下入海径流量的区域评价，应当在定量分析陆地近岸地区的地下水形成和运动条件的基础上进行（Джамалов и др.，1977；Зекцер и др.，1984；Zektser and Dzhamalov，2007）。为此，最适宜的方法是地下水侧向流的水动力学计算法以及一系列的示踪剂与同位素法。近年来，在使用这些方法定量评价流入里海和波罗的海、从佛罗里达沿岸流入大西洋以及流入大型湖泊的地下径流量中积累了成功的经验。但是，由于目前对海岸带水文地质条件的研究仍十分薄弱，这些方法仅适用于个别地段，而不建议在区域或大陆尺度下评价地下入海径流量。尽管近些年陆地与海洋的地下水交换研究取得了一系列重要成果（Джамалов，и др.，1976；Джамалов и др.，1977；Зекцер и др.，1984；Зекцер，2001），但是，流入海洋的地下径流依然是海洋水盐均衡研究中最薄弱的环节之一。关于地下入海径流量的最早数据见于20世纪70年代的文献中（Garrelsan and Mackenzie，1971）。该研究从全球尺度来分析，估算地下入海径流量为河川径流总量的10%左右。美国水文学家 R. Nace 在20世纪70年代初首次尝试从水文地质学角度来评估全球的地下径流量（Nace，1970）。其后许多学者在多项研究中（Джамалов и др.，1977；Зекцер и др.，Месхетели，1984；Зекцер，2001）对 P. Hec 的计算进行了深入剖析，并认为其计算的依据和准确度不够充足。这些研究对从各大陆和大型岛屿流入海洋的地下径流量进行了更加详细的计算，上述研究进一步揭示了流入海洋的地下径流在沿岸地带各种自然气候与水文地质条件下的形成和分配的一般规律。

本书试图定量评价从俄罗斯的欧洲区域流入北冰洋的地下径流量。应当指出，以往对流入北冰洋边缘海的地下径流量未曾进行过详细评价。笔者在评价地下径流量中采用了以下假设：

河流流域的地表水与地下水活跃交换区的地下水汇水区相重合。这一假设被所调查的河流流域等水位线与上部水动力带主要含水层的等水位线的对比证实，也是学界普遍接受的假设。但喀斯特和断裂构造强烈发育的河流流域例外，这些流域之间通过岩溶带和裂隙带进行地下水交换，导致地表和地下汇水区不重合。基于该假设，可以使用海岸带等水位线评价未经过河网系统而直接流入海洋的地下水数量。

利用河流流量过程线进行基流分割计算得到的地下水活跃交换区的主要含水层的单位地下径流量，对于直接流入海洋的地下径流的单位流量计算也是适用的。因为含水层分布不同区域的地下径流的产流条件可能存在很大差异，所以这个假设不如上一个假设那么充分。但是，在本研究阶段，考虑到基础数据有限和所研究区域的面积巨大，因此该假设条件是可以接受的。

在考虑上述假设的情况下，从俄罗斯欧洲区域进入巴伦支海和白海的地下径流量的计算方法总结如下：首先，根据1∶150万比例尺等水位线（Гипсометрическая карта Европейской части СССР，1941）划分出了81个计算区段（其中44个区段面向巴伦支海，37个面向白海）。这些计算区段分布在河流流域的近河口和河间地带，地下径流从这些地带直接流向大海。其次，主要含水层地下径流模数多年平均值则根据已经发表的1∶150万比例尺的中欧和东欧地下径流图中提取，并用插值法得到具体数值。然后，根据地图（Гипсометрическая карта Европейской части СССР，1941）计算得到每个计算区段的面积、来自各水文地质区的地下径流的总集水面积，以及巴伦支海和白海的地下集水面积。最后，将地下水径流模数乘以计算区段的面积，得到某一计算区段的地下径流量以及从某一水文地质区流入巴伦支海和白海的地下径流量的总数值。计算结果见表3.2.1和表3.2.2。

表3.2.1　从俄罗斯欧洲区域经陆地水文地质区流入北冰洋的地下径流量

参数/地区	地下汇水区的计算面积 /$10^3 km^2$	含水层的地质年龄	主要含水岩石	地下径流模数 /[L/(s·km^2)]	总排泄量 /(km^3/a)	地下水的矿化度 /(g/L)	离子径流模数 /[t/(a·km^2)]	总离子径流量 /(10^3t/a)
波罗的地块	23.7 (334)	AR，PR，Q，C_1	砂、亚砂土、侵入岩和火山岩	0.1～2.5 [1.4]	1.04 (16.6)	小于0.5	4.7	111.4
北德维纳自流盆地	6.3 (518)	Q，C_1，C_{2+3}，P，P_1，P_2	泥炭、砂、黏土、亚砂土、石灰岩	0.5～4 [1.8]	0.35 (35.4)	小于1	29.3	184.6

续表

参数/地区	地下汇水区的计算面积 /10^3km^2	含水层的地质年龄	主要含水岩石	地下径流模数 /[L/(s · km^2)]	总排泄量 /(km^3/a)	地下水的矿化度 /(g/L)	离子径流模数 /[t/(a · km^2)]	总离子径流量 /(10^3t/a)
季曼褶皱区	2.1 (85.7)	PZ_{2+3}, Q, PR	泥质-碳酸盐岩和硅质-泥质岩石	1~5 [1.3]	0.09 (9.0)	0.2–1	18.9	39.6
伯朝拉自流盆地	3.4 (274.7)	Q, P	砂、壤土、黏土、石灰岩	0.1~3 [1.7]	0.18 (11.9)	0.3–0.5	24.1	82.0
乌拉尔褶皱区	1.8 (523.6)	P+T, D+C, Q+S, PZ_{2+3}	各种成分的火成岩	0.5~2 [1.3]	0.07 (26.6)	小于1	10.2	18.4
合计	37.3				1.73			436.0

注：圆括号中是研究区域的总数值；方括号中是研究区域的平均值。

表 3.2.2 从俄罗斯的欧洲区域流入北冰洋边缘海的地下径流量

参数/海洋	地下汇水区的计算面积 /10^3km^2	地下径流模数 /[L/(s · km^2)]	总排泄量 /(km^3/a)	地下水的矿化度 /(g/L)	离子径流模数 /[t/(a · km^2)]	总离子径流量 /(10^3t/a)
巴伦支海	12.1	1.1	0.42	0.1–5	11.7	141.6
白海	21.8	1.9	1.31	0.5–5	13.5	294.4
合计	33.9	–	1.73	–	–	436.0

本书采用的是该研究中（Карта подземного стока Центральной и Восточной Европы, 1983）的水文地质区划。

3.2.2 地下径流的主要分布特点与产流规律

俄罗斯欧洲区域的环北极地下径流区包括四个水文地质大区：波罗的地盾的东北部(卡累利阿和科拉区)；包含两个自流盆地——北德维纳盆地和伯朝拉盆地的俄罗斯地台的北部；季曼岭的北部；乌拉尔褶皱造山带的最北部。

卡累利阿和科拉半岛地区位于波罗的地盾的东北部，这一地区是向海拔近 1240m（希比内山）山区过渡的一个低丘平原，水文条件以新发育的河流系统密集而且支流众多为特点，并分布有大量的湖泊和沼泽。湖泊分布比率为 10% ~15%，沼泽分布比率为 40% ~50%。波罗的地盾的北部气候湿润，卡累利阿的年降水量为 400 ~600mm，科拉半岛的年降水量为 900 ~1200mm。巴伦支海和白海沿岸地区的年蒸发量为 200 ~300mm。水交换活跃带的地下水主要是通过大气降水的入渗补给。最古老的太古宙和元古宙强烈变质超基性岩和喷出岩、新元古界和下寒武统砂岩、泥质页岩和石英岩参与了波罗的地盾的地质构造。在古老的古生界结晶岩石上产出第四系的冰碛为主的沉积物（砂、亚砂土）。水文地质条件的特点是在第四系沉积层中发育孔隙潜水，在风化带中发现裂隙潜水。脉状裂隙承压水可深达200m以上。考虑到第四系沉积物的水与结晶岩石体内的水存在水力联系，因此，计算得到的地下径流量为整个含水系统内的水量。水交换活跃带的水的矿化度平均较低，介于0.01～0.3g/L。平均地下径流系数为10%，河流的地下补给系数为10%～15%。河川径流模数值为5～10L/(s·km^2)。波罗的地盾的面积总体为33.4万km^2。地下径流直接流入北冰洋边缘海域的地段的总面积为2.37万km^2（表3.2.1）。地下径流模数从白海西海岸的0.5L/(s·km^2)到希比内冻原的山区的2.5L/(s·km^2)（表3.2.1）。波罗的地盾的水交换活跃带的地下水流入巴伦支海和白海的海底总排泄量为1.04km^3/a（图3.2.1，表3.2.1），该数值占波罗的地盾内的地下径流海底排泄总量的6%以上（据 Подземный сток на территории СССР，1966）。地下离子径流的面积模数为4.7t/(a·km^2)。海底地下离子径流总量约为11.14万t/a。

新元古界、下古生界、泥盆系、石炭系和二叠系沉积参与了北德维纳自流盆地的地质构造。第四系冰川沉积分布广泛。北德维纳自流盆地的地表为平坦或起伏的堆积平原，略向白海或者巴伦支海方向倾斜。北德维纳自流盆地的绝对高程为10～300m。在这些水文地质区的北部发育岛状多年冻土区，最东北部为不连续和连续多年冻土区。气候属寒冷的大陆性气候。主要河流是奥涅加河、北德维纳河、梅津河及其支流。河流的年平均径流模数约为10L/(s·km^2)。在北德维纳河流域，地下径流系数平均为10%，而河流的地下补给系数为20%。由于大气降水量显著超过蒸发量，该地区呈严重沼泽化，沼泽面积占比达60%。据统计，年降水量在该流域北部地区为500～700mm，年平均蒸发量为250～300mm。在北德维纳自流盆地，水交换活跃带的下边界介于海拔50～150m范围内，是由河谷的古侵蚀基准面决定的。上部水动力带包括第四系地层的潜水、弱承压水和中生界与古生界沉积层的淡水。第四系上部含水层的地下径流模数介于0.5～1.5L/(s·km^2)范围内。上石炭统和中石炭统含水系统的年平均模数为3～4L/s。第四系岩系中的含水夹层之间具有水力联系，可以看作是一个统一的含水系统，这个含水系统的水矿化度为0.3～0.5L/(s·km^2)（在近岸区测量到约1g/L的高含盐水）。北德维纳自流盆地排泄入白海和巴伦支海的地下水的计算集水面积为6300km^2，水文地质区的总面积为51.8万km^2（Подземный сток на территории СССР，1966）。北德维纳盆地的地下径流总量为35.4km^3/a。这一水文地质盆地的地下水的海底总排泄量为0.35km^3/a（表3.2.1）。离子径流的面积模数为29.3t/(a·km^2)，而离子径流总量为18.46万t/a（图3.2.1，表3.2.1）。

伯朝拉自流盆地的沿岸地区属副北极气候。盆地的北部分布多年冻土，年降水量为600～700mm，年蒸发量为150～200mm。下垫面的沼泽率约为60%。沿岸地区的河川径流模数约为8～10L/(s·km^2)。在伯朝拉自流盆地，水交换活跃带由第四系含水层的潜水和弱承压水以及中生界和二叠系沉积层的地下水构成。地下径流年平均模数为2～3L/(s·km^2)。水交换活跃带的地下水的矿化度平均为0.2～0.8g/L。大部分区域的地下径流

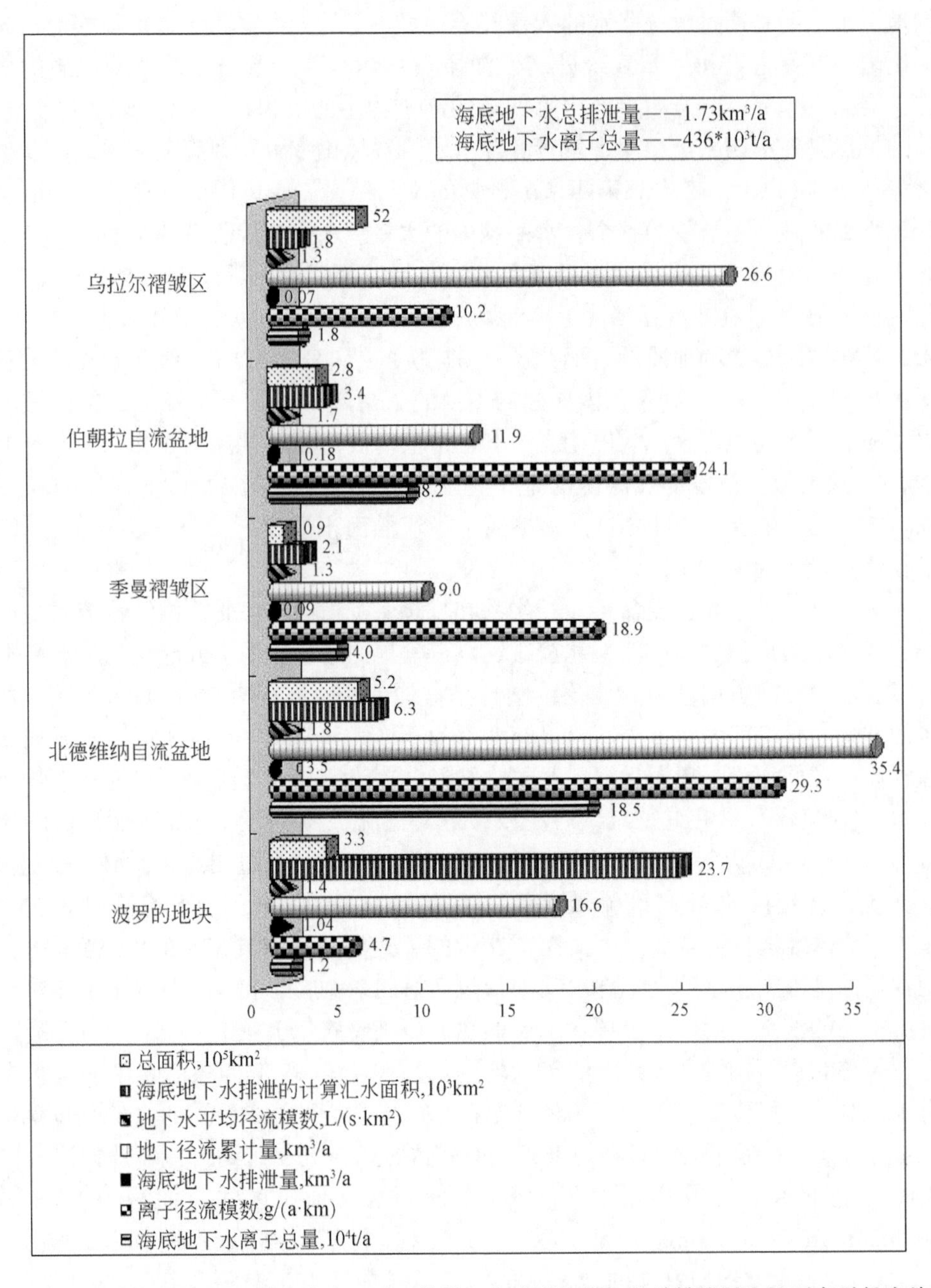

图 3. 2. 1　从俄罗斯欧洲区域经水文地质区排泄入北冰洋边缘海的总排泄量和地下离子径流总量

系数约为 10%。河流的地下补给系数约为 15%。伯朝拉自流盆地的总面积为 27. 47 万 km^2（Подземный сток на территории СССР，1966），而地下径流总量为 11. 9km^3/a。地下径流直接流入巴伦支海的地下汇水区计算面积为 3400km^2。地下水向海洋的直接排泄量为 0. 18km^3/a。地下离子径流的面积模数为 24. 1t/(a · km^2)。从伯朝拉自流盆地流出的地下离子径流总量为 8. 2 万 t/a（图 3. 2. 1，表 3. 2. 1）。

季曼岭将北德维纳盆地与伯朝拉盆地分隔开，也因此将径流分为地表径流和地下径流。季曼岭为平原型高地地形（海拔200～300m）。季曼岭地区是维切格达河、梅津河和伯朝拉河的支流的排泄区，同时是北德维纳自流盆地和伯朝拉自流盆地的补给区，它也是直接注入北极海域的多条小河流的排泄区。季曼岭地区的年平均降水量为700mm，地区北部的年蒸发量约为200mm。河川径流模数平均为10L/(s·km^2)。地下径流系数约等于15%，河流的地下补给系数约等于30%。水交换活跃带主要通过裂隙水和裂隙-岩溶水形成地下径流。第四系含水层的潜水和弱承压水也参与了地下径流（Подземный сток на территории СССР，1966）。季曼岭北部地区的年平均地下径流模数在2.5～3.5L/(s·km^2)范围内。水交换活跃带的地下水矿化度平均为0.3～0.5g/L。季曼岭北部地区的地下径流系数为20%～30%。季曼水文地质区的总面积为8.57万km^2（Подземный сток на территории СССР，1966）。地下径流总量大约为9.0km^3/a。直接入海的地下径流发源地的地下汇水计算面积为2100km^2。地下水的海底排泄量为0.09km^3/a。地下离子径流的面积模数为18.9t/(a·km^2)。海底离子径流总量为3.96万t/a（图3.2.1，表3.2.1）。

乌拉尔褶皱造山带在北面与一组自流盆地相邻，这组自流盆地把季曼岭与乌拉尔分隔开。乌拉尔褶皱造山带北部的水文系统属于巴伦支海和喀拉海流域，属于典型大陆性气候。北部地区的多年冻土分布广泛并且基本上连续，这决定这里存在冻结层上水、冻结层间水和冻结层下水，这些水基本上也参与了地下径流。冻结层上水在冬季转变为固相，因此径流具有季节性特点。对冻结层间水和冻结层下水的研究不够充分。水交换活跃带的地下水主要通过大气降水入渗、岩溶水（吸收地表水）和凝结水补给。乌拉尔北部的地下径流系数为10%～15%。河流的地下补给系数约为20%。地区北部的地下径流模数的典型特征值为0.9～1.4L/(s·km^2)。地下水的矿化度介于0.5～2.0g/L。乌拉尔大区的总面积为52.36万km^2。地下径流总量为26.6km^3/a。从乌拉尔褶皱造山带流入巴伦支海的海底地下径流计算面积为1800km^2。地下水的海底排泄量为0.07km^3/a。每平方千米的海底地下离子径流量等于10.2t/a。从乌拉尔褶皱造山带流入巴伦支海的海底地下离子径流总量大约为1.84万t/a（图3.2.1，表3.2.1）。

一些有关地下径流对海洋和大型湖泊补给的详细调查和评价（Джамалов и др.，1977；Зекцер и др.，1984）表明，水交换缓慢带的深部含水层对总径流量的贡献不大。因此，从区域尺度上评价由陆地流入海洋的年地下径流量时，水交换缓慢的深部含水层地下水向海洋排泄的水量可以忽略不计。

表3.2.2中和图3.2.2中列出了上部水动力带向巴伦支海和白海的地下水排泄量分布的计算指标。

直接流入巴伦支海的地下径流的汇水计算面积为1.21万km^2。流入巴伦支海的地下径流加权平均模数为1.1L/(s·km^2)。从上述所有水文地质区都有地下径流流入巴伦支海，总径流量为0.42km^3/a。地下离子径流的面积模数为11.7t/(a·km^2)。直接流入巴伦支海的地下离子径流总量为14.16万t/a（图3.2.2）。

白海的地下汇水计算面积为2.18万km^2。流入白海的地下径流发源于波罗的地盾（卡累利阿和科拉地区）和北德维纳自流盆地。流入白海的地下径流加权平均模数约等于

1.9L/(s·km²)。流入白海的海底地下径流总量约等于 1.31km³/a。离子地下径流的面积模数等于 13.5t/(a·km²)。直接流入白海的地下离子径流总量为 29.44 万 t/a（图 3.2.2）。

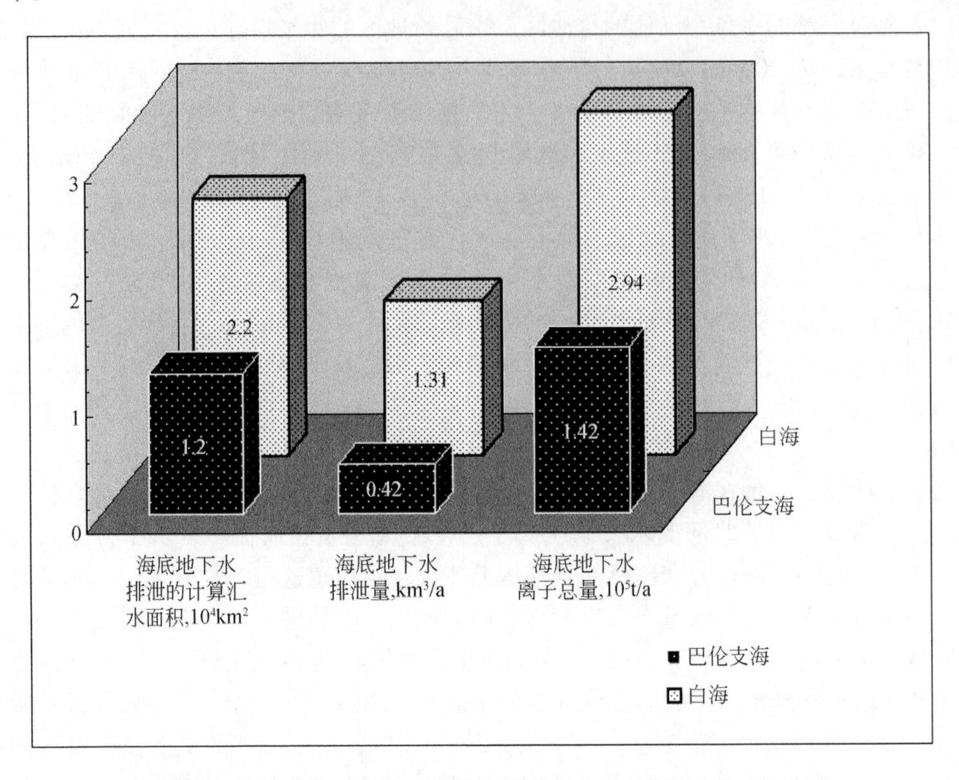

图 3.2.2　流入巴伦支海和白海的海底排泄量和海底地下离子径流量

根据文献（Мировой водный баланс и водные ресурсы Земли，1974），巴伦支海和白海的地表集水面积约为 100 万 km²，此面积内的年降水量约为 500km³。从该集水面积流出的多年平均地表径流量约为 345km³。

因此，根据计算数据（表 3.2.1，表 3.2.2），从俄罗斯欧洲区域流入北冰洋边缘海的海底地下径流总量约为 1.73km³/a，占流入巴伦支海和白海的河川径流量的约 0.5%。直接流入巴伦支海和白海的地下离子径流量接近 43.6 万 t/a，占地表离子径流量的约 12%。

与地下径流的形成规律一致，从俄罗斯欧洲区域直接流入北极海域的地下径流的分布规律主要由三个自然因素决定：气候因素（降水量和蒸发量的年内分配比例）、地形因素（下垫面的地形和绝对高程、侵蚀切割性、地表水和地下水的排水率）和水文地质因素（含水岩层和包气带岩层的成分与渗透性能、潜水的埋藏深度）。俄罗斯欧洲区域的北部完全处于湿润地区。影响这一纬度带内的地下径流形成的主要气候参数是近地表气温，地表温度决定了多年冻土分布的连续程度。冻结层上水、冻结层间水和冻结层下水使地下径流的形成过程显著复杂化，到目前为止没有得到充分研究。由于年降水量直接决定了地下水的补给量，因此高程因素也对地下水的补给产生影响，这一点在卡累利阿和科拉地区得到很好体现。地下径流模数与地区的沼泽率存在负相关（Подземный сток Центральной и

Восточной Европы，1982)。在北德维纳和伯朝拉自流盆地，地下径流模数在喀斯特地区明显增大。褶皱造山带（季曼岭和乌拉尔山区）的特点是地下径流的形成条件极其复杂和显著的空间变异性。褶皱造山带与地台区的主要区别是具有相当大的裂隙以及岩石的高渗透性（Подземный сток на территории СССР，1966)。

气候因素在很大程度上还决定了水交换活跃带的地下水的矿化度。根据 Зверев (2009)，上部水动力带地下水的总矿化度和参与水循环的水量呈反比。从卡累利阿和科拉地区向巴伦支海和白海沿岸地带的溶解物质携出量低于从地台自流盆地区的地下离子径流量。这是由于科拉半岛被强烈风化的裂隙岩体中所存储的地下水矿化度更低。褶皱造山带的离子径流模数的波动极大并且总体上随高程升高而增加。多年冻土的发育使流入海洋的地下水径流和离子径流模数值显著降低。

综上，从俄罗斯欧洲区域未经地表河网系统流入北冰洋边缘海域的地下径流量评价为 1.73km^3/a。其中，排泄入巴伦支海的地下水量为 0.42km^3/a，排泄入白海的地下水量为 1.31km^3/a。

从科拉半岛（波罗的地盾）流入北冰洋边缘海域的地下径流量约为 1.04km^3/a，占总量的60%以上。发源自北德维纳自流盆地的地下径流主要流入白海，评估为 0.35km^3/a。伯朝拉自流盆地、季曼和乌拉尔褶皱造山带共计约为 0.34km^3/a，低于从俄罗斯欧洲区域流入北极海域的地下径流总量的20%。

除经过地表河网系统之外，从俄罗斯欧洲地区流入北冰洋边缘海域的海底地下离子径流量评价为43.6万t/a。其中，从北德维纳自流盆地每年随径流排出18.46万吨矿物质，占总量的42%以上。流入白海的地下离子径流量约为29.4万t/a，占总量的67%以上，流入巴伦支海的地下离子径流量为14.16万t/a。

除经过地表河网系统之外，流入北冰洋边缘海域的地下水径流和地下水矿物质的空间变化规律取决于地下汇水区的水文地质特征和各种气候因素，包括欧洲俄罗斯北部各个地区的季节性冻土发育面积和厚度。

3.3　冻土区地下水与气候变化的互馈关系

由于生态、经济和政治地缘关系研究的迫切需要，使得当代和未来几十年可能发生的气候变化，以及如何应对这些地质环境变化的自然科学基础问题，正在变得越来越具有现实性。到目前为止，尚没有对现代气候变化的原因和机制以及由此衍生的气候效应形成统一的意见。与水圈的其他组分相比，目前学界对冻土区地下水参与下的气候系统内部物理和化学过程的相互作用规律认识程度相对较低。仅对气候变化对局部地区的水交换活跃带的地下水水文情势可能产生的影响具有初步的认识（Зекцер，2001)。对于冻土区特有的土壤水和地下水相变过程与大气交换过程的尺度和强度尚无清晰的认识。对冻土区地下水与现代气候动态之间的反馈机制和尺度的研究也不够充分。在政府间气候变化专门委员会(IPCC，2007）第四次评价报告中尤其提到了一个关键的不确定性，即对碳循环的当前排放和未来反馈仍然缺乏准确定量。根据 IPCC 术语（IPCC，2007)，在气候系统中，如果发生的某一初始过程的结果本身，引发对初始过程有影响的另一个过程发生变化，那么这两个过程间的相互作用机制被称为气候反馈（Climate feedback）。正向反馈会加强初始过程，而负向反馈会削弱初始过程。

现代气候数值模型证实了气候变暖与碳循环之间的正向反馈。但是，当前大部分模型在碳循环模块中仅考虑了二氧化碳的交换。大多气候模式缺少作为碳循环的一个重要子循环过程，即甲烷循环的模块。仅有俄罗斯科学院大气物理科学研究所最新改进的气候模型中，除了土壤的水热物理模块，还考虑了沼泽生态系统排放的甲烷对多年冻土区气候变化的影响（Елисеев и др.，2008）。

此项工作的目的是阐释和定量表征北半球副极地带的气候与冻土区甲烷排放之间的正向反馈形成机制和过程。通过利用现有的经验数据和总结以往取得的成果，对极圈地带的现代气候动态、冻土区的主要参数以及大气层中甲烷和二氧化碳的含量进行了检验。评价了在不同纬度带从下垫面进入大气层的人为源和天然源甲烷通量的密度以及甲烷通量的全球平均值。

3.3.1 环北极地区的现代气候与冻土圈现状分析

尽管学术界对现代气候变化的看法存在分歧，但是 IPCC 第一工作组在 2007 年对现有所有观测数据和各种气候变率诊断方法的运用结果进行总结（IPCC，2007），得出以下可靠结论：首先，通过陆地表面的和海洋表面气温的观测结果可知，最近 50 年的气候变暖是不争的事实；其次，古气候信息证明，最近 50 年的气候变暖强度是过去 1300 多年中最大的，仅在约 12.5 万年前的极地地区，出现过长期持续的、显著暖于现在的时期；第三，北半球在 20 世纪下半叶的年平均气温高于最近 500 年的任何一个 50 年期（Canadel et al.，2003）。笔者研究了北半球环北极地区（北纬 65°～75°）和中纬度地带（北纬 55°～65°）在 1970 年至 2005 年期间的年平均和月平均气温变化。以数据集的月平均温度距平（相对于 1960 年至 1990 年基准期）为基础数据（Jones and Moberg，2001）。对年平均气温变化量的统计分析（图 3.3.1a）表明，1970 年至 2005 年期间，在环北极地区，具有 95% 统计显著性的线性温度变化为 1.8℃（变化速率为 0.05℃/a），而在北纬 55°～65°地带为 1.1℃（变化速率为 0.03℃/a）。在 1970 年至 2005 年间的暖季（5～9 月），环北极地区温度增加了约 1.4℃，变化趋势约为 0.04℃/a。冷季的气温在过去的 35 年间则增加了 2.1℃。相应地，在过去的 35 年间，中纬度区的气温升幅在暖季为 0.9℃，在冷季为 1.2℃。上述采样站点数据得到的评估结果与采用格网数据集所得到的极地和中纬度地区气温变化线性趋势相一致（Кузьмина и др.，2008）。总体上，北半球在最近 35 年期间的年均气温增加为 0.6℃。因此，这一时期，北半球高纬度地区的年内所有季节的升温幅度都大大高于中低纬度地区。

根据 IPCC 专家得出的结论（IPCC，2007），1979 年至 2005 年间，北极带的年大气降水量增加近 20%，而根据俄罗斯科学院全球气候与生态科学研究所的数据，在俄罗斯的极地地区，1976 年至 2005 年间的降水量呈现增多趋势，春季为 0.6cm/10a，秋季为 1.48cm/10a。

在现代气候变化研究中，自然过程与人为活动对大气气体成分变化的贡献及影响，至

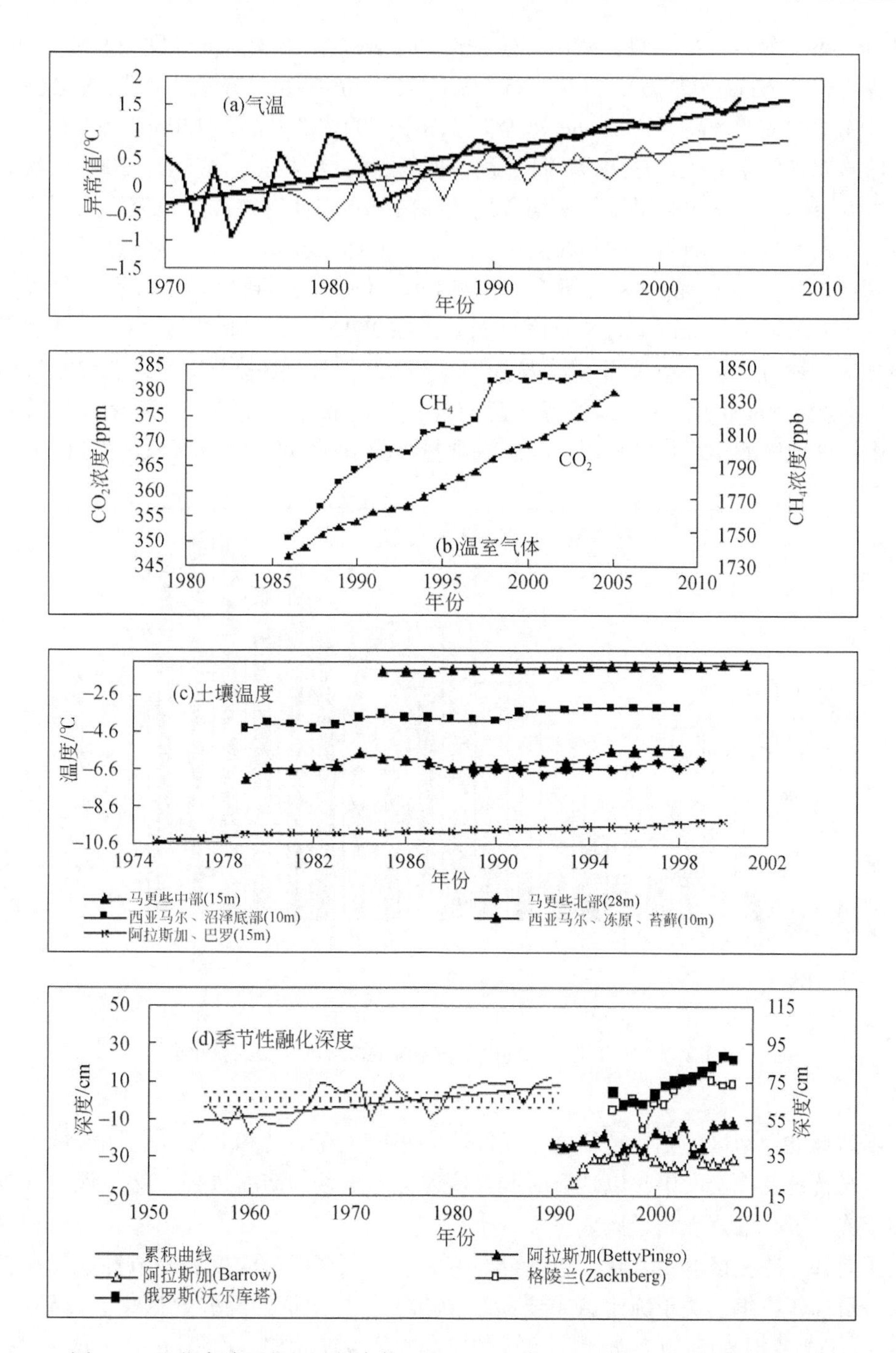

图3.3.1　北半球环北极地区大气（a，b）和冻土（c，d）主要指标动态变化

今尚无定论。但是，大气中温室气体浓度的升高是个不争的事实，而因此造成的温室效应和相应的气温升高则符合物理学规律。根据世界气候组织的研究数据（WMO，2005），我们得到的北半球环北极地区大气层中的主要温室气体的浓度变化见图3.3.1b。1986年至

2005年间，环北极地区的二氧化碳和甲烷浓度的年际变化用置信度分别为99%和92%的线性趋势（$y=1.65x-2921.6$）和（$y=5.30x-8763.2$）拟合。在这一时期的北极大气层中，二氧化碳的浓度升高了约33ppm或9%，而甲烷的浓度升高了120ppb或7%。通常认为，地球的大气层在1~2个月内就可以混合均匀。因此，根据（WMO，2005）数据得到的大气边界层的二氧化碳和甲烷年平均含量的纬向分布规律有待深入研究。由图3.3.2可知，不仅在人类活动影响剧烈的中纬度区，而且在北纬65°~75°区，尽管这里人类活动影响小（消耗不到全球5%的燃料、没有水稻种植），但仍观测到二氧化碳和甲烷浓度的最大值（Кондратьев и Крапивин，2004）。例如，在2002年，在北纬65°~75°纬度带，二氧化碳的含量约为376ppm，而甲烷含量为1856ppb，这两个数值分别比这些温室气体在中纬度带的浓度高2ppm和50ppb。值得注意的是，北方地区大气层中二氧化碳含量的年增长量与中纬度地区的年增长量相当，而甲烷含量与其10年间的浓度增长量相当。

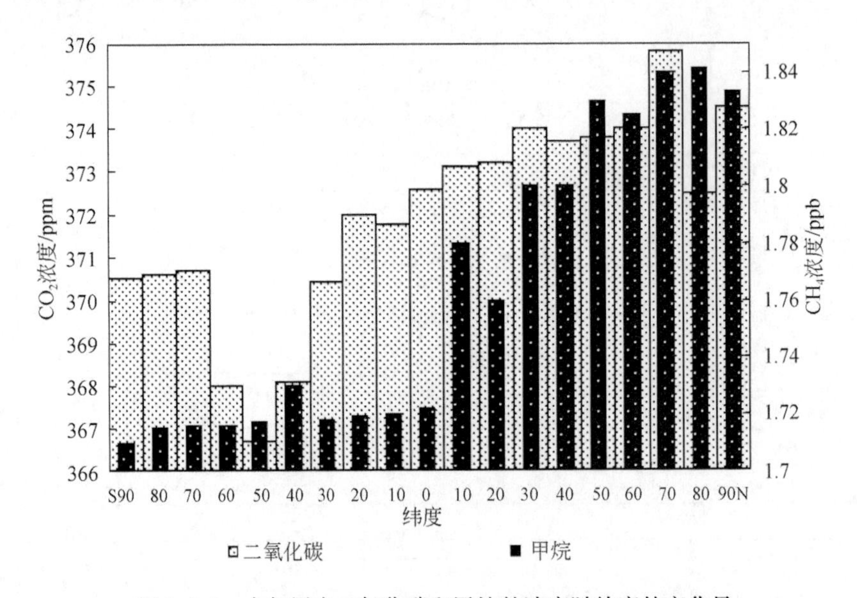

图3.3.2 大气层中二氧化碳和甲烷的浓度随纬度的变化量

北半球环北极地区的主要特征之一是厚层多年冻土在陆地和北冰洋边缘海域大陆架广泛分布。在传统的冻土学中，以地质时间尺度研究冻土区的演化过程。这与现代气候变化影响多年冻土变化的观点相矛盾。

众所周知，冻土区的主要特征包括分布面积、埋藏深度、温度和季节性融化深度。必须指出，目前正在编制关于冻土区主要特征指标多年变化量的经验数据集。直到近些年，才制定了全球多年冻土动态监测计划（Павлов，1997，2006；Чудинова и др.，2003；Brown et al.，2000；Nelson，2004），该计划中确立了统一的监测方法。

根据1990年发布的1956年至2008年国际环北极活动层监测网络（CALM）数据，我们计算了融化期末期的多年冻土平均融化深度的年际变化量。图3.3.1d中绘制了从全年值中减去相应站点的全期平均值和所有站点的平均值求得的多年融化深度距平值。1990年前根据苏联北极地区的站点（31个站）取得积分曲线值，1990年后分析了分布在俄罗斯

（欧洲区域北部、西西伯利亚、中西伯利亚和西伯利亚东北部、楚科奇自治区、堪察加边疆区）、美国（阿拉斯加）、加拿大、丹麦（格陵兰）、瑞典、挪威、瑞士、中国、蒙古等国的140多个标准观测站的数据。分析结果显示，在最近35年内，北半球各冻土区的多年冻土活动层的厚度（季节性融化层的深度）在统计学上有显著的增加，平均约为每年1cm。在不同植被、土壤类型和土壤湿度条件下，连续程度不同的多年冻土区的融化深度都在增加。其中，在环北极地区的某些地区，例如，在俄罗斯欧洲区域北部（沃尔库塔市）和格陵兰东海岸（萨肯博格市），在1990年至2000年间观测到融化层的厚度在快速增加，分别为每年2.1cm和1.7cm。这些结果与前人研究（Павлов，1997；Frauenfeld et al.，2004；Smith et al.，2005；Zhang，2005）所得到的结论与认识基本一致。

根据GTN-P（Global Terrestrial Network for Permafrost）的数据，不同冻土区不同深度的冻土温度的年际变化见图3.3.1c。观测数据表明，从20世纪70年代初到2000年，西西伯利亚（亚马尔半岛，马列萨列观测站）的多年冻土温度升高，在地下10m处的冻土升温速率为0.06℃/a，在加拿大北极地区的麦肯锡河河谷地区，在地下28m处的温度上升速率为0.05℃/a，在阿拉斯加（巴罗角）地下15m处的冻土升温速率为0.03℃/a。其他研究（Majorovicz et al.，2002；Zhang et al.，2000；Zhang et al.，2001）表明，在加拿大北部，地表温度在最近100年升高了2℃。北部地区的土壤表层与冻土层的温度多年变化与气温的变化趋势吻合。

对整体冻土区以及不同类型冻土区的分布面积变化研究通常基于两个方案。第一个方案是建立在古气候异常和多年冻土相应分布基础上的地理方案（Величко，Нечаев，1992；Нечаев，1981）。第二个方案是对土壤的温度状态进行数值模拟，通过联合求解热传导和热平衡方程式得到土壤的温度状态（Анисимов，1989，1990，1994）。数值模拟得到的20世纪多年冻土面积变化总体上与经验数据相吻合。根据研究结果（Елисеев и др，2008；Мохов и др.，2007），北半球大陆的连续和不连续多年冻土区的分布面积与相应的冻结指数具有很好的线性关系。根据多模式评估，1970年至2000年间，连续冻土区的面积大约从1380万km^2减小到1170万km^2。

综上，可以肯定，最近几十年在北半球的环北极地区观测到的大气温室气体浓度和气温的增加超过了其他纬度带。同时，到目前为止所积累的冻土区观测数据表明，描述冻土变化的主要指标，指示了多年冻土在至少最近三十年期间出现了显著退化。

3.3.2 冻土效应

近年来众多研究（Елисеев и др，2008；Мохов и др.，2007；Christensen et al.，1996；Zhuang et al.，2004）曾评估了湿地生态系统甲烷排放对气候变化产生的影响。根据一些学者的研究（Елисеев и др.，2008；Мохов и др.，2007），在1961年至1990年期间，全球湿地系统排放的甲烷通量为1.33～1.39亿t/a，热带湿地排放约1亿t/a，而副极地地区（北纬50°以北）的湿地排放2300～2800万t/a。俄罗斯科学院大气物理科学研究所的一项模型模拟结果表明，多年冻土变化和湿地生态系统过程使大气层甲烷浓度有少量的增加，对温室效应和变暖的反馈作用不大（全球约为0.05°K）。俄罗斯科学院大气物理科学研究所模拟得到的环北极地区湿地甲烷排放量与 Christensen 等（1996）的评估值一致，但是比 Zhuang 等（2004）计算得到的数值小 5100 万 t/a。

北极土壤和浅层多年冻土层含有约 455Gt 碳，约占全球土壤碳总量的 14% 和现代大气层含碳量的 60%（Кондратьев и Крапивин，2004；Global Atmospheric-Biospheric Chemistry，1994；IGAC，1994）。根据包气带条件不同，土壤中的碳主要包括二氧化碳或者甲烷。一些评估显示，仅在多年冻土层浅层所含的碳就占全球土壤中总含碳量的 30% 以上。最近 20 年，俄罗斯科学院远东分院东北科考站在科雷马河下游、拉普捷夫海岸（季克西的极地地球宇宙物理天文台即俄罗斯基础研究基金会共享中心）以及在阿拉斯加（巴罗角）进行的全年候调查表明，除了土壤呼吸作用和湿地底部沉积物的分解作用，湖泊和湖下融区的碳释放是进入环北极地区大气层中的二氧化碳和甲烷的重要来源。湖泊占北冰洋沿岸冻原区面积的 50% ~70%。湖泊下方融化的冻土层（湖下融区）是大气中甲烷的最重要来源。随着湖泊底部和沿岸的多年冻土层的逐渐融化及其随后的滑塌，带来新湖泊的形成和现有湖泊面积的增加、湖下融区和河床下融区的扩大。从融化冻土中释放出来的有机物沉入湖底。在湖底，进入无氧环境后，有机物被厌氧游离细菌和产甲烷古菌分解并释放甲烷。北西伯利亚的大部分湖泊的特点是湖底和湖岸由所谓的“苔原富冰黄土（Yedoma）”，即有机物丰富（近 2%）的更新统多年冻土。苔原富冰黄土通过湖面不均匀分布的甲烷气泡向大气层输送大量的甲烷气体。秋季，甲烷气泡被冻结在冰中。于是，当春季冰体消融时，北极湖泊排放出大量甲烷和二氧化碳。但是，在副北极冻原稍微温和的气候条件下，可以观测到冰中有未冻结的孔洞（气孔），冬季从活动层的深层经这些气孔仍然向大气排放甲烷和二氧化碳。根据 Семилетов（1996，2000），经所有这些孔洞每昼夜向大气层排放约 30L 甲烷。在一定的天气条件下（低大气压），冬季从每平方米湖底沉积物中每昼夜排放的甲烷通量约为 $1000cm^3$（Семилетов и др.，1994）。近年来随着湖下融区深度、面积不断增加（Jones and Moberg，2003），热融湖基本全年都向大气排放大量甲烷气体。根据特定方法（Семилетов，1996，2000）所评估得到的目前每年从北西伯利亚地区的热融湖进入大气的甲烷通量大约为 3.8Mt。这大致是该地区湿地甲烷排放量（每年 1.7Mt）的两倍以上，占全球天然甲烷通量的 2% 以上。根据研究数据（Семилетов，2000），1974 年从北西伯利亚的湖泊排放的甲烷量为 2.4Mt。从 1974 年至 2000 年的 26 年间，由于冻土退化导致甲烷的排放量增加了 58%。对阿拉斯加和加拿大北部甲烷和二氧化碳通量动态变化的调查结果也表明，这些温室气体从土壤和湖泊、沼泽底部沉积物的排放量正在增加。采用北西伯利亚热融湖和湖下融区的甲烷排放量评估值，推算阿拉斯加和加拿大的环北极地区湿地生态系统的排放量约为 20Mt/a。

冻土区的有机物储量巨大。根据有关研究评估（Семилетов，2000；Semiletov，1999），在多年冻土上部 100m 内，不足 0.1% 含量的被封存有机碳，就可以释放约 10000Gt 甲烷。北冰洋沿岸大面积的多年冻土热融滑塌到海洋，把大量有机物运送到北极大陆架，其数量与西伯利亚河流运输的有机物相当，成为进入环北极地区大气中甲烷的重要来源。

甲烷形成于河流与湖泊底部沉积物的无氧层中。在无氧层上方的有氧层中，观测到甲烷被部分氧化，转化为二氧化碳气体。其余的甲烷则进入大气层。与二氧化碳不同，甲烷在水中的溶解度仅是二氧化碳在水中溶解度的1/40，因此甲烷几乎不溶于水体中。此外，尽管甲烷在大气层中的浓度仅是二氧化碳浓度的1/200，但是甲烷的温室效应却比二氧化碳高22倍。

表3.3.1给出了全球和地区（按照纬度带）甲烷从下垫层进入大气的通量评估值。大多数学者都认同进入大气的全球甲烷排放量约为610±50Mt/a（Кондратьев и Крапивин, 2004），其中约74% Mt/a来自人为排放（Семенов и др., 2007）。石油、天然气和煤炭（矿井通风）开采和运输、种植水稻、生命活动产物、生物质燃烧、垃圾填埋场等是甲烷的主要人为来源。地表和地下的水生态系统、土壤是甲烷的主要天然来源。根据IPCC（2007），甲烷在大气层中的寿命约为12年。80%以上的甲烷在对流层氧化生成二氧化碳后从大气层消失，另外由于土壤中的微生物作用及其在平流层中的氧化各消耗约5%甲烷。剩余的5%～10%甲烷（在现代阶段为30～40Mt/a）显然仍停留在大气层中。值得注意的是，大气中甲烷浓度上升1ppb对应的累积量约为2.8Mt甲烷（Dlugokencky et al., 1998）。

表3.3.1 全球和各地区进入大气层的甲烷排放量计算值

参数	全球	环北极地区（北纬60°～75°）	中纬度带和亚热带（北纬30°～60°）	热带（北纬30°至南纬30°）
面积/$10^6 km^2$	510.2	25.5	93.4	255.1
人为排放量/(10^6t/a)	450	5	125	280
人为源甲烷通量/[g/(m^2·a)]	0.74	0.20	1.34	1.10
天然排放量/(10^6t/a)	160	60	5	90
天然源甲烷通量/[g/(m^2·a)]	0.31	2.35	0.05	0.35
总排放量/(10^6t/a)	610	65	170	330
甲烷总通量/[g/(m^2·a)]	1.20	2.55	1.82	1.30

注：由于甲烷排放量和通量较小，表中没有列出南纬30°以南纬度带的数据；南纬30°以南纬度带的总排放量为55Mt/a，甲烷总通量约为0.4g/(m^2·a)。

如前所述，在环北极纬度带的人为源甲烷通量不大（<5%）。根据研究数据（Елисеев и др., 2008；Zhuang et al., 2004），环北极沼泽的甲烷排放量为23～51Mt/a。根据北西伯利亚沿岸、湖底、湖底融区的多年冻土缓慢退化产生的甲烷排放量，推测得到阿拉斯加和加拿大多年冻土退化导致的甲烷排放量约为20～30Mt/a。因此，在21世纪初气候变暖背景下，环北极地区的甲烷天然总排放量为60～80Mt/a，这一数值显著小于全球的人为源甲烷排放量和热带及亚热带地区的天然源排放量（图3.3.3a，表3.3.1）。此外，甲烷排放强度的区域差异对全球大气甲烷空间分布起决定性作用。为评价甲烷向大气的排放强度，笔者计算了不同纬度带的甲烷总通量，以及人为源和天然源的甲烷通量（图3.3.3b，表3.3.1）。计算结果表明，进入大气层甲烷的全球平均通量为1.2g/(m^2·a)。全球人为甲烷排放量是天然源甲烷排放量的两倍以上。自然生态系统对全球甲烷排放量的贡献约为30%。天然源的全球甲烷通量为0.31g/(m^2·a)，而人为源的全球甲烷通量为0.74g/(m^2·a)。在北半球的中纬度带和亚热带以及热带，人为源和天然源的甲烷排放强度之间存在更加显著的差异。在中纬度带和亚热带，人为源的甲烷通量最大，为1.34g/(m^2·a)。

笔者估算的中纬度带和亚热带的甲烷总通量为1.8g/(m^2·a)，热带为1.3g/(m^2·a)。北纬度带的人为源甲烷排放通量不大，为0.20g/(m^2·a)（表3.3.1）。在多年冻土广泛分布的环北极地区，自然条件产生的甲烷排放量约为2.35g/(m^2·a)。因此，在现代气候变暖背景下，环北极地区观测到进入大气层的甲烷总通量的最大值为2.55g/(m^2·a)。根据上述评估值，多年冻土区可观测到的渐进式融化是环北极地区大气层中的主要温室气体（甲烷和二氧化碳）背景值升高的主要原因，而冻土区的温室效应是决定副北极气候与其他地区相比变化最显著的重要机制之一。

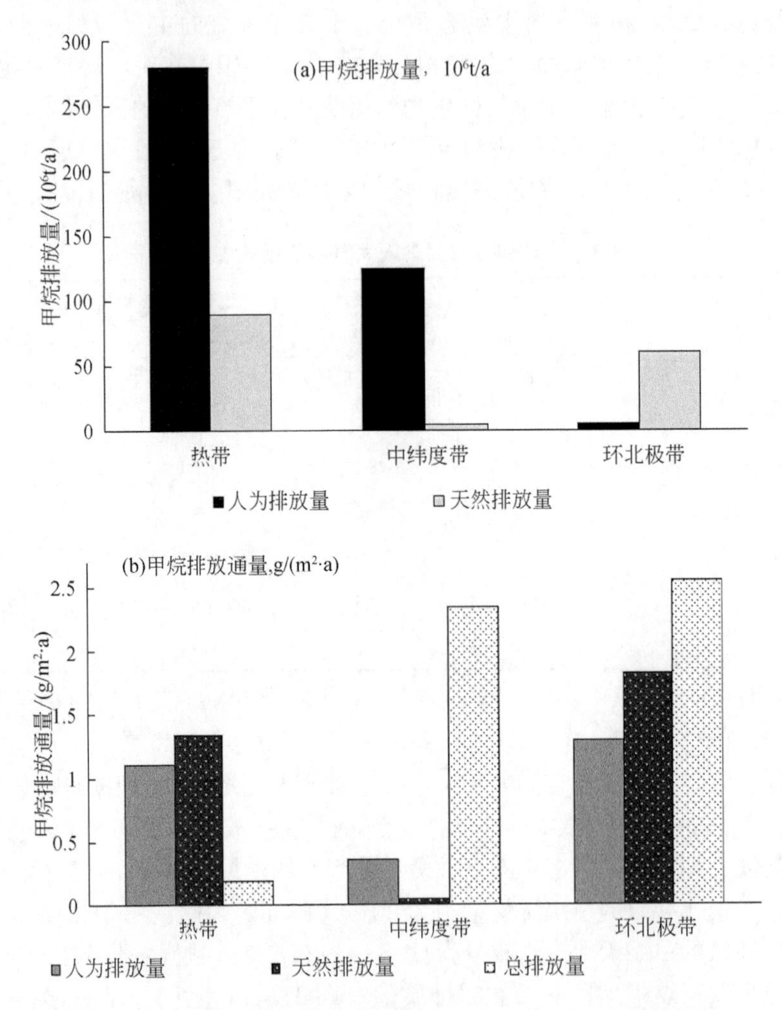

图3.3.3 各纬度带的天然源和人为源甲烷的排放量（a）与排放通量（b）

北半球环北极地区的湖泊占区域陆地地表面积的30%以上。在北冰洋沿岸地区，湖泊平均面积占比达陆地面积的50%（在北美洲为50%~80%）。加利福尼亚大学、纽约州立大学、锡拉库萨生态与林业学院和费尔班克斯的阿拉斯加大学的研究人员（Smith et al., 2005）通过多幅遥感影像分析表明，仅西西伯利亚北部的热融湖数量在1983年至1998年间就从1148个增加到1197个，冻融湖数量增加了约6%，而湖泊面积增加了约14%。对北极海岸和北极大陆架多年冻土动态变化的研究（Semiletov，1999）表明，在温暖季节，北极的岛屿和海岬的富冰多年冻土坍塌退化，以每季度20～30m的速度被大海吞噬。北冰洋沿岸一个夏季平均退缩3～6m（Семилетов，2001）。此外，根据俄罗斯科学院西伯利亚分院地球冰冻圈科学研究所的数据，近年来观测到俄罗斯环北极地区（尤其是西西伯利亚）的湿地面积也有一定的增加。因此，最近几十年，观测到多年冻土区下垫面水面面积增加，导致参与陆气相互作用过程的液态水数量增加。地表水体面积的增加会影响气候系统参数，比如下垫面的反照率和近地表的净辐射能力等。下垫面的反照率决定了地表吸收的短波辐射量。水面的反照率平均为0.06，雪和冰的反照率为0.7～0.9。根据气候条件、土壤类型和含水率、植被的不同，陆地的反照率从0.08到0.3不等。例如，干燥砂质土的反照率为0.18～0.16，潮湿砂质土的反照率为0.16～0.18，湿润砂质土的反照率为0.11～0.16，而饱和砂质土的反照率为0.08～0.11（Найденов и Швейкина，2005）。所有天然液态和固态物质中的水都具有极大的热容和吸收太阳辐射的能力。极地地区的陆地地表液态水的增加，导致地球表层热储量的增加和近地面气温的上升。根据分析评价（Найденов и Швейкина，2005），下垫面平均反照率减少0.01～0.02，会带来近地面空气的边界层温度增加2.3～4.6℃。

环北极地区的湖泊率和空气湿度增加带来极地高纬度地区的蒸发量和大气持水能力增加。所研究的北极高纬度地区，大气含水量在1989年至2005年间从3%增加到5%（IPCC，2007）。与大气中所含的其他气体成分不同，水汽能够在空气中凝结并释放大量的热。饱和水汽浓度随着温度升高而增加，而在大气中可观测到的水汽含量变化对空气密度和云量的变化具有显著的作用。水汽是强温室气体，是大气中吸收地表长波辐射和向地面反射辐射的主要载体。水汽几乎吸收了4～8μm和12～40μm波段内的所有地表辐射。

3.3.3　结论

与其他纬度带相比，最近30年的环北极地区，在各个季节都观测到更加显著的气温升高。与此同时，在北纬地区观测到大气中二氧化碳和甲烷浓度为全球最高，而这两种气体在北半球中纬度带和亚热带的人为源排放量最大。

北半球冻土区的主要冰冻圈要素对现代气候变化，尤其是对气候变化中的热量分量敏感。通过分析截至目前所积累的观测数据，证实了多年冻土活动层的厚度呈显著增加趋势（各地区平均为10cm/10a以上），30m深度以内的冻土温度呈升高趋势（从0.1℃/10a升至0.5℃/10a），零度以上近地表气温的年内时间在持续增加，大面积连续多年冻土正在向不连续多年冻土转变，而不连续多年冻土正在变为岛状冻土，多年冻土的总覆盖面积在减少。

在北方冻土区观测到的气温与冻土变化同时伴随降雪的增加，地表及上层土壤内大量固态冰雪融化成为液态水。北部地区下垫面的水体面积也在扩大，使得蒸发量和大气中的水分持有量增加，导致温室效应加剧，气温升幅更大。此外，下垫面的反照率正在减小，由此观测到土壤上层、地表和地下（融区）水体的热容量上升和地表长波辐射量增加，进而带来地面气温更大幅度的上升。

多年冻土的渐进式融化伴随着大量的有机碳分解，从地表水和地下水生态系统中排放出更多的甲烷。环北极地区向大气中排放的甲烷数量总体上显著少于北半球的其他纬度带。但是，据笔者评估，由于多年冻土的融化，使环北极地区进入大气中的甲烷通量超过其他纬度带的人为源和天然源甲烷通量。有可能正是这个原因，导致大气中甲烷的纬向平均浓度在环北极地区达到最高。大气中的甲烷背景含量的全球分布总体上与不同纬度带甲烷通量的计算值相一致。

因此，在地质环境演化的现代阶段，多年冻土气候效应表现为北半球高纬度地区的气候变化与甲烷循环之间的正向反馈加剧。温室冻土效应、下垫面的反照率减少以及由于北纬地区的湖泊率增加使更多水汽进入大气层，这些都是决定在北极和副北极地区观测到全球气候变化最大值的重要因素。

今后，需要对上述的冻土区地下水与气候变化的反馈评估进行更加详细的分析，以及进行必要的野外补充调查和理论研究，尤其是本书中没有探讨的甲烷氧化过程的化学动力学及其与对流层中的氢氧自由基的温度和浓度的关系。本书中对大气层中甲烷含量变化的评价是以这一温室气体在大气层中的寿命接近永恒为考量。书中没有考虑冻土圈层在消退时所产生的显著缓冲效应（考虑冰融化时的潜热、碳固封在泥炭中）。基本上没有研究冻土区的气候变化与冻土退化对北半球高纬度地区地下水的水位和水质的影响。更新世和早全新世时期的大量有机物进入供水水源的河水和地下水中，因此需要从流行病安全防范的角度对此进行评价。

根据上述的对北极地区气候变化与多年冻土融化过程相互关联的分析结果以及对各纬度带的人为源和天然源甲烷向大气中排放强度的评价，可以作出如下假设：北极地区的升温幅度之所以成为全球之最，在很大程度上是由于多年冻土退化导致甲烷排放量的显著增加，从而加剧了温室效应。

3.4 海底地下径流对北极海域大陆架甲烷水合物分解的影响

近年来，北极地区的重要性骤然提升。作为全球气候最敏感的地区之一，北极的区域性热动力过程产生的正或负气候反馈影响着全球范围的地质环境演化。北极海域大陆架储存极为丰富的烃类资源，其广阔的开发前景使北极具有重要的地缘经济政治意义。同时，烃类资源的开发前景能否实现，在很大程度上取决于未来几十年的气候变化情况。

地下水的水文情势是水文循环研究程度最薄弱的一个要素，它的动态变化在许多地区产生具有区域和全球意义的正或负的气候反馈（Дзюба и Зекцер，2009，2011；IPCC，2007）。水交换活跃带和水交换缓慢带的海底地下水排泄过程极为复杂，对这一过程的研究也十分薄弱。水交换活跃带和水交换缓慢带的边界确定通常是基于水流速度为10^{-7}～10^{-4}m/s和水更新周期为100～1000a的假设基础之上的（Зверев，2009）。在褶皱造山带，来自水交换活跃带的地下径流约10倍于来自水交换缓慢带的地下径流，在地台地区这一关系约是1000倍（Мохов и др.，2003）。水交换活跃带和水交换缓慢带的地下水的补给和排泄强度由几十年至上百年时间段的气候变迁决定。学界对气候系统反馈的物理化学机制，即刻画北极海底地下径流对气候系统的动态影响，目前尚处于起步阶段（Баренбаум，2004，2007；Дзюба，2009；Дзюба и Зекцер，2009，2011；IPCC，2007）。同时，根据IPCC（2007），定量评价气候系统反馈及气候系统小扰动的作用，恰恰是当代气候变化的物理学基础研究中的主要不确定性之一。

本节目的是评价最近几十年北极海域海底地下水排泄的主要实测参数及其预期变化，以及其变化对于破坏海底甲烷水合物平衡和因而造成的区域全球气候效应。为此，需解决以下问题：①评价海底地下径流的水文参数、离子浓度和热参数的多年平均值；②评价海底地下水排泄的上述参数在 2030 年前可能出现的变化；③分析北极海底甲烷水合物在未来几十年的稳定性；④揭示由现代地下径流变化动态决定的气候反馈的物理学机制。

3.4.1　海底地下水排泄的多年平均热参数

俄罗斯欧洲部分北极地区的海底地下水多年平均径流量和离子径流量的计算方法和定量评价见 3.2 节。

根据地热和海洋观测数据（表 3.4.1），获取了因地下水向巴伦支海和白海底部排泄传输的热通量指标。热量通过对流、热传导和辐射等形式向海底传输。在水动力带的上部，通过辐射传输的热量可以忽略不计，因此：

$$q=q_{传导}+q_{对流}=\lambda\cdot\frac{\delta T}{\delta z}+C\cdot\sigma\cdot\nu\cdot \mathrm{grad}T \tag{3.4.1}$$

式中，$\delta T/\delta z=(T_2-T_1)/(z_2-z_1)$为在 z_2 和 z_1 深度的温度梯度或者温度变化 T_2 和 T_1（z 轴沿地面法线向下）；λ 为导热系数；σ 为密度；C 为热容；ν 为垂直对流速度（如果认为对流主要是通过水交换活跃带的海底地下水排泄实现，则为地下水渗透速度）；T 为 z 深度的温度，等于（z_1+z_2）/2。

表 3.4.1　用于计算北极海域海底地下水排泄的热参数的海洋学特征指标

径流区域和汇流区	波罗的地块	北德维纳自流盆地	季曼褶皱区	伯朝拉自流盆地	乌拉尔褶皱区	巴伦支海	白海
地下水的海底排泄深度/m	50～200	30～150	50～120	50～100	50～100	50～300	30～300
平均温度梯度（$T_{地下水}-T_{海水}$）/℃	2.1 (2.2) [1.8]	3.5 (3.2) [4.0]	3.9 (3.7) [4.1]	4.1 (3.8) [4.5]	4.5 (3.8) [5.1]	3.7	2.5

注：圆括号中的数字为冬季温度梯度，方括号中的数字为夏季温度梯度。

在特定地区的传导型热通量值由岩石的导热系数和温度梯度决定。本研究以欧洲地热环境图的数据为依据来评价研究区的传导型热通量（Гидрогеология Европы，1989）。在波罗的地盾的东部和巴伦支海的大陆架，地热梯度小于 1℃/100m，传导型热通量小于 40mW/m²。在东欧地台的北部，传导型热通量值为 40～50mW/m²，在季曼和乌拉尔褶皱地区为 50～60mW/m²。

截至目前，对巴伦支海和白海大陆架的海底地下水排泄传输的对流型热通量，尚未进行过评估。在本研究中，我们估算了因海底地下水排泄在整个巴伦支海与白海，以及上述区域内特定水文地质区的底层海水与地下水之间的温度梯度（grad$T$,℃）、年热量（Q, J）以及热通量（q, W/m²）（图 3.4.1）。计算结果显示，在基准期，巴伦支海和白海的大陆架因海底地下水排泄传输的多年平均热通量值为 $2 \cdot 10^{16}$J/a（巴伦支海和白海分别为 $0.7 \cdot 10^{16}$J/a 和 $1.3 \cdot 10^{16}$J/a）。向巴伦支海地下水排泄区（在 150m 到 450m 深度）底部传输的热通量约为 $17 \cdot 10^{-3}$ W/m²，向白海底部传输的热通量约为 $19 \cdot 10^{-3}$ W/m²（图 3.4.1）。海底的上层为透光带。透光带下边界的温况由向下流动的传导型和对流型热通量之和决定。透光带的其余部分的温度主要取决于底层水的温度，而底层水的温度本身最终由空气温度和太阳辐射强度决定。透光带的厚度平均为 15～20m（Зверев，2009），也可能达到 100～150m。根据已经完成的评价，在底部上层的热平衡中，因海底地下水排泄传输的对流型热通量约为传导型热通量的 30%。

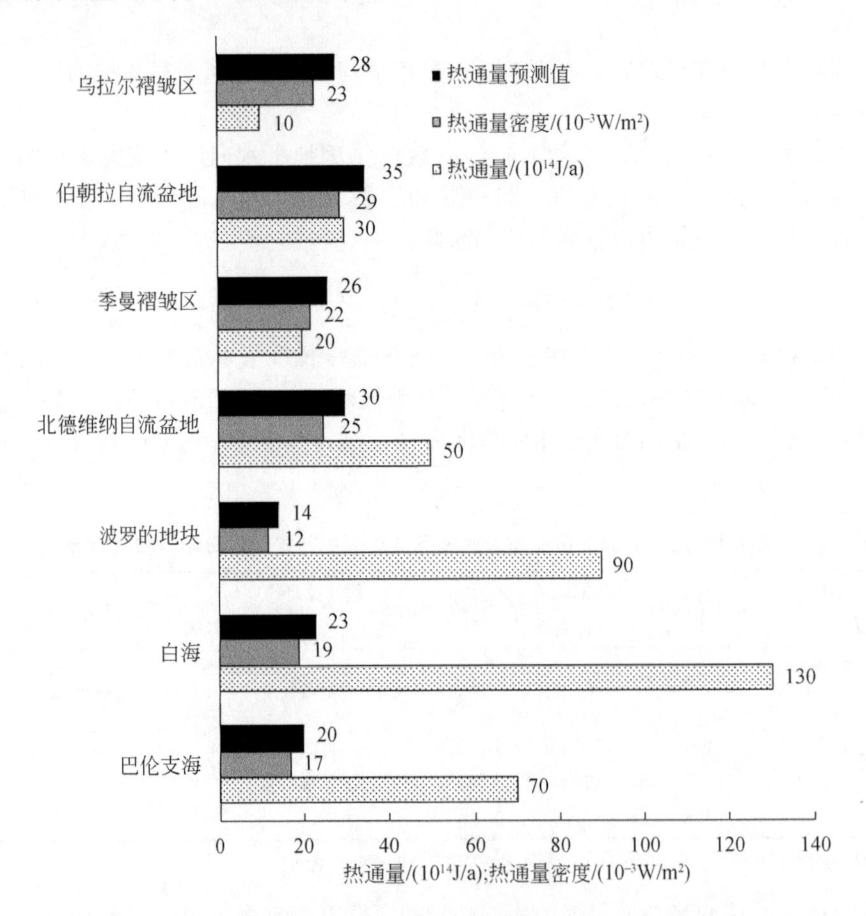

图 3.4.1　各水文地质区向巴伦支海和白海海底的地下水排泄的热参数多年平均值和 21 世纪中期前的预计值

鉴于是首次评价北极海域大陆架的热通量，并且将评价结果作为本项研究结论的重要支撑，笔者下面会列出地热学研究领域公认的主要经验数据和计算获得的数据。传导型热通量在地球表面的分布极不均匀。根据常规方法的最新评价结果，传导型热通量的地表平均值为 $59 \cdot 10^{-3}$ W/m² （Геотермальная активность и осадочный процесс в Карибско-Мексиканском регионе，1990；Гидрогеология Европы，1989；Голубев，2003；Зверев，2006，2009；Коркмасов，2004；Поляк，1988；Тепловой режим недр СССР，1970）。大洋底部的传导型热通量平均值约为 78 mW/m²，在大陆为 56 mW/m² （Голубев，2003）。在大陆，通过地下水排泄输出的对流型热通量的平均密度在不考虑热液活动的情况下为 21mW/m² （Зверев，2006，2009；Поляк，1988；Тепловой режим недр СССР，1970；Фролов，1966）。国内和国外学者的大量野外考察和理论研究是定量评价这些传导型和对流型热通量的依据。显然，现有的经验和理论数据与本书中对北极大陆架的评价并不矛盾。

3.4.2　分析北极海底甲烷水合物的稳定性条件

甲烷水合物是外观类似雪或疏松雪的固态结晶物质，它不是溶解了甲烷的冰冻水。气体水合物属于笼形水合物，它是通过将气体分子包裹入由水分子构成的冰状骨架的孔隙中形成的。在气体水合物的结构中，水分子形成孔隙结构的骨架（Кузнецов и др.，2003），而气体分子可能占据这些孔隙。气体分子与水骨架通过范德华力（van der waals）连接。通常，用 $M \cdot n\text{-}H_2O$ 公式描述气体水合物的组成，式中，M 为气体水合物的分子，n 为被包裹的一个气体分子对应的水分子量，其中 n 是取决于水合物类型、压力和温度的变量。气体水合物在形成时释放热量，分解时吸收热量。

气体水合物仅在一定的压力和温度下才能够形成并赋存在液态介质中。关于气体水合物的物理和化学性质的经典综述可以参阅相关研究论文（Davidson，1973）。目前，美国、中国、日本、英国、加拿大、挪威、丹麦、俄罗斯等国的物理与化学实验室正在积极研究和解决这一问题。研究气体水合物的国家的完整名单已经由 CODATA（国际科学理事会数据委员会）（www.codata.org）发布。可以通过联合求解岩石剖面热梯度变化方程式和甲烷水合物在给定介质中的稳定平衡赋存方程式来判断甲烷水合物的形成和稳定带。同样，利用图表法来判断甲烷水合物的形成和稳定带（Макогон，1966，2003）也十分普遍。图表法是把理论和实验取得的气体水合物相态关键数据描绘到图表上，通过这种方式可以建立海底甲烷水合物的相平衡临界线（图 3.4.2）。

“气体水合物稳定带”是指地球上岩石圈和水圈内温压状况和地球化学状况符合特定成分的天然气水合物稳定赋存条件的那部分区域。气体水合物的稳定性由气体水合物的生成过程和温度状况动态变化的强度决定。气体水合物在海域中赋存的上边界通常位于海底表面的水中，下边界位于海底的岩层中。水合物生成带的厚度取决于海底的温度和地热梯度，这一厚度随着海底温度或者地热梯度的升高而减小。

通过相图中的清晰边界可以判断甲烷水合物赋存的温度压力区。为了对海底甲烷水合物的稳定性进行数值分析，建立了海底甲烷水合物的解析表达式。甲烷水合物分解的起始温度与压力具有以下的对数关系：

$$T(℃) = 9.6339\ln P - 8.1839 \qquad (3.4.2)$$

式中，T（℃）为摄氏温度；P 为以兆帕为单位的压力（10^6Pa）。利用公式（3.4.2）可以简单地计算出临界温度，甲烷水合物在该临界温度和特定压力下开始分解（图 3.4.2a）。相应地，如图 3.4.2b 所示，甲烷水合物赋存的最小允许深度（H，m）与水温之间呈现具有指数形式的负相关关系：

$$H(\mathrm{m})=233.845\times e^{0.1038T(℃)} \tag{3.4.3}$$

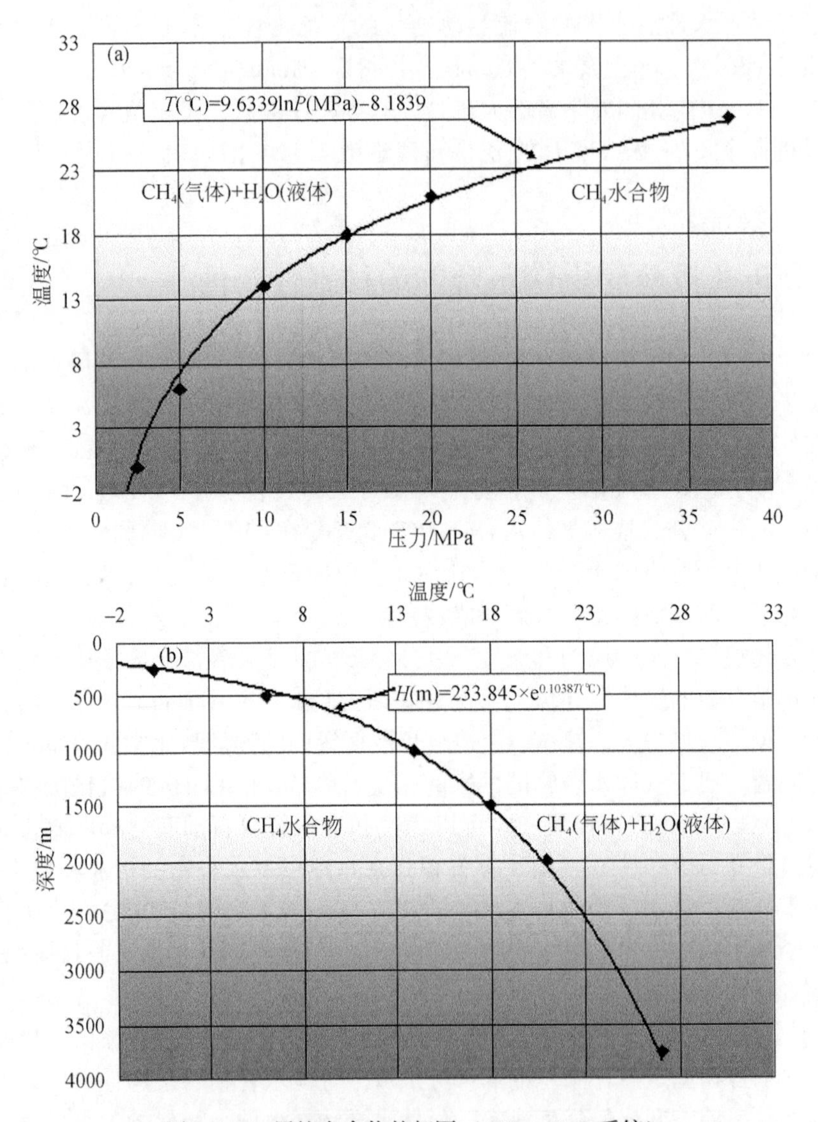

图 3.4.2　甲烷水合物的相图（CH_4+nH_2O 系统）

（a）温压平衡曲线；（b）形成甲烷水合物所需温度与海水深度的反比关系曲线。黑圆点为甲烷水合物平衡状态的关键值，数值为平衡曲线的解析表达式

在 0℃水温下，甲烷水合物在不低于 2.5MPa（25 个大气压）压力下处于稳定状态。这一压力与海洋约 250m 深度相当。甲烷水合物的赋存深度在-2℃时不小于 200m，-3℃时不小于 180m，+1℃时不小于 270m，+3℃时不小于 320m，在温度为+7.5℃时不小于

500m，等等（图3.4.2）。在标准大气压下，甲烷水合物在-80℃以下环境时处于稳定状态［在此环境下，式（3.4.2）、式（3.4.3）中的关系式不可用］。

对相图（图3.4.2）的分析表明，海底甲烷水合物的赋存条件是必要的但不是充分的。海洋底部上层存在甲烷来源也是生成水合物的必要条件。探明海底沉积物中的甲烷来源是解决海洋气体水合物形成机制问题的关键。

关于包含气体水合物在内的烃类物质的成因，目前存在两种主要理论，即初生水成因和有机物成因。在本书中，我们着重阐明 A. A. 巴伦包姆的假说。根据 Баренбаум (2007)，海底地下径流是在大陆坡和大陆架中形成气体水合物聚集体的主要因素。这一观点是以油气形成理论为依据，根据该理论，大型的烃类资源天然聚集体是生物圈内可移动的碳在以水参与的气候环流下穿过地表循环的产物（Баренбаум，2004）。通过总结现有的成果，可以认为，海洋气体水合物是海洋岩浆形成和全球碳循环的组分之一。

相图（图3.4.2）说明，首先，仅在北极海域的大陆架赋存处于亚稳状态的大型甲烷水合物聚集体。其次，气候对于北极海域赋存海底天然气体水合物具有潜在的决定作用。北极地区以外的气体水合物具有相当大的稳定储量（压力和温度的相互关系）。在非北极海域底部，500m 以下深度的热力学特征指标在几十年时间尺度内的变化几乎是微乎其微的。

1969 年（Васильев и др.，1970）在北极海底发现的天然气水合物（主要是甲烷水合物）的分布不具有区域性特点。

约 90% 的太平洋海底表面具备有利于气体水合物赋存的温度和压力条件。在海洋的任一区域，1000m 深度的水温在全年时间内都处于 1℃ 到 5℃ 范围内，在 2000m 深度的水温不超过 3℃。从现代海洋水温分布来看，热带和中纬度带可能在 500m 深度以下赋存海底甲烷水合物，而极地地区则在 100m 深度以下。天然气水合物不仅在陆地上和海底下方聚集成藏，还能以分散状赋存在水中（Дмитриевский и Баланюк，2009）。但是，绝大部分的天然气体水合物存在于海底沉积物的孔隙中。目前，在约 10% 的太平洋海底表面发现了气体水合物（主要是甲烷水合物）的聚集体或者分散状水合物（Матвеева и др.，2008；Шагапов，2010）。根据相关研究（Гинсбург и Соловьев 1994；Дмитриевский и Баланюк，2009），可以将发现气体水合物聚集体的水下区域按照地形和构造特征划分为以下类型：①内海和边缘海的深海域；②汇聚边缘的大陆坡；③岛弧的水下山脉；④被动边缘的大陆坡；⑤扩张海盆和极地大陆架。气体水合物预测分布图（Матвеева и др.，2008）表明，在所有可能赋存气体水合物的水域中，北极大陆架占 12.3%，南极大陆架占 19.7%，大西洋占 38.2%，太平洋占 15.4%，印度洋占 14.4%。在巴伦支海和挪威海的边界（熊岛地区）发现了目前已知最大的海底甲烷水合物聚集体（Дмитриевский и Баланюк，2009）。对美国地质调查局的经验数据（http：//www. usgs. gov）的分析表明，全球海底气体水合物具有环大陆分布特点（图3.4.3）。

3.4.3　海底甲烷水合物分解加剧的可能原因诊断

目前，尚缺乏具有充分物理学依据的假说能够解释北极的甲烷水合物分解加剧的事实

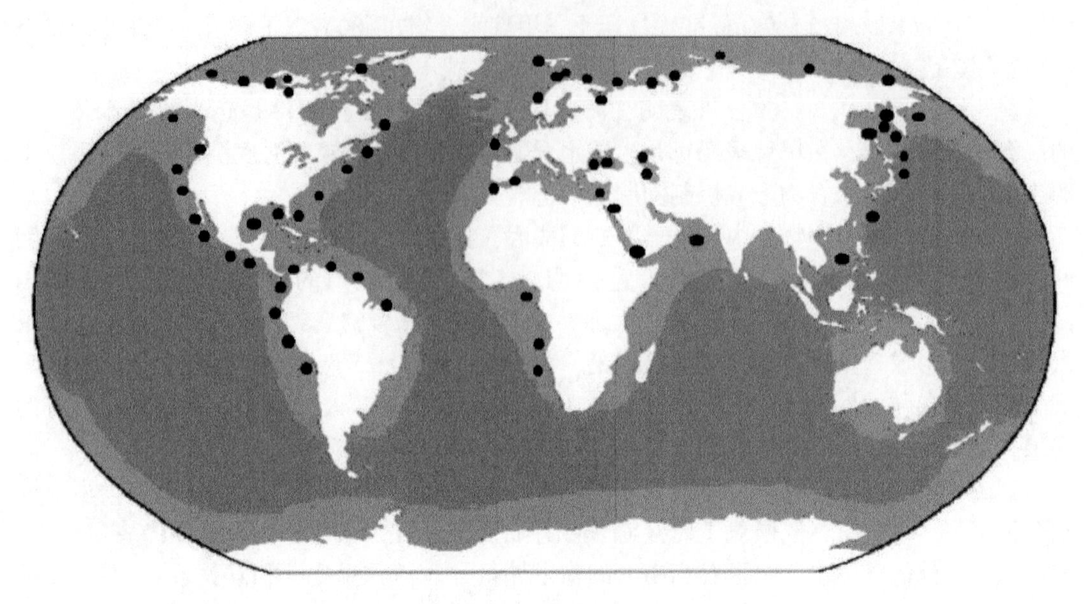

图 3.4.3 海底甲烷水合物空间分布示意图
数据来源：美国地质调查局，http：//www.usgs.gov

（北极的海水“起泡”）。

天然甲烷水合物的赋存条件接近于该水合物的相稳定带的边界。有两种情况可能触发海底甲烷水合物的分解过程加快。第一个情况是甲烷水合物的赋存深度变小，深度变小的原因可能是海平面下降，或者是海底面上升。但是目前和未来几十年，都没有发生这两个过程的物理依据。第二个情况是甲烷水合物赋存带的温度上升，温度上升的原因可能来自上边界的海水升温，或者是来自下边界的传导型和对流型热通量增加。底层海水的升温可能与三个因素有关：海面的气温上升、大洋温盐环流的重构、混合过程加剧。对超过200m 深度的多年海洋观测数据分析表明，最近 20～30 年内，没有观测到水温的显著性变化（Единая государственная система информации об обстановке в Мировом океане, 2011）。未来几十年，由于气温变化导致北极海域200m 以下深度产生具有统计意义的海水升温的可能性不大。在海面气温上升 4℃ 情况下，要使海底水温升高 0.5℃ 需要 500 年以上的时间。根据现有的巴伦支海和白海多年水温曲线图（Единая государственная система информации об обстановке в Мировом океане, 2011），来自上面的热通量在底层（200～500m）的年际变化率不超过 10^{-5} W/m^2。目前，关于海洋温盐环流和湍流混合导致北极海域底层水的温度状况在几十年时间尺度内发送显著变化的假说，尚缺乏充分的物理学依据。

最后，向海底传输的热通量的变化可能与热通量的传导型或者对流型分量的变化有关。由地热梯度决定的传导型热通量的年际变率和多年定向变化取决于地球内部过程，在所研究时间段内的影响微乎其微。

因海底地下径流向甲烷水合物赋存带传输的对流型热通量由气候变化决定。根据模型计算（Елисеев и др., 2009；Елисеев и др., 2011；Мохов и др., 2005；Оценочный доклад об изменениях климата и их последствиях на территории Российской Федерации, 2008；IPCC，2007），在21世纪上半叶，极地和副极地大部分地区的地表径流量和大气降水量将持续增加。预计在北欧的大部分区域、加拿大、美国东北部和北极以及冬季的亚洲北部，年降水量增加将尤其显著。在21世纪初，极地和副极地的大部分地区的冬季降水变化就会在数量上超过不同气候模式评估结果之间的离散度（标准偏差）。根据16个大气和海洋耦合模型综合评估结果，到21世纪中期前，总降水量（液态和固态）相对于基准期的变化为20%到30%（Оценочный доклад об изменениях климата и их последствиях на территории Российской Федерации，2008）。空气湿度和土壤含水量、零上温度持续时间和下垫面活动层厚度的增加，将使北极和环北极纬度带的地下水和地下径流的入渗补给量增加。以当前所设计的最温和气候情景估算，2030年前向巴伦支海和白海底部传输的热通量将增加$3\cdot10^{-3}W/m^2$到$5\cdot10^{-3}W/m^2$（图3.4.1），这一数值占这些地区多年平均传导型热通量值的5%～10%。

综上，因气候变化导致海底地下水排泄量增加，从而使向北极海域大陆架底部传输的热通量发生长期的增加变化趋势，这是在北极大陆架底层水的热平衡中能够使甲烷水合物分解作用加剧的唯一具有统计显著性变化的分量。

3.4.4　气候反馈的形成机制

甲烷不易溶解于水。在一个大气压和15℃温度下，甲烷在水中的溶解度不超过$49.5cm^3/L$。标准状况下（0℃，$1.013\cdot10^5Pa$）甲烷密度（$\rho^0_{甲烷}$）为$0.72kg/m^3$。甲烷水合物平均密度（$\rho_{甲水}$）约为$900kg/m^3$。甲烷水合物中甲烷质量分数的平均值可以取为11%。因此，在分解$1m^3$甲烷水合物时释放的气体质量为：

$$M=\rho_{甲水}kg\approx900\cdot0.1\approx100kg\qquad(3.4.4)$$

标准状况下的甲烷体积为：

$$V=M/\rho^0_{甲烷}\approx100/0.7\approx145m^3\qquad(3.4.5)$$

在天然条件下，由于具有笼型结构，$1m^3$甲烷水合物可能含有$140m^3$到$180m^3$的甲烷（Бычинский и Коновалова，2008；Дмитриевский и Баланюк，2009）。

根据相关文献（Кондратьев и Крапивин，2004；IPCC，2007），大气现代甲烷总排放量为$550\cdot10^6t/a$到$650\cdot10^6t/a$。甲烷水合物对排入大气层的甲烷总通量的贡献量评估值分为几个级别。目前，从北极大陆架的甲烷排放量评估为$5.6\cdot10^9m^3/a$（Дмитриевский и Баланюк，2009），约占所有已知来源总和的1%。在最温和的气候变化情景中，由于响应气候变化的海底地下径流增加，向北极甲烷水合物赋存带的底边界传输的对流型热通量的增长，在未来几十年可能占总通量的近5%。考虑到北极大陆架的甲烷水合物处于亚稳状态，上述的热作用会使甲烷水合物分解量增加约$3\cdot10^8m^3/a$。由于甲烷水合物分解强度增加，每年将向大气层多排放约0.25Mt甲烷。大气层中积累约2.8Mt甲烷，将相应地使甲烷浓度增加约1ppb（Dlugokencky et al.，1998）。从1986年至2008年，北极上空大气层中的甲烷浓度增加了120ppb（图3.3.1b）。已经查明，在北纬65°到75°上空大气层中的甲烷年平均浓度比这一温室气体在中纬度带和热带的浓度高30～50ppb（Дзюба и Зекцер，

2011）。笔者注意到，北半球高纬度上空大气中的甲烷背景浓度与中纬度带相比的超出量，大约相当于其10年间的增长量。这一数据证明，北极甲烷水合物分解加速过程与大气层中的甲烷浓度增加具有一致性。

甲烷是对流层中气候形成最重要的化学组分之一。甲烷是辐射强迫累积第三大的温室气体，仅次于水蒸气和二氧化碳。通过大量吸收地球红外线光谱（波长7.66μm）中的热辐射，大气中甲烷含量的增加加剧了温室效应。甲烷分子吸收红外线辐射的能力（反照率）是二氧化碳分子的26倍（IPCC，2007）。甲烷的全球平均辐射强迫指标在工业时期（1750年至2000年）增长了0.5W/m^2，约占这一时期的辐射强迫指标总增长量的三分之一（IPCC，2007）。

综上，实际观测到的和预估的未来几十年北极海域地下水排泄量的增加，可能是加快北冰洋海底甲烷水合物分解过程和导致向大气层排放甲烷过程加剧的重要原因，并进而引起气候系统正向反馈。即使只有一小部分的甲烷水合物分解也可能影响对流层的热平衡。

3.4.5　结果讨论

利用已经取得的研究成果可以提出以下新假说：由现代气候造成的北极海域海底地下水排泄量的增加，是海洋甲烷水合物分解以及因此导致更多甲烷进入大气的重要原因。这一点具有物理学基础，并且与经验数据相符合。海底地下径流量增加所带来的影响，就是加剧全球变暖过程的正反馈。

由于北极的甲烷水合物的分解使进入大气的甲烷排放不断增加，这是观测到甲烷在北极纬度带大气层中浓度高于其他地区的原因之一。

因北极海域海底地下水排放量增加产生的气候反馈的参数的评价有待于进一步研究，包括考虑气候数值模型中的水文循环和海底甲烷子循环的地下分量。

本书中取得的海底地下水排泄参数值属于评估值。当需要进行北极大陆架地带的甲烷潜在释放量的动态计算时，必须完成内业实验和外业考察工作。

第4章　21世纪不同气候情景下的地下天然淡水资源（补给）潜在变化

气候变化是不可避免的，这也是已经被整个地球历史证明的事实。然而，未来几十年的气候变化是否显著，是否会在某些地区引发水均衡分量中具有统计显著性和实际重要性的长期变化趋势及不可逆过程？上述相关问题亟待解决。当前正在发生的全球和区域气候变化可能产生的后果让人类越来越感到不安。气候是影响水资源的主要因素。气候不仅会如人们通常认为的那样影响水资源的数量，还在很大程度上决定着地表水和地下水的水质。鉴于气候变化的客观事实，目前迫切需要展开对受气候制约的自然资源的潜在变化的研究。现代气候变化速率与自然环境人为负荷的增长速率相当，很难把这一组影响环境的要素区分开来。正确进行地表水和地下水数量和质量特征现代动态变化的统计学描述，是制定21世纪生态和经济战略的必要条件。另一方面，从人类对水资源的需求角度评价气候变化，是合理利用气候变化特征的保证。如同河川径流一样，水交换活跃带的天然地下水资源也属于响应气候变化的可更新水资源。地下水是液态淡水最大的储存体，它在河川径流量中占有重要比例，尤其是在潜水埋深较浅的区域（Genereux and Hooper，1998）。因此，地下水水位变化不仅影响利用地下水作为供水水源的可能性，也可能影响地表径流的形成。此外，地下水水位的潜在变化是保护（或者破坏）生态平衡的重要因素。如果不能对不断变化的气候条件作出响应，依然惯性地（最近几十年形成的）利用地下淡水，可能导致一系列的负面后果。例如，河流的年径流量和枯水流量减少、潜水位下降和由此造成的土壤储水量减少、由于更深部高矿化水越流补给量加大导致的地下淡水盐化、被污染地表水向地下水含水层的渗漏加剧等。在现代自然资源利用条件下，对响应气候变化的水文地质动态变化特征进行有充分物理学依据的诊断和对未来几十年地下水入渗补给量的潜在变化进行评价具有越来越重要的社会和经济意义。人为活动的影响加剧、用水量不断增加、地下水的区域资源量有限、地表径流显著的季节分配不均匀性、大量居民点分布在偶尔断流的小型河流河谷地带并远离大型水运干线、工业和农业的相对集约化发展等，这些原因都使地下淡水危机趋于严重。

4.1　问题现状——现有的不确定性

区域性气候变化产生于自然过程和人为影响的共同演化，而这些演化过程是全球性的，而不是局限在某一地区内。整体上，水资源，尤其是地下水资源，是气候系统参数的一种定量表达。因此，应当基于以下两种理论对地下水入渗补给速率进行评估。第一，基于全球和区域气候潜在变化的描述；第二，基于具有物理机制、可验证（用经验数据检验）且可以数值求解的地下水入渗补给与气候特征及过程的定量关系。

И. С. Зекцер和В. С. Ковалевский的工作为与现代气候变化相关的地下径流变化奠定

了理论基础（Зекцер，2001；Ковалевский，1988，1994，2001）。在前人著作中(Зекцер，2001)，曾经尝试评估全球尺度的地下径流模数变化。在另一研究中(Ковалевский，1988，1994，2001)，基于远落后于现代水平的20世纪80年代由苏联国立水文研究所和地球物理总观测站编制的气候预报，研究了苏联欧洲区域地下水情势的潜在变化。影响地下水入渗补给定量计算的主要气象与土壤参数包括：大气降水量、蒸散发量（土壤蒸发和植物蒸腾）、近地表空气湿度、土壤活动层、包气带岩性及结构、近地表风速、近地表气温和土壤活动层温度。然而，对未来几十年区域性气候特征的变化缺乏可靠的预测。目前对决定地下水补给量和变化规律的气候系统参数演化的具有物理和化学机制的科学认识水平，决定了我们仅能够研究可能的气候变化情景以及其对水文循环在大气、地表和地下部分的预估。实际上，区域的大气降水、地表及地下径流中降水比例、包气带水分累积、土壤蒸发与植物蒸腾等都具有高度的时空异质性。非稳定的基流以及非稳定的地表水入渗补给强度等因素决定了难以对地下水入渗补给量进行可靠的预测。区域尺度上，气候、水文及水文地质条件之间随机组合的可能性很高，而考虑到气候的不完全遍历性（非唯一性），造成对超长期的地下水水文情势预测缺乏客观上的物理依据。在对水交换活跃带地下水入渗补给进行超长期预测的过程中，年尺度与季节尺度之间存在根本性的差异。首先，需要发展不同的情景预估方法。其次，需要采用具有物理机制的假设条件。下文将对此进行更为详细的讨论。评价气候变化对地下水入渗补给影响的困难在于难以区分不断增加的人为扰动和气候系统本身的影响。土壤改良、耕地面积增大、城市与道路建设、人工水体（水库、池塘等）修建、利用地表水灌溉、大量管道泄露等，影响地下水入渗补给的人为因素远不止这些。同时，即使在有限的范围内，某些人为和自然因素也会对地下水入渗补给造成相反的影响。对于一个地区而言，这是一个客观存在的规律。截至目前，还没有研发出一套可靠的方法来分离气候变化与人为活动对地下水补给条件和地下水补给量的贡献。

当前，已经研发出一种可靠的方法，可以用来预测时间不超过1～2年的地下水水文情势变化（Гидрогеологическое прогнозирование，1988；Ковалевский，1974，1988）。然而，到目前为止，还没有一种可靠的方法，可以用来预测由气候变化驱动的区域地下水入渗补给量的长期（10年期）和超长期（几十年期）变化。

4.1.1 地下水模型

在水交换活跃带地下水水文情势动态的物理建模、数学建模和随机建模中，仅对于地表和地下集水区边界的稳态条件取得了相同的结果。

在主要热动力气候特征的稳态条件下，大部分的地下水模型按照自主式系统设计。因此，对潜水的补给量、通量和排泄量的变化进行建模时，通常不考虑变化的气候条件和上部潜水带中的条件（Markstrom et al.，2008）。近年来设计的模型基于潜水与地表水耦合，例如GSFLOW（Markstrom et al.，2008），并合并了地表径流、包气带过程、总蒸发量和地下水之间的耦合，这些模型仅在部分方面弥补了以往模型的不足。其原因在于，气候模型建立在海气总循环模型基础之上，模型的工作空间尺度要比地下水模型的空间分辨率大很多。

在海气总环流气候模型中，每个积分步长都要计算大量的描述大气圈、水圈和土壤圈的热动力状态参数。这些模型的应用者往往会产生根据气候数值实验的输出数据就可以得到大部分水文气象及水文参数的错觉。实际上却远非如此。模型输出数据的质量有很大差异。现代数值气候模型具有这一重要特征的原因如下：主要原因是由于作为现代气候模式基础的气候动力学方程仅适于产生大尺度的气候场。因此，通过求解这些方程式得到的气温场和大气压场要远远好于大气降水场、空气水汽场和水热的湍流通量场。气候模式的这一特点限制了其用来预测水文气象及水文参数的前景。例如，不同气候模式根据自己的算法产生不同的云场。因此，尽管所有模型都进行了参数化，也无法对由辐射通量所决定的特征指标预测结果进行比较。这些特征指标主要包括土壤蒸发和植物蒸腾，而土壤蒸发和植物蒸腾在很大程度上决定了地下水的入渗补给量。这种情况下的另一个重要参数是土壤物理参数，该参数参与模型的计算。但是，由于土壤参数经验值的较难获取，导致难以验证这些计算结果是否正确。为了评价地下水入渗补给量的潜在变化，不仅某个参数在特定时段内的均值或者总和（季节内的零上温度平均值或总和、累积大气降水量等）非常重要，而且该参数所表征的物理过程的强度与持续时间也同等重要。例如，暴雨的强度和频率、决定气候干旱与土壤干旱的极端气温和极端土壤温度的频率和持续时间等。评价这些参数的预测模型，其可靠性还不足以给出确定的结论。还应注意，模型评估的质量还取决于下垫面条件。对于下垫面条件差异较大的山区、海岸和其他地方，模型数据的可信度不高。这是由于模型数据是以每个网格来设置和计算的。现代模型在水平方向上的网格大小至少为100~200km。这样的网格大小导致在上述地区的水热模拟计算结果难以刻画真实情况。对地下水模型的检验（对比模型预测结果与实际观测结果）表明，很多即使是经过良好验证的模型，在没有气候快速变化的情况下，也无法准确地预估出未来的地下水补给量（Konikow 1986；Anderson and Woessr 1992）。地下水补给的超长期预估结果可信度低，主要是由两个方面的原因造成的：地下水概念模型与实际不符，以及缺乏模型验证的观测数据。概念性模型的错误选择对于被建模系统而言是不可接受的。这可能由两个方面的原因所导致。首先，即使具有大量观测数据，但在设计概念模型时，对这些数据的解读可能是多角度的。这些数据可能被用在多个概念模型中，尽管这些模型可能存在本质上的差异。所导致的结果是对未来模型条件的预测存在差异（Bredehoeft，2003）。其次，如果现有观测数据不足，则几乎无法设计出有效的模型（Bredehoeft，2005）。地下水补给量是无法直接测量到的。对于一个大的区域而言，地下水补给实际上是地下水水量平衡中主要的组分，甚至是唯一的组分。在实际中，总补给量主要是依据“向河流中排泄的地下径流”这部分水量来确定。但是，不是所有入渗的地下水都排泄至河流。在下游地区（例如，河流的泛滥平原），一部分地下水通过土壤蒸发和植物蒸腾而被消耗，另外一部分地下水则渗漏至深部含水层，并通过地下径流而被排泄到补给区之外的区域。因此，预测的地下径流补给量通常少于实际补给量。很少有可靠的长期数据能够反映不受人类干扰的地下水天然补给量。即使对气候变化有可靠的预估，大多数地下水模型也不能可靠地预测数十年时间尺度的地下水补给量（Konikow and Person，1985）。

4.1.2　统计方法

本节研究用于长期和超长期预测地下水水文情势和入渗补给条件的现有统计方法。截至目前，所发展的大多数研究方法都是基于统计学理论来建立气候特征与地下水水文情势参数间的物理依存关系。按方法可划分为以下四种。

4.1.2.1　基于多因子关联的方法

众所周知，地下水入渗补给量受大气降水年内分配的影响，主要取决于一年中冷季的总降水量。降水总量，以及降水强度及其随时间的均匀分配都具有重要意义。影响降水的主要因素包括绝对空气湿度、土壤含水量、包气带含水量、近地表风速、融雪期包气带土壤层的冻结程度、近地表空气温度和土壤温度、冬季和过渡季节的正负积温比（冬季解冻次数及持续时间、春夏过渡）。这些因素和其他一些气候相关因素共同决定了蒸散发（土壤蒸发和植物蒸腾）引起的水分损失，以及用于地下水补给的有效大气降水量。目前，对于诸如欧洲俄罗斯南部这样的广大地区，无法获得一个均一的经验数值来表征这些因素的长期变化。当前对气候系统演变的科学认识水平，也无法确保获得一组用于超长期预测的计算数据。因此，为评估降水入渗补给的潜在变化，仅能够利用上述因素中有限的几个目前可以得到长期预测数据的因素。即总降水量和季节降水量、近地表空气温度、近地表风速和湿度数据。基于多因素关联的预测在统计中可以很好地应用多元线性回归来实现，其形式如下：

$$y=a_1x_1+a_2x_2+\cdots+a_nx_n+b \tag{4.1.1}$$

式中，y 为补给的预测值；x_1，…，x_n为对 y 的影响因素；a 和 b 为系数。

同样可以使用常见的“黑箱法”和权重函数，其计算方程采用杜哈梅积分形式：

$$y(t)=\sum_{n=1}^{\infty} W_n(\tau)\times x_n(t-\tau)\times \mathrm{d}\tau \tag{4.1.2}$$

式中，W 为反映影响因素 x_1，…，x_n贡献的权重函数。

该方法的基础理论和具体操作在前人著作中（Ковалевский，1974，1988，1994，2001）都给予了详细的介绍。但在应用该方法时，以下问题至今仍未得到解决。目前，尚没有提出用来确定研究区范围的一种方法，用于确保地下水入渗补给与各种气候特征指数之间具有可靠的回归关系。回归方程的可靠性评价只能基于对历史数据的分析计算。很显然，回归参数在预测时段内会发生变化。现有回归关系的缺陷在于统计学上对回归方程参数的评价不足。这一不足可通过使用以下统计标准进行消除：

1. 计算确定性系数。对比实际值和从线性回归方程中得到的计算值。根据比较结果，计算得到标准化为 0 到 1 之间的确定性系数。若确定性系数为 1，那么这与模型存在完全相关性，即实际值和估算值之间没有差异。反之，若确定性系数为 0，则回归方程的预测是不成功的。

2. 计算系数 a_1，a_2，…，a_n，b 的标准误差值。

3. 确定 F 统计量或者 F 观测值。为此，可使用 Excel FDIST 函数。F 统计量用于确定自变量和因变量之间存在的关系是否随机。

4. 根据 T 检验确定每个回归系数的有效性（统计显著性）。如果 T 的绝对值足够大，则可以得出结论，认为该斜率系数可用于预测。T 检验的临界值可以通过 Excel TINV 函数获得。

4.1.2.2 基于均值汇总模型的方法

参数均值汇总模型是基于集水区或整个地区的水量平衡数据而建立的。参数集中度是指其空间均值，即假设整个地区的地质构造、土壤、植被盖度、岩石渗透性、大气降水量及其入渗量、蒸发和蒸腾等都是均匀的。显然，这种假设仅适用于小面积集水区。闭合流域的水量平衡连续性方程为：

$$Q_m=(P-E)\times\beta\pm\Delta h\times\psi \tag{4.1.3}$$

式中，Q_m为枯水期河流月均流量；P 为大气降水；E 为蒸发；Δh 为集水区地下水位变化；ψ 为岩石给水度；β 为校正系数。所有变量的单位均为 mm 水柱。通过该方法可以对气候变化引起的地表径流变化进行预测［式（4.1.3）］。然后，可以计算出多年平均的地下水对河流的补给系数：

$$\omega=Q_n/Q_p \tag{4.1.4}$$

式中，Q_n为年地下径流量，Q_p为年河流径流量。根据这个公式就可以计算得到地下径流量。利用河流枯水期和全年的地下径流量之间的区域比例系数，同样可以通过公式（4.1.3）计算得到年均地下径流量。值得注意的是，相比于区域气候模式预测得到的地下径流量，该方法计算得到的结果精度更高。

4.1.2.3 基于地下径流系数与全年降水量之间统计关系的方法

地下径流系数（K_g）反映降水在地下水入渗补给中的比例：

$$K_g=Q_n/P\cdot 100\% \tag{4.1.5}$$

为计算地下径流系数，需要多年平均的地下径流量和降水量。因此，地下径流系数值反映了不同降水年份的降水量与地下径流量之比的多年平均值。通常，在几十年的时间范围内，具体某一年的降水量波动范围为10%～15%。如果有未来的降水量变化，根据公式（4.1.5）就可以得到地下径流量的预测值。该方法适用的唯一约束条件就是所预测的降水量变化幅度，不应超过前一时期的年际变化。尽管该方法看起来简单，但运用该方法预估得到的地下水径流量是合理的。这是因为降水对地下水入渗补给的贡献是确定的，且降水的预估精度与地下径流系数值的计算精度具有一致性。此外，该方法还可用于预测地下水的水位变化。可以在以下假设基础上，来计算地下水位埋深的可能变化。根据公式（4.1.5）计算得到的预测地下径流量与当前地下径流量之间的差值（以 mm 水柱为单位），所表示的就是均匀分布于整个区域的地下水补给变化平均值。之后，将该差值除以区域含水层给水度，即可得到区域尺度上的地下水位变化平均值：

$$\Delta h=\Delta Q_n/\mu \tag{4.1.6}$$

本节所述的统计方法是基于区域气候模式预测结果的。如前所述，目前尚缺乏区域气候模式的预测数据。

4.1.2.4 基于河流最小径流多年变化趋势外推的方法

该方法不受气候预估数据缺失的限制，也不是基于气候系统变化与水文循环地下分量变化之间的统计关系。该方法的物理基础是基于两个假设。首先，气候变化至少在过去几十年内一直持续，且这些气候变化的物理化学机制将在未来几十年持续有效。其次，将河流流量过程线分为地表和地下两个部分，这将为合理评估河流地下补给量及地下水天然资源量提供基础。

如果认为气候变化机制不变的假设是合理的，那么由气候变化引起的地下水入渗补给过程应当按照近几十年已经形成的轨迹在发生变化。这一趋势特征可以外推。但应用该方法将带来两个基本问题：第一，气候系统的惯性是否合理。第二，有多少变化趋势在统计上是显著的。

根据前人文献中（Lorenz，1968，1970；Монин и Шишков，1979；Монин，1988）的理论方法，以及室内实验经验与野外观测，气候系统就其本质而言，仅具有部分的遍历性，或几乎是非稳定、非线性和混乱的一个系统。这意味着，在所有气候形成因子中的某些相同参数固定的情况下，可以得到不同的气候特征值。诸多事实已证实了气候系统的部分遍历性。在相同的外部条件下，几乎相同的天气状况中，大气以完全不同的方式演变。因此，20 世纪初期和末期的气候变暖是产生于不同的原因的。在 20 世纪上半叶（1900 ~ 1940 年），温室效应异常很小，地表空气温度升高是由气候系统自身的自由波动产生的（Кислов и др.，2008）。由于没有物理学依据，根据 1900 ~ 1940 年的趋势外推未来几十年的结果并不充分。1950 ~ 1970 年，观测到气候变冷。同时，在 1970 ~ 2000 年间，表现为对流层温室气体浓度上升的外界影响引发了新的变暖，该变暖可能持续至 21 世纪。对 20 世纪气候的判断可以被确定为气候自身波动和外部影响的结果。当外部影响很大时，尽管存在内部干扰，它也会产生气候反馈的基本结构特征（Кислов и др.，2008）。气候的近乎非传递性可以以近年来东欧地区的异常温暖期以及赤道太平洋东部和秘鲁沿海的厄尔尼诺现象为例。气候的部分遍历性使我们对气候惯性甚至是统计学上的趋势外推都非常谨慎。至少，在不考虑基于其他方法作出的预估（预测评估）时，使用趋势外推法甚至会得到相反的结果适得其反。

即使假设气候在所研究的预测范围内不会显示出不完全遍历性，在不断变化的气候特征和水文地质参数方面，对多年变化轨迹进行统计学上的可靠描述依然非常重要。地下水补给条件多年变化的线性趋势或更高阶趋势不仅应被识别，还应经过正确的统计检验。

4.1.3 地下径流的长期变化

通过分析水文地质观测的多年数据，证明了地下水的水文情势随着时间在不断变化。最近的一系列研究（Джамалов и др.，2008，2009，2010）指出，河流的枯水径流存在线性趋势。这与不同季节实测的气温变化和大气降水量形成对照。在此基础上，得出了气候对地下径流量或者地下淡水资源量存在相应影响的结论。然而，存在的问题是这些结论具有多少物理学和统计学依据。已经得到的结果是否有助于科学理解地下水水文情势与气候系统演化关系。答案并不确定，原因如下。众所周知，水交换活跃带的地下水水文情势反映了地下水补给条件。地下水入渗补给的变化是气候动态与人为因素的叠加函数，即地下水现代水文情势的特征值（水位、补给量、径流量或天然资源量、化学性质及水质）是自然因素和人为因素的共同影响结果。因此，为评价地下径流量（或者地下水天然资源量），既可以利用地下水排泄的经验数据，也可以通过确定地下水入渗补给量来计算。地下水总补给量通常根据包气带水分运动过程的水平、流体力学和随机建模的观察进行评价。但这些普遍使用的方法不适用于地下水入渗补给条件受气候要素影响的区域评价任务。利用地表径流水文过程线的基流分割法来评价和描述地下径流模数的时间变异性，无法区分气候作用和人为影响。近年来，包括欧洲俄罗斯南部在内的大部分地区，仅少数具有一定面积的集水区，其地下水入渗补给条件没有受到严重的人为活动影响。按照枯水期地下水向受扰动河流（且对大多数如此）排泄的评估，仅能看出由于气候和人为因素影响对补给量的整体变化。此外，根据枯水径流，可以对地下径流进行综合评估，包括来自相邻含水层的地下水流和由未冻结的静态及缓慢更新水体（湖泊、水库、池塘、沼泽）的补充。此外，诸如冰水聚积、冰下河床的河水流通性变化（随着变暖，小河流冻结期缩短）、未冻结水分向冻结锋面的运移、气压变化及其他重要的冬季现象未被考虑。

不同的基流分割方法都有一个共同点，那就是将冬季和夏季枯水期流量作为评价地下径流的基本参数。根据前人的研究数据（Джамалов и др.，2008，2009，2010；Водные ресурсы…，2008；Шикломанов и Георгиевский，2008），近几十年来，俄罗斯各地区的最小径流量增加了1.2～2倍。可以以此为依据，认为地下水天然资源量已显著增加。根据国家资源现状监测中心（www.geomonitoring.ru）的数据，过去二十年间，地下水水文情势没有发生具有统计显著性的变化。在 М. Л. Марков 的研究中（Марков，2010），分析得出河流最小径流量和地下水水位的多年变化没有相关性。而随着冬季变暖，土壤冻结深度减小，降水入渗和地下水补给量增加。同时，由于小河流及支流的冻结期缩短，地下水向河流的排泄能力增加。因此，冬季地下水补给的增加得到了来自地下水补给区（在水系的上游地区）的侧向地下径流补偿。所以，地下水水位的动态与冬季枯水期径流的动态不一致。冬季变暖导致水交换活跃带上部的水在河流补给中的占比增加，而在暖季，水交换活跃带下方的地下水占比增加（Марков，2010）。最终，潜水和承压水的年平均水位可以保持相对稳定。河流的最小流量可能形成于温暖年份的上部含水层，也可能形成于寒冷年份的深部含水层。由此可见，寒冷冬季的河流最小径流量不能充分反映地下水的天然资源。而在温暖的冬季，利用枯水径流评价地下水的天然资源量可能使评估结果偏高（Марков，2010）。

最全面的地表水资源量评估结果，发布在每年出版的国家水资源公报和有关著作中（Бабкин，2004；Шикломанов и Георгиевский，2008）。基于近期研究工作（Джамалов и др.，2008，2009，2010）所得到的枯水期数据，我们对地下径流动态（地下水天然资源量）进行了评估。但基于这些数据分析，我们并未得到可靠的统计数值。因此，我们利用多年变化（趋势）的统计诊断方法，研究现有欧洲俄罗斯南部地区具有代表性的河流枯水径流经验数据（一定程度上表征地下水补给条件）。

众所周知，近几十年来的河川径流由于受人类活动的影响，而直接被配置到水体（水源地和跨流域调水、水库和池塘建设、河床冲刷等）和流域内（农业和林业水利措施、灌溉及排水工程等）。因此，对于俄罗斯的南部地区，可以得到非常有限的仅受气象要素影响而未受人类扰动的大型河流天然径流多年变化数据。通常按照最小月径流量来研究地下径流组分变化。对于俄罗斯南部，最小月径流量通常指 8 月或 9 月的河川径流和冬季的某个月份径流，此时的降水量最小，地表径流接近干涸。其中，这些数据包括根据《库班水资源勘探设计院》观测数据重建得到的与以下河段的单位月尺度最小径流量（通常是 1 月和 9 月）的均值方差归一化多年序列数据：别拉亚河 - 谢韦尔内山脉（库班河的支流）、库班河 - 克拉斯诺达尔市（克拉斯诺达尔地区电站）、乌鲁普河 - 斯捷布利茨基山脉、拉巴河 - 多古日耶夫山脉、普希什河 - 河口（昆丘科哈布利村）、普谢库普斯河 - 河口（普切加特鲁凯村），瓦尔纳维诺水库月均流入量、瓦尔纳维诺泄水渠月均流入量、沙普苏格水库月均流入量、克留科沃水库月均流入量。对夏季和冬季最小径流时间序列的平稳性分析，尚不能得出年际变化中存在一阶和二阶的非随机统计学显著趋势。根据费希尔、斯图登特和科尔莫戈罗夫–斯米尔诺夫（Kolmogorov- Smirnov）标准的概率分布，在 95% 和 99% 的统计显著性水平下，第二阶矩和第三阶矩也没有趋势。欧洲俄罗斯地区南部河流径流序列的线性趋势可信度不超过 10%。作为该结论的例证，对比其标准偏差和 F 统计量与 T 统计量的实测值和临界值，图 4.1.1 显示了谢韦尔内山脉附近的库班河支流别拉亚河的最小径流量归一化单位数值的多年偏差。计算表明，1936 ~ 2001 年间对于夏季枯水期的线性趋势可信度不超过 7%，而冬季枯水期的线性趋势可信度不超过 2%。夏季径流量归一化数值的标准误差为 1，冬季为 1.1。当夏季线性趋势的变化速率为 0.01，冬季为 0.007 时，其标准误差分别为 0.006 和 0.007。在夏季，回归平方和约为 4.5，残差约为 63.3。冬季回归平方和与残差分别约为 1.2 和 72.4。

对比 95% 和 99% 显著性水平下的学生 T 统计量实测值和临界值，发现枯水径流的线性趋势没有统计意义（表 4.1.1）。对比 95% 与 99% 显著性水平下的 F 统计量实测值和临界值（表 4.1.1），发现当自由度为 64 时决定系数（线性趋势的可信度）值具有偶然性。

表 4.1.1　别拉亚河最小径流量线性趋势的可信度评价

参数/季节，时间段	σ	α	se_n	se_y	ss_{reg}	ss_{resid}	$F_{实测}$	$T_{实测}$	ξ	ψ	R^2
1936 年至 2001 年冬季枯水期	1.1	0.007	0.006	1.0	1.2	72.5	1.1	1.2	无（95.99%）	无（95.99%）	2
1936 年至 2001 年夏季枯水期	1.0	0.014	0.007	1.1	4.5	63.3	4.6	1.9	无（99%），有（95%）	无（95.99%）	7

注：σ 为 1961 年至 1990 年基准期的均方差值；α(℃/a) 为线性趋势的斜率；se_n 为斜率的标准误差值；se_y 为 y 值的标准误差；ss_{reg} 为回归平方和；ss_{resid} 为残差平方和；$F_{实测}$ 为 F 统计量或 F 实测值；$T_{实测}$ 为 T 统计量或等于 α/se_n 的 T 实测值；ξ 为趋势非随机性检验；ψ 为趋势统计显著性检验；R^2（%）为趋势对过程总体离散度的贡献（趋势的可信度）。

显然，气候变化的直接后果将不仅是地表空气温度和大气降水量的变化，还有对流层中二氧化碳浓度的升高。其中，如果以近年来温度和降水变化对地下水水文情势的影响为建模对象，那么实际上并未考虑二氧化碳浓度上升对地下水补给的直接影响。与此同时，对流层中二氧化碳的浓度是植被覆盖类型、高度和密度以及土壤状况的决定因素。因此，

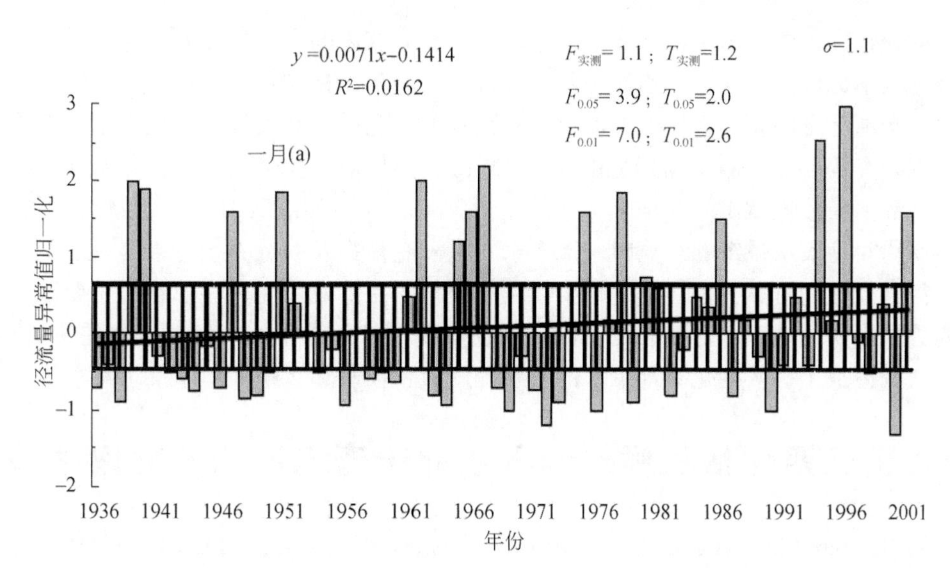

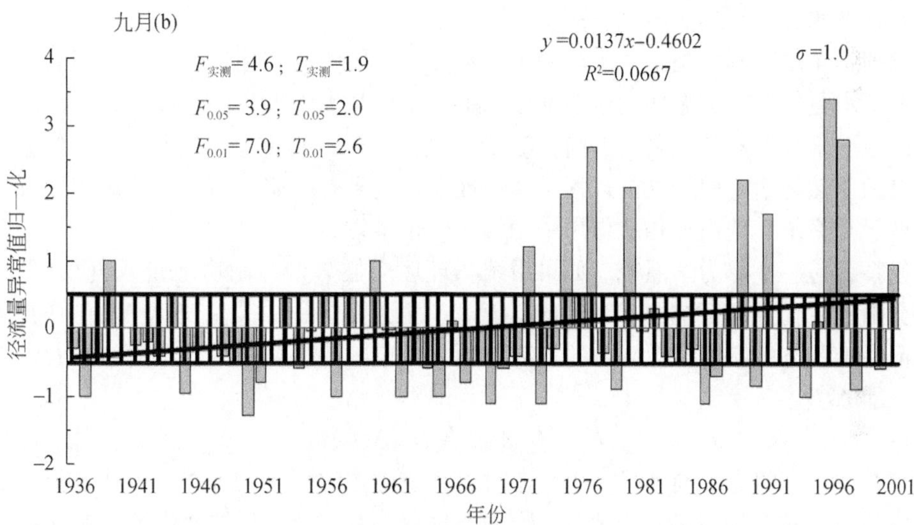

图4.1.1　谢韦尔内山脉附近别拉亚河支流的最小径流量归一化单位数值的多年偏差

σ 为均方差值；R^2（%）为趋势对过程总体离散度的贡献（趋势的可信度）；

F 为 F 检验的实测值和临界值；T 为 T 检验的实测值和临界值

二氧化碳浓度上升可能直接影响蒸散量（Bazzaz and Sombroek，1996），而温度变化并不是蒸散发变化的唯一诱因。在一些地区，大气层的二氧化碳浓度升高可能会极大影响蒸散发量，以部分补偿降水量的减少，或显著增加降水量高的地区的地下水补给（Green et al.，2007）。例如，对亚热带土壤、水和植被系统的模拟结果表明，在二氧化碳大气层富集效应基础上，加上降水量增加约40%，可以导致某些情况下的地下水补给增加500%（Green et al.，2007）。

目前，还无法对气候变化对地下水的影响进行可靠的超长期预测，主要原因如下。首先，对未来几十年的主要气候参数没有准确的评估。对全球和区域气候的主要特征指标缺乏可靠的超长期预测，这是未来几十年包括人类文明在内的自然环境所有组分动态变化不确定性的根本原因。其次，目前对主要气候过程（对流层的温度、湿度和动力学状况）与地下水水文情势之间相互作用的数值模拟研究程度远远低于对大气层与地表水相互作用过程的模拟研究程度（Erman and Dettinger，2011）。到目前为止，气候变化对水文系统影响的研究和数值模拟通常围绕在地表水系统上（McCarthy et al.，2001）。多数情况下，在研究气候变化对地表水系统的影响时，地下水要么没有被提及，或者很少被提及。同时，地下水对河道径流的贡献，事实上是缺少切实的评估的。造成目前这种现状的主要原因是由于观测数据表明，地表水对气候变化的响应速度要远快于地下水对气候变化的响应速度。因此，这就造成了气候变化对地下水的影响程度似乎没有那么强烈的印象。

4.2 超长期评估气候对地下水补给变化影响的物理学基础

И. С. Зекцер（Зекцер，2001）和 H. A. Loaiciga（Loaiciga，2003 c）的著作为评估气候变化对地下水补给影响的研究方法奠定了基础。

从物理学角度来看，关于气候对地下水水文情势影响的问题描述是不正确的。水交换活跃带地下水是气候水文循环的地下部分。水文循环是大气循环的重要过程。因此，将水文循环的地下部分（补给、径流和排泄）看作气候系统的内部过程是有物理学依据的。地下水储量的天然补给是一个气候过程。从物理学角度来看，非人为因素造成的地下水补给变化是处于与系统其他组分相互作用中的气候变化预估。

气候系统是一个热力学系统。如果系统与环境交换热量并做功（正或负），那么系统的状态会出现变化，即系统的宏观参数（温度、压力和体积）发生变化。由于内部能量 U 是由表征系统状态的宏观参数确定的，因此随之而来的热交换和做功过程伴随着内部能量的变化，即 ΔU：

$$\Delta U=Q-A \text{ 或者 } Q=\Delta U+A \tag{4.2.1}$$

系统在从一个状态转换到另一个状态时，系统内能的变化等于外力做功和传递给系统的热量之和，与状态的转换方式无关。准静态过程中系统总能量的变化等于热量 Q 加上传导系统与化学势为 μ 的物质量 N 有关的能量变化，以及外力和场对系统的做功 A'，减去系统自身对抗外力做的功 A：

$$\Delta U=Q-A+\mu\Delta N+A' \tag{4.2.1A}$$

对于微元热量 δQ、微元功 δA 和内能小增量 $\mathrm{d}U$，热力学第一定律的表达式为：

$$\mathrm{d}U=\delta Q-\delta A+\mu\mathrm{d}N+\delta A' \tag{4.2.1B}$$

将功分为两部分，其中一部分描述对系统做的功，另一部分描述系统本身做的功。这样划分是强调由于力的来源不同，可能由不同的自然力做功。我们注意到，$\mathrm{d}U$ 和 $\mathrm{d}N$ 是全微分，而 δA 和 δQ 不是。准静态过程的热增量用温度和熵的增量表示为：

$$\delta Q=T\mathrm{d}S \tag{4.2.1C}$$

在一个很大的区域范围内，热力学第一定律符合质量（水）守恒条件，其增量表示为：

$$\Delta P=\Delta E+k_s\Delta R_s \tag{4.2.2}$$

系数为：

$$k_s = R_t / R_s \tag{4.2.3}$$

$$R_t = R_s + R_g \tag{4.2.4}$$

式中，Δ为随时间的变化量；P为大气降水量；E为蒸散量；R_t为总径流量，R_g为地下径流量；$R_s = R_t - R_g = C \cdot P - R_g$，$C$为径流系数，$C = R_t / P$。

气候变化时，径流系数平均值会发生变化：

$$C = (R_t + \Delta R_t) / (P + \Delta P) \tag{4.2.5}$$

公式（4.2.3）至公式（4.2.5）中的所有变量单位为km^3/a，并取一定时间段内（5年及以上）的平均值。欧洲俄罗斯南部地区的k_s值是已知的。与公式（4.2.3）中其他变量的变化率相比，在所研究时间尺度上的k_s系数多年变化很小。地下补给系数（k_g）和地下径流系数K_g等于：

$$k_g = R_g / R_t, K_g = R_g / P \rightarrow k_g = K_g P / R_t \tag{4.2.6}$$

此时质量守恒方程（4.2.3）可以表达为：

$$\Delta P = \Delta E + \Delta R_g / k_g = (\Delta E + \Delta R_g) R_t / K_g P \tag{4.2.7}$$

通过大气降水和地下径流的变化来描述径流系数变化（C），公式为：

$$C = (R_s + \Delta R_s + R_g + \Delta R_g) / (P + \Delta P) = (R_t + \Delta R_s + \Delta R_g) / (R_g / K_g + \Delta P) \tag{4.2.8}$$

公式（4.2.3）至公式（4.2.8）是区域水量平衡表达式，个别分量的计算通常受水量平衡法的限制。不稳定气候条件下的水量平衡法计算的R检验（现实检验）先验为负。在作为热力学系统的气候系统中，不可能只改变一个状态参数而不改变系统的其他基本状态参数。单纯的水量平衡方程（质量守恒方程）不适用于变化的气候条件下。只有通过联合求解质量和能量守恒方程时才能获得不稳定气候条件下R检验的正值。

通过分析作为地表能量平衡组分的“潜热通量”和“显热通量”，我们来研究下垫面的热量平衡。气候系统是一个由多个均质部分（相）组成的非均匀（异质）复合系统。均质部分（相）可通过组成和性质加以区分。物质（组分）的数量、热力学相和自由度通过相律关联。采用地球科学的传统术语即系统某部分（相）的吸收和辐射表述时，因为其数量是无穷的，所以任何非均相系统的热量平衡是不闭合的。而采用潜热通量和显热通量这两个术语，因为数量是有穷尽的，所以无论多么复杂系统的热量平衡都是闭合的。显热通量（Sensible heat flux）是指下垫面与大气层之间与水相位转换无关的热通量。潜热通量（Latent heat flux）是指下垫面与大气层之间与水蒸发或水蒸气冷凝有关的热通量。有限增量的显热和潜热通量的热量守恒方程可表示为：

$$\Delta A = L\Delta E + \Delta H \tag{4.2.9}$$

式中，A为以热量形式到达地表的能量；E为如上文所述的蒸发量（更准确地说是蒸散量）；L为蒸发潜热；LE为潜热通量；H为显热通量。所有表示热量和能量的项均以W/m^2为单位，并且按照时间步长和面积（积分单元）取平均值。根据公式（4.2.9），到达下垫面的能量分为潜热和显热通量。在全球范围内经过相当长的一段时间的平均，潜热和显热通量从下垫面进入大气层。

另外，按照气候系统能量守恒定律的传统表达方式，到达下垫面的能量A等于到达地表的总辐射量R_n，到达土壤的热通量G和生物圈以光合作用为主的热量B之间的差值。

因此，公式（4.2.9）也可以表达为：

$$\Delta A=\Delta R-\Delta G-\Delta B \text{ 或者 } \mathrm{d}A/\mathrm{d}t=\mathrm{d}R/\mathrm{d}t-\mathrm{d}G/\mathrm{d}t-\mathrm{d}B/\mathrm{d}t \tag{4.2.10}$$

气候系统能量守恒方程的物理学等价表达式也可以通过波文比求解：

$$\beta=H/LE \tag{4.2.11}$$

波文比（β）为表示显热通量与潜热通量比值的气候系统基本特征值。在湿润的下垫面条件下，长期平均的波文比 β 要比 1 小得多。对于水体下垫面条件，波文比 $\beta\approx0.11$（Монин，1988）。这意味着进入水体下垫面的能量主要转化为蒸发潜热。对于陆地下垫面条件，波文比 β 越接近 1，气候越干燥。对于固体下垫面条件，显热形式的通量比潜热形式的通量具有更多的能量消耗。对于陆地，β 长期平均值等于 0.85（Монин，1988）。根据热量守恒方程（4.2.9），用波文比（β）表示蒸发量 E 的公式为：

$$\Delta E=\Delta A/L(1+\beta) \tag{4.2.12}$$

在公式（4.2.12）中，假定 β 为 LE 和 H 变化下的常数。

由于将方程（4.2.12）的单位变换为 $\mathrm{km^3/a}$，需要把校正系数代入公式（4.2.12）右边。转换后，公式（4.2.12）变为（$L=2.46\cdot10^6\mathrm{J/kg}$，$\Delta A$ 以 $\mathrm{W/m^2}$ 度量）：

$$\Delta E=K\Delta AS_1/\rho L(1+\beta) \tag{4.2.13}$$

式中，S_1 为被调查地区的面积（$\mathrm{km^2}$）；ρ 为淡水密度（$10^3\mathrm{kg/m^3}$）；K 为将方程（4.2.12）各项的单位变换为 $\mathrm{km^3/a}$ 的校正系数。

在方程（4.2.13）右边带入质量守恒方程或水量平衡方程（4.2.2）和（4.2.7），得到可以预测在气候变化条件下的地下径流和河川径流参数变化的联立方程。公式（4.2.2）变为：

$$\Delta P=K\Delta AS_1/\rho L(1+\beta)+\Delta R_s k_s \tag{4.2.14}$$

得出：

$$\Delta R=\Delta P/k_s-K\Delta AS_1/\rho L(1+\beta)/k_s \tag{4.2.15}$$

公式（4.2.7）变为：

$$\Delta P=K\Delta AS_1/\rho L(1+\beta)+\Delta R_g/k_g \tag{4.2.16}$$

得到：

$$\Delta R_g=[\Delta P-K\Delta AS_1/\rho L(1+\beta)]k_g \tag{4.2.17}$$

式中的符号和系数与方程（4.2.13）相同。

方程（4.2.14）至方程（4.2.17）可以在热力学第一定律基础上，预估不同气候情景下的大区域河川径流和地下径流变化。例如，可以通过将方程（4.2.15）和（4.2.17）的右边代入关系式（4.2.8）中，来评价径流系数的变化：

$$C=\{R_s+R_g+[\Delta P-K\Delta AS_1/\rho L(1+\beta)]/k_s+[\Delta P-K\Delta AS_1/\rho L(1+\beta)]/k_g\}/(P+\Delta P) \tag{4.2.18}$$

类似地，利用上述公式可以得到用于评价地下径流补给系数 k_g 和地下径流系数 K_g 潜在变化的表达式：

$$k_g=\{C/(P+\Delta P)-R_s-R_g-[\Delta P-K\Delta AS_1/\rho L(1+\beta)]/k_s\}/[\Delta P-K\Delta AS_1/\rho L(1+\beta)] \tag{4.2.19}$$

联立方程（4.2.13）至（4.2.19）是气候系统主要参数变化与水文循环的地上和地

下分量的物理耦合模型。

任何模型最重要的特征之一是其对系统参数潜在变化的敏感度 $\ddot{Y}$。模型预测对某一参数的敏感度被定义为预测值变化与该参数相应变化之比（两个变化量均以百分数计算）。该模型的主要变量是到达地表的能量变化 ΔA 和降落到地表的大气降水变化 ΔP。例如，公式（4.2.17）反映的是地下径流变化。以波文比（β）为例，地下径流预测对 β 变化的敏感度 ΔR_g 的数学表达式为：

$$\ddot{Y}(\Delta R_g)=[\mathrm{d}(\Delta R_g)/\Delta R_g]/[\mathrm{d}(\beta)/(\beta)]=\beta K\Delta AS_1k_g/\Delta R_g\rho L(1+\beta)^2 \quad (4.2.20)$$

值得注意的是，模型预测的敏感度是无量纲的。确定了 ΔR_s 和 ΔR_g 对 k_s 变化的敏感系数等于-1，而对 k_g 变化的敏感度等于1，且与降水和下垫面吸收能量的变化无关。这意味着，k_s 增加10%，ΔR_g 和 ΔR_s 相应地减少10%，而 k_g 减少10%，ΔR_g 和 ΔR_s 相应地减少10%。该模型对 β 变化的敏感性预测结果在任何情况下都等于0.28。这意味着，β 增加10%，预测地下径流增加2.8%。因此，模型预测对 β 的敏感度最低，对河川径流系数和地下径流系数的敏感度相同。

气候系统是一个变速热动力系统。这一类系统的物理学内涵在于：快-慢系统或者变速系统是一个动态系统，其中包括不同时间尺度发生的过程。这一系统的相变量分为两类："快"变量（例如，天气过程、地表径流过程等）和"慢"变量（例如，地下水圈、冻土圈、大洋深层等过程）。"快"变量在相空间的几乎所有点上的变化速率都远高于"慢"变量。这种系统的演化轨迹由慢"漂移"段和快"断裂"段交替构成。快-慢系统描述了各种物理现象和其他现象，其中随着时间的推移，微小变化逐渐演化积累导致系统突变式转入新的动态模式。这些系统的模型需要进行压力测试，即检验模型在主要状态参数发生"跳跃"时的一致性。因为气候过程（地下水补给）下的所有确定性或者随机性参数模型都是基于过去的先验信息，而不是基于系统内已经描述的物理学性质，所以这些模型都不能通过压力测试。因为近年来没有类似的统计，所以不可能重新建立这些模型。所推荐的模型没有这一缺陷。在实现压力气候情景时，该模型仅要求重置模型对波文比系数的敏感度（系数变化）。

利用该物理模型来预估不同气候情景下的河川径流和地下径流变化，主要是基于热动力学理论。这符合区域气候主要参数（对下垫面的辐射强迫和降落到下垫面的大气降水）的设计精度，且不受上述其他方法固有统计形式的客观缺陷所限制。

为了利用所推荐方法来超长期预估大区域的地下水补给，必须设置以下气候参数：近地表气温、大气降水和总蒸散发变化模式。了解大气降水模式需掌握降水量变化、降水随时间的变化和不同降水形式（液态和固态）比例的变化。

总蒸散发的大小反映了地表能量平衡以及地表和包气带中水的可用性。对于总蒸发量最重要的地表能量通量通常包括地表辐射平衡以及地表和包气带的蒸发（潜热通量）。通量取决于潜热通量和显热通量之间地表热量平衡分配情况，与波文比相对应。截至目前所发表的气候变化影响评价研究论文多数集中在评价降水和气温变化上。与此同时，太阳辐射（短波辐射）、云量、长波辐射通量、地表模数和风向、近地表空气和包气带湿度等因素的变化，也同样影响总蒸发条件和速率，从而影响地下水补给。由于缺乏这些特征的代表性数据，因此，作为这些特征参数的函数，波文比的应用是有前景的。

地下水补给区域的面积广且无法直接观测，因此难以评估气候变化所导致的地下水补给速率变化。大多数流域尺度的地下水补给都是通过校正区域径流模型来获取的，其中补给通常是分析水量平衡其他组分来计算得到的。这将产生很大的不确定性（de Vrics and Simmers，2002）。尽管如此，在研究气候变化对地下水补给所带来的潜在影响时，可以通过另一种方式来处理这个问题。在这种情况下，最有可能回答的问题不是“补给总量是多少?”，而是“补给总量的变化是多少?”。那么，即使地下水补给的多年平均本身是未知的，也可以按照多年平均的百分比变化来评价地下水补给量变化及其变化趋势。

4.3 21 世纪俄罗斯南部地区地下淡水入渗补给强度对气候变化的响应评价

通过热动力模式的数值分析实验［公式（4.2.13）至（4.2.19)］，可以评估 21 世纪俄罗斯南部地区在不同气候情景下的地下水补给多年变化。

为了解决气候变化影响下的地下水补给问题，鉴于当代气候演化轨迹的不确定性，因此分析未来气候状态的“上限”，即考虑最大可能的变化，是合理的。当考虑气候变化最小的情景时，估算得到的是地下水补给“下限”。

根据世界气象组织的定义，气候平均状态变量计算的典型时期为 30 年。

4.3.1 21 世纪可能的气候变化

4.3.1.1 近地表平均气温的变化

本书中，将 21 世纪可能发生的 2 个气候变化情景作为主要基准：B1 情景和 A2 情景。根据第三次气候耦合模式比较计划（CMIP3）的 16 个海-气耦合模式集合，在 21 世纪末温室气体含量增加的三个情景下，计算得到的俄罗斯境内平均升温过程和模式间离散度（Оценочный доклад…，2008）存在明显的差别（图 4.3.1，表 4.3.1）。比如，到 21 世纪末，两种极端情景下（A2 和 B1）的俄罗斯境内气温可能上升 2.9℃，而考虑 68% 的标准偏差的概率，不确定性可能达到 4.2℃（表 4.3.1）。

表 4.3.1 根据大气-海洋耦合模式在温室气体和气溶胶含量增加的 A1B、A2 和 B1 情景下计算得到的 21 世纪俄罗斯境内近地面年平均气温（℃）变化量和模型间标准偏差（离散度）

情景	2011 年至 2030 年	2041 年至 2060 年	2080 年至 2099 年
A1B	1.2±0.6	3.0±0.7	4.7±1.2
A2	1.1±0.5	2.6±0.7	5.6±1.2
B1	1.2±0.4	2.0±0.6	2.9±0.9

注：数据源自 IPCC（2007）和 Оценочный доклад…（2008）

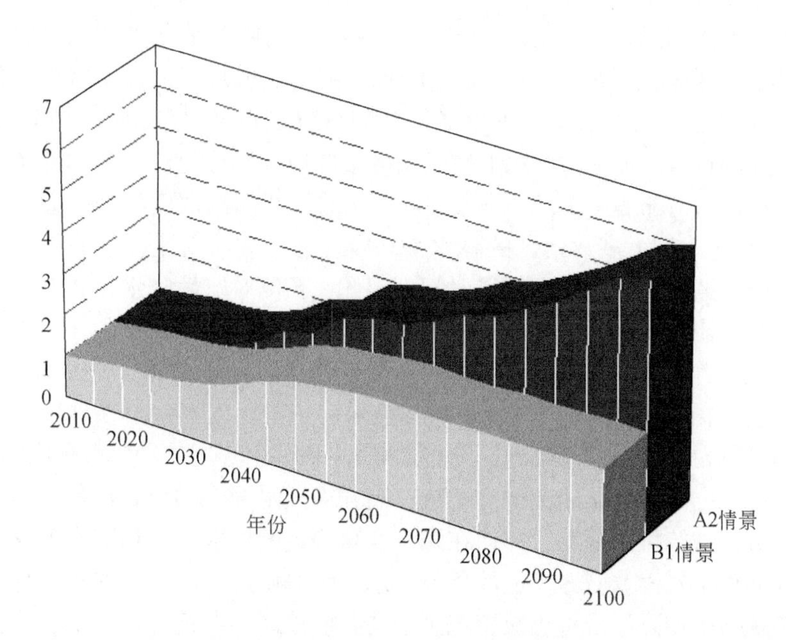

图4.3.1　相对于1980～1999基准期，21世纪俄罗斯境内在A2和B1情景下的地面气温年平均异常（℃）随时间的变化

温度异常值与根据CMIP3比较计划的16个海-气耦合模式集合计算的平均值相一致。数据源自Оценочный доклад…（2008）

A2情景下的海-气耦合模式集合显示，在21世纪初期和中期，俄罗斯全境气候变暖，而且预计冬季增温最大。相反，夏季增温最小，甚至不会增温。在21世纪初（2011年至2030年）的俄罗斯某些行政区，冬季和夏季的平均增温幅度稍稍高于或者等于海-气耦合模式集合的模式间离散度。直到21世纪中期（2041年至2060年），俄罗斯全境的平均增温幅度即使在一年中的寒冷期也明显超过离散度，此时气候的年内变率大。在欧洲俄罗斯南部的北部地区，冬季近地表气温上升2℃至3℃，而在南部冬季近地表气温则上升1℃到2℃。夏季，近地表气温在欧洲俄罗斯南部全境升高2～3℃。

4.3.1.2　极端温度的变化

到21世纪中期，俄罗斯全境日最低气温将会升高。其中，在欧洲俄罗斯南部和东北部的升幅预估最大（4～6℃）。在欧洲俄罗斯南部，积雪稳定期和平均温度低于0℃的天数预计将减少15～25天（Оценочный доклад…，2008）。到21世纪中期，俄罗斯全境日最高气温的升幅将小于日最低温度的升幅，而全年最高温度的变化不超过3℃。在北高加索地区，夏季平均温度的升幅将略低于全年最高温度的升幅。与20世纪末相比，夏季平均温度的变化率和极端气温发生的频次都在增加。到21世纪中期，在欧洲俄罗斯的全境，A2情景下的极端温度年振幅（一年内日最低温度和日最高温度之差）在减小。

4.3.1.3　平均和极端大气降水量的变化

俄罗斯全境的冬季平均降水量将增多，同时，其增幅与其他季节降水量增幅相比最大。但是，俄罗斯南部地区的降水量增幅最不显著，从南部地区的北部和西北部 5% ~ 10% 增幅到其他地区的 5% 增幅不等。夏季降水量的变化取决于所在地区的气候条件。到 21 世纪中期，欧洲俄罗斯南部地区可以清楚地划分出夏季降水量减少 5% 到 25% 的区域（Оценочный доклад…，2008）。在 21 世纪初的俄罗斯大部分地区，冬季降水的变化量将大于模式间离散度（标准偏差）。夏季降水量变化的模式间离散度与冬季差不多，通常等于或者大于 21 世纪中期大多数地区的降水平均变化量。如前所述，影响地下水补给条件的不仅是降水量，还有降水强度和持续时间。因此，预测对流性降水量具有重要的科学和实践意义，因为对流性降水对理解降水的变化，即积雨云和层云降水的比例非常重要。对流性降水通常伴随着暴雨、洪水和强风等对地下水补给而言非常重要的天气现象。对日降水量的分析表明，在 A2 情景下，与俄罗斯其他地区不同，欧洲俄罗斯地区南部将观测到对流性降水的比例在下降，从南部地区北部 2% 的下降幅度到南部 12% 的下降幅度。与此同时，与弱和中强度降水变化的离散度相比，高强度降水变化的模式离散度更大。通过气候模式的数值分析试验可以预测，即使在降水变化稳定的地区，平均降水变化量超过自然变率的速度也会慢于气温。已经完成的研究显示，大暴雨发生的频次在很多地区呈上升趋势，其中包括预估平均降雨量将会减少地区中的某些地区。在这种情况下，降雨量的减少往往是由于降雨天数减少，而不是由于降雨强度减弱。

4.3.1.4 年径流量的变化

在全球气候变暖情况下，预计湿润或者半湿润地区的水资源量将进一步增加。在目前供水保证率不足或者已经达到极限的欧洲俄罗斯南部和其他地区，地表年径流量在本世纪初减少 3%，而到本世纪末将减少 16%（图 4.3.2，表 4.3.2）。其中，A2 情景下，在 21 世纪末欧洲俄罗斯南部地区的年均径流减少量将超过其年际标准偏差（表 4.3.2）。在一些大河（第聂伯河、顿河、库班河）在的南部流域，由于年总降水量减少和春、夏季蒸发量增加，预计 21 世纪的年径流量将减少。伏尔加河的径流量在 21 世纪将增加。但是，伏尔加河径流量的增量不会超过其年际标准偏差（表 4.3.2）。伏尔加河流域的径流量增加不显著，但是在整个 21 世纪内的年径流变化离散度大。考虑到海域的水面蒸发量增加，在温室气体和气溶胶浓度不断增加的 21 世纪，根据水量平衡，预计里海的水位不会发生显著变化。但是这一结论不排除里海水位可能出现显著波动的情况，这种波动可能是由北半球大气循环和水循环的多年自然波动所引起的。

4.3.1.5 表层土壤含水量变化

为了评价气候变化对地下水补给条件的潜在影响，掌握土壤含水量的动态变化极其重要。在气候变暖背景下，预计俄罗斯南部大部分地区的春季将变得干旱，而在夏季，干旱将进一步加剧。如果说在相对湿润的俄罗斯南部地区最北部，土壤含水量的少量减少不会带来严重的负面后果，那么在目前间歇性经受干旱影响的南部地区，土壤含水量在春季和夏季的持续减少将导致气象干旱和土壤干旱的机率不断增加。同时，与海-气耦合模式集合的平均变化量相比，土壤含水量变化量在模式间的离散度非常大。

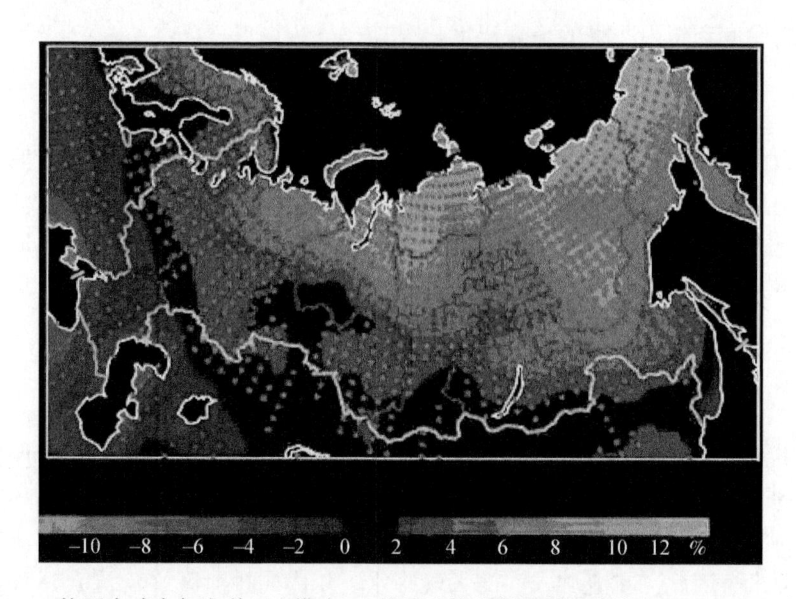

图4.3.2　按照全球大气海洋环流模式A2情景计算获得的俄罗斯境内2041～2060年年均径流量相对于基准期（1980～1999年）的变化（%）

小点代表三分之二以上的模型显示出同一变化趋势的地区

表4.3.2　21世纪初期（2011～2030年）、中期（2041～2060年）和末期（2080～2099年）在A2情景下根据13个海-气耦合模式集合计算的年径流平均变化（与1980～1999年基准期的百分比）和年际标准偏差

流域、地区	2011～2030年	2041～2060年	2080～2099年
南部河流流域	-3±10	-5±8	-16±15
伏尔加河	4±7	6±9	11±16
欧洲俄罗斯地区	4±5	7±6	14±12
俄罗斯全境	5±2	11±3	23±4

注：数据源自IPCC（2007）和Оценочный доклад…（2008）

4.3.1.6　地表积雪覆盖变化和土壤季节性冻融

对俄罗斯南部地区未来积雪覆盖变化的计算表明，积雪面积和雪量在整个21世纪都会加速减少。但是，应当指出，年内融雪量的模式间离散度超过模式集合的平均变化量，所有流域无一例外。尽管计算得到的积雪变化结果从物理学上与其他气候特征指标变化具有很好的一致性，但该结果也只能看作是对积雪未来可能变化趋势的定性分析。

俄罗斯南部的大部分地区都处于季节性冻土区。冻结深度的变化无疑将会影响地下水的入渗补给条件。到目前为止，几乎没有对气候变暖影响下的土壤季节性冻结深度变化进行过系统的研究。但是，可以借助土壤水热运移模型来评估气候增暖影响下的土壤冻结深度变化。在21世纪内，预计在欧洲俄罗斯南部地区的土壤冻结深度将变小，非冻土区的面积将增加。土壤季节性融化深度和季节性冻结深度的变化，都同样主要取决于土壤类型、积雪层的厚度和年内冷季的地表温度。

4.3.1.7 大高加索山脉的高山冰川作用：21 世纪 A2 情景

大高加索山脉的高山冰川作用将继续减退。位于大高加索山脉西部和东部的冰川将会消失，而在山脉的中部，由于冰川支流的分流和整座冰川的分解，冰川的数量将会增加。在 2000 至 2050 年间，冰川径流量将减少 0.85km^3/a 或者减少 32%。山脉北坡在此期间的冰川削减量将是南坡的两倍，北坡和南坡的冰川相应减少 39% 和 21%。

4.3.2 地下水补给的潜在变化

在对地下水水文情势参数进行长期和超长期预测时，一个关键的问题是评价流域河流下方含水层的阻滞性。阻滞性参数在很大程度上决定了时间步长。对水文循环中地下含水层阻滞性的时空变化研究还十分欠缺。众所周知，水交换活跃带的地下水渗流速度为每昼夜数厘米至数米。因此，在流域入渗的大气降水一年内向排泄区（河流）运移数百米，并将在若干年后到达排泄区。在地下水运移过程中，潜水得到其他年份降落的大气降水入渗补给。这就造成对降水入渗补给地下水进行统计的不确定性，换言之，从统计学角度难以识别每个流域降雨入渗补给地下水的汇流期（滞后期）。选择 30 年的时间步长来分析可以弥补统计上的不足，并与超长期的气候情景预估一致（在计算精度和积分区间上相当）。

在向大气层人为排放温室气体的情景和相应的气候情景下，利用热动力模式的数值试验结果进行制图，可以得到不同步长下的具有物理学和统计学依据的地下水补给情景预估集合。由于代表现代文明演化轨迹不确定性的情景发生机率相同且数量较多，所以采用“上限”评估来描述地下水补给条件的未来状况是合理的，即当气候参数的变化量为最小时，考虑最大可能的变化量，并评估其“下限”。

4.3.2.1 A2 情景——“上限”评估

在整个 21 世纪，几乎欧洲俄罗斯南部地区全境的地下径流量都将减少。导致这一变化趋势的主要因素是大气降水量在全年和夏季显著减少（冬季降水量减少不是很显著），以及地表辐射的增加。近地表气温的上升以及由此带来的蒸发量（准确地说是蒸散发）增加将带来地下径流呈现减少的变化趋势。总体上，对于欧洲俄罗斯南部地区来说，可以观测到地下径流减少趋势的绝对值变化呈现纬度地带性（图 4.3.3 至图 4.3.5）。仅在南部地区的最北部（伏尔加格勒州南部、顿河水文地质区北部），由于大气降水量增加，地下水补给可能加大。但在南部地区最北部的降水量增加将在很大程度上被辐射增加所抵消。因此，该地区地下径流量的增量不会超过其年际标准偏差。在 21 世纪欧洲俄罗斯地区南部的其他地区，地下水径流量或地下水天然资源量的空间和时间变化规律如下（图 4.3.3 至图 4.3.5）。

在下一个步长的时间段内（2010 年至 2030 年），地下水补给量与基准期（1960 年至 1990 年）相比将减少：在顿涅茨克岭、大部分顿河地区、里海地区右岸（伏尔加河）以及亚速-库班和捷列克-库马地区北部，地下水补给量将减少 10%；在大高加索山脉地区、

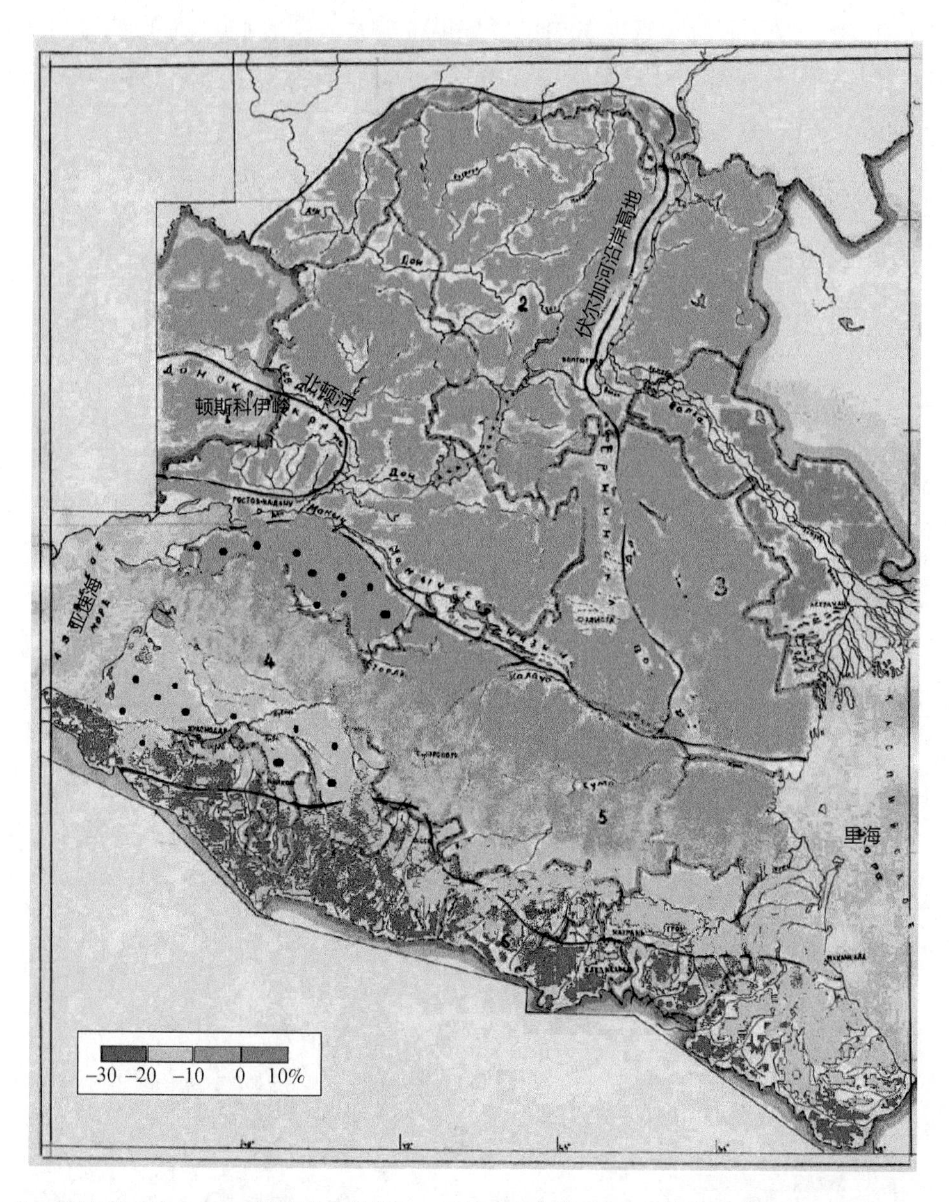

图4.3.3 相对于1960～1990基准期，按照16个全球大气海洋环流模式组合和热力学模型［方程式(4.2.13)至(4.2.19)］计算得到的俄罗斯欧洲部分南部地区气候影响下的2011～2030地下水补给量预估图

A2情景线-高排放情景预估。黑圆圈代表三分之二以上模型显示的与年际标准差相比有变化的地区

亚速-库班地区和捷列克-库马地区中部和南部，地下水补给量将减少20%；在大高加索山脉地区，地下水补给量将减少30%（图4.3.3）。除了大高加索山脉地区和亚速-库班地区南部的个别地段，由于气候变化导致的地下水资源减少量都不会超过其年际标准偏差。

在第二个时间步长内（2040年至2060年），由于气候变化导致地下水补充量减少20%的区域，正在向北部扩大。这些地区将包括顿涅茨克岭地区、里海右岸地区和大部分顿河水文地质区。地下径流量减少 30% 的区域也将扩大，包括亚速–库班地区和捷列克–库马地区南部（图 4.3.4）。在该地区南半部的大部分地区，地下水补给的削减量将超过其年际标准偏差。

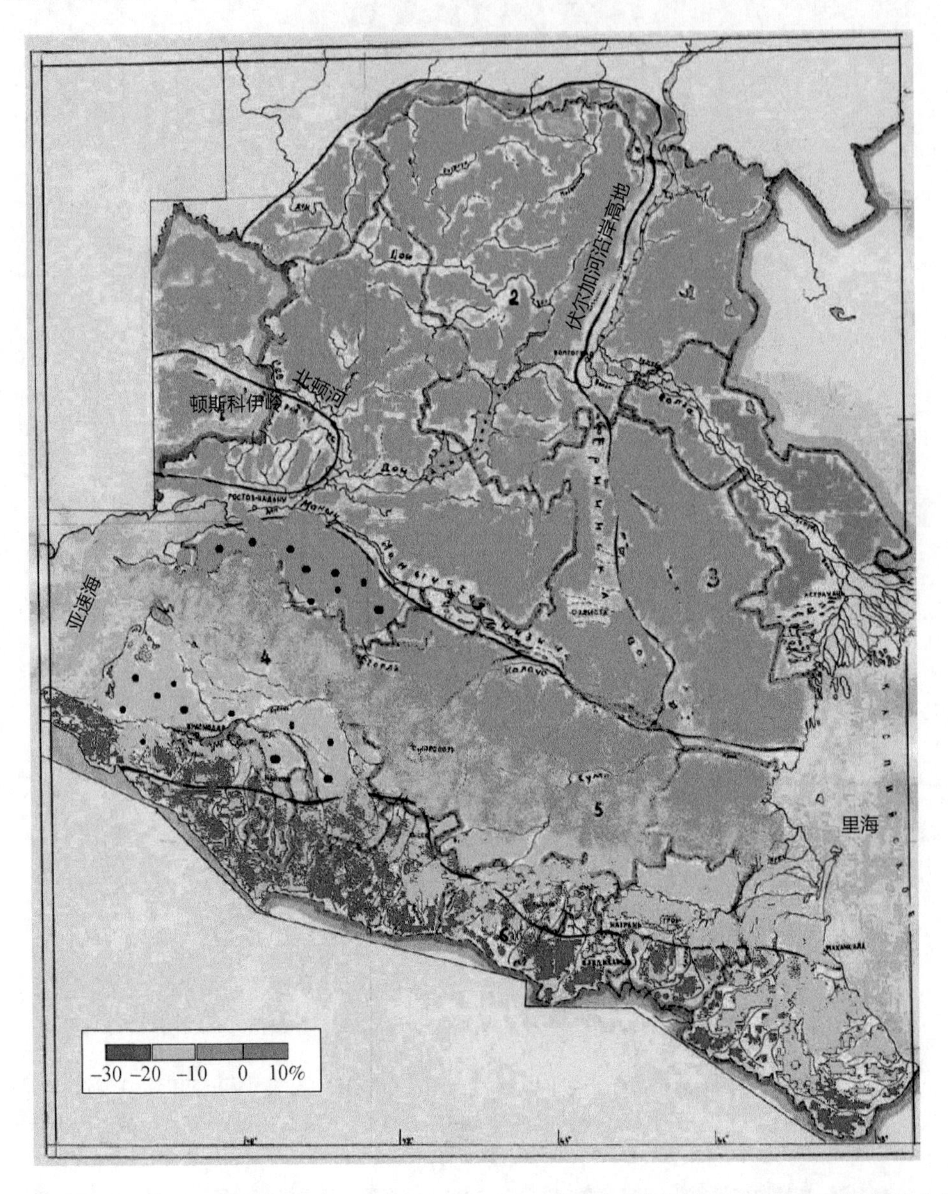

图 4.3.4　相对于 1960 ~ 1990 基准期，按照 16 个全球大气海洋环流模式组合和热力学模型［方程式(4.2.13) 至 (4.2.19)］计算得到的俄罗斯欧洲部分南部地区气候影响下的 2040 ~ 2060 地下水补给量预估图

A2 情景线–高排放情景预估。黑圆圈代表三分之二以上模型显示的与年际标准差相比有变化的地区

在第三个预估期（2070 年至 2090 年），地下水天然资源量减少 30% 的区域北部将抵达顿涅茨克岭、顿河地区和里海地区南部（图 4.3.5）。在大高加索山脉地区和亚速–库班

地区、捷列克-库马地区的南部，地下水天然补给的削减量将达到40%。在欧洲俄罗斯南部大部分区域，地下水补给减少趋势的绝对值将超过其年际标准偏差。所列举的评价结果和数值模拟实验表明，在A2情景下，21世纪俄罗斯南部地下水天然补给量的二阶导数为负值。

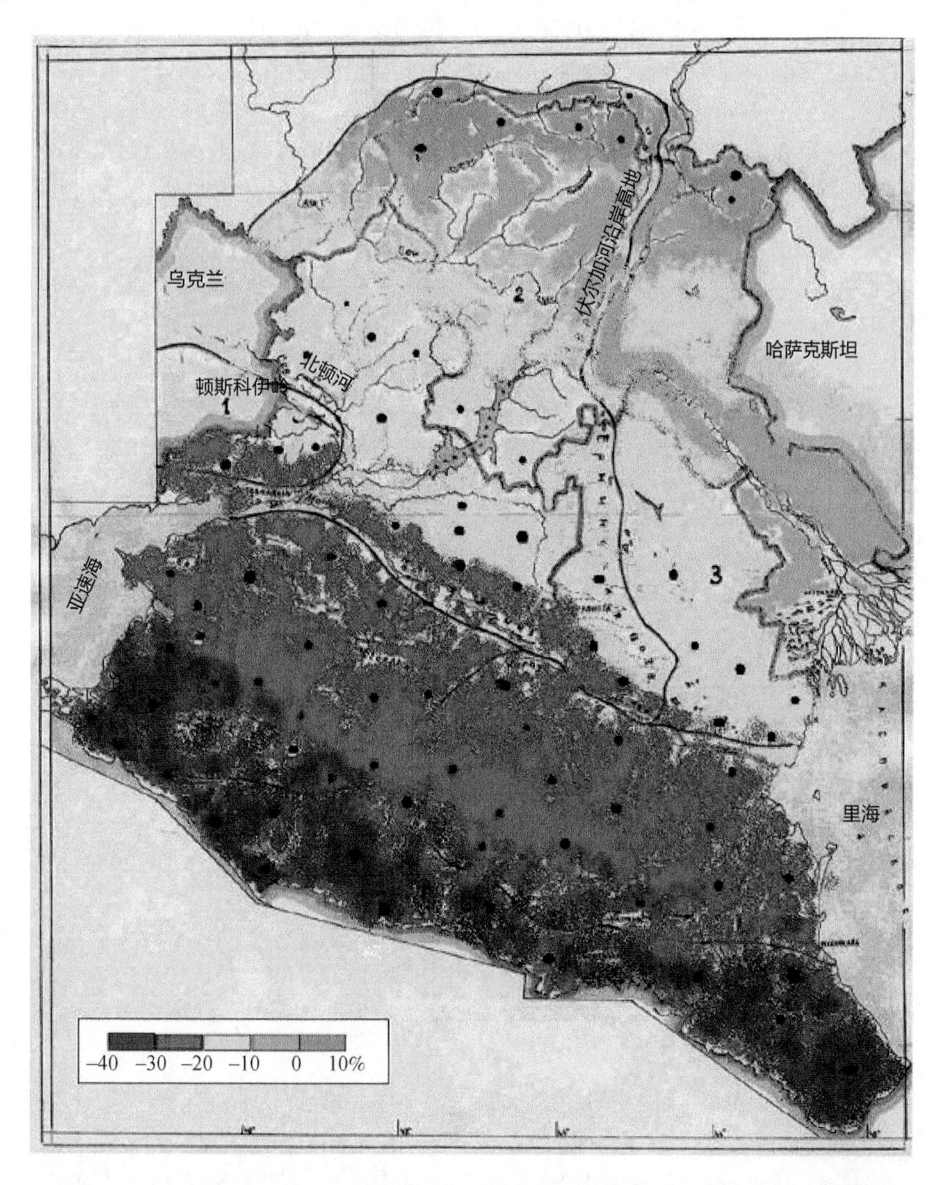

图4.3.5　相对于1960～1990基准期，按照16个全球大气海洋环流模式组合和热力学模型［方程式(4.2.13)至(4.2.19)］计算得到的俄罗斯欧洲部分南部地区气候影响下的2070～2090地下水补给量预估图

A2情景线-高排放情景预估。黑圆圈代表三分之二以上模型显示的与年际标准差相比有变化的地区

二阶导数的物理意义是指一阶导数变化的速度或者原函数变化的加速度。因此，在21世纪俄罗斯南部A2气候情景下，响应气候变化的地下水补给条件将会加速恶化。在A2气候情景下，21世纪俄罗斯南部地下水补给动态呈现的不是线性趋势，而是二阶趋势，其公式为：

$$\Delta W = -0.0032615 \cdot t^2 + 12.998 \cdot t - 12951 \tag{4.3.1}$$

式中，ΔW 为与基准期（1960年至1990年）地下水补给的差值，以百分比为单位；t 为日历年。公式（4.3.1）在统计上的可信度为96%。

以抛物线形式的曲线图（开口向上或开口向下）可以对关系式（4.3.1）给予定性评估。A2情景下的地下水补给条件变化最佳拟合曲线为开口向下的抛物线函数曲线（图4.3.6）。

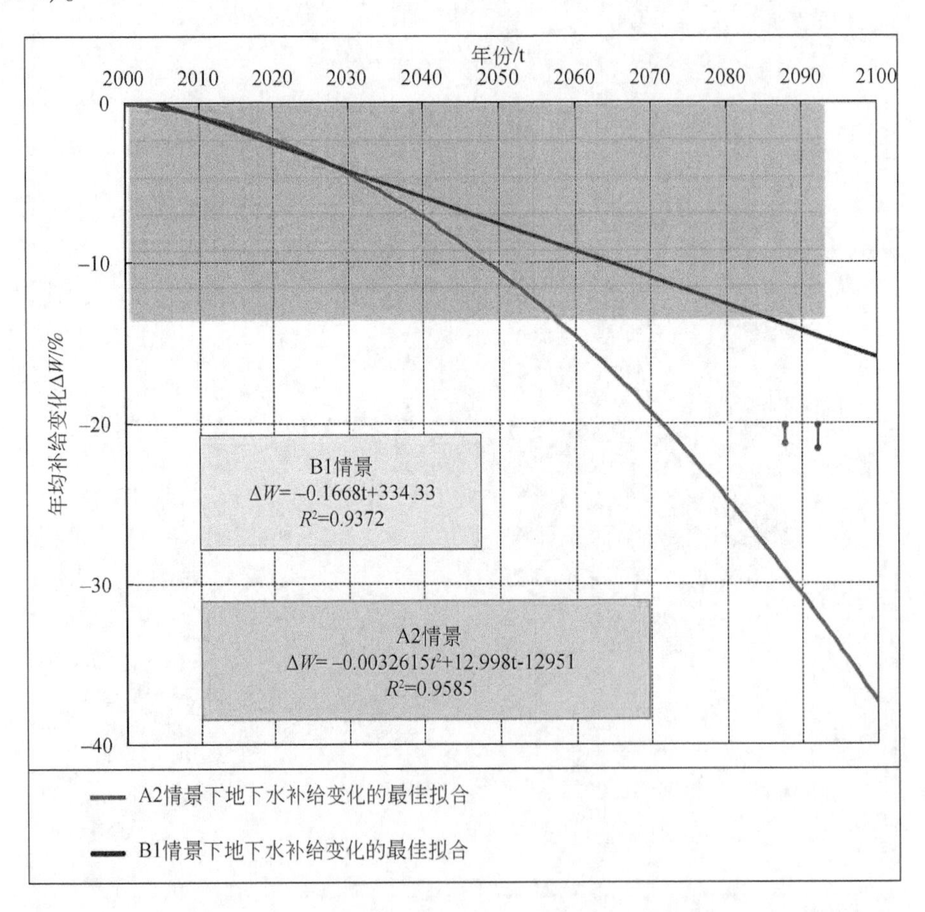

图4.3.6 21世纪俄罗斯欧洲部分南部地区地下水补给的气候响应动态关系曲线拟合

绿色代表符合基准期标准差的条带，纵坐标值为按照趋势方程计算得到的 ΔW 标准误差

A2气候情景下补给量（W）相对于基准期的下降加速度（Ω）为公式（4.3.1）二阶导数的平方：

$$\Omega = f^2(W_{A2}) \approx -0.652(\%/\mathrm{a}^2) \tag{4.3.2}$$

利用图4.3.6或者公式（4.3.1）可以很容易得到地下水补给减少量的平均值，以mm为单位。同样可以得到与多年平均基准值相比的地下水模数减少值，以L/(s·km^2)为单位。

4.3.2.2　B1情景——“下限”评估

B1气候情景下的地下水资源补给的下降趋势值将显著小于A2气候情景。对于欧洲俄罗斯南部地区的大部分区域，这一差值在设计含水层内约为20%（图4.3.6）。

在第一个时间步长内（2010年至2030年），地下水补给的减少量不超过10%，显著小于年地下径流的标准偏差。年地下径流在亚速-库班地区、捷列克-库马地区南部和大高加索山脉的山坡将减少20%。在大高加索山脉个别地区，地下水补给的减少量将达到20%（图4.3.7）。

在第二个时间步长内（2040年至2060年），地下水补给主要在亚速-库班流域和捷列克-库马流域内发生变化，这些地方地下径流的削减量将上升至20%（图4.3.8）。在欧洲俄罗斯地区南部的其他地区，在地下径流呈现减少趋势的整体情况下，地下水补给条件不会发生显著变化。

21世纪末（2070年至2090年），欧洲俄罗斯地区南部地区的地下水天然补给条件（图4.3.6）将接近于在第二个设计步长A2情景下观测到的条件（图4.3.4）。

在21世纪B1气候情景下的俄罗斯南部，地下水天然资源补充量的二阶导数将接近于零：

$$\mathrm{d}\Delta R_{\mathrm{g}}/\mathrm{d}t \cong 0 \tag{4.3.3}$$

也就是说，在21世纪B1气候情景下，响应气候变化的俄罗斯南部地区地下水补给条件变化将不会加速。21世纪B1情景下，地下水补给动态关系在统计上的最优拟合关系为：

$$\Delta W = -0.1668t + 334.33 \tag{4.3.4}$$

公式（4.3.4）在统计上的可信度为94%。根据线性拟合曲线（图4.3.6）可以对公式（4.3.4）进行定性评估。

在B1情景下的俄罗斯南部，利用线性拟合的斜率可以定量评估地下水补给动态。该斜率是一阶时间导数，表征地下水补给下降速度（V）：

$$V = f^{1}(W_{\mathrm{B1}}) \approx -0.1668(\%\mathrm{a}) \tag{4.3.5}$$

利用线性拟合图（图4.3.6）或公式（4.3.4）可以很容易得到任一年地下水补给减少量，以mm为单位。同样可以得到与多年平均基准值相比的任一年地下水模数减少值，以L/(s·km^2)为单位。

4.3.3　物理规律

在温室气体向大气层排放的极端情景下，响应气候变化的俄罗斯南部地下水补给条件不同变化轨迹表明，气候系统基本热动力学参数对大气层中的温室气体浓度十分敏感。可以通过推荐的热动力模式［公式（4.2.13）至（4.2.19）］来解释这一从物理学和实际角

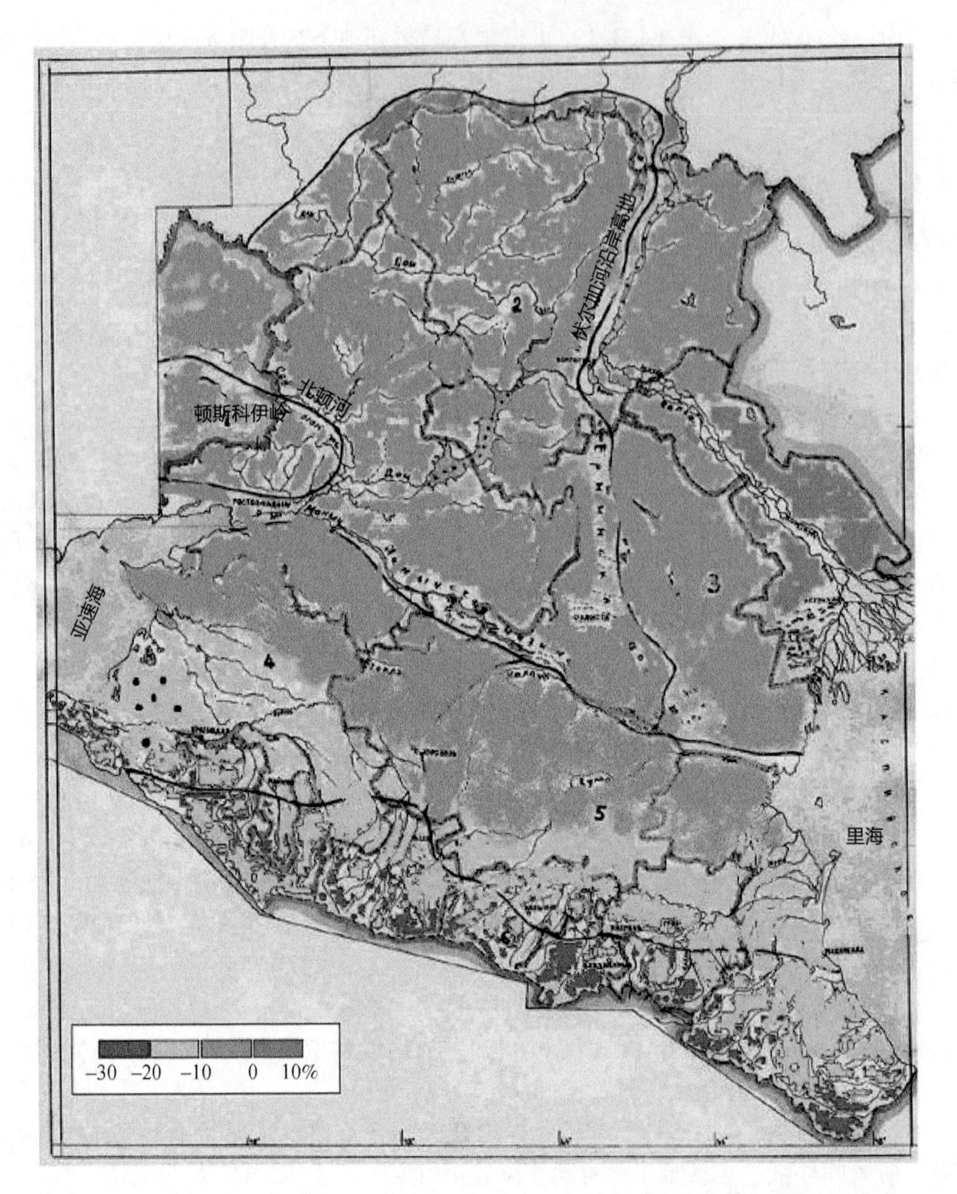

图 4.3.7　相对于 1960 ~ 1990 基准期，按照 16 个全球大气海洋环流模式组合和热力学模型［方程式（4.2.13）至（4.2.19）］计算得到的俄罗斯欧洲部分南部地区气候影响下的 2010 ~ 2030 地下水补给量预估图

B1 情景线-低排放情景预估。黑圆圈代表三分之二以上模型显示的与年际标准差相比有变化的地区

度来看都十分重要的规律。数值实验表明，在 A2 气候情景下（对流层中的温室气体浓度上升幅度最大），俄罗斯南部地下水补给减少趋势正在不断加大，并伴随地表辐射增加，导致蒸散发增加和大气降水量下降。在 B1 情景下（对流层中的温室气体浓度的上升幅度最小），地表辐射减小 2 倍多。只有大气降水入渗量的减少才会导致地下水补给的缓慢下降。

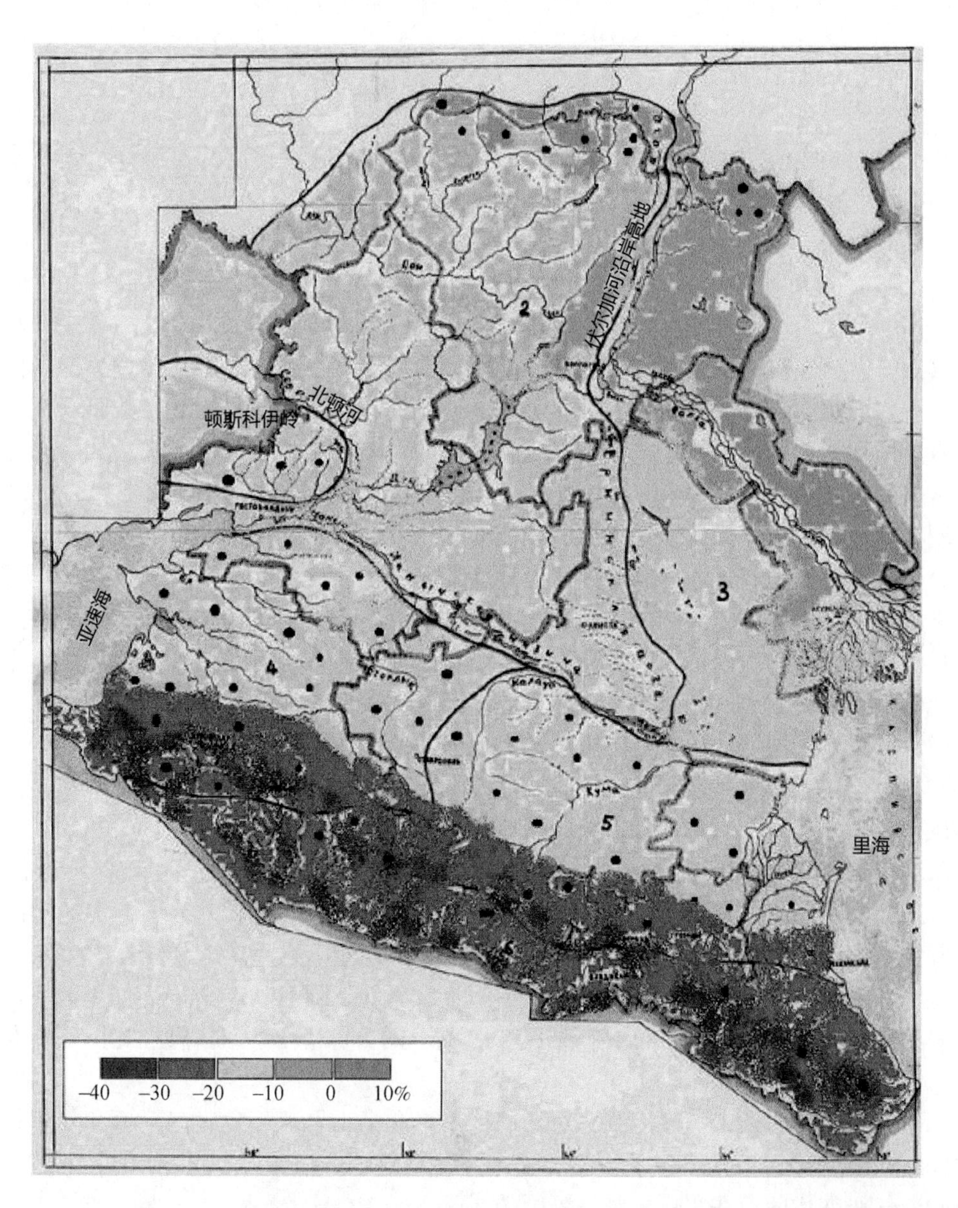

图4.3.8　相对于1960～1990基准期，按照16个全球大气海洋环流模式组合和热力学模型［方程式（4.2.13）至（4.2.19）］计算得到的俄罗斯欧洲部分南部地区气候影响下的2040～2060地下水补给量预估图

B1情景线-低排放情景预估。黑圆圈代表三分之二以上模型显示的与年际标准差相比有变化的地区

由公式（4.3.1）至（4.3.3）得出的另一个重要物理结论：在A2气候情景下，地球物理热动力学中的基本参数波文比从21世纪下半叶开始发生变化，并因此导致河川径流系数（$1/k_s$）和地下径流系数（K_g）以及地下补给系数k_g变小：

$$\frac{d\beta}{dt}>0\rightarrow d(H/LE)\,dt>0 \tag{4.3.6}$$

但：

$$\frac{d(1/k_s)}{dt}>0;\frac{d\,k_g,d\,K_g}{dt}<0 \tag{4.3.7}$$

在B1气候情景下的波文比、河川径流系数和地下径流系数以及河流补给地下水系数基本不变：

$$d\beta/dt\cong 0 \tag{4.3.8}$$

但：

$$d(1/k_s)/dt\cong 0;d\,k_g,d\,K_g/dt\cong 0 \tag{4.3.9}$$

这意味着，在对流层温室效应上升幅度最大的情景下，到达地表并转化为潜热的能量将会减少，而感热形式的能量通量将会增加。地表径流系数和地下径流系数将会变小。在温室效应增加幅度最小的情景下，波文比和相应的地表径流和地下径流系数或降水量与地表与地下径流量的比例关系将不会出现显著变化。公式（4.3.6）至（4.3.9）揭示了欧洲俄罗斯南部地区在气候极端情景下的径流变化物理学机制差异性。

分析表明，在温室气体排放的任何一种情景下，预计欧洲俄罗斯南部地区的地下水补给量都将减少，由此可能导致潜水位下降、土地干涸、地下水储量减少、供水条件恶化、河流枯水流量下降、出现长期的无径流期、小河流和河道系统退化、沙漠化加剧、生态环境恶化等生态环境后果。在地下水天然资源量占已探明地下水储量（可采储量）比重很大的地区，以及开采地下水的非集中水源地（亚速-库班地区、里海地区、黑海地区、捷列克-库马地区），这些效应将最为显著。目前，这些地区正在大量利用可采地下水储量进行生活供水。

欧洲俄罗斯南部地区的地下水补给量按上限评估，在2040年至2060年可能减少0.2～1.5L/(s·km²)，而到世纪末将减少0.5～3L/(s·km²)。其中，地下水储量的天然补给亏空情况将会进一步加剧，在连续枯水年份尤其严重。这将影响到承压含水层的地下水水位。在地下水水源地的中心地带，地下水水位可能下降10m到20m。如果地下水水位的下降幅度超过极限值，则需要降低取水水源地的开采量，从而补偿含水层的水储量亏空。

基于一般物理学认识可以推测，对于其他干旱和半干旱地区，当蒸发量和降水量差值为300mm到700mm，而湿润系数为0.3到0.6（辐射干燥指数为2到3）时，上述地下水补给响应气候变化的潜在变化机制是等同的。

进入含水层系统的水量减去从系统中排泄的水量，等于含水层系统中水量的变化。任何地区，若无其他导致地下水补给量增加的因素，总降水量的增加都会相应增加用于补充地下水储量的潜在水量。相反，在其他气候特征不变的情况下，降水量的减少会带来地下水补给强度的下降。从地下水系统中排泄的水量通常由蒸散发强度决定，而蒸散发强度则由近地表气温和包气带土壤温度、湿度和风速等气候因素决定。大气层、地表水和包气带间相互作用过程反映地表和包气带中的能量平衡与水量平衡。热量平衡本身反映了感热通量和潜热通量之间的比例，以波文比来指示。鉴于气候参数组合中可能出现的情景变化，对未来几十年波文比的区域定量估算可能是描述地下水补给强度潜在变化的前景方案之一。

第 5 章　地下水开采对环境的影响

地下水开采加速了其参与生物地球化学循环和地质生态过程。因此超采地下水可能对河流生态系统造成不良后果（Loaiciga，2003a，2003b）。超采地下水将导致地下水位下降，其负面影响包括河流的径流量减少、地面沉降、植被退化与物种多样性减少，以及喀斯特地貌形成。此外，抽取地下水可能造成高矿化度的深部承压水越流补给上部淡水含水层。在沿海一带，地下水开采会造成海水入侵沿岸的淡水含水层。由人类活动造成的地下水位大幅度上升，反过来又可能导致基础设施被淹没。此外，由于地下水开采与环境变化之间存在反馈，所以水系统其他组分的变化，例如降水量和河川径流量的变化，也不可避免地会影响地下水水量及水质（Alley et al.，2002；Loaiciga，2003c）。

制定调节地下水利用的基本原则，并预测地下水开采的环境效应，是现代地质生态学的重要目标之一（Loaiciga，2003a）。应当指出，目前对于地下水与环境在气候变化和人口增长背景下交互作用的研究方法，尚有待继续发展和完善。

5.1　对河川径流和湖泊的影响

除了消耗地下水储量、降低地下水水位和形成降落漏斗，地下水开采带来最显著的影响是改变了地下水与地表水之间的水力联系。对于沿河流两岸分布的傍河水源地，其可开采储量几乎全部由河水渗透补给。因此，地下水开采对傍河水源地的地表水和地下水水力联系的改变应当引起重视。在评价傍河水源地的水资源储量和生态环境时，也应考虑地下水开采的影响。除此之外，傍河水源地的取水工程会对河川径流量造成直接影响。因此，地下水开采影响下的地表水和地下水交互作用研究是国际学术界普遍关注的热点问题。

关于地下水开采对地表径流影响的研究最早见于 Theis 的论文（Theis，1935）。Theis 假设含水层均质、各向同性，并且侧向无限延伸，建立了位于完整河流附近的单井定流量井流方程。M. C. Хантуш（1964）首次对有关于地表水和地下水交互作用的很多问题进行了理论论证，他指出，在计算地下水水源地的供水能力时，必须考虑含水层的边界、相邻含水层的越流和含水层与河流的水力联系不完整等的影响。之后，在 Е. Л. Минкин（1973）和其他学者的著作中指出，如果不能对地下水开采引起的地表径流量变化进行可靠评价，就无法准确地论证傍河水源地的长期供水能力。

开采地下水可能给河川径流量造成的变化取决于一系列天然和人为的因素，其中最重要的因素有：

——被评价的含水层与河流在一年内不同季节的水力联系，决定了流入河流的地下径流的水文情势和动态。这一特征首先取决于含水层与河流的水位在自然条件下和在地下水开采期的相互关系、河流向含水层下切的完整程度以及由河道沉积物的淤积和堵塞程度决定的河床渗透性能；

——河川径流量的一年期和多年期的季节变率；

——含水层补给和排泄的方式与水量，包括地下水开采导致的地下水下降，及其带来的潜水蒸发量可能发生的变化；

——地下水水源地的供水量和取水井与河道的距离；

——地下水水源地开采的持续时间和工况；

——地下水开采的含水层渗透性能。

在定量评价傍河水源地的未来开采量，以及判断河川径流量在地下水开采过程中的潜在变化时，必须考虑上述因素。

大多数情况下，在开采与河流有水力联系的含水层地下水时，河川径流量会发生变化。在地下水水源地的不同开采阶段，河水与地下水之间的交换量、水流方向和水量交换的影响范围都可能发生很大的变化。由于含水层系统的阻滞性，河川径流量的变化不会立刻显现出来，而是随着时间变化呈现明显的平滑和滞后效应。此外，当从与地表河流没有水力联系的深部含水层开采地下水时，被抽取上来的已利用地下水再次向河流排泄，甚至可能引起河流径流量的增加。因此，在分析某一地区在具体时期的水量平衡时必须考虑地下水系统的阻滞性和可能向河流排泄被利用过的地下水。目前已有的方法与模型，在预测河川径流量因地下水开采可能产生的变化方面，具有较高的准确度和可信度，而这为论证傍河水源地地下水开采管理系统提供可能。这一管理系统要保证河水流量的减少不会导致灾难性后果或者让某些经营活动行业（如捕鱼、航运、游憩）无法维系。在一系列情况下，如果预测枯水期径流量会在开采地下水的影响下出现大幅度的减少，则需要预先采取专门的补偿措施，如修筑调节坝等。

根据开采层的地下水可采量的各个补给来源的比例不同，河流流量的潜在削减量会随着时间剧烈变化。即使取用的地下水在天然条件下仅向河流排泄，地表径流在长时期内也可能基本不会变化。

在评价河水径流量的变化时广泛使用水动力学计算法，它包括解析法、数值法和比拟法，在一些专门文献中对这些方法进行过详细的描述（Минкин，1973；Лукнери Шестаков，1976；Черепанский，1999；Черепанский，2005）。因此，本节中只援引超采地下水对河川径流和湖泊水位产生影响的若干实例和专题评价的结果。

为编写《莫斯科市和莫斯科州地下水联合供水系统总方案》，Зеегофер 等（1991）非常详细地分析了地下水开采对河川径流量的影响。地区内具体河流流域的水均衡某些分量变化的计算结果表明，地下水开采导致从莫斯科州界外的含水层向地下水水源地的流入量增加。同时，地下水向河流的排泄量可能减少，在开采期间的减少量可能达到天然状态下地下水对河流补给量的30%。但是，通常情况下，即使不计向河流排泄的回流水，莫斯科傍河水源地地下水开采所造成的河流流量减少也是不显著的。

在由石炭系碳酸盐岩组成的含水层系统中，由于开采该含水层中下部的地下水，造成含水层地下水向河流的排泄量减少。根据 Зеегофер 等（1991）的计算，与天然条件相比，在含水层的超采期（60～80 年），这些含水层地下水对河流的补给量几乎减少了 50%。但是，这一结论是针对克利亚济马河、莫斯科河、奥卡河等相当大的河流的，这些河流通常具有极大的天然和过境径流量，数倍于其地下径流减少量。因此，相比地下水开采所造成的年均地表径流减少量，地下水补给量变化对河川径流量带来的影响是微乎其微的。笔者强调，这一乐观的和具有重要实践意义的结论仅针对年平均流量较大的河流而言。但是，在枯水年份的个别枯水期，由于超采含水层地下水，河川径流量的削减幅度可能极大，这在设计河流上的各种构筑物（水利工程、游憩设施等）时必须加以考虑。

白俄罗斯学者（Черепанский，1999a，1999b，2005，2006）利用地下水数值模型开展了许多小型河流的地表径流变化的预测研究。通过这些工作，划分了径流量最可能减少的河段，并论证了预防地下水开采对河川径流造成负面影响的措施。

在某些情况下，受地下水开采影响，承压含水层与上部非承压含水层之间以及与河流之间的水力联系发生显著变化，可以观测到河岸带地下水与河水之间强烈的水量交换过程。

在上述的所有因地下水开采可能对河川径流造成的损失中，可以不考虑回流水量，即向河流排放已经利用过的地下水。如果考虑到大部分的地下淡水在使用过后又被重新排放到河流中，则河川径流量的损失将是非常微小的。因为废水往往不是排放在地下水向河流的排泄点，所以与天然径流情势相比，枯水期的径流情势在某些河段有可能发生重新分配和变化。而向河流排放利用过的地表水也使河流水文情势变得更加复杂，这为分析地下水开采影响下的河川径流量变化增加了难度。在某些河段，尤其在小河和溪流的上游，观测到由于排放未处理的已利用地下水致使流量增加（Зеегофер и др.，1991）。

英国专家观测到，在地下水大型水源地集中的河段，河水流量显著减少。

波兰学者提供的关于多年开采地下水对德拉马河流域水文情势影响的数据值得研究（Ковальчики Кропка，1993）。在这一流域，受矿井巷道抽取地下水的影响，一条主要支流的流量大幅度削减。这条支流先前是受到三叠系含水层的地下水补给，而目前受到潜水补给。在这一地区，由于被开采含水层内形成又深又宽的降落漏斗，因此无论流域水动力边界还是河川径流总体构成都发生了改变。在过度开采地下水的影响下，泉水的涌水量减少甚至消失，造成日本东京地区的河流流量大幅度减少。

在美国沿海平原的东南部，从上部含水层过度开采地下水，导致这一地区的河流和湖泊的地下补给量锐减（Testa，1991）。

新墨西哥州阿尔伯克基市内的格兰德河段和含水层，可以作为研究取用地下水对河川径流量的影响的典型案例。格兰德河起源于科罗拉多州，自北向南流经新墨西哥州，最终注入墨西哥湾。格兰德河的径流量按照州际条约在科罗拉多州、新墨西哥州和得克萨斯州之间分配，并且按照国际条约在美国和墨西哥之间分配。对格兰德河径流量的分配是为了满足位于美国和墨西哥边界的两座城市——埃尔帕索市和华雷斯市的用水需求。

格兰德河流经阿尔伯克基市，并与当地用作市政供水的地下水含水层存在水力联系。即使在河流的主汛期，从含水层抽取地下水也会削减河流的径流量。按照新墨西哥州的规定和高效利用水资源的条款，更早被利用的水资源更加具有重要性（DuMars and Minier，2004；Getches，1990）。由于对格兰德河地表水资源的开发利用历史比地下水资源更加悠久，所以应当优先为地表水资源提供经费和加以保护。因此，在阿尔伯克基市抽取地下水会违反法律，因为地下水开采会削减格兰德河的径流量。

新墨西哥州赋予阿尔伯克基市抽取地下水水权的前提是该市要减少从格兰德河的取水

量，减少的取水量要等于因抽取地下水造成的径流削减量。作为对阿尔伯克基市申诉的答复，新墨西哥州最高法院于1963年批准了关于实行地下水和地表水资源共同管理原则的决议。根据该原则（为美国首例），新墨西哥州限制抽取地下水的水量，最多不能超过地表水规章允许和合法所有人规定的水量与回流到河中的未处理水量之和。

鉴于在立法和地表水与地下水资源联合管理领域所具有的特殊作用，阿尔伯克基市的地下水开采与格兰德河径流量削减的问题非常值得研究。此外，与阿尔伯克基市和新墨西哥州其他地区的地表水和地下水交互作用有关的技术发现也具有重要意义。例如，在新墨西哥州，曾运用Glover公式（1954年）评价因抽取潜水造成的径流削减量（Sophocleous et al.，1995）。Glover公式后来被取代，开始采用地下水数值模型评价径流的削减量。例如，根据Kernodle模型（1995年）的预测，预计到2020年，在阿尔伯克基地区抽取44%～63%的潜水将削减格兰德河的径流量。目前，由于出现越来越新和越来越准确的水文地质数据，因此需要不断完善数值模型。无论是经验模型还是数值模型，都是用于查明造成格兰德河枯竭原因的地下水研究新手段。

另一个取用潜水对河川径流量造成影响的例子是得克萨斯州的圣马科斯泉和科勒尔斯普林斯泉。

圣马科斯泉位于得克萨斯州的圣马科斯市附近，科勒尔斯普林斯泉位于新布朗菲尔德市附近，这两座泉都处于爱德华兹含水层排泄带的周边。爱德华兹含水层是美国西南部最富水的含水层，它保障着面积约16000km^{2}地区内的新布朗菲尔德市、圣安东尼奥市和圣马科斯市等大型城市、一些农业区以及其他地下水用水部门的供水。在Loaiciga等（2000）的著作中，介绍了爱德华兹含水层的喀斯特性质以及补给和排泄特征与动态。圣马科斯泉和科勒尔斯普林斯泉从未干涸过，一直维持着水生态系统的稳定性（Longley，1981）。但是，从20世纪90年代初开始，随着从爱德华兹含水层开采地下水的不断增加，泉流量逐渐减小，导致其关联的生态系统面临威胁。而周期性的干旱和在干旱期地下水开采量相应增加，进一步加剧了径流量的削减幅度。一些植物（得克萨斯菰，Zizania texana）、鱼类（圣马科斯食蚊鱼、georgei食蚊鱼）和栖息在喀斯特地区的生物（得克萨斯州盲螈，Typhlomolge rathbuni）等当地特有的稀有物种数量急剧减少，甚至濒临灭绝（U. S. Fish and Wildlife Service，1996）。地下水抽取导致潜水位下降，这给当地特有的无脊椎物种的栖息环境——爱德华兹含水层的喀斯特构造单元，造成了负面影响，并导致含水层地区的地貌发生变化。

图5.1.1显示了年泉水量（科勒尔斯普林斯泉、圣马科斯泉和其他产于爱德华兹含水层的泉水）随时间的变化。每年从爱德华兹含水层开采的地下水量，在1934年至1995年间的多年平均值为$10^9m^3/a$。由图5.1.1可见，由于城市和农业对地下水需求量的增加，地下水抽取量呈长期增加的趋势。在20世纪80年代末和90年代初，为保护因泉水流量减少而受到威胁的水生态系统，法院判决禁止抽取地下水。在图5.1.1中，泉水径流量随时间变化的波动范围很大，这反映出含水层补给量多变的特点。由于干旱和厄尔尼诺异常，使补给强度具有很大的年际变化率。尽管爱德华兹含水层能够在多雨年份自我补充，但在持续多年干旱和在干旱期地下水开采量增加（这是20世纪50年代大部分时间的情势）的双重影响下，仍然给与之关联的水生态系统带来严重威胁。

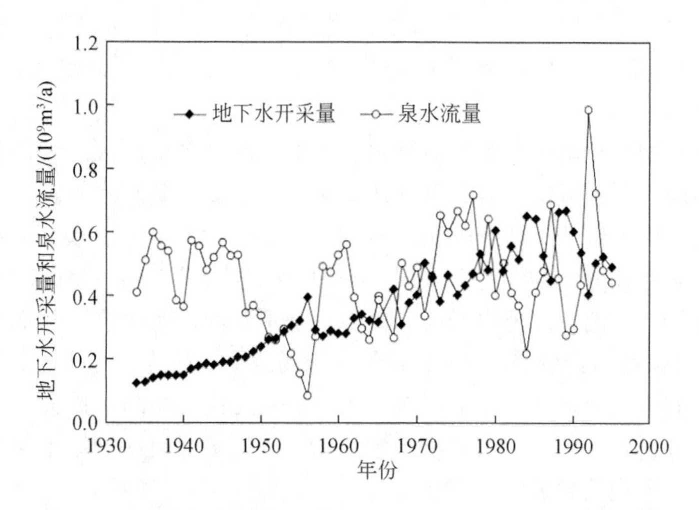

图5.1.1　美国得克萨斯州爱德华兹含水层地下水开采量和泉水流量多年变化曲线（Loaiciga et al.，2000）

自20世纪90年代初开始，不论是在法律层面还是在实践中，都开始积极寻求解决地下水开采及其对爱德华兹区域环境造成影响的解决方案。但是，由于从替代水源取水（例如水库）要比从爱德华兹含水层开采地下水的成本高很多，因此存在着继续开采爱德华兹含水层优质和丰富地下水的巨大动机。保存地下水资源是最有效的水资源保护措施，但是，这一措施会改变水资源利用的传统模式，因此往往得不到社会的接受和认同。通过上述分析可以得出结论，如何保护已经遭受威胁的爱德华兹含水层生态系统的问题仍有待解决。

地下水开采还影响加利福尼亚州旧金山市的默塞德湖的水位。由于默塞德湖与地下水开采含水层之间存在水力联系，抽取地下水导致湖水的水量减少。此外，影响湖水水位变化的因素还包括：含水层与湖泊的相互作用，降水的季节性变化和长期变化，含水层的补给机制，以及与湖泊或者水系连通的含水层地下水开采量及开采速率动态变化（Зекцер，2000）。

旧金山市的默塞德湖是地下水开采等人类活动对水储量消耗带来影响的一个很有意思的案例。默塞德湖与西侧盆地（Westside Basin）的含水层具有极其密切的水力联系。自19世纪下半叶开始，政府在默塞德湖上修筑了两座大坝、几座高架渠和建筑物，还安装了水泵和管道，这些工程使默塞德湖发生了重大的变化。在20世纪上半叶，默塞德湖曾经作为水源地，其开发利用程度不断加大。但是，最终随着替代的市政供水方案的实施，默塞德湖不再被用作水源地。

事实上，所开采的地下水为高尔夫球场、公园和墓地的用水提供水源。该地区的地下水位在1949年为海平面以上3m，而到1990年下降到海平面以下43m（Louie，2001）。从1989年至今，默塞德湖已经损失了一半的水量，湖水位下降造成了严重的生态后果。默塞德湖水位下降成为学术界、法律界和政界长期争议的话题。环境保护组织曾采取措施，包括向加利福尼亚州法院和其他一些地方政府机构递交行政诉讼，要求恢复湖水位，并保证湖水位至少维持在海平面以上5.5m，或者比当前水位高2.7m。旧金山水利局和加利福尼亚州公共事业委员会号召采取此类措施恢复水位，以确保旧金山市的十天应急供水(Stienstra，2001)。

地下水开采和城市化进程是默塞德湖水位下降的两个主要原因。大部分降雨通过城市排水系统和城市防洪系统流走，导致默塞德湖区地下水得不到降水补给。因此，城市化进程主要是通过对降雨径流的重新分配而导致湖水位下降。关于地下水开采对湖泊水位下降的影响这一点，是存在分歧的。对含水层与湖泊之间复杂水力联系研究的不足加剧了这种分歧。高尔夫球场、公园和墓地等场所是该地区地下水的用水大户。然而，那些开采西侧盆地（Westside Basin）含水层地下水的高尔夫球场负责人认为，与排泄的洪水相比，开采地下水对默塞德湖水位下降所产生的影响不大（Stienstra，2001）。因此，在有争议的情况下，需要监控和分析含水层和湖泊系统的水均衡，以便更好地评价城市化进程和开采地下水对默塞德湖水位下降的影响。

默塞德湖的水量减少所造成的社会和生态后果已经显现。从社会层面来看，默塞德湖在很大程度上已经失去了它的原始风光。这座城市作为旅游景区的吸引力已经下降。钓鱼码头已经不能触及湖面。生态后果还包括湖中的鲑鱼种群数量持续减少。默塞德湖曾是市内最大的捕鱼区之一，但是现在，鲑鱼种群的生存面临威胁。而默塞德湖的水位下降后，由于水藻在局部泛滥生长，导致从湖中捕捞上来的鱼本身味道也在发生变化（Stienstra，2001）。

通过相应的修复措施，当前默塞德湖生态破坏的范围已经得到控制。截至目前，涉及这个问题的各个关切方取得的唯一共识就是将雨水排入默塞德湖。但是，目前还没有考虑地下水开采可能对默塞德湖水质影响的问题。环境保护组织提出了限制地下水开采强度的要求。但是，地区内的高尔夫球场、公园和墓地等场地的业主并不急于减少地下水的利用量。他们认为，地下水开采对默塞德湖水位下降的影响不大（Stienstra，2001）。为了回答这一问题，研究人员建立了默塞德湖区地下水模型，并对含水层地下水开采与湖泊水位变化过程进行了模拟。模拟结果表明，如果暂停抽取地下水，默塞德湖的水位将上升1.5m(Brown et al.，1997)。这表明，减少地下水开采速率是有可能促使湖泊的水储量得到部分恢复的。

对默塞德湖水位下降进行治理的另一个方案是利用地下水以外的其他水源来补水。例如，重复利用经过净化的城市污水作为灌溉高尔夫球场和公园的水源之一。因为在加利福尼亚州早已有先例，所以这一方案不会引起负面的社会反响。但是，这样的解决方案会在筹集资金方面遇到很大困难。用于污水处理的设施造价估值约为400万美元，这还不包含水处理分配系统的造价（Louie，2001）。在撰写本书时，为默塞德湖生态系统恢复问题寻找解决方案的工作仍在继续。当前需要确定地下水开采对默塞德湖水位下降的影响。在签订用水协议的过程中，也需要兼顾各方的利益。

加利福尼亚州北部的红杉河（Redwood Creek）是研究地下水开采对河川径流的影响的典型案例。受地下水开采影响，红杉河的径流（尤其是旱季径流）严重减少。干旱气候和河道支流地区开采地下水这两个因素同时或者依次发挥作用，造成河道干涸。河川径流量削减的最严重影响体现在鱼类（鲑鳟鱼类）种群上。在1988年至1991年的旱季，仍没有断流的河段长度下降至历史平均值的约23%。红杉河的径流量削减、低水位、水温升高和水中溶解氧含量减少，使当地的虹鳟鱼品种（*Oncorhynchus mykiss*）濒临灭绝。作为参考，在1988年至1991年的干旱和伴随着干旱的地下水开采力度加大后，1994年大马哈鱼种群的数量相比历史水平下降了89%（Smith，1994）。

显然，解决红杉河问题的有效方案之一是寻找替代水源、降低地下水开采强度，从而保证河流在干旱年份维持足够的流量。另一个方案是将鱼塘中养大的鱼投放到水体中，可以在旱季过后恢复种群数量（Smith，1994）。但是，对于保持当地鲑鳟鱼种群的基因库来说，这样的措施有可能产生无法预见的不良后果，因此在实施之前需要详细研究。

抽取地下水有时也可能增加径流量。当从与地表水没有水力联系的深层含水层抽取地下水时，可能增加河流的径流量。水在利用后被排放到地表河流中，径流量因此增加（Зекцер，2000）。在这种情况下，由于水流速度改变、河岸带淹没以及被排放水体的水均衡状态改变，可能导致生物化学过程和温度发生变化以及其他潜在的负面效应。

另一个取用潜水对河川径流量造成影响的例子是加利福尼亚州的科森尼斯河。如果从与地表河流有水力联系的含水层中开采地下水，假若含水层能够得到深层地下水的越流补给，那么地下水开采对径流量造成的影响可以通过天然地下径流补给的方式得到减缓。流经加利福尼亚州萨克拉门托市附近的科森尼斯河的情况就是这样。尽管这一地区地下水持续下降，已经显著低于河流深泓线的高度，但河川径流量在多水的冬季月份（12月到次年3月）依然比较丰富，这是由于地下水在冬季补给科森尼斯河。因此，在类似条件下开采地下水对径流量的影响相对较小。然而，在6月到10月的干旱期，径流量削减（即仅从含水层获得补给）。河川径流量的削减和持续的旱季会影响科森尼斯河的鱼类种群（Fleckenstein et al.，2001）。

与北部的美国河和南部的莫凯勒米河相比，科森尼斯河属于较小的河流，它的年平均径流量约为4.5亿m^3。科森尼斯河沿岸的农场主大规模地开采地下水，使潜水位下降至低于河床底部17m的高度，从而使河流无法在干旱季节得到地下水补给。目前，科森尼斯河的8km至16km河段会在旱季末期干涸（Гленнон，2002）。河川径流量的减少，使曾在科森尼斯河中大量栖息的红大马哈鱼品种——大鳞大马哈鱼（*Oncorhynchus tshawytscha*）的生存面临威胁。历史上，在加利福尼亚中央谷地（科森尼斯河的集水盆地）的河流中，一年会新增200万到300万条大鳞大马哈鱼，而目前，由于在河流的枯水期进行地下水开采，每年新增的数量减少至约20万条。以往随着雨季的开始（10月份），科森尼斯河干涸河段的径流量可以很快得到恢复，然而现在，土壤水分需要更久的时间才能蓄满从而产流。因此，由于河道流量不足，大鳞大马哈鱼无法正常地从海洋沿河流上溯迁徙到天然的产卵地，即便这只需要河道维持18cm高的水位以保证大鳞大马哈鱼可以游到上游（Гленнон，2002）。

目前，通过从美国河调水等方法，科森尼斯河的径流量正在恢复。从保护地下水角度来看，根据加利福尼亚大学构建的地下水模型，为恢复正常的径流量，需要每年减少2.34亿m^3的地下水开采量，而这未必能够实现。相反，预计该地区的需水量将会急速增加。科森尼斯河流经地区的人口目前约为500万。由于旧金山的人口将会迁居到这里以寻找更加适宜的住处，预计在未来二十年，这里的人口数量将会翻倍。在几个快速成长的周边城市，由于开采地下水为城市供水，已经形成了两个大型的降落漏斗。这两大降落漏斗已经扩大到与科森尼斯河有水力联系的浅层地下水（Гленнон，2002）。

从经济角度来看，由于科森尼斯河的径流量减少，旅游业和捕鱼业承受巨大损失。这两个行业面临的困难，得到了致力于保护加利福尼亚中部河流的环保组织的支援。但是，天然的径流情势和科森尼斯河鲑鱼种群还没有恢复到应有的水平。

在苏联境内，存在很多取用地下水给河川径流量造成影响的例子（Черепанский，2005，2006）。其中，一些经典案例，如莫斯科自流盆地、库尔斯克磁异常区和顿涅茨克煤田地区、开采乌拉尔地区的铝土矿和石煤、开采哈萨克斯坦卡拉套山脉坡地的多金属矿石等，以及其他多个地区，由于开采地下水或者疏干矿床对地表径流产生了显著影响。

在莫斯科市和莫斯科州境内，开采地下水开始于大约300年前。20世纪初，在莫斯科自流盆地的中央部分以0.3m^3/s的速度开采地下水，而到20世纪60年代末开采速度达到了27m^3/s以上（Устюжанин，1970；Доброумов，1980）。由于在莫斯科自流盆地的中部长期开采含水煤层，形成了多个区域性的降落漏斗，地下水水位在莫斯科市区的最大降幅达70～100m。在降落漏斗范围内，观测到地下水对河流的补给量普遍减少，以及河水渗漏补给水源地的地下水含水层。同时，在某些没有切割河床下方含水层的河流，由于人为地将地下水排放到河流，导致这些河流的径流量反而增加。在1969年至1971年间，国立水文研究所科研人员评价了莫斯科州境内地下水开采区内的河川径流量变化（Доброумов，1980）。结果表明，有四个地区的地表水和地下水的水文情势发生了改变，分别是莫斯科地区、梅谢尔斯基地区、克利亚济马河和伏尔加河的河间地带、克利亚济马河和莫斯科河的河间地带。在莫斯科地区和梅谢尔斯基地区发现河川径流量减少，而在另两个地区，河川径流量因向河流排放废水而增加。在梅谢尔斯基低地，由于持续开采波利河流域的地下水，河川径流量发生改变。例如，从含水煤层大量取用地下水时，地下水的水位下降了15～25m，形成了几乎覆盖整个波利河流域的面积约2400km^2的降落漏斗。通过多年（从1929年开始）水文调查发现，波利河径流量的变化取决于地下水的取用量和水文情势，其中，在降落漏斗区河流的地下径流量减少了50%，而年径流量减少了15%～20%。在径流未受水库调节的莫恰河、杰斯纳河、帕赫拉河等河流（莫斯科河的支流），其径流量因地下水开采也同样发生了变化。

在库尔斯克磁异常区（包括别尔哥罗德、新奥斯科尔、老奥斯科尔和米哈依洛夫等铁矿区），在疏干地下水进行开采铁矿床的同时，也修建了地下水水源地为库尔斯克市、奥廖尔市、别尔哥罗德市、库布金市和哈尔科夫市供水。全苏水文地质工程地质科学研究所和国立水文研究所在这一区域对水源地地下水开采和铁矿开采区地下水疏干影响下的河川径流量变化，进行了多年的水文和水文地质详细调查（Бабушкин，1978；Доброумов，1980；Попов，1973）。在老奥斯科尔铁矿区，疏水施工作业在列别季露天矿开始于1957年，在南列别季露天矿开始于1968年，在斯托伊连露天矿开始于1963年。根据Б. М. Доброумов和В. С. Устюжанин（1980）的数据，在矿床开采的这10年期间，地下水对奥斯科列茨河的补给发生了显著变化，与天然多年平均径流量相比减少了24%。在降落漏斗范围内，河床渗漏和矿区排水造成的奥斯科列茨河径流损失量达到多年平均径流量的58%。根据В. Д. Бабушкин和Ф. И. Лосев（1973）的研究数据，在1968年，从三座露天矿排出的总水量为7000m^3/h，而从奥斯科列茨河渗漏的水量为1700～2000m^3/h（Бабушкин，1967），奥斯科列茨河的河水占流入列别季露天矿水量的40%。Б. М. Доброумов 和 В. С. Устюжанин（1980）对文献数据进行总结，结果表明，由于在奥科列茨河、奥斯科尔河和丘菲奇卡河流域进行铁矿床地下水疏干和水源地地下水开采，地下水对河流补给削减量以及河床渗漏量分别占来水量的33%和42%（Доброумов и Устюжанин，1980）。

Б. М. Доброумов 和 В. С. Устюжанин（1980）根据1964～1967年水文观测资料，计算了河道水均衡变化，并定量评价了地下水开采对奥斯科列茨河水文情势的影响。结果表明，河水渗漏最快的区域与地下水位下降最大的区域是重合的。在降落漏斗区，因河流部分或者全部袭夺地下水补给以及河床渗漏造成的地表径流损失为0.93m^3/s。在工业水排放到奥斯科列茨河流域以外的情况下，这些水量损失导致年均径流量减少了50%。根据1967年获得的水文观测数据，切尔尼河（米哈依洛夫露天矿）的径流量减少了140dm^3/s，谢伊姆河（库尔斯克市）的径流量减少了1330dm^3/s，维泽尔卡河（别尔哥罗德市）的径流量减少了100dm^3/s。河床渗漏损失量占河川径流削减总量的30%～35%。

Б. М. Доброумов 和 В. С. Устюжанин（1980）总结了20世纪60年代到80年代在苏联欧洲区域中部开展的水文调查得出结论，由于大型地下水水源地过度开采地下水和采矿疏干含水层，在降落漏斗带内会发生在天然条件下被排泄到河流的地下径流被袭夺，以及地表河流通过河床向下渗漏的情况。其结果是在地下水开采的影响下，降落漏斗区的河川年径流量减少了10%～25%，其中春汛期径流量减少0%到20%。枯水期径流量，即冬季和夏季30天最小径流量减少15%～40%。年均、冬季和夏季向河流排泄的地下径流量减少25%～70%。在没有切割河流下方含水层的某些河段（河水与含水层地下水没有水力联系），由于向河流排放已经利用过的地下水，导致年径流量增加了10%～20%，枯水期径流量增加10%～20%至100%～300%乃至更高。Б. М. Доброумов 和 В. С. Устюжанин（1980）的分析表明，在降落漏斗内，向河流排泄的地下水减少量和河道渗漏损失量可能占地下水开采量的60%到100%（Доброумов и Устюжанин，1980）。根据 Б. М. Доброумов 和 В. С. Устюжанин（1980）的分析数据，流域面积为500～1000km^2 的中小河流径流受地下水开采影响最大，尤其是在喀斯特地区最明显。在降落漏斗范围内的季节性水流、泉水、溪流和小型河流经常会完全干涸。在降落漏斗范围外的地表水体，其水文情势也可能受地下水开采影响而发生显著变化。

1967年至1970年间，国立水文研究所对位于哈萨克斯坦南部奇姆肯特州卡拉套山脉西南坡的米尔加利姆塞多金属矿床地区，开展了地表水资源量和地下水补给量的调查和研究（Вольфцун，1974）。米尔加利姆塞多金属矿床赋存在被地下水淹没的喀斯特岩石中。从1930年代起，通过矿山排水（1969年近1.10亿m^3）对该矿床进行了地下开采。由于矿产开采疏干地下水，造成地下水水位下降，地表水与地下水之间的天然水力联系被破坏，导致河川径流量减少。例如，根据 И. Б. Вольфцун 和 Н. И. Смирнов（1974）的水文调查结果，在矿山开采影响范围内，各条河流的多年平均径流量总共减少了2700万m^3，其中，巴亚尔德尔河占25%～28%，卡拉希克河占23%～33%，比列谢克河占14%～24%，扎尔巴斯坎塞河占7%～11%，叶尔马克苏河占4%～8%。

因固体矿物开采而降低地下水水位，从而对地表径流产生影响的案例之一，就是北乌拉尔山脉的铝土矿床开采。该矿床分布在北乌拉尔山脉东坡的索西瓦河及其支流瓦格兰河、舍古利坦河和卡利亚河的流域，赋存在富水程度非常高的强烈喀斯特化的碳酸盐岩层中。北乌拉尔山脉的矿山开发始于1933年。河水占矿山排水的比例从1944年的32%上升到1960年的70%。从河流渗漏进入矿山含水层的日均最大渗漏量近37000m³/h（Владимиров，1985，1987；Лебедянская，1978）。

在中乌拉尔山脉东坡的褶皱造山带，从非喀斯特岩层中开采地下水时，导致佩什马河的上游、卡里诺夫卡、别廖佐夫卡、希洛夫卡、拉普恰等小型河流流域内的径流量发生变化。例如，Ю. И. Владимиров（1985，1987）利用比较水文地质学方法得到的调查结果表明，20世纪70年代至80年代，河川径流量的总减少量平均占地下水开采量的70%～90%。总的来说，地下水开采量的50%～70%由地下径流贡献，地表径流贡献了20%～30%，其余10%～30%是由于水位下降后潜水蒸发损失减少所贡献的。同时还研究发现，含水层地下水在丰水年得到大量回补，此时的河川径流减少量是地下水开采的1.5～2倍。在枯水年份，河川径流减少量只占地下水开采量的35%～60%（Владимиров，1985，1987）。

为阿拉木图市供水的大型地下水水源地对卡拉苏（Karasu）河流造成的影响非常值得研究。该水源地位于南哈萨克斯坦外伊犁山脉北坡的山麓冲积平原。1960年至1975年间，从阿拉木图冲积扇的含水层中抽取的地下水量增加了30多倍。其结果是导致在阿拉木图冲积扇东西方向形成了与山脉平行的降落漏斗，降落漏斗中心位于小阿拉木图卡地区。B. M. 米尔拉斯、B. Ф. 什雷金娜、C. B. 奥西波娃娅、A. И. 车尔维雅科夫和A. T. 泰伊索伽诺娃娅等人的野外调查表明，地下水开采对卡拉苏河流造成的影响包括三个方面：第一，河流的发源地从冲积扇向更远处移动了1～2km；第二，河流的水量因河道内的泉水流量减少而减少；第三，河流水位的季节性波动减弱（Ахмедсафин，1978，1982）。例如，通过野外水文调查发现，1960年至1975年期间，在地下水水源地一带，大阿拉木图卡河、苏丹卡河、小阿拉木图卡河、捷列尼卡拉河、卡拉苏河、卡扎奇卡河、莫伊卡河、维斯诺夫卡河、叶先泰河、阿希布拉克河、阿克塞河等15条卡拉苏河流的径流量发生了变化。其中，阿拉木图冲积扇的卡拉苏河流径流量的减少量是水文情势未受到人为影响时期的30%（Ахмадсафин，1978）。基于苏联土壤改良与水利部灌溉系统管理局在1956年至1976年期间的逐日水文测量数据（46个常设水文测量站），与1960年相比，到1980年卡拉苏河流径流量在社会生产活动（主要是地下水开采）影响下的年平均损失率在切莫尔岗冲积扇为79%，在卡斯克连冲积扇为16%，在阿拉木图冲积扇为72%，在塔尔加尔冲积扇为33%，在伊斯瑟库利冲积扇为48%，在图尔庚冲积扇为48%（Ахмедсафин，1982）。根据B. Ф. 什雷金娜的数据，受阿拉木图市供水水源地地下水开采的影响，地表河流的径流量从13m³/s减少到9m³/s（Шлыгина，1985）。据预测，如果维持这一地下水开采强度，在长远的将来，卡拉苏河将在距离发源地14～25km处消失。如果地下水开采量增加至24m³/h，卡拉苏河将有50%河段干涸。如果继续增加地下水开采量至60～90m³/h，则卡拉苏河将会完全消失。

Бисембаева和Хордикайнен（1976）研究了艾多斯水源地对季节性河流——卡拉肯吉尔河径流的影响。该河流位于哈萨克斯坦中部杰兹卡兹岗地区。在这一地区，卡拉肯吉尔河的流量为3.5m³/s，其中，年径流量的96%都形成于每年的前两个月。地下水水源地首次开采时间是1967年，地下水源自裂隙水和岩溶水，在开采期的地下水开采量为650～1000dm^3/s。地表水和地下水之间水力联系紧密（Бисембаева，Хордикайнен，1976）。根据哈萨克斯坦水文测量科学研究所开展的野外水均衡测量调查结果（Островский и др.，1976），最大径流期的河水渗漏量在1969年为1060万m^3，在1970年为1090万m^3，在1971年为530万m^3（Островский и др.，1976，1977）。通过调查查明，地下水开采量的50%来自卡拉肯吉尔河的渗漏。1970年至1971年丰水年份，河流对地下水渗漏补给量占河川径流量的5%～10%（Бисембаеваи Хордикайнен，1976）。卡拉肯吉尔河的平均渗漏量占年均径流量的17%，占径流量比例超过75%的概率为70%。

根据1975年至1982年地表水和地下水水位的观测数据，对北顿涅茨克河河谷（顿涅茨克州境内）的地下水可采量的水均衡组成进行了研究。运用EC-1022的数字模型查明，当前地下水水源地47%的开采量是由河流渗漏补给的，另外的14%地下水开采量是由旧河道和湖泊渗漏补给的（Боревский，1976）。

在白俄罗斯，1974年首次开展了地下水开采对河川径流的影响研究。这是在伏尔马地下水水源地运行的第四年，此时伏尔马河7km处河段在枯水季出现了断流，分布在该地区的部分池塘干涸（Дрозд，1977；Штаковский и Черепанский，1976，1984）。常年性河流已经变成季节性河流，并且在枯水期断流（Дрозди Гущин，1977）。1975年，池塘完全干涸，到1976年，位于水源地中心地段的沼泽完全干涸。白俄罗斯水资源综合利用中心研究所于1974年至1976年（Штаковский и Черепанский，1976，1984）和地质勘探研究所于1975年至1977年（Белецкий，1978）利用水文测量法、比较水文学方法和水文地质分析法先后对伏尔马河流域地表径流减少进行了定量评价。

在1974年至1979年，研究人员对明斯克市现有地下水水源地进行了野外勘察。勘察结果查明，从第聂伯河–索日河含水层开采地下水后，斯列普尼亚河、茨纳河、洛什察河、特罗斯强卡河、乌夏扎河等河流上游河段在枯水期断流（Дрозд，1977，1979；Станкевич，1979，1980）。各条河流的过水河道长度缩短：斯列普尼亚河缩短11km，茨纳河缩短2km，洛什察河和特罗斯强卡河缩短6km。同时，在枯水期，茨纳河有两个河段断流。

1981年至1985年间，苏联地质部和水利部组织全苏水文地质和工程地质科学研究所（Я. С. 亚兹温，В. Д. 格罗津斯基）和中央水资源综合利用科学研究所（В. С. 乌先科，М. М. 切列潘斯基）利用水文学研究方法，研究了白俄罗斯、立陶宛、乌克兰、乌拉尔地区、莫斯科州和阿尔泰地区地下水开采对小型河流径流影响的评价（Гродзенский，1985；Усенко и др.，1985）。

根据白俄罗斯地质勘探科学研究所的研究数据（С. П. 古达克，М. В. 法杰耶娃，А. Я. 什塔科夫斯卡娅，Г. Г. 李希查等），20世纪80年代初，在现有32个水源地开采影响范围内，共流经29条小型河流。通过调查摸清，有19个水源地的取水导致河川径流量减少25%，有8个水源地的取水导致河川径流量减少约50%，有5个水源地的取水导致河川径流量减少50%以上。同时还查明，在地下水开采的影响下，半数河流的径流量变化了25%，8条河流的径流量减少了50%以上，5条河流则完全断流。预计到2000年前，现有72个地下水水源地开采的影响范围将进一步扩大，其中74条小型河流的地表径流将受到影响。预计在50%的枯水流量保证率下，有32条河流的流量将减少近25%，10条河流将减少25%～50%，17条河流将断流（Гудак，1989）。根据 С. С. Белецкий（1980）的研究数据，由于开采地下水，斯列普尼亚河、伏尔马河、尤赫诺夫卡河、格列边卡河和茨纳河的河川径流量减少了96%～100%，洛什察河的径流量减少了71%，伏尔马河（彼得罗维奇居民点）、乌夏扎河、热斯季河、特罗斯强卡河和伏尔马河（科尔祖内居民点）的径流量减少了40%～50%，热斯季河（河口）、瓦洛夫卡河、利捷亚河、布罗德尼亚河、斯维斯洛奇河（明斯克市）、斯维斯洛奇河（米哈诺维奇居民点）的径流量减少了15%～30%（Белецкий，1987）。

根据立陶宛地质勘探科学研究所的调查数据（В. И. 伊奥特卡伊斯，В. Ю. 扎迈季斯，И. В. 波克舒斯），在立陶宛，大多数的地下水取水区分布在尼亚穆纳斯河和尼亚里斯河的河谷地带。这些取水区的可开采资源量主要来自地表径流，但是，与河流的流量相比，取水量不大，不超过多年平均径流总量的0.4%～0.8%（Жямайтис，1985）。在小型河流流域，主要分布着小型地下水水源地（5000～10000m^3/d）。在列乌奥河、维茹奥纳河、什沙河和沃克斯河等四条河流，采用水均衡计算法，研究了取用地下水对小型河川径流量的影响。20世纪80年代，在列乌奥河流域取用地下水时，河川径流的减少量占取水量的10%，不到河流多年平均径流量的1%，占90%保证率下的夏季枯水期径流量的12%。在取水量增加的情况下，据1985年的分析，预计到2000年前，河川径流的削减量占取水量的比例将上升至55%，多年平均径流量减少8%，而在夏季枯水期，取水影响范围内河流可能断流。20世纪80年代，在维茹奥纳河、什沙河和沃克斯河流域，取用地下水尚没有显著影响这些河流的径流量。如果增加这些流域的地下水取用量，当时预测到2000年前，预计夏季枯水期的径流量将减少27%～70%。

由中央水资源综合利用科学研究所基什尼奥夫分部对摩尔多瓦小型河流的径流对地下水开采的影响进行了评价（Петраков и Северина，1985）。野外调查工作是在2～3年内的夏季枯水期开展的。根据水文调查并结合全苏水文地质和工程地质科学研究所开发的地下水数值模型（EC-1022），研究了凯纳尔河、库博尔塔河、丘古尔河、伊什诺维茨河、伊克里河、贝克河、博特纳河和列乌特河以及列乌采尔河、科帕昌卡河、维利亚河、洛帕京卡河、拉科维茨河等河流径流变化及其对地下水开采的响应（Петраков и Северина，1985）。同时，采用水化学法，揭示了地表水和地下水之间的耦合关系。研究结果表明，列乌特河的多年平均枯水径流量在1982年减少了30%，库博尔塔河多年平均枯水径流量在1982年和2000年分别减少54%和86%，凯纳尔河多年平均枯水径流量在1982年和2000年分别减少了14%和16%，丘古尔河多年平均枯水径流量减少了不超过5%～7%。贝克河和伊什诺维茨河的径流损失量大于多年平均枯水径流量，但从德涅斯特河向这两条河流所在流域调水。博特纳河的夏季枯水径流量减少了23%，据1985年的分析结果，预计到2000年前减少45%。伊克利河的径流量在1982年以0.3m^3/s的速率在减少，在夏季枯水期出现河流间歇性干涸。上述评价结果表明，在20世纪80年代初，受地下水开采影响，小型河流的径流损失量占多年平均枯水径流量的5%～27%。未来，受地下水开采的影响，夏季枯水期的地表径流可能全部被水源地含水层袭夺，从而造成河流夏季断流（Петраков и Северина，1985）。

乌克兰苏维埃社会主义共和国地质部中央专题考察队（Э. Э. 索博列夫斯基，М. М. 威尼科夫，Р. А. 沙巴金娜等）和中央水资源综合利用科学研究所乌克兰分所（Б. Ю. 利亚斯科夫斯基，Н. И. 罗日科等）评价了地下水开采对乌克兰小型河流河川径流的影响。在乌克兰的一些水文地质区，综合评价了160个典型地下水水源地开采对河川径流量减少的影响（Соболевский，1986；Лясковский，1986）。

在外喀尔巴阡，典型水源地的河川径流减少量在50%保证率下占枯水期最小径流量的不足1%（博尔日恩瓦河、拉托里察河）到36%（乌扎河）。在90%保证率下，河川径流减少量占枯水期最小径流量的不足1%（季萨河）到68%（乌扎河），不足河流年平均流量的1.5%。

在前喀尔巴阡，在50%保证率下，典型水源地的河川径流减少量占枯水期最小径流量的1.8%（普鲁特河）到7%（纳德沃尔尼扬斯卡亚贝斯特里察河）。在95%保证率下，河川径流减少量占枯水期最小径流量的10%。年平均径流几乎不受水源地的影响。

在沃伦-波多尔自流盆地，根据评价结果，河川径流的减少量为水源地开采量的90%～99%（单层含水层条件下）。到2000年，这一比例将降为30%～50%到60%（多层含水层条件下）。在利沃夫-切尔沃诺格勒群的水源地，观测到枯水期径流量的最大减少量为70%～100%，年平均径流的减少量达到10%。据1986年的分析结果，预计到2000年，年平均径流的减少量将达到14%，在某些河段可能达到100%。地下水开采对南布格河和斯卢奇河上游的径流影响最大，造成枯水期径流量减少了70%～100%。

在乌克兰结晶地盾内，在风化壳剖面中存在作为弱渗透层的结晶岩石地区，河川径流的减少量占水源地取水量的70%。在风化壳剖面中没有结晶岩石时，河川径流的减少量占水源地取水量的近96%。1983年，在50%保证率下，枯水期最小径流的减少量介于2%到57%的水源地取水量。据1983年分析结果，预计到2000年前，某些河段的枯水期最小径流减少量占水源地取水量的100%。在95%保证率下，到2000年前，枯水期的径流量将被水源地全部袭夺。1983年，小型河流的年平均径流减少量不超过18%，而到2000年前，预计将达到38%。

在第聂伯自流盆地，科研人员评价了14个水源地所在地区的地表径流减少量。在1983年，在50%保证率下，枯水期最小径流的减少量从不足1%到60%，预计到2000年前，在某些河段将达到100%。年平均径流的减少量到2000年前预计将达到19%。

科研人员评价了顿涅茨克-第聂伯自流盆地内五个典型水源地开采对地表径流的影响。在20世纪80年代，地表径流的减少量占水源地取水量的66%～72%，到2000年前，预计占水源地取水量的74%，其中，50%保证率下的最小径流量减少了2%～7%，到2000年前，预计将减少13%～93%。

在顿涅茨克水文地质区，科研人员评价了地表径流对14个地下水典型水源地开采的响应。研究结果表明，地表径流保障了5%到50%的地下水水源地取水量，预计到2000年前这一比例将增加到8%～60%。某些河谷地段的枯水期径流减少了100%。

在黑海沿岸自流盆地，仅在德涅斯特河和南布格河的河间地带的中部和北部、莫洛奇纳亚河流域和注入亚速海的小流域观测到稳定的地表径流量。在德涅斯特河和南布格河的河间地带，研究人员评价了阿帕尼耶夫（地表径流保障了22%的水源地取水量）和别廖佐夫（地表径流保障了全部的水源地取水量）两个典型水源地开采对河川径流的影响。这两个水源地枯水期的地表径流被水源地地下水开采所袭夺。在德涅斯特河和南布格河的河间地带，地表径流提供了98%的水源地开采量。在德涅斯特河和莫洛奇纳亚河的河间地带，地表径流提供了94%的水源地开采量，在莫洛奇纳亚河的下游，由于地下水与地表水的水力联系变差，这一比例减少到21%。在注入亚速海的小流域，地表径流完全保障了水源地地下水的开采。

在拉夫尼诺-克里米亚自流盆地，研究人员评价了别尔别克水源地和别什捷列克-祖亚水源地的地下水开采对地表径流的影响。在别尔别克水源地，河川径流的减少量占地下水水源地取水量的67%。这导致50%保证率下的夏季枯水期最小河川径流量减少了83%，而多年平均河川径流量仅减少了1%。在别什捷列克-祖亚水源地，河川径流的减少量占水源地取水量的4%，这可能导致枯水期径流量全部损失和多年河川径流量减少16%。

在亚速-库班自流盆地，在苏霍伊因多尔地下水水源地开采时，苏霍伊因多尔河的年平均径流量减少了8%，而河流在枯水期则断流。

在克里米亚山区的水文地质区，研究人员也评价了苏达克地下水水源地和比尤克-乌兹达地下水水源地地下水开采对地表径流的影响。在夏季枯水期，流经苏达克水源地和比尤克-乌兹达水源地的地表河流断流，而年平均径流的减少量不超过6%。

对乌克兰地区地下水水源地开采对小型河流径流影响的评价结果表明，到2000年前，预计乌克兰小型河流的地表径流减少量将占水源地取水量的70%～100%。地下水开采对枯水期的地表径流影响最为显著。对于年平均值而言，径流的减少量基本上不超过几个百分点，基本与河川径流的观测精度持平。南部和东部地区小型河流的径流情况最为糟糕，尤其是伏罗希洛沃格勒州、顿涅茨克州、第聂伯罗彼得罗夫斯克州和扎波罗热州。这些地区一部分河流的径流量由于地下水开采而显著减少，甚至地表河流完全消失（Лясковский，1986；Соболевский，1986）。

在莫斯科州境内，1981年至1984年间，俄罗斯苏维埃联邦社会主义共和国地质部地质中心——地质生产联合体莫斯科地质勘探考察队（В. И. 列乌托夫，Л. В. 列奥宁科等），预测了伏尔加河、克利亚济马河、莫斯科河和奥卡河流域地下水开采对小型河流径流量的影响。根据1980年代的数据进行预测，结果显示，到2000年前，在伏尔加河流域，拉马河和拉巴河的95%保证率枯水期径流量全部减小，谢斯特拉河、亚赫罗马河、沃里亚河、韦利亚河和杜布纳河的枯水期径流量将减少10%。在克利亚济马河流域，大多数河流的95%保证率枯水期径流的削减量不超过10%，而克利亚济马河的95%保证率枯水期径流量削减11%～25%。在莫斯科河流域，鲁扎河和奥焦尔纳河的枯水期径流量削减不超过10%，莫斯科河从发源地到莫斯科市河段的径流削减量为26%～50%，莫斯科市下游的径流削减量为51%～80%，莫恰河、杰斯纳河、罗扎亚河和帕赫拉河的径流削减量达100%。在奥卡河流域，普罗特瓦河、纳拉河和洛帕斯尼亚河的枯水期径流减少51%～80%，卡希尔卡河径流量减少26%～50%，奥卡河到卡希拉市河段的减少量不超过10%，下游的减少量增加到11%～25%。

在乌拉尔褶皱造山带和外乌拉尔地区，乌拉尔水利科学研究所于1981年至1985年间对河川径流的减少量进行了评价（Булатов，1985，1995）。预测结果表明，213个地下水水源地的开采将导致263条河流的地表径流减少。通过计算查明，由于构造裂隙地层与岩溶裂隙含水层的地下水储量小，乌拉尔地区的水源地供水几乎全部由地表河川径流来保障（80%～97%）。在外乌拉尔地区，河川径流量预测将保障85%～90%的水源地供水，剩余的10%～15%取水量由因地下水水位下降后潜水蒸发损失减少所保障。

西伯利亚水利工程与土壤改良科学研究所阿尔泰分部，评价了阿尔泰边疆区境内地下水开采对小型河川径流量产生的影响（Акуленко и Гурьянов，1985）。根据调查结果查明，阿尔泰边疆区地下水开采在20世纪80年代并没有对小型河流的径流量产生影响。未来，预计地下水开采将会对山麓平原和鄂毕高原南端小型河流的径流量产生影响。地表径流的减少量接近于水源地的取水量。

5.2　对植物的影响

如前所述，承压含水层地下水开采与上覆非承压含水层地下水之间具有非常紧密的关联。受承压含水层地下水开采的影响，潜水位会下降，从而影响地貌单元。植被是响应潜水位变化最敏感的地貌要素之一。

地下水位下降对植物的影响，取决于植物生长主要依赖于降水还是地下水。

依赖于降水的植物根系没有到达潜水位或者毛细水带的高度，植物仅通过浅根系获取降水入渗的浅层土壤水水分。植物根系的深度加上毛细水带的高度往往被称为临界深度。如果潜水的埋深大于临界深度，则植物主要利用入渗的大气降水。如果潜水的埋深小于临界深度，则植物主要利用地下水，这种植物通常也被称之为地下水依赖型植物。

多年实验研究结果证明（Жоров，1992；Зеегофер и др.，1991），绝大多数植物的根系长度不超过5m。例如，在莫斯科州奥卡河国家自然保护区内，松树根系的最大长度不超过3m（在17个观测中只有一个达到3.9m），橡树的最大根系长度为5.1m，椴树根系最大长度为2.5m，桦树根系为3.4m，山杨树根系为4.4m。其中，大部分植物根系位于土壤层半米深度以内，即在大气降水的强烈入渗带中。

在阿尔格达国家自然保护区得到了类似的观测结果，在这里，10～15龄级和60～65龄级的松树的根系主体分别处于0.4m和0.8m深度（Судницын，1979）。

草本植物和农作物的根系深度也基本类似。B. C. Ковалевский（1994）指出，生态系统的生产力与潜水位的埋藏深度的关系曲线为抛物线，抛物线的极点对应植物生长期内平均潜水位的最佳埋藏深度。

根据各种实验研究数据，在植物生长期，潜水的最佳埋藏深度平均为1.2～1.5m，对于大多数的蔬菜作物为0.7m到1.5m，对于果树为2～3m。在东欧平原的湿润地带广泛发育针叶林，在亚砂土地层中的潜水位埋藏深度为1.5～2.0m时，针叶林的生产力最大。

在潜水面上方的毛细上升高度，取决于包气带土壤的物质组成。毛细上升高度在不同粒度的砂中为0.1～0.5m，在轻质壤土和泥炭土中为2.0～2.5m，在重质壤土中为3.0～4.0m。

利用上述数据可以作出具有重要实践意义的理论性结论，即与开采含水层有水力联系的潜水位埋藏深度低于临界深度时，由地下水开采导致的潜水位下降通常不会影响植被生长。换句话说，即如果砂土中的潜水位埋深大于5m，壤土中的潜水位埋深大于7m，则无论以多大强度开采地下水都不会给植被造成影响。但是，这一结论仅限于湿润区和半湿润区的典型植被。对于干旱气候的植物，例如桉树，临界深度和取水对植被特点的影响完全不同。

在利用土壤水或地下水情况下，不论对于天然植物群落还是对于作物，一般在潜水位埋深0.5～2.0m，是植物生长的最佳水分条件。大部分植物根系往往位于这一深度区间，因此，潜水位如果高于或者低于上述的最佳深度，都可能对植被产生不利影响。

此外，在沼泽化区域可以观测到潜水位下降所造成的严重影响。沼泽化地段的疏干使潜水位下降，如果潜水位下降致使潜水与土壤表层之间的毛细联系断裂，就会对周边的植被产生破坏性的影响。土壤的水分持有能力变差，灌木林枯干，发生森林火灾的概率将大大增加（Данилов-Данильян и Хранович，2010）。

下面列举地下水开采对植被造成影响的几个案例。

匈牙利科学家发现，在巴拉顿湖流域的山区河流的沿岸，由于矿坑和矿井地下水高强度开采致使岩溶含水层的水位下降，从而造成河岸带诸多植物种类消亡。在研究专著中（Жоров，1998），作者指出最近几十年，荷兰低洼地段的潜水位下降，导致自然保护区内的植物和动物数量减少。为此，当地政府已经提出了通过外部调水，来减少从沿海地带的下覆地层中抽取地下水的建议。

在西班牙南部，因超采地下水带来了很多意想不到的问题。在瓜达尔基维尔河的河口，由于大量开采地下水，沼泽面积从20万公顷锐减到2.7万公顷，这影响了候鸟在欧洲和非洲之间往返迁徙时的中途休息地（Luke，1992）。

В. С. Ковалевский（1994）指出，由于在北顿涅茨克河（俄罗斯）河谷开采地下水，使包气带的厚度和潜水埋深增大，从而导致牛轭湖和河迹湖消失和干涸、树木干枯（尤其是树梢）、植被物种变化。由于同样的原因，乌拉尔地区自然保护区的雪松林、库尔斯克磁异常区列别季露天矿地区的橡树、北高加索地区克拉斯诺达尔市区的园林植物干枯。

在干旱地带的河谷开采地下水，导致发育大面积的降落漏斗，很多地区的喜湿植物（水生植物）枯损，深根系植物的生长受到很大的抑制。在周期性干涸的卡拉肯基尔河（中哈萨克斯坦）的河谷地带大量取用地下水（约800L/s）造成的损失相当巨大。根据M. A. 霍尔季凯年的数据，这里的植被大量干枯和死亡，蒸腾量锐减。由于潜水位下降使水分条件发生改变，导致与地下水水源地毗邻的河谷地段的草甸干旱、河川径流量锐减。

开采地下水导致低地沼泽干涸甚至消失，从而使沼泽地的植物和动物生长被抑制、水生沼泽植物枯损或者物种发生改变。

20世纪70年代中期，在联邦德国，大量开采地下水的时期与一连串的干旱年份重合，导致大片区域的地下水位大幅度下降，从而使地貌和植被发生变化。在同一时期，由于在西柏林开采地下水导致潜水位大幅度下降，对植被造成极大的影响。

但是，应当指出，在很多情况下，开采地下水会给过湿的土地排水，从而促进了河畔浸水草甸的草本植物产量提升和物种的增加。例如，苏霍纳河沿岸低地的某些地段，由于开采地下水和进行土壤改良，低产量的硬质莎草科植物被产量高的优良肉质草本植物所取代（Ковалевский，1995）。

通过分析地下水水位变化对树木产量的影响表明，在湿润地区，通过大量抽取地下水来排泄多余的水分，可以提高林木的地位级。在干旱地区，抽取地下水则会降低林木的地位级直到林木枯损。

在 Жоров（1995）的《地下水与环境》一书中，详细地分析和综述了开采地下水对德国各地区的地貌和植被造成影响的大量案例。下文将援引这些案例中最典型的案例。需要强调的一点是，德国是在地下水开采对环境各组分的影响评价方面，最完整地开展综合野外调查和观测（实验工作、建模和预测计算等）的国家。

在下萨克森州的富尔贝格地区，由于地下水开采导致水位下降，致使 470 公顷森林和 1400 公顷草地植被区的水文情势破坏，其面积为富尔贝格地区总面积的 5.5%。105 个植物实验区的土壤含水量动态变化显示，开采地下水所导致的潜水位下降对根系层土壤含水量变化产生了影响。

在地下水开采的 25 年内，富尔贝格市以东地区的地下水水位下降了 4m，导致小莎草沼泽生态系统（具有 15 个物种）变成了车轴草草甸系统。

在莱茵河河谷（黑森河滩地），1964 年至 1982 年间观测到最低的地下水水位。在这一时期，地下水开采量增加的年份与一系列干旱年份重合，导致森林生长被抑制，地面沉降，楼房、街道和铁路被毁，果实作物减产，农业灌溉、土地平整的费用和森林损失估计达 1600 万德国马克。

A. Жоров（1995）还列举了德国其他地区，包括植被在内的地表生态系统与开采地下水引起的潜水位下降之间的关联的详细数据。在这些地区对单一环境指标（天然条件和被扰动条件下的土壤湿度、潜水位，植被群落的组成和格局、河川径流情势等）专门进行了详细的多年观测。值得注意的是，联邦德国的“生态与环境”工作组在设计新的水源地时，花费 10 年时间建立了地貌单元对地下水位下降的敏感性和地下水开采影响下的地貌单元变化风险评价机制。通过这些研究，建立了地下水开采的环境风险评价方法和工作框架。

地下水开采的环境风险评价方法是建立在植被土壤层水文情势和土壤含水量变化影响因素分析的基础上的。重点研究的内容包括：不同类型土壤的最大毛细上升高度、田间持水量和根系层深度及其与土壤颗粒组成和土壤容重之间的关系、有机物对土壤含水量的影响。目前，已经制定了农业区和林业区生态环境对地下水水位下降的敏感性评价方案。这些方案被成功地用于评价地下水开采对生态环境的影响，成为各种生态环境保护措施的论证依据。

另一个取用地下水对植被影响的案例，是亚利桑那州索诺拉沙漠地区的树林消失。索诺拉沙漠地区包括美国的西南部和墨西哥的北部和中部。这一地区的地下水用于多种用途，包括满足城市和农村用水需求以及灌溉需求（主要是为大型的高尔夫球场）。早在 1923 年，索诺拉沙漠地区的人们就已经开始从更新统含水层长期取用地下水。地下水抽取几乎影响到亚利桑那境内的所有沙漠河谷。在索诺拉沙漠所在的各个州（包括加利福尼亚州、亚利桑那州和新墨西哥州的一部分），潜水位每年下降 0.3 ~ 3m。由于潜水位下降，牧豆林和滩地林严重退化或者完全消失。林业用地出现严重的沙漠化问题。由地面不均匀沉降造成的裂缝使含水层的干涸加剧。据推测，地面的这种沉降可能改变径流过程和相应地改变含水层的地下水补给，最终会影响地下水依赖型植物的生长（Nabhan and Holdsworth，1998）。

受灾地区政府的主要目标是，在2025年前使地下水的抽采达到不会使地下水储量持续降低的安全水平。

欧文斯河河谷（加利福尼亚州因尤区）是开采地下水对总体环境和植被造成影响的著名案例（Рейснер，1987；Stamon et al.，2001）。欧文斯河河谷是一个山间向斜谷，位于加利福尼亚州内华达山脉以东。由于海拔较高，河谷内年均气温较低，而内华达山脉的阻隔效应使谷内的气候干燥。欧文斯河河谷年平均降水量为140mm，为干旱气候，在蒸发量大于降水量的干旱季节（5月到9月）十分缺水。1913年，洛杉矶市修建大坝利用欧文斯河的河水，导致天然形成的欧文斯湖干涸。1970年，洛杉矶市建成了第二个高架渠，该渠用于增加从欧文斯河谷的含水层中抽取地下水。地下水的过度开采导致地下水位下降，对沿岸生态系统和沼泽地的供水减少，这给候鸟的栖息环境造成致命影响。从欧文斯河直接取水和通过抽取地下水减少河流径流使得欧文斯湖干涸，欧文斯河河谷内的依赖地下水生存的灌木和深根系杂草大幅度减少（Davis et al.，1998）。

由于过度取用地表水和地下水导致环境退化，自然景观的美学功能和游憩功能降低，而旅游业是欧文斯河河谷的主要产业，因此可能造成严重的经济损失。

此外，河谷内的植被死亡加剧了地表土壤侵蚀，相应地增加了刮强风时空气中的固体颗粒数量，给当地居民的健康造成威胁。位于欧文斯湖背风侧的里奇克雷斯特市和中国湖基地的居民深受空气质量恶化之苦。

最后，笔者强调，能够预防或者最大限度地减少取用地下水对生态地貌和植被的影响的主要措施有：大型水源地的地下水开采管理（在很多情况下是减少地下水开采量）、人工回补地下水储量和调节地表径流。

5.3 对地面沉降的影响和喀斯特与潜蚀的发育

地下水在流动的过程中，带来地壳岩层内物质迁移和重新分配。溶解物质随地下径流的搬运，是决定地下剥蚀强度的化学元素迁移最重要的过程之一。对地下水化学剥蚀的定量评价，是通过计算地面沉降在一定范围内（例如下降1m），被地下水搬运的溶解物质数量或者时间。在天然条件下，这个过程体现得不是很明显。例如，在波罗的海自流盆地内，地下水在天然条件下每年从1km^{2}面积搬运出大约30t溶解物质，从而使地面以0.008mm/a的速度沉降。总体上，地面在天然条件下因地下径流导致的下降非常缓慢且是渐进的（10万年下降1m），对人类生活的影响微乎其微。无论这一过程对于地球的地质演变如何重要，它给人类的日常生活并没有造成任何实际的显著负面影响。

而开采地下水、石油或者天然气等人类活动所导致的地面沉降则不同于自然条件下发生的地面沉降。如前所述，因人类活动引起的地面沉降，是负面环境效应的一个体现。下面将更加详细地探讨因超采地下水造成的地面沉降。

众所周知，大量抽取地下水会造成地下水位大幅下降（形成降落漏斗），降落漏斗的面积往往达到数十或数百平方千米。

地下水的等水头线下降和含水层压力改变，将会引起含水层中孔隙水压力和地下水流速甚至流向的改变，这会增加含水层潜蚀和喀斯特作用的强度。在一些条件下，水位下降导致地面沉降，在另一些条件下则会形成塌陷的洞穴。如果地下水处于渗透性良好和压缩率不大的砂质和半砾质岩层中，而且这些岩层与泥质的弱渗透但是压缩性良好的地层互层，则最容易导致地面沉降。在抽取地下水时水头下降，这会增加对土壤骨架的有效压力，导致可压缩的地层被压实，继而导致地表下沉。

根据地层特点的不同，以弹性岩体为主的地层在地下水位抬升时会得到恢复，或者以塑性岩体为主的地层将发生不可逆转的压实。由褶皱地层组成的含水层基本上是不可压缩的。砾质、半砾质和砂质岩体可以被少量压缩，但是这些岩体的压实很快并且具有弹性，即在地下水位抬升后岩体很大程度上会得到恢复。地面沉降主要是来自弱渗透性的泥质地层被压实。

含水层的压力水头减小，使上覆的黏土和含水层内部其他弱渗透岩层形成了对渗透性良好的岩石的水力梯度。

弱渗透层中的压力增加最初发生在孔隙水中，只是随着水的流失才逐渐传递给弱渗透岩石的骨架。由于弱渗透岩石的导水性能低，水的垂直运动和之后的孔隙压力减小都发生得很慢。

在含有优质地下淡水的碳酸盐岩地层中，也常有喀斯特和潜蚀发育的情况。喀斯特和潜蚀作用的机制可以简要描述为：由于沉积中断和物理与化学风化的作用，碳酸盐岩中一般会被大量的大小和形状各异的孔隙和空洞穿透，这些孔隙和空洞内主要填充松散的沉积物。在长时期和过量地抽取碳酸盐岩地层的承压水时，渗透速度会大幅度提高（数十和数百倍）。最终会导致松散的填充物被重新分配，之后被完全移出。所形成的空洞的顶板已经不能承受上覆含水砂质和泥质地层的荷载，从而导致地表缓慢沉降。

地表的沉降和塌陷往往带来危险的后果。例如，地面沉降可能引起地面淹没和沼泽化，公路和铁路路基、水管和其他管线变形，河道坡度改变，工业和民用设施变形等。

Коноплянцев 和 Ярцева（1983）描述了大量的因超采地下水导致地面沉降和地面塌陷的情况。Поланд（1981）指出，地面沉降在美国普遍存在，沉降的幅度从萨凡纳市区（佐治亚州）的 0.3m 到圣华金河河谷西部（加利福尼亚州）的 9m 不等。在加利福尼亚州，地面沉降的总面积达到 1.8 万 km^2。在圣华金河的河谷观测到因开采地下水给环境造成极显著变化，导致 150 万公顷灌溉地中的一半地区发生沉降。在这一地区，因超采导致地下水位下降了数十米，使得个别地段的地面下沉达 9m。为了防止地面沉降，当地政府减少了从河谷含水层抽取地下水的水量。为了防止地下水枯竭，从萨克拉门托河和圣华金河的三角洲引调地表水，而圣华金河、金河、克恩河和佩罗河被用于灌溉。但是，由于河川径流量年际变化大和加利福尼亚州干旱频发，这些措施并不总是能起作用（Bertoldi et al., 1991）。

在加利福尼亚州记录到长度为 3.0 ~ 3.5km 的沉降裂缝。由于个别地方的下沉不均匀，使管渠和水井遭到破坏，造成的经济损失巨大。

在旧金山市，地表下降了 2.4m，为阻止海湾的水进入陆地，必须修建专用堤坝并系统性地加长堤坝。旧金山湾附近的改良地段的沉降是由于当地的植被毁坏，从而加快了有机土壤中的富碳化合物通过有氧和厌氧分解转化为气体的过程，这在导致土壤质量损失的同时导致地面沉降。在洛杉矶的沿海平原，由于抽取石油、天然气和地下水，在海水入侵地区压入淡水等一系列的人为因素和现代新构造运动影响的综合作用，已经连续数十年观测到地表以0.7cm/a的速度下沉。

亚利桑那州的地面沉降也是抽取地下水造成不良后果的一个案例。1948年，在亚利桑那州低于海平面的圣克鲁斯流域，首次观测到地面沉降，到1985年时下沉幅度已经达到4.5m。超采地下水使亚利桑那州多个区域的潜水位下降了整整150m，其中两个分布在卡萨格兰德市西南方向的斯坦菲尔德市附近和钱德勒市以南的钱德勒高地附近。一些评估数据显示，地面沉降使亚利桑那州808000公顷的土地遭到破坏（Gelt，1992）。

在墨西哥城，市区的地面沉降在最近70年达到了10.7m，造成建筑物、桥梁、给排水管道系统破坏。位于市中心的美术馆与周围街道相比，已经下沉超过3m。为了防止地面继续下沉，当地将地表水引至市区，并减少了地下水的开采量。目前，正在制定管理地下水开采和水资源利用的专项措施。

在联合国教科文组织于1983年出版的Г. Линд的专著《水与城市》中，列举了包括水资源、地下水、地表水等在内的所有环境组分之间存在紧密联系的典型案例。这本专著尤其详细地介绍了威尼斯市的地质和水文地质条件。在威尼斯市，由于过度开采含水层中的地下水，再加上亚得里亚海涨潮的影响，有观测显示城市正向大海方向缓慢塌陷。威尼斯市已经采取措施，大幅度地削减市区的地下水开采量并增加利用西尔河地表水。在没有控制地下水开采量之前，1952年至1968年间的地面沉降速度为每年5～6mm。随后，由于减少地下水开采量（现役取水井的数量减少了60%），到1975年时威尼斯的地面回升了2cm（Линд，1984）。

在地下水超采的很多个沿海大城市都存在类似的问题。

可以列举很多因超采地下水导致地面沉降的例子。例如，根据印度尼西亚工程学院的研究，由于超采地下水，从1994年开始，雅加达市局部地区地面沉降已经达到0.5m，这导致咸的海水倒灌，使市区被淹，局部的建筑物地基被破坏。

目前，在墨西哥、日本和美国，已经发现有150多个地区因超采地下水和开采矿床导致地面沉降，沉降幅度达10m。在得克萨斯州，墨西哥湾沿岸的244900公顷土地从1943年起平均下沉了30cm。大部分下沉发生在加尔维斯顿湾。加尔维斯顿湾土地下沉导致的主要问题是地表短期或长期被淹、饱水的泥质黏土广泛分布和土壤结构被破坏。到1975年前，每年因此造成费用和财产损失评估为大约3200万美元（Джонс и Ларсон，1975）。根据加尔维斯顿湾国家规划中的数据，因土地向大洋沉陷，共计损失了9960公顷的河口沼泽地。

在得克萨斯州休斯敦的多个地区，到1975年的地面沉降总量达到4m，因而导致沿岸土地被海水倒灌。从1976年起，国家实施限制脆弱地区开采地下水和通过人工回补潜水等措施来防止地面沉降，取得显著效果。休斯敦的成功在很大程度上与国家支持对地面沉降进行长期监测和研究，以及在降水地下水开采量方面实施严格的控制规划和一系列相关措施有关（Зекцер，2000）。

即使只在一年中的个别季节加大地下水取水力度，例如，用于夏季的灌溉，也可能导致松散土壤下沉。

1973年发现日本冲积平原的地面沉降。在20世纪80年代到90年代初，因开采地下水导致地下水水位持续下降，致使这一地区每年的地面沉降达到2cm。

在日本，因开采地下水导致地面下沉至海平面以下的区域总面积达到1200km^2。1900年至1975年间，东京市的地面沉降量达到4.7m。

日本施行的水法旨在减少地下水的取用量和增加地表水的利用量。目前，在日本多个地区，由于更合理地取用地下水和增加对水库水的利用，地面沉降幅度减小。

在泰国的曼谷，从1960年开始，地面因开采地下水出现显著下沉。目前，曼谷有约15000口水井，这些水井从黏土覆盖的砂质和砾质承压含水层中取水。

在中国，因过量抽取地下水，曾记录到宽0.5m的地面裂缝。

在马来西亚也发现因取用地下水造成的地面沉降。

在一些地区，地面沉降的面积非常之大。例如，在中国台湾，因擅自取用地下水使地面沉降面积达250km^2，最大沉降幅度达2.5m。海水正在入侵台湾岛的沿岸平原。目前正在采取措施减少一些地区的地下水取用量。

在多个地区，过量取用地下水引起的地面沉降使现有的民用和工业设施被毁坏。例如，在印度的加尔各答市，地表以每年1.4mm的速度沉降导致楼房被毁坏。

与抽取地下水有关的另一个问题是土壤的不均匀沉降和形成裂缝。裂缝长度介于数十米到10km以上，深度和宽度可能达到数百米，在某些情况下不超过3m。在索诺拉沙漠，地面沉降1m会导致形成长1km的裂缝（Nabhan and Holdsworth，1998）。如前所述，裂缝是因土壤的不均匀沉降形成的，可能会给地表径流和含水层的补给造成不利影响，还可能引起土壤结构被破坏。在地面下沉时，灌溉渠系统可能被破坏，平整的田地可能变得参差不齐，抽取潜水的井可能坍落入含水层（Gelt，1992）。显然，地面沉降可能造成巨大的经济损失和土壤结构的变化。在美国的整个西部，都有地面沉降给国有和私有的市政基础设施带来严重损失的记录。

在俄罗斯，沉降问题首先与国土幅员辽阔有关。在开采液态和气态烃类资源的西西伯利亚、西乌拉尔山麓、伏尔加河流域和里海沿岸地区以及分布大量采矿企业的科拉半岛，沉降问题尤其突出。这些地区下沉即使数十厘米就相当危险。例如，在西西伯利亚，沉降使沼泽化加剧，在乌拉尔山麓地带和伏尔加河沿岸，沉降则加剧了喀斯特作用。

治理地面沉降的主要方法，也可能是唯一的方法，就是减少从含水层中抽取地下水，并且对潜水位和地表状态实行长期监测。只有制定严格的规定来控制地下水开采，才能在地质和水文地质条件会加剧地面沉降过程和（或）海水入侵的地区，防止或者降低水源地地下水开采带来的负面后果。

得克萨斯州（美国）开展的工作是防治地面沉降和海水入侵的最典型案例。在休斯敦市超采地下水的40年期间，某些地区的地面沉降幅度达4m，导致大片区域被海水淹没。1976年，得克萨斯州政府采取了减少在危险地区抽取地下水和一系列人工回补地下水的措施。之后，地面沉降速度显著减慢。值得强调的一点是，得克萨斯州是世界上为数不多的由州对超采地下水和地面沉降有计划地开展多年调查和研究（包括固定站点观测、建模和预测）的地区之一。

在美国新泽西州波多马克–马哥基含水层的开采地区，形成了大面积的降落漏斗，导致海水入侵沿岸，用水大户因此必须把地下水取用量减少一半。

地表因抽取地下水造成沉降的问题（在开采石油和天然气时也有类似的沉降）引起很多国家的科学家的关注，科学家们正在努力研究沉降现象的特点和规律。其中，主要的课题是预测沉降过程在不同地质和水文地质条件下的发育情况、论证合理的地下水开采制度，尤其是在经历过沉降和喀斯特与潜蚀作用的地区，还要编写预防或减少因在这些地区大量取用地下水造成的负面后果的建议书。

5.4 在沿海地带大量取用地下水对海水入侵海岸的影响

海水入侵发生在抽取地下水的沿海含水层。抽取地下水会降低沿岸含水层的水头，使海水向陆地含水层运移，这会不可避免地给含水层的淡水造成难以逆转的污染。两个最著名案例是加利福尼亚州的洛杉矶和蒙特雷的沿岸含水层。

在人口约 1000 万的洛杉矶县的沿岸城市，三分之一的用水来自浅层地下水。因此，在该地区的含水层中已经出现淡水资源枯竭，很多地方的地下水位降到海平面以下。从 20 世纪 20 年代开始，海水开始入侵这些沿岸含水层（Edwards et al., 2002）。控制洛杉矶县海水入侵的主要方法是沿海岸注入淡水，从而建立一道水力屏障。这些水力屏障通过一系列注水井建立，注水井的布置策略是能够阻止和逼退海水的倒灌。但是，由于沿岸地区的水文地质条件复杂，这些水力屏障并不是绝对可靠的，海水可能通过未知的地下含水层进入（Edwards et al., 2002）。另外，这一方法的造价也是高昂的。在洛杉矶县建立的三个水力屏障中，有两个在 1996 年至 1997 年间需要注入近 740 万 m^3 的水。第三个屏障位于西海岸（即所谓的“西海岸屏障项目”）则需要注入 1360 万 m^3 的水，其中的 700 多万 m^3 水是经过处理的水。

另一个控制海水入侵洛杉矶县的超采含水层的方法是利用雨水增加地下水的补给量。洛杉矶县利用了衔接水渠的水保护设施和底部软质的沟渠，可以让雨水进入主要含水层。这些设施布置在含水层渗透性好而且有利于地下水补给的地方。这一方法的本质是蓄积地下水。在这种情况下，降水入渗补给是为了补充含水层地下水，而不是用于未来的地下水供水。

海水从 20 世纪中期开始入侵蒙特雷县的沿岸含水层。为控制海水入侵，蒙特雷县的相关部门已采取措施，防止潜水地下水位的持续下降。为此，从北加利福尼亚引进淡水，将当地的污水经处理后二次利用于灌溉农作物。蒙特雷县目前使用经过处理的污水灌溉约 4900 公顷的农田。但是，利用处理后的污水也不是没有问题的。农场主们非常担心处理后的污水中钠、氯化物、溶解固体物质的含量高和钠吸附比高。尽管当地政府曾对污水处理厂进行过改造，然而很多农场主仍不满意经过污水处理后用于农作物灌溉的水质。位于戴维斯市的加利福尼亚大学的研究人员化验了处理后的污水，结果发现，土壤的渗透性没有受到污水的影响。另一方面，受到处理后的污水中钠和氯浓度的影响，草莓等敏感作物的收成和质量可能有所下降。

利用处理后污水的另一方面是敏感度较低的作物因水中出现氮和磷而产量增加，这些作物包括芹菜、甘蓝和花椰菜，产量增加了20%（Lieberman，2003）。除了因利用处理后污水进行灌溉所造成的这一矛盾结果，还出现了其他复杂情况。首先，水处理的成本相对较高，约为0.22美元/m^3，与此同时，抽取和利用地下水的成本约为0.06美元/m^3（Lieberman，2003）。其次，很难消除社会对利用处理后的污水种植作物的不良反响，这也是农场主方面阻止二次利用污水的原因。另一方面，政府没有强制要求农场主在自己产品的商标上向民众告知这是利用处理后的水种植的产品。在蒙特雷县沿岸含水层被盐污染的背景下，利用处理后的污水进行灌溉依然是能够替代大规模开采地下水的一个有吸引力的方案。

尽管对海水入侵现象的研究比较充分，而且阻止和克服海水入侵的方法在加利福尼亚州进行过数十年的实践，但是，这一问题依然突出。目前对该问题的研究仍在继续，地区、州和联邦部门正在加利福尼亚州全境采取控制措施。沼泽化的程度高是由于海水入侵影响了至关重要的淡水储量和环境，继而影响农业。

除了地面沉降，在泽廖内角群岛、美国墨西哥湾沿岸、意大利的一系列城市和其他多个地区还体现出海水入侵的其他危害，这些危害导致必须限制地下水的开采。海水入侵使以色列沿岸的地下水水质发生恶化。在英国的多个沿岸地区，存在海水入侵含水层的问题。例如，在英国东海岸，观测到海水入侵了被超采的用于饮用水和工业用水的白垩系地下水含水层。专家建议采取稳定地下水开采量的措施，以防止海水进一步入侵。

在昆士兰州（澳大利亚）的沿岸地区，地下水开采量几乎是现代入渗补给量的两倍，已经发现海水大量入侵开采的含水层。

海平面上升也可能影响海水的入侵强度。这种影响可以通过建立海水入侵数值模型来研究海平面上升和地下水开采引起的海水入侵变化，以蒙特雷地区的研究为例（图5.4.1）。这个案例在Loaiciga等（2011）的研究论文中给予了具体的介绍。加利福尼亚水资源厅在2006年公布了一份研究报告（CDWR，2006），报告中指出，海水入侵沿岸淡水含水层是气候变化的潜在后果之一。尽管海平面从最近一次（威斯康星阶）冰川期末开始一直在上升，但是，由于人为向大气层排放温室气体引发的热扩散和冰川融化导致海平面的上升速度加快（IPCC，2007）。全球平均海平面（GMSL）在20世纪以平均每年1.8mm的速度上升（Douglas，1997）。IPCC报告（IPCC，2007）中指出，全球平均海平面的上升速度正在加大（Bates et al.，2008）。根据IPCC评估，全球平均海平面在1993年至2003年间平均每年上升3.1mm，但是海平面的变化在全球各个地区是不均匀的。根据Николс和Казенаве（2010）的评估，全球平均海平面从1993年到2009年平均每年上升3.3mm。由于地面沉降和河口湾的河流沉积物减小，海平面的上升使沿岸含水层遭受海水入侵的情况进一步加剧（Андресон и др.，2010；Николс и Казенаве，2010）。据加利福尼亚水资源厅（CDWR，2006）推测，加利福尼亚州沿岸的海平面在21世纪的上升幅度为0.10m到0.90m，这与Николс和Казенава（2010）不久前预测的全球平均海平面上升速率基本一致。海平面上升带来的后果之一是海水对沿岸含水层的入侵进一步加剧（Мастертон и Гарабедян，2007；Вернер и Симонс，2009）。从20世纪30年代起，在加利福尼亚州的蒙特雷县、圣克鲁斯县、文图拉县和旧金山湾周围地区以及世界的许多其他地方，均发现因地下水开采造成的海水入侵（Зекцер и др.，2005；Loaiciga，2008）。地下水在加利福尼亚州的供水中发挥着重要作用，约占城市和农业用水的40%（Бахман и др.，2005；CDWR，2009）。因此，必须关注因海平面上升对加利福尼亚州沿岸含水层造成的威胁。类似的问题也出现在其他地区的沿岸含水层中，这是非常令人担忧的，尤其考虑到世界上有很大一部分人口生活在距离海岸线30km以内。

图5.4.1右侧显示，在情景Ⅰ（海平面到2106年上升1m，2006年之后的地下水开采量恒定为15340m^3/d）和情景Ⅱ（海平面保持在2006年的高度不变，2006年之后的地下水开采量恒定为15340m^3/d）下，计算得到的两种情景10000mg/L等盐度线之间的差值。值得注意的是，到2106年，在海平面上升1m后，10000mg/L等盐度线比在海平面不变情况下的同一数值等盐度线远12～18m。显然，与抽取地下水的影响相比，在滨海含水层中，海平面上升的影响很小，抽取地下水对海水入侵海岸产生的影响更大（详见Loaiciga et al.，2012）。

海水入侵沿岸含水层是一个需要长期研究的课题（Ghyben，1888；Герцберга，1901）。利用最新完善的数值模型，可以对某些地段的淡水与海水之间的交互作用进行详细的三维建模（Yeh and Bray，2006；Bray et al.，2007；Kumar et al.，2007）。FEFLOW有限元地下水流和溶质运移模拟系统主要用于地下水及渗流介质的流量、溶质运移和热传递模拟，并考虑溶质运移与溶质密度之间的关系（Diersch，2006；Trefrey and Muffels，2007）。因此，这一系统适合为因天然和人为因素造成海水入侵的沿岸含水层建模，因此被科学家广泛使用。Фей教授及其合著者于2001年为海水入侵塞内加尔承压含水层建立了模型。Кумар及其合著者于2007年利用七图层FEFLOW系统的模型预测了海水入侵。П. Барaзиолли教授及其合著者于2008年利用FEFLOW系统为因抽取沿岸工业井附近的地下水造成的海水入侵建立了模型。

2001年，H. Loaiciga教授及其合著者对加利福尼亚州蒙特雷沿岸含水层地区的海水入侵建立了数值模型，模拟分析了海平面上升和地下水开采量增加导致的海水入侵范围。图5.4.1为滨海含水层地区示意图。H. Loaiciga及其合著者（2011年）研究得到，在（Ⅰ）海平面在2006年至2106年间总体上升1m（线性上升0.01m/a）和（Ⅱ）地下水预测开采量下，21世纪，在对海水入侵的影响方面，地下水开采带来的影响将显著高于海平面上升带来的影响。在图5.4.2的左侧显示出，在预测海平面在21世纪期间上升1m和地下水开采为2006年后确定的水平（$Q=15340m^3/a$）下，1000mg/L和10000mg/L平均盐度等值线在2106年的大致位置。请注意，10000mg/L和1000mg/L等盐度线的最远点分别位于距离海岸线约760m和1200m处。图5.4.2左侧的位于中心点上方的小方块在图的右侧被放大展示。

通过简要地研究超采地下水对环境主要组分（河川径流量、植被、生态地貌）的潜在影响，可以得出以下重要结论：

从地下含水层开采更多地下水的愿望与需求和开采地下水对各种环境组分的潜在负面影响之间，存在着极普遍的客观矛盾，应当在生态综合监测数据的基础上研究这些矛盾，包括分析大型地下水水源地多年开采地下水的经验。通过这样的研究，可以在兼顾环境保护要求的同时，论证合理取用地下水的规模和模式。

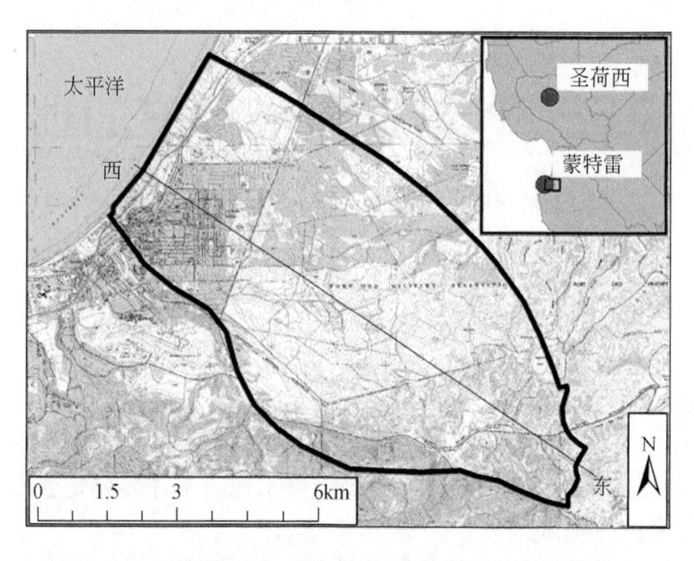

图5.4.1 加利福尼亚州蒙特雷山附近的滨海地下水盆地

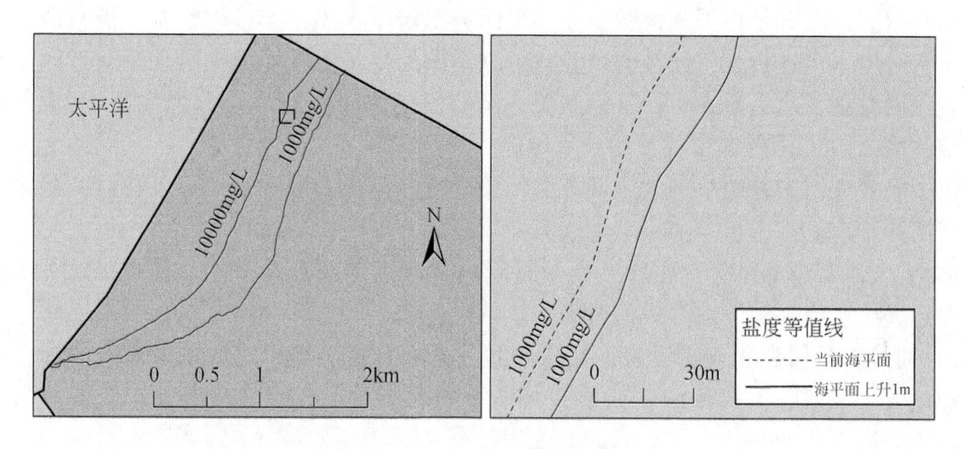

图5.4.2 盐度等值线模拟

由于地下水开采及其带来的水位降低、排水、管线漏失、构筑物的阻隔效应、平整地形等对城市水文地质条件的人为破坏导致水均衡被破坏、被淹和沼泽化、地面沉降、喀斯特和潜蚀活跃以及其他过程（Королев и Михайлов，2008）。

为防范与开采地下水和地区气候变化有关的生态风险，制定了联合治理地表水和地下水的特殊方法。最常使用的方法之一是在多水年份蓄积地下水，这意味着，将准确计算的部分径流量送入冲积含水层用于回补地下水。这些潜水以很小的损失量保存在地下并在干旱年份取出和利用，也就是说，用于人工增补或者回灌地下水（详见第6章）。

第6章 俄罗斯南部地区的地下淡水人工回补前景

6.1 地下水人工回补问题的现状

最近几年和几十年，为提高地下水在各个生活与经济领域，特别是作为生活饮用水水源的利用效率，采用了人工回补（回灌）地下水的方法。

地下水人工回补是指采用人工措施（池塘、蓄水池、水井）将地表水或其他水源的水注入地下含水层，用以补充地下水。

在某些情况下，会利用天然封闭的低洼地势（沟壑等）来回补地下水，增加地下水储量。

欧洲国家，尤其是德国和荷兰，在人工回补工作中积累了丰富的经验。俄罗斯和苏联几乎没有对地下水进行人工回补的经验。可以举出的仅是苏联境内少数几个通过回灌降雨和地表径流对地下水进行人工回补的案例，例如巴尔杰泽尔斯市（拉脱维亚）、克莱佩达市（立陶宛）和图阿普谢市的饮用水水源地。

以下简要介绍国外地下水人工回补的经验。应当指出，原则上，可以通过两条途径实现人工回补：

1）在含水层分布的某一区域，在短时间内一次性地回补地下水。其中，地下水回补时间要远远小于将来地下水开采的时间。

2）通过专门修建的入渗设施，如压水井、渗水廊道、堤岸过滤或者露天渗池，将地表水源以人工回灌的方式持续不断地注入地下含水层中。在很多情况下，为了回灌地表水，可能利用天然的洼地。

这两种方法的目的都是为了增加现有地下水水源地的可采地下水储量。

中亚是最早通过人工回灌来补充地下水储量的地区，当时的人们借助简陋的设施把雨水拦截在临时水道中。19世纪初，出现了最早的用于回补地下水储量的固定设施（位于克莱德河谷傍河水源地的专用回灌通道，该水源地用于苏格兰格拉斯哥市供水；加隆河河谷傍河水源地附近的河漫滩回灌场地，该水源地为法国图卢兹市供水）。

由于20世纪用水量急剧增加，造成了有限的天然水资源量与必须修建大型水源地之间的矛盾，这种矛盾在西欧国家（德国、荷兰、瑞典等）人口稠密地区尤其突出。正是在这些人口稠密地区，通过专门修建露天入渗蓄水池，并将附近大型河流（美因河、莱茵河、易北河、卢尔河等）和湖泊的“新”水引入蓄水池，从而实现了地下水的回补。这一时期，地下水的回补技术得到了广泛推广。

在富尔贝格地区（德国下萨克森州），从冰水沉积砂层中抽取地下水的水源地（为汉诺威市供水）取水量从1910年到1960年增加了十倍，达到16万m^3/d，因此造成潜水水位下降，并导致根系层和土壤层的水分条件被破坏、泥炭沼泽地表沉降、天然的森林和草甸植物群落演替和退化。在20世纪60年代至80年代，通过构建地下水数学模型对该地区的生态与水文地质环境进行了系统性的科学研究。研究论证表明，需要将总取水量从16万 m^3/d 削减到11万～11.5万 m^3/d。同时，制定了人工回补地下水方案，将奥尔特采河的河水回补到含水层。具体的实施方案是采用渗透井将河水以7万 m^3/d 的速率回灌到地下水含水层，该项目在20世纪90年代得到了实施（Жоров，1995）。

大约在同一时期，莱茵河河谷的黑森河滩沼泽地（德国黑森州）也出现了类似的环境问题。在这里，有一座大型地下水水源地，为法兰克福市、达姆施塔德市和其他城市供水，供水量达40万～45万 m^3/d。在该水源地及周边地区，观测到地面沉降和建筑物的大量损坏。在20世纪90年代，为预防地面沉降和地下水位进一步下降，制定并实施了地下水回补工程。该工程将莱茵河河水以10万 m^3/d 的速率回补到地下水含水层中。

德国科学家在下莱茵褐煤田（德国北莱茵威斯特法伦州）开展了大量的工作，确保地下水水位稳定。在这里，矿井和露天矿排水，以及生活饮用水带来地下水的开采量超过10亿 m^3/a。在莱茵河沿岸分布的傍河水源地中运行着地下水人工回补系统。20世纪80年代末在加茨韦勒大型褐煤露天矿附近安装的一套污水处理（除铁）设备，于1991年开始投入运行。经过处理后的水通过深4m的沟槽系统进行人工入渗，补给地下水。一期工程的设计地下水回补能力大约为9.5万 m^3/d，后期将增加至15万 m^3/d 以上。

荷兰的地下水人工回补量很大（Жоров，1995）。根据1990年数据，荷兰全国的地下水总取水量约为57.5万 m^3/d，通过露天入渗设施和水井对地下水进行人工回补的数量近50万 m^3/d，其中的90%来自50km以外的水源。露天入渗式蓄水池的水面面积超过 $3km^2$。

在新西兰，为霍克斯湾的赫雷东加平原地下含水层制定了地下水人工回补方案。该设计方案是把河水直接引入渗水池，通过砾石河道对地下含水层进行天然补给。

在水资源最为短缺的林堡省（荷兰南部）采取了特殊的水资源利用计划。为了防止地下水枯竭，首先将这一地区的地下水总取水量从每昼夜27万 m^3 减少至22万 m^3。同时，在马斯河河滩地修建了大型的集中取水水源地，取代分散的小型取水水源地，并采用地下水人工回补系统对含水层地下水进行回补。最后，在全省范围相应地重新设计输水管网。

在中国，专门修建了地下水的水库。北京市在这方面积累了丰富的经验。1994年雨季末期，1亿 m^3 的水从密云水库下泄到潮白河，其中0.7亿 m^3 渗入地下含水层（Подземные воды мира：ресурсы，использование，прогнозы，2007）。通过人工补给，地下水水位迅速回升，储量得到增加。

在美国西部各州（加利福尼亚州、得克萨斯州、新墨西哥州、爱达荷州、亚利桑那州、犹他州、内华达州等），由于农业灌溉而超采地下水，导致地下水储量持续减少，地下水水位大幅度下降。在多个地区（例如得克萨斯州），由于地下水超采而带来显著的地面沉降。为预防由于地下水超采所带来的次生灾害，也为了部分地回补已被开采的地下水储量，当前除了规范和调整地下水取水量，还应广泛地采用人工回补措施。这些措施包括：大规模修建渗水沟分流系统、压采水井、小型梯级水库；将洪水引入小型河流的河谷阶地，实现河漫滩渗透补给地下水。

在印度的半干旱地区，修建渗滤池对于增加含水层地下水回补量非常有效。渗滤池是用土堤（坝）围起来的通道。在雨季积累的河水在旱季持续渗漏进入含水层，补充了含水层的地下水储量。典型渗滤池的堤高为10m，集水面积约为20km^{2}到50km^2。在干旱地区，修建渗滤池是政府部门常用的抗旱措施。在干旱年份，修建和维护渗滤池可以为近20万人提供3到4个月的工作保障（Подземные воды мира：ресурсы，использование，прогнозы，2007）。

这样的例子还有很多。总体上应当说，国外对于地下水回补问题的解决方法是具有系统性的，他们设置了不同方向的科学研究，建立了大规模的地下水观测网，并在大范围内有计划地实行地下水回灌综合水利措施。还有一点值得注意，地下水回灌产生了巨大花费，其中的一部分花费由用水者来承担。

在大多数情况下，在一个地区能否开展地下水人工回补，主要取决于是否具有水质合格的回补水源。同时，水文地质条件与气候条件，以及渗水工程的修建和运行费用，也是决定是否开展地下水人工回补的重要影响因素（Плотников и Алекссев，1990）。

研究区水文地质条件主要是指地下水回补的目标含水层是否具有足够的储水空间，这一点非常关键。相应地，地下水人工回补的效率主要取决于目标含水层的渗透性能和储蓄能力。

在进行人工回补过程中，地下水的水质可能会发生变化。如果地下水回补的水源是未净化的地表水，那么有可能会导致地下水的水质恶化。但不同水化学组分的地表水与地下水在混合过程中会发生各种物理和化学作用，以及向含水层注入的回补水在含水层内的水岩作用下，水质也有可能会得到改善。

用于判断是否进行地下水人工回补的参数包括：含水层的分布范围和埋藏条件、含水层的渗透性能和储蓄能力（渗透系数、导水系数、给水度、释水系数、水位传导系数、压力传导系数）以及地下水的化学成分、细菌和辐射指数。

河谷的冲积地层是最有利于人工回补的地下含水层（Классификация эксплуатационных запасов и прогнозных ресурсов подземных вод，1997），其次是冲积锥和第四纪之前的陆源碎屑物和碳酸盐岩含水层。

人工回补条件还取决于包气带的厚度和包气带土壤的渗透性能。前人研究指出（Сычев и др.，1985），包气带厚度为3～5m（最大10m）的区域最适合地下水人工回补。

一般认为，如果含水层渗透系数不低于10～20m/d，含水层厚度不小于10m，含水层导水系数不低于100m^2/d，那么地下水人工回补是十分有效的（Плотников，1983）。

从预防水质在人工回补过程中被污染，以及改善回补水源水质的角度来看，由高吸附性的松散地层所组成的含水层是非常有利的。

在河谷地带，建议将渗水池修建在河滩地，或者修建在河滩地上方的一级阶地上。

因为在回补过程中地下水可能被污染，所以由裂隙岩所组成的非承压含水层的地下水人工回补的前景较小（Плотников и др.，1978）。

由于注水井的滤管可能会淤塞，因此通过注水井向承压含水层压水的人工回补方式具有一定的特殊性。

6.2　按照地下水人工回补条件对欧洲俄罗斯南部地区的区划

在《苏联水文地质》一书中，将欧洲俄罗斯南部地区划分出众多自流盆地，包括亚速-库班盆地、东-前高加索拗陷（捷列克-库马盆地）、伏尔加-霍皮奥尔盆地、顿涅茨克-顿河-里海盆地、顿涅茨克褶皱区和大高加索水文地质褶皱区。根据前人研究结果（Куренной и др.，2010；Островский，2003），将亚速-库班盆地和东-前高加索拗陷分隔开来的斯塔夫罗波尔背斜隆起定义为一个独立的水文地质构造单元，即斯塔夫罗波尔背斜盆地。上述的这些水文地质构造单元在水动力学特征，以及补给、径流和排泄条件上存在显著的差异。斯塔夫罗波尔背斜盆地作为叶戈尔雷克和卡拉乌斯水均衡区的一个水文地质构造单元，其特点是水资源潜力低以及水自由交换带的地下水矿化度高。

只有通过详细分析研究区的自然条件，包括地貌条件、地质与水文地质条件，以及水文条件等，才能为俄罗斯南部地区选择适合于地下水人工回补的水文地质单元（Хордикийнен，1973）。

影响地下水回补的三个重要因素包括回补需求、储存空间和回补水源。根据这三个因素可以将地下水回补区划分出不同的类型。回补需求是指需要人工回补的地下水储量。在当前经济条件下，它无疑是最重要的因素。储存空间是指由含水层或包气带的厚度和渗透性能所决定的储水容积。回补水源是指水质满足地下水人工回补要求的潜在水源（通常是指地表水）。结合这三个因素，可以划分出8种不同类型的地下水回补区。

具有开发前景的地下水人工回补区应当同时具备回补水源和储存空间。否则，即使存在地下水回补需求（包括季节性回补需求），也没有进行地下水人工回补的可能，因为根本没有合适的回补水源或者一定的储存空间。

因此，整体而言，所有地下水回补区可以归为三大类。这三大类从实际应用的角度来看，是合理的和有根据的：

——第一类，具备人工回补实际需求，且储存空间和回补水源都满足条件的前景区；

——第二类，具备储存空间和回补水源，但当前没有人工回补实际需求的前景区；

——第三类，不具备人工回补前景的地区。在这些地区，无论有无回补需求，都没有实行人工回补措施的可能性。换言之，这些地区要么没有回补水源，要么含水层没有足够的地下水储存空间。

根据上述分类标准，可以建立欧洲俄罗斯南部人工回补区划示意图。

地下水人工回补系统的含水层储存空间在某种程度上是动态的。它的动态性可能与因地下水水源地开采所形成的大面积降落漏斗有关。例如，在克拉斯诺达尔边疆区，因地下水超采形成了大面积的降落漏斗（http：//south-gm. jino. ru）。由于砂质-泥质岩含水层的储水系数变化不大，加之缺少区域尺度上的实际数据，笔者仅以含水层和包气带的厚度、含水层岩石成分和导水率等为基础，将含水层的储存空间进行分区。

对当前自然条件与工程经济条件的综合分析是地下水回补区划分的依据。与人工回补相关的一些参数或储存空间可能发生变化，尤其在形成新的人工补给区的过程中。

下面，我们将逐一分析大高加索所有自流盆地和水文地质褶皱区。

东-前高加索（捷列克-库马）自流盆地，覆盖斯塔夫罗波尔边疆区的全境。

东-前高加索境内广泛发育的冲积层、冲积-冰水沉积层和现代地层，是东-前高加索自流盆地内的主要地下水开采层。

在斯塔夫罗波尔高地，主要开采的是新近系萨尔马特阶地下水含水层。

东-前高加索自流盆地的东南部具备地下水资源形成的有利条件，地下水资源丰富，适宜开采。斯塔夫罗波尔隆起区的特点是地下径流模数最小，不足0.1L/(s·km^2)。

在东-前高加索自流盆地内，当河流没有受到严重污染且清澈的情况下，河水是可以被用于人工回补的水源。这里的大多数河流位于里海盆地（捷列克河、苏拉克河、马尔卡河、阿尔东河等河流系统）。库马河水系覆盖东-前高加索自流盆地的整个中部地区。

所有河流都具有较为稳定的河川径流，但河川径流量在年内和多年内的分配极不均匀。

开采地下水的大型水源地主要分布在纳尔奇克市和弗拉季高加索市内。纳尔奇克市的地下水水源地总供水量超过50m^3/d。在弗拉季高加索市，已经探明了奥尔忠尼启则夫斯基地下水水源地。这个水源地类似于备用水源地：在枯水期，当河水流量很低的情况下，将从这个水源地取水。目前，还没有对这个水源地的取水设施进行任何设计。目前所论证的奥尔忠尼启则夫斯基水源地地下水可开采量，是没有考虑人工回补量的。

在东-前高加索自流盆地的北部（阿第盖草原），萨尔马特、阿普歇伦斯克、阿克恰格尔斯克的新近系和海相第四系地层的承压含水层，在条件允许的情况下，能够进行地下水开采。这一地区的50%区域，含水层储水能力弱，无法开展地下水人工回补。

在捷列克-库马河间地带，发育有冲积平原和冲积-海相平原。这里的含水层储存空间小，也没有回补水源。当然，这里也没有地下水人工回补的需求。

在东-前高加索地区的捷列克山脉和孔扎山脉的山间向斜低地，也没有地下水人工回补需求和回补水源。

从地质条件方面来看，在自流盆地内普遍发育由漂砾和卵砾组成的第四系地层，这些地层可以为地下水人工回补提供很好的条件。但是，这一地区几乎没有地下水人工回补需求。阿萨尔河、阿克沙特河能够提供地下水人工回补的水源。孙扎河、佐尔卡河、纳尔奇克河已经被工业污水严重污染，目前无法为地下水人工回补提供水源。

大高加索水文地质褶皱区，发育在研究区的南部。

大高加索水文地质褶皱区的70%以上是山区。因此，从地下水人工回补的必要性来看，由于人口相当稀少，并且具有完全可以满足生活饮用水需求的纯净地表水和大量泉水，因此不需要研究这些地区的地下水供水。但黑海沿岸地区是个例外，这里分布有索契市和图阿普谢市等多座大城市以及大型村镇。

普列祖阿普谢河、姆济姆塔河、普索乌河、索契河等大型河流的河谷和一些小河河谷内广泛分布冲积含水层。上述冲积含水层的地下水开采为黑海沿岸城市提供水源，满足了城市用水需求（Боревский и Ершов，2005）。这些城市的供水主要依赖于入渗式傍河水源地。

在水动力环境总体有利的情况下，当地下水开采井不能保障季节性需求时，也有必要进行地下水人工回补。

根据欧洲俄罗斯南部地区的地下水人工回补条件，在高加索水文地质褶皱区内划出两个分区：

——黑海沿岸的U型谷，这里原则上满足所有三个条件，即季节性回补需求、作为人工回补水源的河流、U型谷冲积地层内的地下水储存空间。达吉斯坦的加姆里-奥津冲积锥和萨姆尔冲积锥的顶部和中部都属于这样的U型谷。

——高加索矿泉水山区，在这里可以划分出一个具有回补水源的地段，但是这里的水文地质条件决定了含水层储存空间小，不适合开展地下水人工回补。

黑海沿岸的河流为直线型河道，宽1～2m到3～4m，但非常重要的是河川径流量在年内分布极不均匀。特别需要指出的是，河水在洪水期非常浑浊，这导致无法将洪水期的河水作为地下水人工回补的水源。

里海自流盆地位于里海洼地。该地区的西部和一部分西北部都属于里海自流盆地。

里海自流盆地的地下淡水和微咸水资源在空间上分布不均匀（Гидрогеология СССР, 1977）。在里海自流盆地的大部分区域，地下淡水和微咸水呈零星状的局部分布。

从能否形成大量的地下水资源来看，里海自流盆地的东部，即阿克纠宾斯克谷和伏尔加河河谷的水文地质条件更加有利。伏尔加格勒州的列宁区和中阿赫图宾斯克区的供水非常紧张（http：//www. rusouth. info）。

从构建地下水人工回补系统的角度来看，第四系冲积地层的含水层非常重要。除了该含水层之外，位于上白垩统地层中的地下水含水层也非常重要。科学家经过勘探查明（http：//www. rusouth. info），上白垩统含水层的地下水开采量可以达到200～500L/s。这么大的开采量将导致地下水水位大幅下降（150m以上），被疏干的含水层可以用于人工回补。

在欧洲俄罗斯南部的里海自流盆地内，根据地形条件可以划分出三个地区：

——伏尔加河和萨尔河的河谷阶地区。从地下水人工回补的前景来看，这两条河的河谷具有有利的水文地质条件。尽管目前没有地下水回补的需求，但该地区具有人工回补的潜在水源。此外，河滩地的冲积地层具备良好的储水空间。

——湖相-冲积相、湖相和海相含盐盆地区。在这里修建地下水人工回补系统基本没有现实意义。但值得注意的是，在卡尔梅克，可能存在以冰雪融水和雨水形式存在的潜在回补水源。但无论从时间上，还是从空间上来看，冰雪融水和雨水形成的水资源量都是有限的。所以，原则上只可以在这一地区修建沟渠集水廊道。

——在侵蚀-层状的抬升平原地区划分出两个亚区：叶尔格宁斯基亚区（从埃利斯塔山延伸到伏尔加格勒市），这里有地下水回补需求，但是没有回补水源和地下储存空间；瑟尔特亚区，位于伏尔加格勒市的东南方向，这里几乎没有回补水源。

顿涅茨克-顿河自流盆地的东部，覆盖罗斯托夫州和伏尔加格勒州。

总体上，该区域地表水和地下水的水资源都能得到充分保障。根据前人研究成果（Гидрогеология СССР, 1977），顿涅茨克-顿河自流盆地的地下水资源潜力巨大。地下水被广泛用于城市和农村居民点的供水。

顿涅茨克-顿河自流盆地内的地下水开采含水层包括古近系、上白垩统冲积含水层。

与古近系冲积含水层相比，白垩系地层的含水层由于埋藏较深，不利于人工回补。

在顿涅茨克-顿河自流盆地内，水系相当发达的地表河水可以作为地下水人工回补的主要水源。河流地表水的矿化度不超过1g/L。

在自流盆地的东部，目前没有人工回补地下水的需求。同时，由于含水层储存空间有限，可以把该地区划归为地下水人工回补前景很小的地区。

相比之下，顿涅茨克-顿河自流盆地的西部是地下水人工回补的前景区。因为这里有卡利特瓦河及其支流的地表水作为地下水回补的水源，且白垩系碳酸盐岩地层的含水层系统为地下水提供了足够的储存空间。

覆盖罗斯托夫州西部地区的顿涅茨克褶皱地带东部地区，其经济发展程度十分有限。

根据前期研究结果（Информационный бюллетень г. Ростов-на-Дону，2010），这一地区地下水和地表水的水质难以达到要求。采矿时大量排出的地下水，由于酸度很高而不满足饮用水要求，因此不能作为地下水的回补水源。非常遗憾的是，目前，这些矿井水未经预先净化就直接排放到河流和沟壑系统中，致使地表水和含水层地下水均受到严重污染。

本来河水是地下水回补的主要水源，但是，水质监测数据表明（Информационный бюллетень г. Ростов-на-Дону，2010），在罗斯托夫州顿涅茨克褶皱区内，矿井水和工业企业污水的排放使地表河流系统遭到严重污染。河流的浑浊度大大超过最高容许值，河水中检测到的石油产品、硝酸盐含量往往很高。因此，地表河水已经很难作为地下水人工回补的水源。

通过对地下水回补需求、回补水源和含水层储存空间这三个因素的综合分析，可以认为，该地区存在地下水人工回补的需求，但是目前是没有合格的回补水源，也不具备地下储存空间。整个这一地区可以被看作是人工回补的非前景区。

伏尔加沿岸-霍皮奥尔自流盆地，位于所划分区域的北部和西北部，覆盖伏尔加格勒州的部分区域。

监测数据显示（http：//south-gm. jino. ru），在伏尔加-霍皮奥尔自流盆地境内目前不存在严重的生活饮用水短缺问题。地区内没有适宜地下水人工回补的大型水源地。

这一地区由于有伏尔加格勒水库和相当密集的河网（顿河、梅德韦季察河等），总体上可以认为伏尔加-霍皮奥尔自流盆地的水资源保证率是令人满意的（Информационный бюллетень г. Волгоград，2010）。

河谷内一般会修建小型水源地，小规模地开采冲积含水层的地下水。这部分被疏干的含水层是可以被用作未来地下水回补的储存空间。

在伏尔加-霍皮奥尔自流盆地内分布有古生代含水层系统。这些含水层系统作为地下水人工回补储存的可能性极其有限，仅在与冲积含水层系统具有紧密水力联系的古生代含水层系统可以作为地下水储存空间。

在伏尔加沿岸-霍皮奥尔自流盆地内普遍分布有石炭系地层的含水层系统。在苏拉河和霍皮奥尔河的河间地带开采这一含水层系统地下水非常具有前景。目前，这一含水层系统地下水几乎没有被开采。

顿河、霍皮奥尔河、梅德韦季察河及其支流的地表水原则上是可以作为回补水源的。

地表河水是淡水，矿化度不超过 1g/L。河水的浑浊度多在 4 ~ 10mg/L 至 40mg/L 之间。梅德韦季察河的浑浊度在汛期为 500 ~ 600mg/L。除了浑浊度高，河水中还被检测有石油产品和酚类等污染物，因此利用河水来修建地下水人工回补系统仍需要专门的研究（http：//south-gm. jino. ru）。

在梅德韦季察河、霍皮奥尔河和顿河的河谷也可以划分出一个地下水回补的亚区。该亚区由新近系-第四系冲积和堆积层组成。目前，该亚区内没有人工回补地下水的需求，但具有人工回补储存空间（冲积含水层）和回补水源。值得注意的是，目前没有关于河流地表水水质的准确数据，但有资料显示河水已被不同程度地污染。因此，河流地表水只能被视作地下水人工回补的潜在水源。

在该盆地的其他区域，目前要么没有人工回补地下水的需求，要么没有合格的地下水回补水源。但是，这一地区的白垩系和石炭系含水层可以用作地下水回补的储存地层。

下面将详细地介绍亚速-库班自流盆地的地下水人工回补前景。

亚速-库班自流盆地覆盖罗斯托夫州、克拉斯诺达尔边疆区和斯塔夫罗波尔边疆区的西南部区域。

在亚速-库班自流盆地，通过开采第四系和古近系地层的地下水，为城市和村镇居民提供生活用水。值得注意的是，亚速-库班自流盆地内的地下水资源在空间上分布极不均匀。顿河畔罗斯托夫市、沙赫特市、新切尔卡斯克市、塔甘罗格市等大中城市，尤其是亚速-库班盆地西北部城市的供水主要依赖于地表水。

在亚速-库班自流盆地的塔甘罗格市、克拉斯诺达尔市和迈科普市内拥有众多大型地下水水源地（取水量超过 3 万 m^3/d）。特罗伊茨基地下水水源地的取水量高于 $200m^3/d$。大量开采地下水已经造成这一地区的地下水降落漏斗不断扩大。

未来，克雷姆斯克市、季马绍夫斯克市、乌斯季拉宾斯克市、阿普歇伦斯克市、阿尔马维尔市、克鲁泡特金市、阿纳帕市、滨海阿赫塔尔斯克市等城市可能都有修建地下水水源地的需求。

在选取亚速-库班自流盆地内的潜在地下水回补区域时，通常选择符合以下水文地质参数要求的含水层作为人工回补地下水储存空间：含水层厚度不小于 5m，含水层的渗透系数不小于 10 ~ 20m/d，含水层导水率不小于 $100m^2/d$，包气带厚度不小于 3m。根据这些水文地质参数，绘制了亚速-库班自流盆地的人工回补地下水储存空间区划示意图（图 6. 2. 1）。

在存在人工回补地下水需求时，可以将一部分含水层用作人工回补地下水的储存地层。下面将简要地介绍这些含水层。这些含水层的基本资料来自前人的研究著作（Славяноваи Лумельский，1970）。

在库班河及其支流的上游，现代冲积地层的含水岩石以大漂砾为主，含水层介质为粗漂砾-砾石（渗透系数为 100 ~ 250m/d），局部地区的含水层埋藏深度达到 3m，含水层厚度近 9m。

在库班河中游，从切尔克斯克市到格里戈罗波利斯卡亚镇，含水层介质主要是含砾质、砂质和泥质填充物的砾岩，其渗透系数为 25 ~ 56m/d。含水层的厚度为 4 ~ 10m，地下水埋藏深度近 3. 4m。

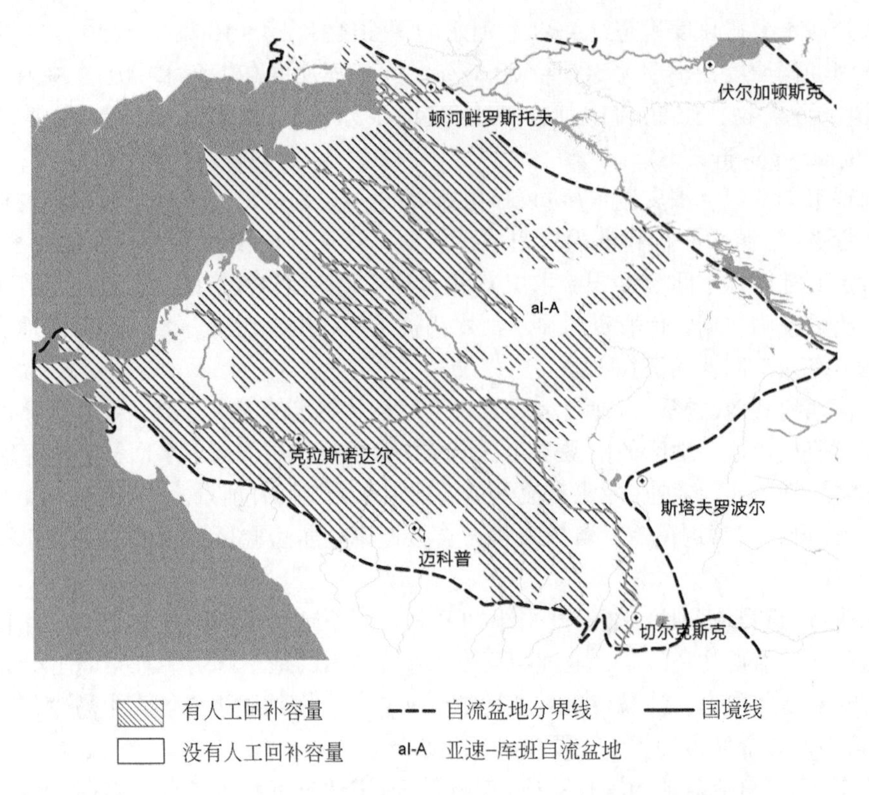

图 6.2.1　亚速-库班自流盆地按照是否存在人工回补容量的分区图

在克罗泡特金市地区，第四系地层由含砂质填充物和细粒砂的砾岩组成，厚度约为30m。此外，隔水层并不是连续分布的，因此含水层与更古老阶地的地下水之间具有水力联系。冲积阶地向下游更低处倾伏。克拉斯诺达尔市下游的地层中埋藏着被黏土隔水层分开的数个含水层。含水层埋深在阶地地区为2～3m，但含水层埋深在河岸带为近40m。

在彼得格勒村上游地段以及普里沃利诺耶镇和列特尼克镇之间，叶戈尔雷克河河谷的第四系冲积地层厚达2.5～13m，由分选较好的砂和砂壤土组成。根据地下水抽水实验数据分析，这些地层的渗透系数为13.3～14.9m/d。

在库班河左岸，从阿尔马维尔市到阿宾河，由卵砾和砂砾石组成的第四系阶地呈宽带状延展分布，其厚度为5～70m，而地下水含水层的埋深近20m。

在外库班冲积倾斜平原和库班河右岸，广泛分布第四系冲积地层的含水层，主要由漂砾和砂砾层组成，上覆不同来源的壤土。第四系地层的渗透系数为5～18m/d，导水系数为245～780m^2/d。含水层埋深为1～44m，沿西北方向的含水层埋深在不断加大。

在叶伊斯克市地区，含水层由砂和砾岩组成。这里的地下水埋深为24～63m，含水层厚度达40m。

在亚速-库班自流盆地的西南部、克拉斯诺达尔市以西，分布着克拉斯诺达尔含水层系。克拉斯诺达尔含水层系大部分区域的含水岩石为细颗粒砂和中颗粒砂，在盆地南部局部有砾岩。含水层的厚度为30m，导水率达到240m^2/d。克拉斯诺达尔含水层的埋深为67～259m。

由于岩性成分均匀，该含水层通常与上覆的上第四系冲积含水层之间具有水力联系。

基米里阶地层几乎遍布亚速–库班自流盆地。在盆地西部，基米里阶地层的厚度达600m，在塔曼的厚度为150～200m。在叶伊斯克半岛，基米里阶由细颗粒和中颗粒砂岩系组成，含灰色多砂和黏土的透镜体。砂的渗透系数近15m/d，含水层导水率为758m^2/d。

因此，最适合作为地下水人工回补储存的含水层包括：上第四系地层的含水层、分布在库班河河谷一带的上–中第四系地层的含水层，以及基米里阶含水层（在罗斯托夫州的米乌斯半岛，该含水层与第四系海相地层的含水层之间具有水力联系）。

顿河、库班河等地表河水可以作为亚速–库班自流盆地内地下水人工回补的水源。通常，最大河川径流是在春、夏两季。库班河流域的所有地表河流都是常年有水。但特别需要指出的是，工业污水对该地区地表河水的污染正在不断加剧，这降低了河水作为地下水回补水源的可能性。地表河水的水质问题需要专门进行研究。

在亚速–库班自流盆地内，根据地形条件划分出三个区域：

——顿河、西马内奇河、库班河的复合阶地；

——米乌斯半岛的海相平原；

——上新统–第四系平原和高原，即顿河、西马内奇河、卡加利尼克河、叶戈尔雷克河、叶亚河、库班河的河间地带。

根据人工回补条件，在顿河、西马内奇河、库班河的河流阶地内划分出数个亚区：

——顿河、西马内奇河、卡加利尼克河、叶戈尔雷克河、库班河的河谷。这里没有人工回补地下水的需求，但是有回补水源，而且冲积层和冲积–冰水沉积层的含水层可以作为人工回补地下水的储存空间。

——中叶戈尔雷克河河谷。这里有人工回补地下水的需求，但是没有回补水源，因为地表河水是咸的。

——拉巴河和乌鲁普河的河间地带。该地区目前没有人工回补地下水的需求。由于地表河水被工业污水严重污染，即便未来有人工回补地下水的需求，也没有合适的地下水回补水源。

——库班河的下游。该地区虽然有回补水源和地下水储存空间，但没有人工回补地下水的需求。

在米乌斯半岛的海相平原内，没有人工回补地下水的需求。但是当有地下水回补需求时，海相第四系地层可以作为地下水回补的含水层。

在顿河、西马内奇河、卡加利尼克河、叶戈尔雷克河、叶亚河、库班河的河间地带，也划分出数个亚区：

——迈科普市的周边地区。因为地下水开采，上和中萨尔马特的含水层内已经形成了降落漏斗，这里可以为地下水回补提供储存空间。地下水回补水源是别拉亚河的河水。这里有人工回补地下水的需求。

——塔甘罗格湾的北部沿岸和库班河下游河谷。这里没有人工回补地下水的需求，但具备地下水储存和回补水源的条件。

——分水岭地带。这里没有人工回补地下水的需求，也没有地下水回补的水源。

——罗斯托夫州的南部和库班河与叶亚河河间地带。这里没有人工回补地下水的需求，也没有地下水回补的水源。

——西马内奇河、萨尔河、卡加利尼克河的河间地带，位于库班河河谷高地。这里没有人工回补地下水的需求，也没有地下水回补的储存空间和回补水源。

根据上述的区划编制了表格6.2.1。

通过分析每一亚区的气候与水文地质条件，并结合地下水人工回补的三个影响因素(人工回补地下水的需求、回补水源和地下水储存空间)，我们在亚速-库班流域内确定了唯一一个具有地下水人工回补前景的地区，这就是迈科普市。迈科普市既有人工回补地下水的迫切必要性，也满足地下水人工回补的条件，即具备回补水源和地下水回补储存空间。

在未来出现地下水回补需求（取水量增加）时，我们认为顿河、西马内奇河、卡加利尼克河、叶戈尔雷克河、库班河的河谷以及塔甘罗格湾的北部沿岸都可以实行人工回补地下水。这些地区既有回补水源，也有足够的地下水储存空间（表6.2.2）。将来进行人工回补地下水时，无需对已经建成地下水水源地的取水设施进行重大改造，只需加大地下水水源地的取水量。

因此，在当前地下水超采的情况下，采用人工回补法增加地下水水源地的取水能力是适宜的。值得注意的是，地下水的水质在人工回补后可能会得到改善。

表6.2.1　亚速-库班自流盆地按照人工回补条件进行的区域划分

地区	人工回补地下水的需求	地下水回补的潜在水源	储存地下水的含水层空间
顿河、西马内奇河、库班河的复合阶地			
顿河、西马内奇河、卡加利尼克河、叶戈尔雷克河、库班河的河谷	无	有	有
中叶戈尔雷克河的河谷	有	无	无
拉巴河和乌鲁普河的河间地带	无	无	无
库班河下游	无	有	有
米乌斯半岛的海相平原			
	无	无	有
上新统-第四系平原和高原——顿河、西马内奇河、卡加利尼克河、库班河的河间地带			
迈科普市近郊	有	有	有
塔甘罗格湾北部沿岸和库班河下游河谷	无	有	有
顿河、西马内奇河、卡加利尼克河、库班河的分水岭地带	无	无	无
罗斯托夫州的南部和库班河与叶亚河河间地带的地段	无	无	无
库班河谷高地段的西马内奇河、萨尔河、卡加利尼克河河间地带	无	无	无

国外，尤其是德国和荷兰，在地下水人工回补方面积累了丰富的实践经验。在俄罗

斯，如同苏联一样，几乎没有对地下水进行过人工回补。

根据地下水人工回补前景，对欧洲俄罗斯南部地区进行区域划分，并绘制了相应的地下水人工回补前景分区示意图。

表 6.2.2　亚速–库班自流盆地的地下水人工回补前景分区

不具有地下水回补前景的地区
拉巴河、乌鲁普河的河间地带；
顿河、西马内奇河、卡加利尼克河、库班河的分水岭地带；
罗斯托夫州的南部；
库班河和叶亚河的河间地带；
西马内奇河、萨尔河、卡加利尼克河的河间地带和库班河河谷的高地地段；
米乌斯半岛的海相平原；
中叶戈尔雷克河的河谷
当出现地下水回补需求时，具有潜在回补前景的地区
顿河、西马内奇河、卡加利尼克河、叶戈尔雷克河、库班河的河谷
塔甘罗格湾的北部沿岸
具有地下水回补前景的地区
迈科普市近郊

在亚速–库班自流盆地内，除了迈科普市（这里是地下水人工回补的前景区）之外，其他地区都没有地下水人工回补的迫切需求。未来当出现人工回补地下水的需求时，可以将顿河、西马内奇河、卡加利尼克河、叶戈尔雷克河、库班河的河谷以及塔甘罗格湾的北部沿岸视为地下水人工回补的前景区。

在东–前高加索（捷列克–库马）自流盆地，当出现人工回补地下水的需求时，有数个潜在前景区，包括苏拉克河、捷列克河、普拉托卡河下游的多个亚区和捷列克沿岸平原，以及苏真斯克平原的一个亚区。

在大高加索水文地质褶皱区内，在黑海沿岸的U型谷具备地下水人工回补的三个必要条件：季节性地下水回补需求、作为人工回补水源的地表河流，以及冲积地层中的地下水储存空间。在山区几乎没有人工回补地下水的可行性，但达吉斯坦的加姆里奥津冲积锥和萨姆尔冲积锥的顶部和中部是个例外。

在里海自流盆地内，仅伏尔加河、萨尔河和从东部注入齐姆良斯克海的小型河流的河谷具有地下水人工回补前景。未来，在解决埃利斯塔市供水问题时，将会出现地下水人工回补的问题。

在顿涅茨克–顿河自流盆地的近一半区域都没有用于地下水人工回补的含水层储存空间。该盆地的东部可以划为无地下水人工回补前景区，但西部可以划归地下水人工回补前景区。

整个顿涅茨克褶皱区都不具备地下水人工回补的前景。

在伏尔加–霍皮奥尔自流盆地的梅德韦季察河、霍皮奥尔河、顿河的河谷，可以将位于河谷的新近系–第四系冲积–堆积地层中的一个亚区划为地下水人工回补前景区，这里有适宜的地下水回补水源和地下水储存空间。

为了提升岸边式入渗型水源地的取水能力（研究区内80%的水源地属于此类），进行地下水人工回补是十分实际和有效的措施。

“河谷”型水源地具备地下水人工回补的必要条件，通过地下水回补可以极大增加地下水资源储量。南达吉斯坦的“冲积锥”水源地有可能利用地下水人工回补措施来提升取水能力（Информационный бюллетень г. Махачкала，2010）。

目前，在黑海沿岸，包括索契市、图阿普谢市以及迈科普市的水源地亟待实行地下水人工回补工程。在不久的将来，奥尔忠尼启则市、埃利斯塔市的水源地也可能需要进行地下水人工回补。在冲积锥中回灌地下水将可能成为南达吉斯坦普查和勘探新水源地的替代方案。

当前欧洲俄罗斯南部地区部分水源地的取水能力不足，城市与城镇生活用水得不到保障。鉴于此，需要进一步详细查明实际的地下水人工回补需求。

在查明地下水人工回补需求后，应对水源地的水文地质条件进行详细的区域划分，并相应地确定地下水人工回补的具体位置。

在欧洲俄罗斯南部地区的现有或设计中的取水工程，应对各种供水方案进行经济和技术可行性的对比和论证之后，确定地下水人工回补的最终方案。

对国内外地下水开采经验的分析表明，地下水人工回补是保持或者提高现有水源地取水能力，以及预防地下水水源地水资源枯竭的重要措施。

在很多情况下，地下水人工回补可以缓解降落漏斗内潜水位的区域性下降，或者最大限度地减轻耕地和天然地貌单元的干涸程度。

应当在分析现有水源地运行状况的基础上，来判断地下水人工回补的必要性。首先应该分析地下水动态水位的下降速度、降落漏斗的扩大范围，以及负面生态后果的危险程度（地表沉降、海水或者高矿化度的地下水入侵开采含水层、植被群落退化和植被枯死等）。

对具体水源地的地下水人工回补前景，应当结合以下三个主要因素加以判断：①有无人工回补地下水的实际需求。要么是为了防止地下水水源地的水资源枯竭，或者是为了满足当前或者未来对水源地取水量增加的需求；②有无地下水回补的水源、回补水源的距离远近，以及回补水源的水质情况；③含水层或者包气带中是否有足够的储存空间来容纳需要回补的地下水。

同时，应综合考虑地下水人工回补系统的造价和回补水源（水库、池塘、水渠等）的水处理系统造价，必须对水处理系统进行经济和技术可行性分析。在这之后，才能决定是否采用地下水人工回补方案。

第7章 地下淡水的水质与污染

7.1 地下水饮用水水质研究与评价中的迫切问题

地下水水质研究是水文地质工作中的主要任务之一。地下水水质的好坏决定了能否将地下水作为饮用水。21世纪，俄罗斯地下水饮用水的水资源基础发展为增加供水中地下水的比例提供了可能，这是由于地下水的水质优良，可以被直接利用或在经过处理后被利用（Боревский и Язвин，2003）。由于研究和评估地下水水质问题涉及的因素众多，有必要考虑其中最迫切的问题。

7.1.1 地下水饮用水水质规范现状

依据《卫生和流行病管理条例与标准（SanPiN 2.1.4.1074-01）》中《饮用水：集中式饮用水供水系统水质卫生要求之质量控制》和补充文件，规定了集中式供水系统中的地下饮用水水质标准。需强调的是，由于没有考虑水文地质调查的特殊性，这些规范与标准仅供水利部门使用，并不适用于从事普查和勘探工作的水文地质单位。

应该强调的是，在研究地下水水质时，必须考虑以下内容：

——评价地下水饮用水水源地的整体水文地质条件及其在平面和剖面上的变化；

——获取主开采含水层和相邻含水层地下水水质的详细特征，并划分其水化学类型；确定地下水水质、标准微量及常量元素、放射性及微生物含量的变化范围，并按季节分析主开采层水质指标在平面和剖面上的变化；

——评价地下水水质是否符合《卫生和流行病管理条例与标准（SanPiN 2.1.4.1074-01)》及补充文件的要求。若未达到条例与标准要求，则需编写地下水水质处理建议书并进行论证；

——分析地下水中人为污染源的含量并查明源头；

——研究地下水化学成分的形成条件及过程；

——获取长期开采过程中导致地下水水质变化的潜在天然和人为影响的特征指标；

——按照取水工程的设计开采年限，预测和长期监控地下水水质的稳定性；

在地下水水质不能满足饮用水标准的情况下，应以上述资料作为水处理工艺设计的依据。

国家标准《集中式生活饮用水的供水水源：卫生、技术要求和选址规范》(GOST 2761-84)规定，必须考虑设计供水水源地的主要地质和水文地质条件。但是，该文件中所列的应予以研究的地下水水质标准仅限于有限的物理、化学和微生物指标，这些指标明显低于现行《卫生和流行病管理条例与标准（SanPiN 2.1.4.1074-01)》中所规定的监测指标组成。同时，当前的规范与标准中存在一系列矛盾与疏漏。在今后制定标准规范时，应充分考虑地下水资源的水质成因（Боревский и др.，2005）。例如，在这些规范中：①缺少地下水一般化学组成的特征指标；②个别规定对被检测指标的要求不统一（例如，矿化度和干残渣、酚指数和酚类的最高浓度、α 和 β 放射性水平和放射性核素的含量）；③一些数值的不确定性（例如，高锰酸盐指数、石油产品和表面活性剂含量）。

此外，俄罗斯饮用水标准规范与《世界卫生组织建议》（1994）和《欧盟指令》（98/83）文件中所规定的指标范围不一致。这种差异不仅涉及需要化验的化学组分类别，还涉及每个组分的最高容许浓度值（MAC）（表 7.1.1）。

表 7.1.1　《卫生和流行病管理条例与标准（SanPiN 2.1.4.1074-01）》规定的指标、元素和化合物类别，按照地下淡水相比于国际标准的超标浓度（高于 MAC）分布划分

指标、元素和化合物分组	指标	最高容许浓度/(mg/L)			浓度升高对人体组织和水的感官特性的负面影响（文献数据汇总）
		《卫生和流行病管理条例与标准（SanPiN 2.1.4.1074-01）》	世界卫生组织建议	《欧盟指令》（98/93）	
	综合指标				
Ⅰ. 具有一定地球化学特征的天然（区域）分布	pH	6～9	6.5～8.5	6.5～9.5	酸碱平衡、感官特性恶化
	矿化度	1000（1500）	1000	—	感官特性恶化
	总硬度	7（10）	—	—	尿结石、高血压
	高锰酸盐指数	5	—	—	感官特性恶化
	毒性指标				
	NH_4	2	—	0.5	形成致癌的亚硝酸盐、N-亚硝胺类
	Ba	0.1	0.7	—	心血管疾病、心血管、造血系统疾病、白血病
	B	0.5	0.5	1	胃肠道疾病、生育功能障碍、碳水化合物代谢受损
	Br	0.2	—	—	肾脏、肝脏疾病
	Li	0.03	—	—	肝脏、肾脏疾病、中枢神经系统疾病
	Na	200	200	200	中枢神经系统、心血管系统疾病
	Si	10	—	—	肾脏疾病
	Sr	7	—	—	骨组织损伤、大骨节病
	感官指标				
	Fe	0.3（1.0）	—	0.2	血液病、肝脏疾病、心脏病、感官特性恶化

续表

指标、元素和化合物分组	指标	最高容许浓度/(mg/L)			浓度升高对人体组织和水的感官特性的负面影响（文献数据汇总）
		《卫生和流行病管理条例与标准（SanPiN 2.1.4.1074-01）》	世界卫生组织建议	《欧盟指令》(98/93)	
Ⅱ. 某些成矿带水域的天然来源和局部分布	Mn	0.1（0.5）	0.4	0.05	产生促性腺激素和胚胎毒性作用、感官特性恶化
	SO_4	500	250	250	胃结石、尿结石、感官特性恶化
	Cl	350	—	250	心血管系统疾病、感官特性恶化
	放射性指标				
	总 α 放射性	0.1 Bq/L	—	—	^{210}Po、^{210}Pb、^{226}Ra、^{228}Ra、^{238}U、^{234}U 的辐射量大造成的放射性毒性污染
	毒性指标				
	Al	0.5	—	0.2	中枢神经系统疾病、阿尔兹海默氏症
	Be	0.0002	—	—	癌症
	As	0.05	0.01	0.01	癌症、中枢神经系统疾病、皮肤病、末梢神经和血管系统疾病
	Se	0.01	0.01	0.01	肝脏、胃肠道、血管系统、中枢神经系统疾病、皮肤病
	Hg	0.0005	0.001	0.001	中枢神经系统、血液循环系统疾病、生育功能障碍
Ⅲa. 本地人为污染源，污染地段内面源污染较少	综合指标				
	石油产品	0.1	—	—	感官特性恶化
	酚类	0.001	—	—	同上
	负离子表面活性剂	0.5	—	—	诱变作用、感官特性恶化
	毒性指标				
	NH_4	2	—	0.5	亚硝酸盐、致癌的 N-亚硝胺
	NO_3	45	50	50	血液循环系统疾病（正铁血红蛋白血症）、心血管系统疾病
	Sb	0.05	0.02	0.005	脂肪和碳水化合物代谢受损

续表

指标、元素和化合物分组	指标	最高容许浓度/(mg/L)			浓度升高对人体组织和水的感官特性的负面影响（文献数据汇总）
		《卫生和流行病管理条例与标准（SanPiN 2.1.4.1074-01）》	世界卫生组织建议	《欧盟指令》（98/93）	
Ⅲb. 污染地段人为污染源和扩散	放射性指标				
	总 α 放射性	1Bq/L	—	—	^{137}Cs、^{90}Sr 的辐射量高造成的放射性毒性污染
	毒性指标				
	Cd	0.001	0.003	0.005	中枢神经系统疾病、肾脏疾病、肾上腺病、肝脏疾病、胃肠道病、骨痛病
	Ni	0.1	0.02	0.02	癌症、胃肠道、血液循环系统疾病、肝脏疾病、肾脏疾病、心脏病
	NO_2	3.3	3	0.5	形成致癌的亚硝胺、毒性作用
	Pb	0.03	0.01	0.01	中枢神经系统、末梢神经系统疾病、肾脏疾病、钙代谢损伤、卟啉症、动粥样硬化、造血功能损伤
	Hg	0.0005	0.001	0.001	中枢神经系统、血液循环系统疾病、生育功能障碍
	Cr	0.05	0.05	0.05	肝脏、肾脏、胃肠道疾病、黏膜病、皮肤病
	CN	0.035	0.07	0.05	甲状腺病、中枢神经系统疾病
	2.4-D	0.03	0.03	总含量 0.0005mg/L	癌症、中枢神经系统、呼吸系统疾病、肾脏、肝脏疾病
	六氯化苯	0.002	0.002		肝脏、肾脏、免疫系统、心血管系统、呼吸系统损伤
	DDT	0.002	0.002		癌症、神经系统、呼吸系统、肝脏、肾脏损伤
	Mo	0.25	0.07	—	骨骼和运动器官疾病、心脏和扁桃体疾病
Ⅳ. 天然和人为污染源浓度的增加，在地下淡水中显著扩散	感官指标				
	Cu	1	2	2	肝脏、肾脏疾病、胃肠道疾病
	Zn	5	3	—	代谢功能损伤、感官特性恶化

由表中数据可知，在规范性文件中，饮用水指标分为以下几类：

——仅在《卫生和流行病管理条例与标准（SanPiN 2. 1. 4. 1074-01）》中规定的指标；

——俄罗斯现行的最高容许浓度指标，低于世界卫生组织或欧盟指令标准；

——俄罗斯现行的最高容许浓度指标，高于世界卫生组织建议或欧盟指令中规定的标准；

——俄罗斯现行的最高容许浓度指标，近似于或等同于世界卫生组织建议或欧盟指令中规定的标准。

考虑到随饮用水进入人体的元素和化合物浓度增加的相关生物化学研究现状，与其他同样不利的人为影响相比，遵循《世界卫生组织建议书》和《欧盟指令》是最佳选择。同时，在我们看来，上述内容不应列入综合指标标准。

另一个需要强调的是，俄罗斯境内的地貌和气候条件、水文地质和地球化学条件千差万别。因此，应当制定饮用水水质的区域标准，而目前仅制定了针对氟元素的区域标准。

在评价地下水饮用水的成分和水质时，一个极其重要的问题是制定地下水的测试标准，并说明从水源采集水样的频率。《卫生和流行病管理条例与标准（SanPiN 2. 1. 4. - 1074-01）》中对地下水源的水质分析规定不够详尽，例如，岸边式入渗型取水水源地，其含水层常受河水补给，而且往往是受到污染的水大量补给，对于这样的水源地来说，污染物进入开采井的可能性很大，尤其是在汛期。

另一方面，国家标准（GOST 2761–84）规定，为评价取水水源地水质，不论取水工程预期开采量是多少，都应当提供近3年来每月采集的水样化验结果。这样的要求在实践中很难实施，因为水文地质勘察工作往往在短时间内进行。当然，这适用于地质、水文地质和卫生条件相对简单的地下水水源地。

因此，在评估目前地下水饮用水水质监管框架的现状和发展时，亟待解决的最重要问题包括：

——完善现行地下水水质卫生评价标准，同时兼顾区域水文地质、水文地球化学和生态特征；

——发展新的技术性规范，研究不同自然地理和水文地质条件下的地下水饮用水水质，包括确定优先指标清单的依据、调整地质勘探过程中地下水采样频率，并根据自然和人为因素的改变来调整地下水采样频率；

——发展更加有效的技术规范，用于评价地下淡水水质状况及其受人类活动影响发生的变化。

7. 1. 2　地下水饮用水的地球化学特征

作为新兴的水文地球化学研究方向，地下水饮用水的地球化学研究已发展了30多年。在Крайнов和Швец（1987）的专著中首次对其一般理论与应用进行了阐述。截至目前，不论是分析指标构成，还是最高容许浓度，对饮用水水质的要求都发生了很大变化。当代地下水饮用水地球化学特征的研究课题涵盖更广泛的标准微量元素和化合物。目前对地下淡水中这些微量元素和化合物的分布情况研究明显不足。此外，到目前为止，尚未将开采条件下各种成因类型的地下水饮用水水源地球化学特征纳入科学研究。

7.1.3 地下淡水水源地的地球化学特征

在地球化学方面，地下淡水水源地是承压含水层系统的一部分。承压含水层系统的地质和水文地质边界条件决定了自然和人为因素影响下水化学成分的主要形成过程。

近年来，对俄罗斯各地区地下水饮用水水源地的详细调查表明，在“水-岩”系统中发生的不同水文地球化学过程与决定地下水地球化学特征的水文地质过程之间具有密切联系。这体现在水文地质过程作用下各类地下水化学类型形成的一般规律，他们是依据一定的水文地质边界条件下的物理化学定律而确定的，这些边界条件可能是各个点在空间和时间上的叠加（Крайнов и др.，2004）。

决定水源地范围内地下水化学成分的主要因素有：

——具体水文地质构造中地形-气候和水文地球化学分带性总体格局中，水源地所在位置的区域特征；

——含水岩层的成矿特征，决定了“水-岩”系统中的浓度梯度；

——水源地的地质和水文地质条件，决定了含水层的剖面结构、产状、含水层和弱渗透层的岩石成分、主开采层的补给条件和性质、地下水流速、固相和液相相互作用；

——地下水可采储量来源的水文地球化学特征；

——人为设施对地下水水质的影响特征。

调查中，任一水源地地质、水文地质和水文地球化学的自然和人为条件共同决定了地下水水质的地球化学综合指标，这些指标可以用氢离子浓度指标 pH 和氧化还原电位 Eh、水的矿化度、常量阴离子和常量阳离子的浓度和比例、有机物及其总含量和微生物群落的特征来定量表示。

正是这些地下水化学成分的综合指标，形成了地下水中某些标准微量元素和化合物的特定组合，这些组合随着浓度升高（相对于最高容许浓度 MAC）而迁移，而其时变性意指水体中微量组分含量随时间而发生变化。

对地下水化学成分形成的上述因素开展研究是对其进行地下水水源地球化学特征空间变化规律研究的基础。

7.1.4 地下淡水中的一些元素和化合物的地球化学特征

按照《卫生和流行病管理条例与标准（SanPiN 2.1.4.1074-01）》和其他规范文件中规定的地下淡水浓度升高（高于 MAC）的分布情况，元素和化合物可分为以下几类（表 7.1.1）：

——天然来源类，具有明确的地球化学特征，在水中区域性分布。

——天然来源类，主要在某些成矿带水中呈局部分布。

——人为来源类，在污染地段呈局部分布。

——天然和人为来源类，在地下淡水中几乎不具有超标（高于 MAC）浓度。

本节中，笔者仅限于对三个元素进行研究，迄今为止，对地下淡水中这三个元素的地球化学特征研究较少，尽管其超高的浓度使得俄罗斯多个地区饮用水供水问题难以解决。

元素之一是硼，其MAC值为0.5mg/L。已经查明存在于莫斯科自流盆地中部（中下石炭统含水层）、卡马-维亚特卡、韦特卢加、伏尔加-苏拉（上二叠统地层）、亚速-库班（上新统地层）、额尔齐斯-鄂毕（始新统和古新统含水层系）自流盆地的地下水中且呈区域性分布。

由于水中形成了特定化学成分，促进了硼从固态向液态转变，并以溶解形式迁移，因此在具有地壳元素丰度的不同年代含水岩层中均可形成高浓度的硼。含硼地下水的典型地球化学特征通常是含有钠（混合的常量阴离子成分）、微量钙和镁以及弱碱性的氢指标。这种地下水中硼浓度与总硬度（钙和镁含量）呈反比，与pH值呈正比（图7.1.1）。含硼地下水往往还具有氟离子浓度超标的特点。

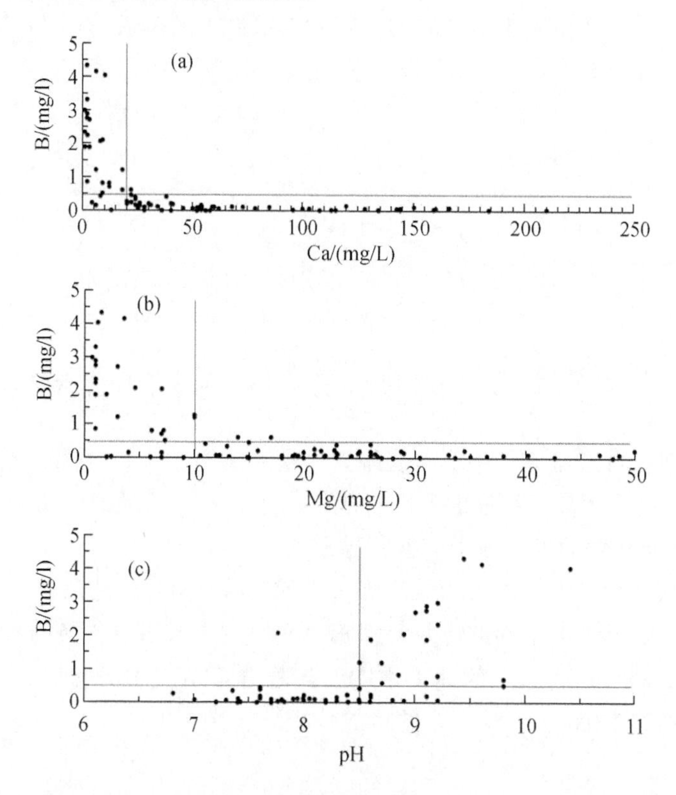

图7.1.1　乌德穆尔特地下淡水中的硼浓度随钙（a）、镁（b）和pH（c）的变化图

地下淡水中包括钡、溴和锂在内的一些元素的浓度升高（分别为0.1、0.2和0.03mg/L以上）也通常具有区域性分布特征。需要指出的是，俄罗斯目前对饮用水中钡的最大浓度标准规定得过于严格（MAC为0.1mg/L），世界卫生组织建议的最高容许浓度为0.7mg/L，欧盟指令中则完全没有对水中钡含量的限制（表7.1.1）。俄罗斯联邦《饮用水法》草案中规定，钡在饮用水中的最高容许浓度为0.7mg/L，该草案通过后，钡的含量将不再作为饮用水水质的负面评价指标。

目前，在莫斯科自流盆地（中下石炭统含水层）、卡马-韦亚特卡（上二叠统）和额尔齐斯–鄂毕（始新统和古新统含水层系）自流盆地的地下水中，溴浓度已超过最高容许浓度（0.2mg/L）。在地下饮用水中溴浓度的形成是“水–海洋成因含水层”系统天然地球化学耦合的结果，也是工业污染的结果（在油田内地层压力保持系统的盐水泄漏地区）。含硼地下淡水的地球化学特征表现为具有高矿化度（近 1g/L）的碳酸氢根–氯化物与氯化钠混合成分。根据经验，当 Cl^- 浓度大于 50mg/L 时，地下淡水中 Br^- 的含量通常超过最高容许浓度（图 7.1.2）。这些水域形成区域水文地球化学区。

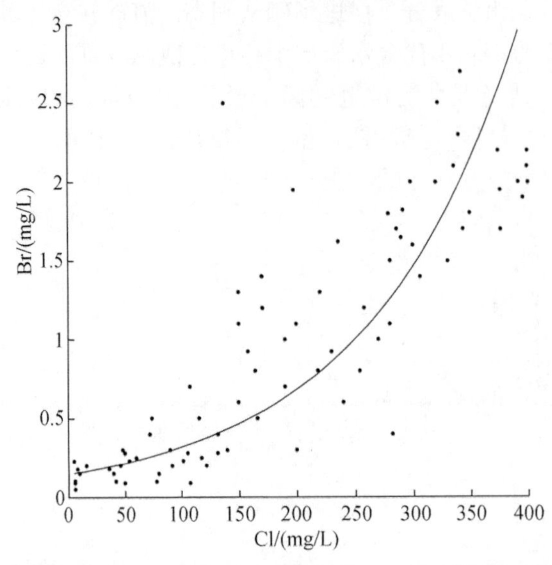

图 7.1.2　鞑靼斯坦共和国西南部的被污染泉水中的溴含量与氯浓度关系图

目前，在莫斯科自流盆地（中下石炭统含水层）地下水中，观测到锂含量超过最高容许浓度（0.03mg/L）。锂离子浓度的升高可能是由于含水岩石或黏土颗粒与钾离子浓度大于 10mg/L 的地下水接触而发生离子交换所导致。

众所周知，碱性元素吸附能力的大小顺序为 $K^+ > Na^+ > Li^+$。这意味着，在地下水与含水层相互作用时，溶解于水中的钾转变为固相，并把锂从固相中置换到水中。例如，在莫斯科自流盆地的 C_2pd-mc 含水层的地下水中，随着 rNa/rK 之比小于 10 时钾含量的升高，检测到锂浓度升高（0.03mg/L 以上）的可能性很高（图 7.1.3）。

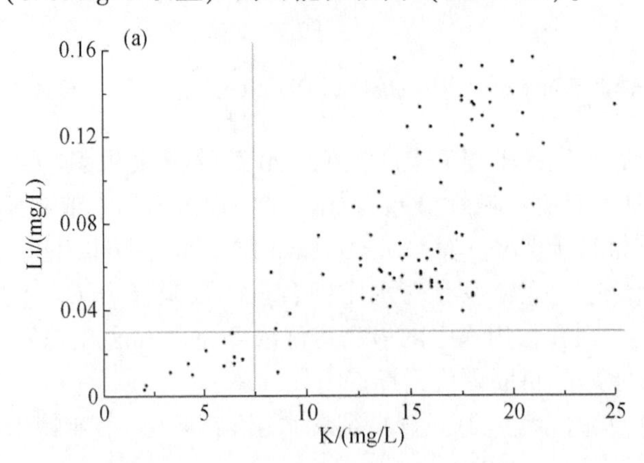

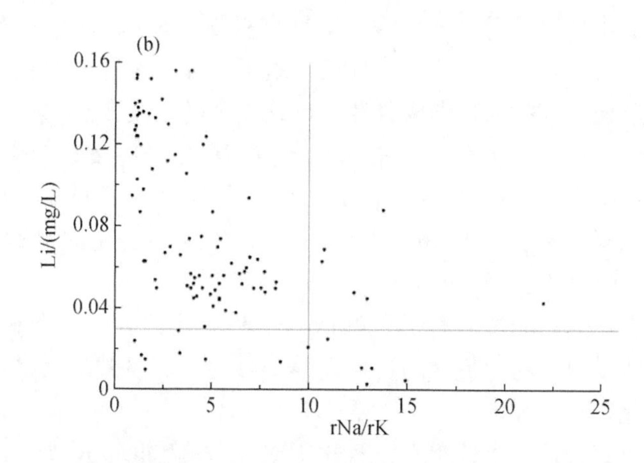

图7.1.3 莫斯科自流盆地中部的石炭系含水层地下水中的锂含量与钾浓度（a）和rNa/rK（b）的关系图

以其他微量组分为例，也能说明关注那些研究程度较低的某些元素的必要性。但笔者仍要强调，这一问题至今一直鲜为人关注，因此目前需要开展专门的地下饮用水水文地球化学研究。此外，对于大多数标准化的微量组分来说，几乎没有具有成本效益的工业水处理技术（Каталог-справочник，2004）。

7.1.5 区域水文地球化学

目前，区域水文地球化学的特点是，在缺乏地下水微量组分空间分布数据的情况下，对水文地质结构的地下水一般化学成分进行了分带性研究。

在由众多微量组分所形成的分布广泛的水文地球化学区内，这些元素的浓度值很高（高于1倍的MAC），给解决区域内生活饮用水供水问题增加了难度。

在俄罗斯幅员辽阔的国土上，土壤和植被覆盖、地形、岩石年代和岩性千差万别，根据地下水的分布和成分，可以划分出5个大型的水文地球化学区（Голицын，2010）：

——冲积层，提供60%～70%的地下水饮用水；

——台地自流盆地（早第四纪）基岩层，提供20%～25%的地下水饮用水；

——第四纪冰水沉积、洪积和其他覆盖层，提供5%～10%的地下水饮用水；

——多年冻土发育区；

——山地褶皱带。

根据气候条件、地形、地质构造条件、岩石年代和岩性组成，划分出若干水文地球化学区域和地带，这些区带以一定浓度的常量和微量组分以及地下水化学成分的年内和年际变化为特征。

冲积层地下水的特点与河水和河床下方基岩含水层地下水联系紧密，深部高矿化度地下水通常沿构造断裂排泄到河水。这一现象在伏尔加河及其支流、西伯利亚和远东河流较为典型。在年际尺度的循环周期内，冲积层地下水的总矿化度、常量和微量组分含量可能发生2～3倍甚至更多倍的变化。

冲积层地下水最典型的微量组分是铁、多种有机物（NO_3、NO_2 和 NH_4），还常见铀、锰和其他微量组分。由于岩石粒径减小、气候和地下水补给条件的变化，沿大型河流上游至河口方向，冲积层地下水的水化学成分和总矿化度也随之改变。

在俄罗斯台地泥盆系、石炭系、二叠系和新近系深达 150 ~ 250m 的岩层中含有地下水饮用水，这些地下水中常富集氟（2 ~ 3mg/L）（中石炭统地层）、锶（20 ~ 30mg/L）（上泥盆统和下石炭统地层）和硼（2 ~ 3mg/L）（伏尔加-卡马自流盆地的二叠系地层）。这些微量元素的浓度明显高于其最高容许浓度。

在新近系和古近系海相陆源岩石覆盖的西西伯利亚地台内，地下水饮用水中铁、锰、溴、锂、硅和其他微量组分的含量常超过最高容许浓度。上述微量元素在地下水各区内形成特定的水文地球化学区域和地带。

第四系上覆地层富含地下水饮用水，其化学成分和总矿化度反映了区域气候条件。地下水水化学微量组分极其多样，以铁、锰、氮化物、有机物、微生物群落最为常见，反映了水量交换的强度、含水岩石的成因和成分。在南部地区，往往以硫酸盐、氯、硝酸盐、锶、锂等其他微量元素含量高的矿化水（1.5g/L 以下）为主。

多年冻土区，饮用水资源极为有限，多在冲积层和湖下融区可见，在活跃断层内很少见。全年水的化学成分和总矿化度在年内变化强烈，个别指标往往会超过最高允许浓度值的 10 ~ 15 倍甚至更多。当前对这些地区水文地球化学情势的研究还不够充分。

在山地褶皱带，地下水饮用水资源主要集中在冲积扇和冲积地层中，通常满足地下水水质标准要求。褶皱地区常出现地下矿泉水，包括含有硼、锂、有时含砷、氡等典型微量组分的碳酸水、含氮水。

近年来，电化学法、光度测量法、原子吸附法、色谱法等技术方法得到了越来越广泛的应用。这些技术方法适用于稀有和痕量元素测定中，其中包括地下水饮用水中稀土元素的测定，如镓、锗、钇、镧、铈、钐、钆等，可测定的浓度范围为 0.001 ~ 0.00001mg/L。研究上述稀土元素的分布规律、迁移形式及其与饮用水中已知化学组分之间的相互关系，并制定这些元素浓度标准是未来几年迫切需要解决的问题（任务）。

区域天然水文地球化学研究的首要任务包括：

——论证主开采含水层的边界；

——评价标准指标浓度的空间变化率，及其与地下水地球化学性质变化和气候与水文地质因素变化的关系；

——统计评价地下水元素的分布及其在水中出现较高浓度的概率；

——绘制不同比例的联邦和地区尺度水文地球化学分区图。

7.1.6　人为过程的水文地球化学

地球化学环境形成过程中，被污染地下水化学成分的形成不是一个无序过程，而是具有概率因果关系，且被一定数量地球化学综合指标限制的过程（Крайнов и др., 2004）。其中，被污染地下水的化学成分多样性受特定污染物组合的热力学制约，其浓度和迁移形式具有概率因果关系。

被污染地下水形成的地球化学本质为地下水毒性组分增加，不仅指存在污染源，还指水中化学元素的迁移形式可能发生改变。基于此，工业污染过程的水文地球化学特征综合问题亟待解决，包括：

1. 根据具体污染类型，划分地下水水质优先指标。

2. 按照以下标准评价污染的危险等级：

——污染面积（点状、线状、面状）；

——污染强度，按照最高容许浓度的0.5倍以下、0.5～1倍、1～3倍、3～10倍和10倍以上进行划分；

——污染的危险程度，按照毒性指标（中度危险、危险、高度危险、极度危险）、综合指标、感官指标划分；

——污染对地下水化学成分及其地球化学特征整体指标变化产生影响的可能性。

3. 评价污染源的危险程度并划分以下时段：

——临界污染期，在此时期必须紧急制定和实施消除（或控制）污染源的工程措施（封存水质不合格的地下水井、隔离不合格水、在污染水运移过程中建立地球化学或生物化学的人工屏障等），进行地下水水质监测；

——严重污染期，在此时期要求制定污染源控制工程措施，在饮用水取水工程地区进行水处理，实施地下水水质监测；

——中度污染期，在此时期仅要求监测地下水水质。

为以下含水层单独划分地下水污染源的危险等级：

——可开采饮用水的含水层或被评价为极有开采饮用水前景的含水层；

——开采饮用水的前景很小但与主开采层有水力联系的含水层；

——不具有集中式开采饮用水前景的含水层。

对地下水中有机物（酚类、表面活动剂、芳香和多芳香烃、卤代烃、农药和其他化合物）地球化学特征的研究是一个独立且受人为因素影响的水文地球化学问题。由于有机物质会与微量组分形成稳定络合物，因此这一问题亟待解决。

遵守含水层水文地球化学测试方法的要求（Временные методические рекомендации, 2002），在实践中应用水化学成分野外（快速）化验法，完善水文地球化学调查的化验方法等，都要求认真组织实施技术及经济措施，这些都关系到能否解决地下饮用淡水水质研究中亟待解决的问题。

7.2　工程和经济活动影响下的俄罗斯南部地下水污染特征

目前，在很多地区需要从根本上改变对地下水是生态纯净水的认知。地下水污染会造成严重危害，并导致地下水资源利用受限，首当其冲的是生活饮用水受到影响。在俄罗斯，由于人类活动影响造成的地下水污染正不断加剧，已逐渐难以控制。人为活动正在影响地下水的水动力条件和水化学状况，使地下水受到污染。因此，对现有地下水资源的水量和水质进行评价，已成为一个十分突出的问题。

造成地下水水质恶化的因素众多。

城市化进程导致水均衡结构改变。城市化进程由于改变了下垫面条件，额外增加的地下水补给，导致了人为洪水泛滥以及地下水的逐步污染。工业、雨水和生活用水的排水管道、工业污水贮存点和化工产品仓库的渗漏导致地下水水质恶化。

交通运输设施的建设和运营也严重影响地质环境。

农业用地开发导致地下水水量和水质发生明显变化。农用的化学除莠杀虫剂、矿物肥和有机肥等随着灌溉水渗入含水层污染地下水，同时，灌溉水入渗过程中，包气带岩层中的盐类被溶解，导致大量溶解的盐分进入地下水。此外，田地、养禽场、畜牧场、育种场的污水过滤池中的污染物也会随着入渗过程进入地下水。

在开发固体矿床时，多数情况下，会形成特定化学成分的地下水，这是由于不同含水层地下水相互混合并与围岩相互作用所造成的，或也有可能是由于地下水在开采巷道中被直接污染而造成的。固体矿床的地下水污染在很大程度上取决于矿床的井下防水措施。在矿山作业过程中，地下水发生氧化，岩石淋滤作用加强、气体成分和细菌菌群也会发生变化。此外，石油产品、油类、悬浮颗粒、微量组分也会随之进入地下水。在煤田常形成酸性水，在金属矿床和煤田常发现高含量的微量组分（Cd、Zn、Cr、Sr、Ni 等）（Зекцер，2001）。

煤矿工业废石储存区，地下水污染也非常普遍。大气降水渗透废石填埋场或经低洼地区的岩石淋滤后，盐分逐渐累积饱和，并渗入地下含水层对其造成污染。

煤井报废后，地下水淹没井道，净化或者未经净化的矿井水被排放至地表，从而形成水源地的污染源。

废石场也会对地下水造成污染，一些露天矿采空区经常就地设置废石场。非金属矿床的开采往往会对离地表最近的几个含水层造成污染。

生产厂房和民用楼房供暖用水经常被注入地层，用以保持层压，或直接排放至地表，进而导致土壤盐渍化、沼泽化，使地下水的矿化度升高、化学成分发生变化。

如果隔油池、石油管道、容器、泵站和井、工业排水系统不达标，在装罐或装配站灌注石油产品时发生泄漏，则会对地下水造成污染。土壤和地下水面的含油透镜体是二次污染源，其对地下水水质的影响可以延伸到提供生活饮用水和工业用水的含水层。

分析 2000～2009 年俄罗斯境内地下水水文化学变化特征发现，在 3034 个以单井开采方式为主的地下水水源地中，地下水被长期污染或者发生突发性污染（Информационный бюллетень г. Ессентуки，2010）。

生活饮用水取水工程中，Ⅰ类和Ⅱ类有害物质对地下水的污染最为危险。2009 年，20 个生活饮用水取水工程中发现了Ⅰ类污染物。分布最广的 1 类有害物质是砷（斯塔夫罗波尔边疆区、达吉斯坦共和国和车臣共和国）。个别样品中还发现了铍和汞。2009 年发现的Ⅱ类污染物是硼、溴、硅、锂、钠和氟化物。个别样品中还发现了钡、硒、镉、镍等。在某些情况下，个别井中检测到地下水污染，水化学组分浓度超标不足 10 倍，而溴除外，溴污染浓度超标可能超过 10 倍以上。

地下水污染的来源不同，污染程度和规模也不相同。在工业、城市和农业垃圾堆放场附近，地下水污染尤其严重，污染具有区域性特征，且污染程度高。在工业和城市聚集区，污染更是无处不在。

由于人为影响，地下水中最普遍的污染物是含氮化合物和石油产品。

含氮化合物的地下水污染主要与农业设施有关，是由地表水和大气降水淋滤尾矿池和过滤场、喷洒过农药和化肥的农田、育种场和养禽场、农药和化肥存放点造成的。由于长期密集的农业活动，含氮化合物的地下水污染已成为俄罗斯联邦很多地区的区域特征。

大量现役和报废的燃料油库、加油站、石油管道、大型航空企业、炼油厂、机车库等均是造成地下水被石油产品污染的潜在源头。此外，擅自向废弃的露天矿、溪谷和小型水道排放石油和石油产品也会形成新的地下水污染地段。

总的来说，在被工业污染的地下水中，几乎发现了目前所有已确定的有机和无机污染物；在被农业污染物污染的地下水中，主要发现了含氮化合物和农药；在被城市污染物污染的地下水中，发现了氮化物、铁、锰、氯化物、酚类；被不合格天然水污染的地下水中，发现了氯化物、硫酸盐、铁、锰、氟、锶等。

在一些城市和村镇大型工业企业所在地，地下水被Ⅰ类污染物污染，生态环境严重恶化。2009年，在42个污染地区发现Ⅰ类污染物，最常见的是砷、铍、汞，其次是氯乙烯和铊。在个别样品中发现铀和四氯化碳。

在俄罗斯欧洲区域南部，地下水几乎是唯一的饮用水、工业和农业用水来源，因此，地下水在该地区经济社会发展中发挥着重要作用。

俄罗斯欧洲区域南部主要开采含水层为新近系和第四系含水层。伏尔加格勒州还开采上白垩统和下白垩统含水层。罗斯托夫州主要开采含水层为第四系和石炭系含水层。应当指出，第四系和新近系含水层组的地下水监测网最为完善（Экология России，2000）。

截至2010年1月1日，俄罗斯南部联邦管区地下水污染地段的分布情况见表7.2.1（Информационный бюллетень г. Ессентуки，2010）。

应当指出，并非所有企业都对地下水含水层的水位和水质变化情况实施监测。大多数大型工业设施，如油田、石油管道、建材露天矿等，对地质环境都有影响，但企业并未配备相应的地下水监测网。很多单位提供的地下水监测数据不完整，或无法定期提供数据，这导致难以对观测结果进行比对，从而无法监测地下水随时间的动态变化。

根据水文地质与工程地质公司（联邦国有单一制企业）的数据，笔者绘制了5张俄罗斯欧洲区域南部第四系含水层地下水浓度超标示意图，包括氨、铵、砷、总铁、石油产品、Ⅱ类危险金属、Ⅲ类危险金属等指标（图7.2.1至图7.2.4）。在俄罗斯欧洲区域南部地区，用于生活饮用水和公共事业用水的地下水中，被调查出的Ⅱ类危险金属包括钡、铅、锶、镉、锂、铝［《卫生和流行病管理条例与标准（SanPiN 2.1.4.1074-01）》］。俄罗斯欧洲区域南部地区的Ⅲ类危险金属包括锰和镍。

在表7.2.2中列出了被调查元素在《卫生和流行病管理条例与标准（SanPiN 2.1.4.1074-01）》中规定的最高容许浓度（MAC）和危险等级。

表 7.2.1　俄罗斯联邦南部联邦区内受污染地下水地区分布统计表

序号	俄罗斯联邦主体名称	受污染地下水地区数量																			
		合计	地下水污染类型						污染物					地下水污染强度（超标倍数）			污染物危险等级				
			工业污染	农业污染	城市污染	复合型污染	被不合格的天然水污染	未查明污染源	硫化物、氯化物	氮化物	石油产品	酚类	重金属	1～10	10～100	100 以上	1-极度危险	2-高度危险	3-危险	4-中度危险	SanPiN未规定
1	2	3	4	5	6	7	8	9	10	11	12	13	14	15	16	17	18	19	20	21	22
	南部联邦区	**896**	**287**	**163**	**92**	**87**	**24**	**243**	**209**	**421**	**236**	**63**	**97**	**607**	**198**	**91**	**26**	**225**	**397**	**199**	**49**
1	阿迪格共和国	7		1			2	4	1					7				3	2	1	1
2	达吉斯坦共和国	77	9		18		4	46	48	36	21	8	17	61	13	3	5	18	11	36	7
3	印古什共和国	7	2					5	6	1	3			5	2			1	2	2	2
4	卡巴尔达-巴尔卡尔共和国	57	4	11	5	35		2		40				55	1	1		9	33		15
5	卡尔梅克共和国	18	13	1			4		17	3	13		12	4	10	4		12	6		
6	卡拉恰伊-切尔克斯共和国	51	26	2	6			17		8	25		1	43	8			14	12	24	1
7	北奥塞梯共和国	15	8	2				5		5	8		3	10	3	2		2	9	4	
8	车臣共和国	42	10	5	4	2		21	10	6	11	3	4	26	12	4	2	4	7	22	7
9	克拉斯诺达尔斯克边疆区	100	32	10	5	6	5	42	22	21	43	18	16	63	29	8	2	38	25	30	5
10	斯塔夫罗波尔边疆区	171	46	72	15	12	3	23	23	123	38	1	13	104	37	30	17	33	86	32	3
11	阿斯特拉罕州	64	36	2	19	7			10	41	30	24	10	21	32	11		6	42	16	
12	伏尔加格勒州	37	19		5	10		3	11	12	15	5	5	24	9	4		6	7	16	8
13	罗斯托夫州	250	82	57	15	15	6	75	62	125	29	4	16	184	42	24		79	155	16	

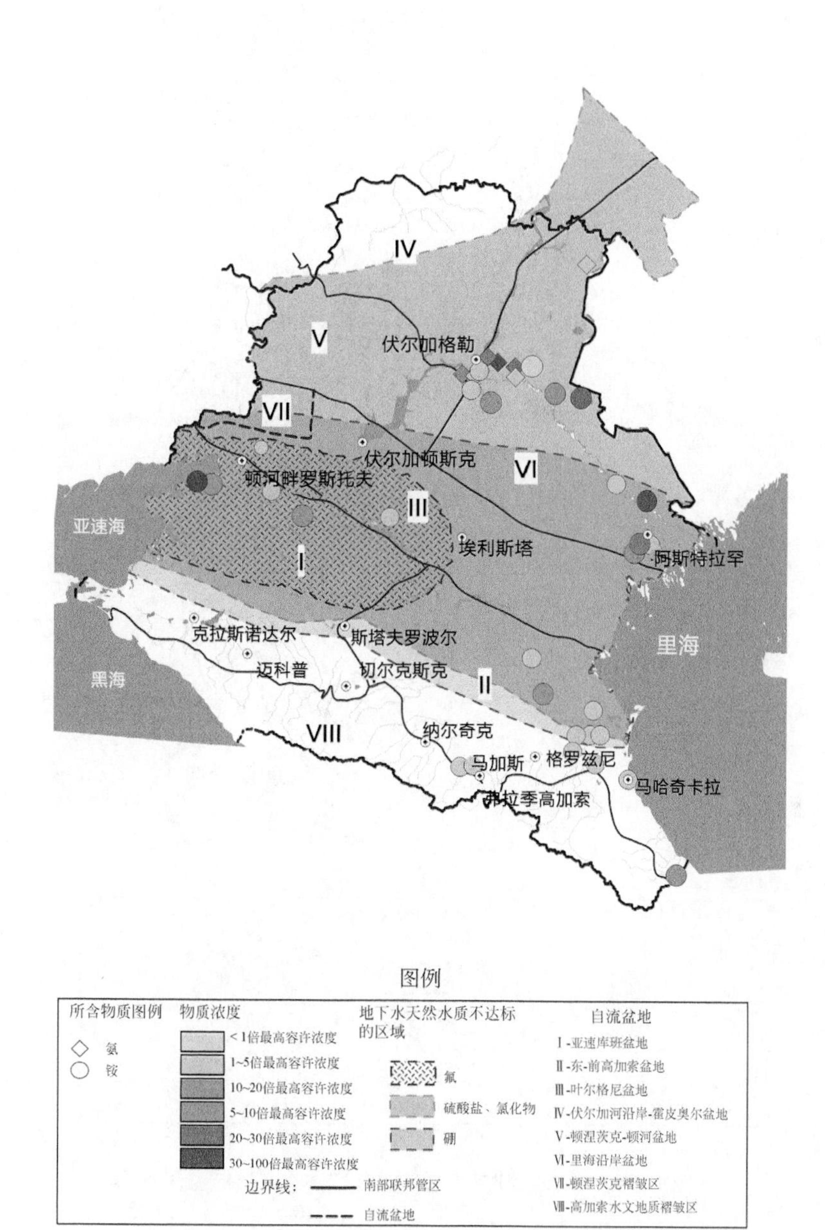

图 7.2.1　南部联邦管区氨和铵最高容许浓度超标示意图

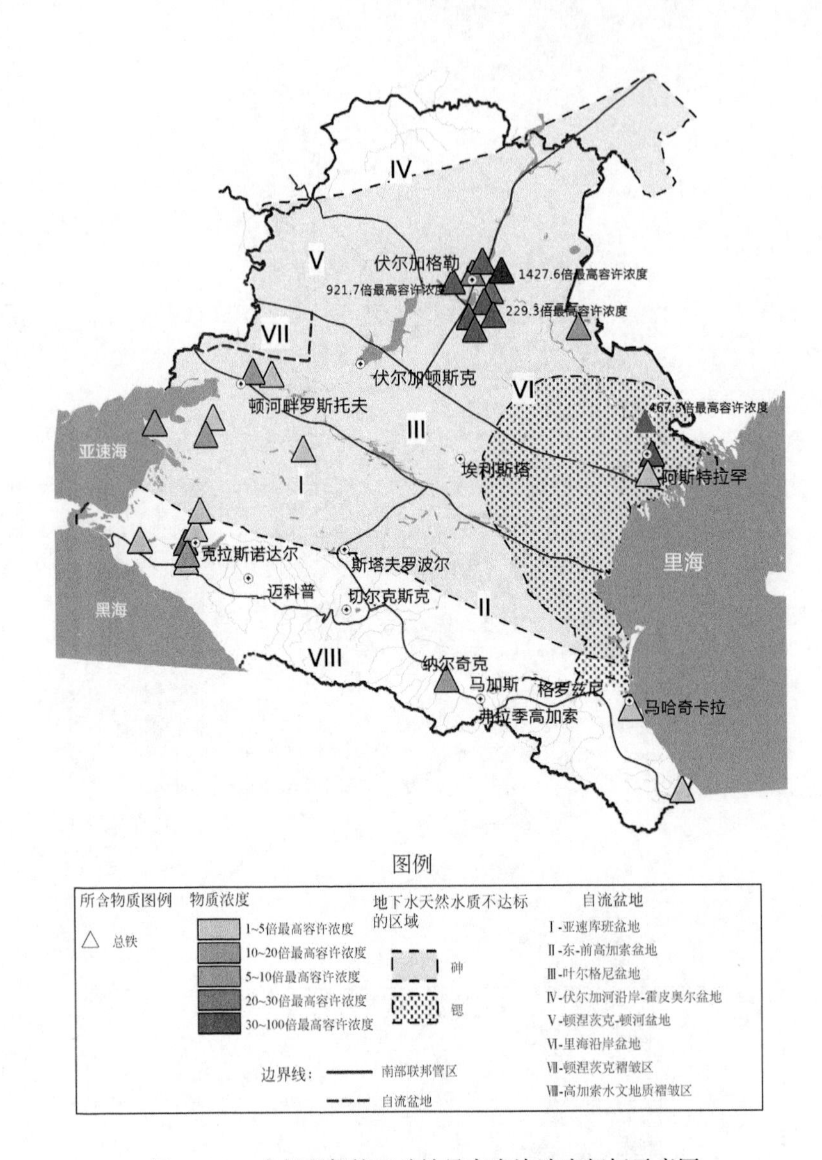

图 7.2.2　南部联邦管区总铁最高容许浓度超标示意图

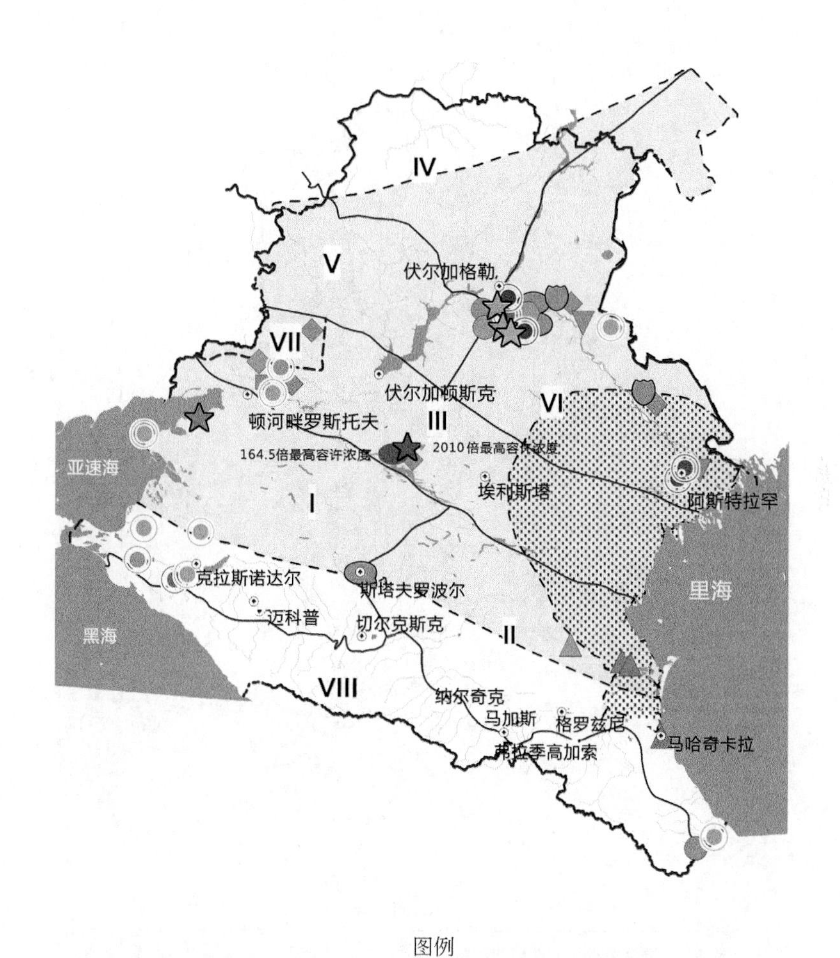

图7.2.3　南部联邦管区Ⅱ类和Ⅲ类金属最高容许浓度超标示意图

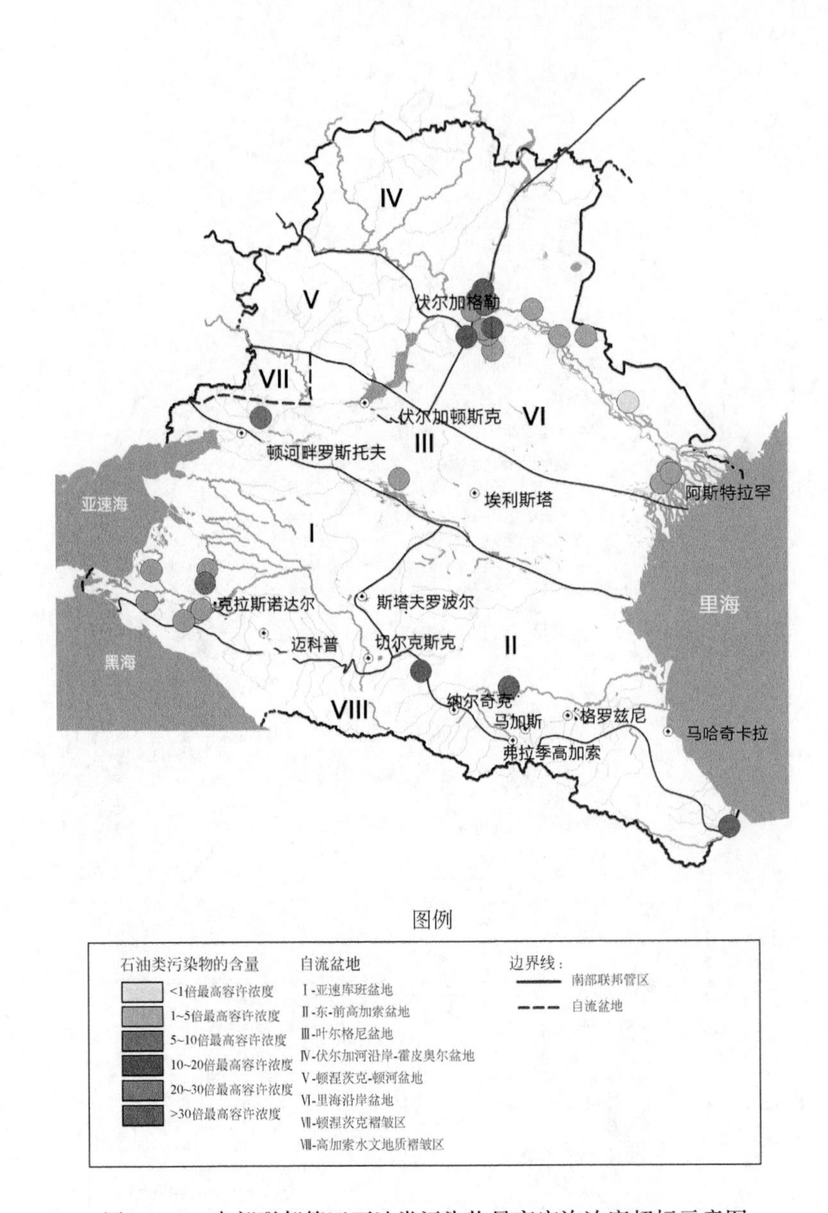

图 7.2.4　南部联邦管区石油类污染物最高容许浓度超标示意图

表7.2.2　被调查元素的最高容许浓度及《卫生和流行病管理条例与标准（SanPiN 2.1.4.1074-01）》规定的危险等级

物质名称	最高容许浓度（MAC）/（mg/L）	《卫生和流行病管理条例与标准（SanPiN 2.1.4.1074-01）》规定的危险等级
石油产品（总和）	0.1	—
砷（总和）	0.05	2
钡（Ba^{2+}）	0.1	2
铅（Pb，总和）	0.3	2
锶（Sr^{2+}）	7.0	2
镉（Cd，总和）	0.001	2
锂（Li）	0.03	2
铝（Al^{3+}）	0.5	2
锰（Mn，总和）	0.1（0.5）*	3
镍（Ni，总和）	0.1	3
铁（总和）	0.3（0.1）*	3
氨和铵（根据氮）（NH_3、NH_4^+）	2.0	3

*括号中的数值可以由相关地区的国家卫生首席医师为具体的供水系统规定。

需要指出，表中所列的污染物清单并不完整。2009年曾按该清单对地下水水样进行检测。我们从卫生和流行病学角度选择了最危险的元素，以及在俄罗斯欧洲区域南部地下水中含量最多的物质。

根据医学和生态学数据，这些物质的浓度过高会导致不同程度的疾病。

石油产品成分中的低分子脂肪烃、环烷烃，尤其是芳香烃，会对人体产生毒害作用和一定程度的麻醉作用，并损害心血管和神经系统。

砷具有神经毒性作用，会损伤皮肤和视觉器官。与其他污染物结合，会增加罹患癌症的风险（Эльпинер，2001）。

钡属于有毒超微量元素，但不认为它是引起突变或致癌的元素。所有钡的化合物都是有毒的（X射线透视时使用的硫化钡除外）。钡具有神经毒性、心脏毒性和血液毒性作用。

铅会损伤造血器官、肾脏和神经系统，引发心血管疾病、维生素B和C缺乏症，还会增加原发性不孕症和习惯性流产的发病率。风险群体女性生育先天畸形儿的概率为4.6%（Корбанова и др.，2001）。

锶会对骨骼结构造成损害（锶中毒性软骨病）。在儿童零至四岁骨骼快速发育的时期，锶在儿童体内迅速积累。当消化器官和心血管系统发生某些疾病时，锶的代谢就会发生改变。

镉属于毒性（免疫毒性）元素。许多镉的化合物都是有毒的。镉在人体中的代谢具有以下主要特点：缺乏有效的稳态控制机制；半衰期很长（平均25年），在体内长期滞留（积累）；主要聚集在肝脏和肾脏中。镉会增加心血管疾病、肾脏疾病和肿瘤的患病风险，扰乱妊娠和分娩过程，造成胎儿死亡或骨质软化（软骨病）。

锂的毒理学作用机制尚未得到充分研究。锂可能影响钠、钾、镁和钙的稳态平衡机制。在锂的长期作用下，会导致高钾血症和钠钾比例失衡。中毒早期症状包括手部颤抖、尿频和中度口渴。中度中毒的症状是腹泻、呕吐、肌无力、精神萎靡和丧失协调能力（Эльпинер，2001）。

镍会导致心脏、肝脏和视觉器官的损伤及角膜发炎。镍含量增加会对血管内壁，尤其是大脑和肾上腺这样出现多发性出血的地方产生特殊影响。

铝的毒性体现为影响人体新陈代谢，尤其是矿物质的代谢，同时也会影响神经系统功能、记忆力和运动功能。一些研究认为，铝与阿尔兹海默症特征的大脑病变有关（在患者头发中发现铝含量增加）。

锰会堵塞神经细胞的小管。造成神经脉冲的传导能力下降，继而造成人体易疲倦、嗜睡增强、反应速度和工作效率降低，出现头晕和抑郁症状。儿童和胚胎的锰中毒尤其危险。

铁会引发皮肤和黏膜炎症、过敏反应和血液疾病。

含氮物质主要是通过尿素和蛋白质在水中分解而形成并随之进入生活废水。尿素和蛋白的第一分解产物是氨（铵态氮）。在天然水中，铵离子被细菌氧化为亚硝酸盐和硝酸盐。根据水中氮化物数量和比例，可以判断水被人类生活产物污染的程度和持续时间。经常饮用高铵含量的水，会造成慢性酸中毒和组织变化。

下面是被调查物质超过最高容许浓度的超标图（图 7. 2. 1 至图 7. 2. 4）。

在俄罗斯欧洲区域南部，人为活动对地下水的负面影响并非大面积连续性分布的，而是零星分布的，主要集中在受经济活动影响的含矿地段（Информационный бюллетень г. Ессентуки，2010）。相应地，超标元素也不是在整个调查区分布，而是分散在特定的采样点。

截至 2008 年，水文地质与工程地质公司（联邦国有单一制企业）的专家在亚速-库班自流盆地查清了天然条件下地下水水质不符合饮用水标准的部分地区，超标元素包括硼、锶、硫酸盐、氯化物、氟（Карта распространения подземных вод с природным несоответствием качества требованиям нормативов к питьевым водам по Южному федеральному округу，2008）。应当指出，地图上圈定的最高容许浓度超标区，并不代表整个区域都超标，而是在调查点发现这些物质超标的概率非常高。

除了硼、锶、硫化物、氯化物和氟的含量不符合饮用水标准外，2009 年，在亚速-库班自流盆地第四系含水层地下水中还发现了以下点状分布的浓度超标元素：

- **锂**（超标 1. 3 ~3. 3 倍） 发现于罗斯托夫州的叶戈尔雷克、苏霍列琴斯克、桑达塔和采利纳地下水水源地。在新切尔卡斯克市，受泥浆池和污水入渗污染影响，锂含量超标 7. 3 倍。
- **铵和铵盐** 在克拉斯诺达尔斯克中央、基洛夫、新北、维生素厂等地下水水源地，铵含量超标 1. 4 ~1. 8 倍；在列宁格勒地下水水源地超标 1. 1 ~1. 7 倍；在红色近卫军水源地超标 1. 4 ~2. 8 倍；在罗斯托夫州、亚速地区、新马里加尔托沃村水源地超标 2. 6 ~33. 1 倍，受污水和蓄积污泥污染。
- **总铁** 在克拉斯诺达尔斯克地下水水源地（东方 1 号、基洛夫、佩尔沃迈斯基、维生素厂、新北、伊丽莎白京斯基、西北等取水工程），总铁含量超标1.3～7.5倍。污染是由邻近俄罗斯M-4国道的农业生产队不合格水体流入引起的。在罗斯托夫州的水源地（叶戈尔斯克、苏霍列琴斯克、桑达塔和采利纳等取水口），总铁含量超标2.3～8.3倍。

• **石油产品**　克拉斯诺达尔斯克边疆区的谢韦尔斯克区（阿莫普斯基镇）地下水石油产品超标1.2倍，金斯基区（新季塔洛夫斯基镇）超标10倍，造成污染的最主要原因是邻近M-4国道。十月区（罗斯托夫州新切尔卡斯克市）地下水石油产品含量超标6.6倍，主要是由污水和蓄泥池污染导致的。

• **锰**　在克拉斯诺达尔斯克地下水水源地（东方1号、基洛夫、佩尔沃迈斯基、维生素厂、新北、伊丽莎白京斯基、西北等），水中锰元素超标1.1～7.2倍；克拉斯诺达尔斯克边疆区的克里米亚地区和基辅镇，地下水中锰元素超标近8.7倍；谢韦尔斯克区和乌巴镇地区，锰元素甚至超标13倍，污染主要来自农业生产队和农田。在罗斯托夫州，锰元素含量超标2.2倍（十月区、顿斯科伊镇）至8.7倍（十月区，新切尔卡斯克市），污染源主要来自蓄泥池和污水。

盆地内没有在污染地下水中发现Ⅰ类危险组分，也没有发现地下水水文地球化学特征的区域性变化（Информационный бюллетень г. Ессентуки，2010）。

需要指出，距离地表最近的含水层和含水层系遭受的污染最严重，其次是与之有水力联系的下伏含水层。

东-前高加索自流盆地部分区域内的地下水中存在砷、硼、锶、氟、硫化物、氯化物和砷污染（Карта распространения подземных вод с природным несоответствием качества требованиям нормативов к питьевым водам по Южному федеральному округу，2008）。在斯塔夫罗波尔边疆区格奥尔吉耶夫斯克"跨地区水渠"取水口，观测到地下水的总硬度和总矿化度偏高；在戈菲茨克地下水水源地，亚硝酸盐、硝酸盐、残余铝和铁浓度超标。在卡巴尔达-巴尔卡尔共和国境内，检测到浓度超标的硝酸盐、总硬度、钙盐和镁盐。在印古什共和国，第四系含水层地下水具有增加的矿化度和总硬度。在莫兹多克工业区水样中发现了航空煤油和石油产品。在达吉斯坦共和国，发现水中硅、碘和总矿化度超标（Информационные бюллетени городов Ставрополь，Нальчик，Грозный，Владикавказ，Махачкала，2010）。此外，2009年，在东-前高加索自流盆地东部观察到以下元素的点状浓度超标：

• **砷**（超标10.1倍）　发现于涅夫捷库姆斯克地下水水源地的取水工程及村庄的取水口。济姆尼亚斯塔夫卡镇（超标6～10倍）及斯捷普诺伊"地区水渠"超标近2倍（斯塔夫罗波尔边疆区）。在达吉斯坦共和国的诺盖区、塔鲁莫夫卡区、基兹利亚尔区和巴巴尤尔特区，第四系含水层中砷的含量很高，超标2.3～17.7倍。

• **镉**（超标3倍）　发现于杰尔宾特区和马加拉姆肯特区、萨姆尔村。污染是由"克孜勒-杰列"矿床和矿场造成的。

• **镍**（超标2倍）　发现于斯塔夫罗波尔市，其含量增加是由于接近Luminophor股份公司工厂的蓄泥池造成的。

• **铵**　在布琼诺夫斯克市的右岸和布琼诺夫斯克取水口的开采井中，以及列娃库马北部和涅夫捷库马地下水水源地（斯塔夫罗波尔边疆区）的取水口，铵含量超标5.65倍。

在斯塔夫罗波尔市，铵含量超标 39.9 倍。在皮亚季戈尔斯克市，铵含量超标 5.25 倍。除了主要的人为因素外，铵含量的增加还归因于其天然含量，天然含量通常被作为斯塔夫罗波尔边疆区东部地下水的背景值（Информационный бюллетень г. Ставрополь，2010）。在卡巴尔达–巴尔卡尔共和国的纳利奇克市，铵含量超标 666 倍。污染主要是由排水管泄漏和污水造成的。在北奥塞梯共和国的阿尔东市和别斯兰市，铵含量分别超标 4 倍和 1.3 倍。在达吉斯坦共和国，铵含量超标 1.7～6.7 倍。

- **锰**（超标 1.1 倍） 发现于杰尔宾特区、马加拉姆肯特区和萨姆尔村。污染主要来自“克孜勒–杰列”矿床的居民区、废矿场、垃圾场和隧道。
- **石油产品** 在皮亚季戈尔斯克市超标 17.8 倍，污染源于邻近石油基地。在北奥塞梯共和国莫兹多克市附近，石油产品的含量超标 49.6 倍，污染主要是地下石油管道的石油产品渗漏造成的。在达吉斯坦共和国杰尔宾特地下水水源地，石油产品含量超标近 81 倍。

总体上，在该盆地内未发现地下水水文地球化学特征在区域上的变化。

在整个叶尔格宁斯基自流盆地，砷、硼、锶、硫化物、氯化物和氟的浓度均超标（图 7.2.1 至图 7.2.4）。2009 年，在罗斯托夫州地区（奥廖尔区、库尔干村）观察到以下物质的点状浓度超标：

- 铀 超标 2.3 倍。
- 铝 超标 2010 倍。
- 镍 超标 164 倍。
- 铵 超标 4.1 倍。
- 总铁 超标 26 倍。
- 石油产品 超标 1.3 倍。

2009 年测试的取样井位于东顿巴斯主背斜及相关断裂带的低洼处。这些井水不是叶尔格宁斯基自流盆地典型的地下水，很可能是深部热液来源的水（Информационный бюллетень г. Ессентуки，2010）。在卡尔梅克共和国和罗斯托夫州，地下水的化学成分多样，矿化度（超标 1.1～2.1 倍）和总硬度值偏高（Информационный бюллетень г. Элиста，Информационный бюллетень г. Ростов-на-Дону，2010）。在印古什共和国，没有检测到被调查元素浓度超标的现象。

顿涅茨克褶皱带地下水受地表人为负荷，以及矿山清理时不合格深层矿井水负荷的影响。煤井报废后，大量矿井作业被灌水，矿井水被排放到地表水道，进而形成铁含量高的酸性（pH 值 5～6）矿化水（矿化度高达 $20g/dm^3$）（Информационный бюллетень г. Ростов-на-Дону，2010）。整个顿涅茨克褶皱带地下水都被硫化物、氯化物、硼和锶污染（Карта распространения подземных вод с природным несоответствием качества требованиям нормативов к питьевым водам по Южному федеральному округу，2008）。2009 年，查明以下元素存在点状浓度超标：

- **锂** 在白卡利瓦特地下水水源地（右岸和左岸Ⅰ号、Ⅱ号取水口）超标 1.7～3 倍。
- **锰** 在白卡利瓦特地下水水源地（右岸和左岸Ⅰ号、Ⅱ号取水口）超标 1.5～3.2 倍。

伏尔加-霍皮奥尔自流盆地部分区域地下水被锶、硫化物和氯化物污染（Карта распространения подземных вод с природным несоответствием качества требованиям нормативов к питьевым водам по Южному федеральному округу, 2008）。在乌留平斯克地下水水源地取水口，检测到硅酸盐浓度超标。在日尔诺夫斯克城市单一制企业（日尔诺夫斯克地下水水源地）格列奇希诺集中取水井的地下水中，发现硫化氢的含量超标1.2～10倍（Информационный бюллетень г. Ростов-на-Дону, 2010）。2009年，在伏尔加格勒州记录到以下元素超标：

- **总铁**　超标1.7～24.7倍。

在2009年开采的第四系含水层系中未发现其他污染物。

在顿涅茨克-顿河自流盆地全境，锶、硫化物、氯化物浓度超标（Карта распространения подземных вод с природным несоответствием качества требованиям нормативов к питьевым водам по Южному федеральному округу, 2008）。在罗斯托夫州，主要开采层的矿化度偏高（Информационный бюллетень г. Ростов-на-Дону, 2010）。2009年，划分出以下物质的点状污染区：

- **锂**　在罗斯托夫州的小卡缅斯克2号取水口超标2.7倍，在顿涅茨克取水口超标4.3倍，在米列罗沃取水口超标2倍。
- **石油产品**　在罗斯托夫州的博罗季诺夫取水口超标1.4倍，在顿涅茨克取水口超标3.9倍。
- **总铁**　在罗斯托夫州的顿涅茨克和米列罗沃取水工程中超标2.6～6倍，在伏尔加格勒州地区总铁超标5.7～13.6倍，这大概与观测井井筒磨损严重有关（Информационный бюллетень, г. Волгоград, 2010）。

伏尔加格勒州、阿斯特拉罕州和卡尔梅克共和国占据里海自流盆地的主要部分，该盆地全境存在氯化物、硫化物和锶污染，部分区域还有砷和硼污染（Карта распространения подземных вод с природным несоответствием качества требованиям нормативов к питьевым водам по Южному федеральному округу, 2008）。在伏尔加河中下游左岸，第四系含水层地下水的矿化度达1.575g/dm^3，钠的含量偏高（超标2.14倍）。在斯韦特雷亚尔区的Kaustik股份公司和Himprom化工股份公司的蒸发池和废液池、中阿赫图宾斯克区和列宁区伏尔加氮氧厂股份公司部分"大盐池"蒸发池等6个污染源的影响下，检测到大量高浓度甲醛、苯胺、己内酰胺和硫化物（Информационный бюллетень, г. Волгоград, 2010）。在阿斯特拉罕州，发现地下水被酚类和高锰酸盐污染，含量严重超标。在卡普斯京亚尔军事射击场附近还发现铊污染（Информационный бюллетень г. Астрахань, 2010）。2009年，在里海自流盆地发现了以下超标物质：

- **镉**　在伏尔加格勒州三个区域发现镉浓度超标3～8.6倍，污染源是Kaustik股份公司的蒸发池和伏尔加格勒中央热电站的废液池。
- **铅**　在阿尔特拉罕州的两个调查点，即阿赫图宾斯克市（超标2.7倍）和阿赫图宾斯克区、上巴斯昆恰克村，发现铅浓度超标5倍。铅污染的源头是邻近的加油站和阿赫图宾斯克石油基地。
- **钡**　在阿斯特拉罕州的阿赫图宾斯克区和哈拉巴利区发现钡浓度超标1.4倍和3.9

倍。钡污染的源头是卡普斯京亚尔和阿舒卢克军事射击场。

- **锂** 在阿斯特拉罕州发现锂浓度超标 1.3 倍和 2.2 倍。锂污染的源头是卡普斯京亚尔和阿舒卢克军事射击场。

- **铝** 在伏尔加格勒州发现铝浓度超标 1.7 ~ 9 倍。污染源是 Kaustik 股份公司的蒸发池、废液池和伏尔加格勒中央热电站的废液池。

- **锰** 在阿斯特拉罕州和伏尔加格勒州发现锰浓度超标 2.8 ~ 243 倍。污染源是住房和公用设施的过滤区、阿斯特拉罕国营地方电站的贮灰场、第 2 中央热电站的蒸发池（阿斯特拉罕州）、Kaustik 股份公司和 Himprom 化工股份公司的蒸发池、伏尔加格勒州伏尔加格勒中央热电站的废液池。

- **镍** 在伏尔加格勒州斯韦特雷亚尔区的斯韦特雷亚尔镇和特鲁多柳比耶村，发现镍浓度超标 2.5 倍和 3 倍。污染源是 Kaustik 股份公司和 Himprom 化工股份公司的蒸发池及伏尔加格勒中央热电站的废液池。

- **铵和氨** 阿斯特拉罕州阿赫图宾斯克区超标 0.1 倍，克拉斯诺亚尔区阿克萨莱斯克镇超标 149.1 倍，污染源是俄罗斯天然气总公司阿斯特拉罕股份公司工业污水抽水场、住房和公用设施过滤场，其次是中央热电站的蒸发池。在伏尔加格勒州，帕拉索夫卡区帕拉索夫卡市铵的含量超标 1.1 倍，伏尔加斯基市超标 66.2 倍，污染主要来自工业垃圾场。

- **总铁** 在阿斯特拉罕州，阿斯特拉罕市铁含量超标 1.5 倍，克拉斯诺亚尔区阿克萨莱斯克镇超标 467.3 倍，污染源是俄罗斯天然气总公司阿斯特拉罕股份公司的工业污水抽水场、住房和公用设施过滤场，其次是阿斯特拉罕国营地方发电站的贮灰场。伏尔加格勒州的铁浓度超标 14 ~ 1426.7 倍。在伏尔加斯基市、伏尔加格勒市和斯韦特雷亚尔区也发现铁浓度超标，污染源是橡胶股份公司的工业垃圾场、净化设施和废液池。

- **石油产品** 在阿斯特拉罕州，哈拉巴利区阿舒鲁克村石油产品含量超标 0.3 倍，阿赫图宾斯克市超标 4.3 倍，污染主要来自阿赫图宾斯克石油基地，其次是卡普斯京亚尔军事射击场。在伏尔加格勒州，石油产品的含量从斯韦特雷亚尔区斯韦特雷亚尔镇超标 2.5 倍到斯韦特雷亚尔区大恰普尔尼基村超标 41 倍，污染源是 Kaustik 股份公司的蒸发池和废液池。

高加索水文地质褶皱带主要被石油产品污染。造成污染的原因是油罐、泵站和井、工业下水道、分油器和石油管道年久失修导致的石油产品泄漏，以及在装料台灌装石油产品时产生的渗漏。

未发现超过前一年最大容许浓度的其他污染成分。

不幸的是，在克拉斯诺亚尔斯克边疆区的黑海沿岸地区，自 2009 年 9 月起，没有对地下水化学、土壤、地表水和地下水的工业石油污染进行站点式观测（Информационный бюллетень г. Ессентуки，2010）。在笔者提供的示意图中，高加索水文地质褶皱区内没有显示出地下水被硫化物、氯化物、氟、硼、锶和砷等大面积污染。

综上，在俄罗斯欧洲区域南部已经观测到的 896 个污染地段中，以工业污染居多（287 个地段）。污染物中以氮化合物和石油产品居多（分别为 421 个和 236 个地段）。

在 607 个污染地段，地下水污染程度超标 1 ~ 10 倍，在 198 个地段超标 10 ~ 100 倍，在 91 个地段超标 100 倍以上。

如前所述，造成地下水水质发生变化和水污染的主要因素是该地区的工业和经济条件。

在所有俄罗斯欧洲区域南部自流盆地的第四系含水层中，都观测到被调查物质的点状超标，超标区域主要位于受经济活动影响严重的产矿地区。在亚速-库班自流盆地，硼、锶、硫化物、氯化物、氟、锂、铵及铵盐、总铁、石油产品和锰的含量偏高，东-前高加索自流盆地东部硼、锶、氟、硫化物、氯化物、砷、镉、镍、锰、铵和石油产品污染居多。在叶尔格宁斯基自流盆地，砷、硼、锶、硫化物、氯化物和氟以及锂、铝、铵、总铁和石油产品的浓度超标。在顿涅茨克褶皱带，锂和锰含量偏高。伏尔加-霍皮奥尔自流盆地存在锶、硫化物、氯化物和铁污染。在整个顿涅茨克-顿河自流盆地，锶、硫化物、氯化物、锂、石油产品和总铁的浓度超标。在里海自流盆地，发现氯化物、硫化物、锶、砷、硼、镉、铅、钡、锂、铝、锰、镍、铵和氨、总铁和石油产品等物质浓度超标。在高加索水文地质褶皱带，石油产品的含量增高。

需再次强调的是，在上述所有自流盆地，被调查物质的超标地区均呈现为点状分布。已经发现的超标总体上具有偶然性，并不代表第四系含水层的所有地下水都不合格。总体上，未发现地下水水文地球化学特征在区域上的变化。

应当指出，不是所有企业都对含水层地下水开采井水质进行监测。对地质环境造成污染的大多数大型工业与企业，都缺少相应的地下水监测网。很多企业提供的地下水监测数据并不完整或无法定期提供数据，进而造成观测结果难以进行对比，且无法追踪地下水随时间的动态变化。

因此，我们面临的任务是加强企业和大型工业单位负责人对地下水水位和水质进行监控的意识，并让他们了解长期观测地下水污染数据的重要性。我们要让企业负责人了解，不遵守相关的地下水监测方法和规程，会使研究地下水时间动态变化的难度增加。在很多情况下，上述问题的产生是由于没有足够的观测经费，进而造成无法保证监测结果和必要观测数据的质量。

同时，对于目前发现的具有点状污染的取水工程来说，降低最高容许浓度是迫切需要解决的问题。

7.3　放射性核素对地下水的污染

7.3.1　问题现状

放射性污染，首先是核电站事故造成的污染，是对地下水危害最大的污染。

1986年4月的切尔诺贝利核电站事故主要是由人为因素造成的，这次事故给俄罗斯欧洲某些地区带来了灾难性后果。2011年3月，日本福岛第一核电站事故可能是由于核电站设计失误造成的（核电站经受住了地震的考验，却无法承受海啸的影响）。国际社会尚未得到关于事故核电站生态状况的可靠信息（因其发生在切尔诺贝利核电站事故之后，还处于初始阶段）。不论是切尔诺贝利事故还是福岛事故，在事故发生后，大气中的排放物和被污染的土壤与地下水中都检测到几乎相似的放射性核素。

下面笔者将探究俄罗斯切尔诺贝利事故受灾区的生态环境状况是如何发展变化的（重点研究地下水）。

切尔诺贝利事故发生前，地下水并没有被列为放射性核素监测的对象。切尔诺贝利事故表明，地下水对放射性污染很敏感。在白俄罗斯和乌克兰，不仅在受污染地区的浅层地下水中，而且在深层承压水中也发现了放射性核素。在半径70km范围内，由于水的运移，地下水逐渐受到污染。地表水和地下水中富集的放射性核素浓度比平均背景值高出3～5倍。在切尔诺贝利核电站地区所揭露的含水层上部多口水井中，发现了^{137}Cs、^{134}Cs、^{144}Ce和^{106}Ru同位素，这证明，放射性核素可能是穿过包气带渗透进入地下水中的（Кудельский и др., 1990）。

在乌克兰进行的调查研究表明，切尔诺贝利事故发生两年后，放射性污染物质自地表向下渗透的深度接近1m，这表明这些污染物具有迁移能力。由于30km区域内包气带的厚度小（2～3m），且存在快速迁移的化合物，致使一部分放射性核素通过面状污染渗入浅层地下水中，这一结论被实测数据部分证实。在地表污染最严重地带（半径60km）的第四系含水层中发现了^{137}Cs、^{134}Cs、^{144}Ce和^{106}Ru污染。在始新统和上白垩统地下水位埋深达120m的含水层中，发现了上述放射性核素的浓度小于浅层地下水中的浓度，这一点已被官方数据证实（Изотопы в гидросфере，1989；Пристер и др.，1990）。

1989年5月到8月，在普里皮亚季台地的一个区域进行野外调查时发现，可溶于水的^{106}Ru、^{144}Ce和部分^{137}Cs具有稳定迁移的趋势（Кудельский и др.，1997；Назаров，1970）。观测到放射性核素在包气带中的二次迁移，表明放射性核素存在从土壤层向潜水位方向迁移的明显趋势。在洪水淹没段以及地表水和地下水周期性转化的地方，含水层天窗为地下水的污染创造了条件。地表放射性污染影响地下水和地表水的放射性核素组成。在大型城市地下水水源地的地下水饮用水中，^{90}Sr的活性增加了6～10倍（1987～1989年），^{137}Cs的活性在1988年达到峰值，目前呈下降趋势。^{90}Sr的含量在1988年下降，但在1988年末达到了1987年的水平。在冲积层和河流沉积层的地下水中，^{90}Sr含量的增加趋势尤其明显。尽管在事故发生后的某个时期，放射性核素的含量非常接近最高容许浓度，但在1990年中期，包括潜水在内的地下水中，放射性核素的含量没有超过容许值。同时，还记录到潜水和地表水中的^{137}Cs和^{90}Sr含量在不断增加（Кудельский и др.，1997；Назаров，1970）。

在乌克兰的波列西耶，不论是现役还是被搁置的排水系统，在潜水中都出现了^{90}Sr，这证明该元素的浓度与土壤表面污染程度、岩石成分以及排水系统的技术条件（内涝）都有直接联系（Иванушкина и др.，1990）。

在遭受切尔诺贝利事故影响的俄罗斯布良斯克州、奥廖夫州、卡卢加州、图拉州以及其他州，受到不连续（斑点状）放射性核素污染的主要是土壤，其次是潜水和承压水（Карта распределения поверхностного загрязнения…，1991）。根据Centergeology地质企业的数据，在布良斯克州第四系含水层的地下水中，1987年地表严重污染地段的^{134}Cs，^{137}Cs含量分别为$0.13 \cdot 10^{-9}$ Ci/L和$4.87 \cdot 10^{-9}$ Ci/L，并在当年末下降至$0.26 \cdot 10^{-9}$ Ci/L以下。地下水中的^{90}Sr浓度在1989年介于$1 \cdot 10^{-9} \sim 9.3 \cdot 10^{-9}$ Ci/L范围内，该数值已超标。在奥廖夫州和卡卢加州，放射性核素含量没有超标，但是高于背景浓度数倍。潜在的污染源包括：地表水（被排放放射性物质的河流、水库、冷却池）、放射性核素沿“快”和“慢”通道向潜水迁移所经过的包气带土壤和岩石、地下水的取水工程设施（钻孔、水井、浅井、矿井、墓地）。地下水对埋藏较浅的放射性核素污染区域（洪泛区和河流的第一个洪泛区阶地、土壤改良系统、人为倒灌区域）最敏感。因此，研究和预测地下水对放射性污染的防护性能变化是一个重要的课题，关系到核电站所在地区和遭受放射性污染地区的居民安全。

到目前为止，布良斯克州受切尔诺贝利核电站事故污染的区域，由于被污染土壤中的尘土随大风扬起，并受到当地居民工业活动的影响，空气中的放射性核素含量仍然在上升。其中主要的放射性污染核素是^{137}Cs。切尔诺贝利事故发生后，布良斯克州、图拉州、奥廖夫州和卡卢加州也受到放射性核素的污染。布良斯克州某些地区地表^{137}Cs 污染密度超过 15Ci/km^2（Государственный доклад，2007）。

在切尔诺贝利事故之后的二十五年间，地下水受到放射性核素（^{137}Cs 和^{90}Sr）不同程度的污染。图 7.3.1 根据地下水监测数据绘制了布良斯克州地下水被放射性核素污染的情

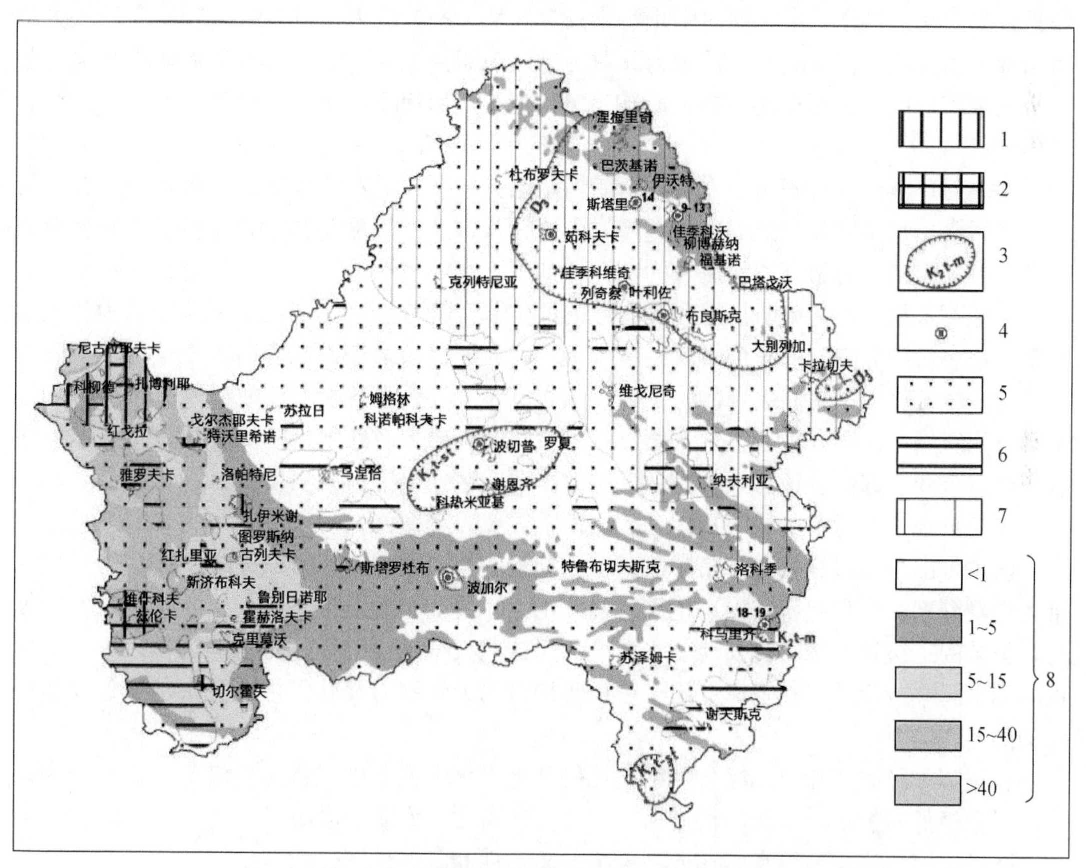

图 7.3.1　布良斯克州地下水放射性指标现状图

1 和 2 分别为第四系（1）和白垩系（2）含水层地下水中的铯-137 和锶-90 含量偏高区段（根据水井和生产井的取样分析结果）；3 为地下水中 α 放射性核素总活度标准值超高段的边界和水文地质单元的代号；4 为总 α 放射性测量值超标的地下水井；5 为白垩系含水层地下水未保护区；6 和 7 分别为白垩系地层（6）和上弗拉斯阶-法门阶陆源碳酸盐岩组（7）的地下水相对受保护区；8 为受铯-137 污染区域的密度（Ku/km^2）

况（Информационный бюллетень，2004）。通过分析当前地下水的生态状况，可以断定，一些专家关于放射性核素保留在10cm土层内的预言是错误的，而另一些专家（Государственный доклад，2007）对地下水可能被放射性核素污染的担忧却得到证实。

7.3.2 中等规模潜水污染防护性和脆弱性评价法

水圈地下部分与其他环境组分的相互关系及其通过这些组分造成污染的可能性，可以用地下水的污染防护性和脆弱性描述，并按照笔者制定的方法反映在相关图件中。这些图件均基于污染物通过防护带（即岩石圈）运移的简单模型计算结果（Белоусова и Галактионова，1994；Белоусова，2001，2005）。

主要评估指标定义（Белоусова，2001，2005）如下。

防护带是指将地下水与地表污染分割开来的地带，具有包气带土壤和岩层两级结构。防护性是指防护带在一定时期内阻止污染物渗入地下水的能力。研究区实际承受的人为负荷与地下水天然防护性的关系被称为其对污染的脆弱性。天然防护潜力是指地质环境（包气带土壤和岩层）把污染物阻隔在防护带中的能力，取决于土壤和岩层的岩性、渗透性和吸附性。

对辐射环境的分析表明，在俄罗斯受切尔诺贝利事故影响的地区，地下水中存在放射性核素污染，只是实际污染程度没有超过限值（极限水平）和最高容许浓度。以布良斯克州和卡卢加州境内的第聂伯河流域为例，评估地下水放射性污染防护性和脆弱性方法。

对地下水放射性污染防护性和脆弱性的评价非常特殊。水文地质学家普遍认为，把地下水与地表污染分隔开的防护带就是包气带。在放射性核素进入地表时，土壤能够吸附大量放射性核素而成为更高级别的防护带（缓冲带）。保护地下水不被放射性核素污染的地带具有两级结构：第一级是土壤，第二级是包气带岩层。对地下水防护性的评价是按照限制条件进行的，即假设该污染物扩散到了整个研究区，不论污染强度如何。

为评价地下水对污染的防护性和脆弱性，需要一套图件：

防护带图是通过叠加显示第一级防护带结构的土壤图和表征第二级防护带结构（包气带的埋藏深度和工程地质结构）的图件获得的。图中突出显示典型地段，这些地段的特征是防护带的一级和二级结构及地下水深度，对这些典型地段的描述见地图图例。编制防护带图的下一个阶段是建立等级，用于表征防护带的天然潜力及其保护地下水免于任何类型污染的能力。

根据防护带第一和第二级岩性结构比例和地下水埋藏深度，将防护潜力定性地分为以下等级：极低防护潜力、低防护潜力、中等防护潜力、高防护潜力。

防护带图是构建地下水对任何污染物的防护性和脆弱性图件的基础。

7.3.3 地下水放射性核素污染防护图

在评价放射性核素污染地下水的可能性时要考虑以下因素：包气带土壤和岩层对放射性核素的吸附性、限制放射性核素随入渗流运移到地下水的强度（直到完全滞留）、包气带土壤和岩层的溶质运移特性，取决于颗粒物理组成与结构、水分特征曲线、渗透性能，以及矿物成分和表征污染物随入渗水流向包气带底部和地下水运移的强度；渗透（入渗）通道，即包气带厚度或地下水埋藏深度；放射性核素半衰期；放射性核素迁移形式（离子、络合物等）；受污染的入渗流体被地下水稀释的强度；快速迁移通道的存在（裂隙、大孔隙、植物根孔、鼠穴、包气带土壤与岩层中的其他自然扰动，及开采地下水的井、钻孔和其他水流沿井壁渗透时作为污染源的工程设施）。

放射性核素迁移的参数取决于各种因素。相关专著（Коноплев и др., 1988；Пристер и др., 1990）指出，放射性核素的扩散系数与土壤含水量有关。许多研究者已获得了土壤中放射性核素活性大小，按照放射性核素的迁移能力和进入地下水和地表水的速度排序为：^{144}Ce、^{95}Nb、^{95}Zr、^{106}Rw、^{134}Cs、^{137}Cs、^{90}Sr（Изотопы в гидросфере, 1989）。通常采用分配系数（K_p）概括地评价土壤的吸附能力，分配系数等于放射性核素在单位体积土壤中的浓度与给定岩样水溶液中的平均含量之比（Семенютин и др., 1989；Яковлев, 1990）。

随着矿物颗粒粒径的减小和微尘、黏土含量的增加，砂黏土对放射性核素（例如^{137}Cs、^{90}Sr）的吸收量增加（Семенютин и др., 1989）。其中，^{90}Sr的迁移能力最强，它的K_p最小值等于10，显著小于^{137}Cs的K_p值（$10 \sim 10^3$）。在质地更轻及有机物含量更少的土壤中，放射性核素的垂直迁移量增加（Колобов и Хитров, 1990）。实验查明，在核电站事故发生后的前两年，放射性核素在0～5cm土壤层内的迁移慢于5～20cm土壤层，而之后的迁移速度保持不变（Пристер и др., 1990；Семенютин и др., 1989）。

除了土壤组成与气象条件组合，放射性同位素的物理和化学性质对溶解和胶粒状放射性核素的迁移也产生重要影响（与^{144}Ce、^{W6}Ru、^{137}Cs不同，^{90}Sr主要通过与入渗水流交换的方式迁移）。对流运移比非对流运移更快。因此，随着放射性核素的垂直迁移深度加大，对流运移量也会增加，更大程度地反映出放射性核素特殊化学性质的影响。在土壤上层普遍存在的^{137}Cs和其他放射性核素也可能通过颗粒沉降（淋溶）和生物扰动进行迁移（Пристер и др., 1990）。土壤中被交换的^{90}Sr占其总含量的5%～36%，而^{137}Cs总含量的82%～99%处于未交换状态（Коноплев и др., 1988）。Пристер 等（1990）的著作指出，^{90}Sr的迁移速度接近于对流传输速度。对中亚地区的调查显示，在不定期灌溉条件下^{90}Sr的迁移速度达到60～70cm/a，在定期灌溉条件下达到120～150cm/a。定期灌溉条件下，^{137}Cs的迁移速度也同样增加（Алексахин и др., 1990）。

在放射性核素的垂直迁移过程中，植被层发挥重要作用。在植被茂密处，80%的放射性核素被吸附，而在植被稀疏处仅40%被吸附。在森林中，放射性核素的主要沉降被掉落物拦截，约10%放射性核素渗入下垫面之下（Шуколюков, 1992）。

Алексахин（1992）、Павлоцкая（1992）和Шуколюков（1992）的著作指出，放射性核素在土壤中以水溶（阳离子、阴离子和中性）、易溶（活动的）、酸溶和无定形形式存在。已经证实，^{90}Sr主要处于易溶有机物和以铁和铝为主的有机化合物中。研究还发现了处于水溶状态和腐殖酸中的阴离子形式^{90}Sr，证明该元素也存在于络合物中。较高含量的放射性核素一般存在于靠近坡脚的低洼地区、沟壑底部、靠近阶地的河漫滩、分水岭上的沼泽中，这些地方的化学元素较难向外运移。在山坡、严重浸水的土壤及排泄条件良好的非饱和砂土中，放射性核素的含量最小。注意到有机物、腐殖酸在放射性核素迁移过程中发挥双重作用。一方面，它们有助于增加放射性核素的吸收，增强放射性核素与土壤的结合强度，另一方面，它们促使放射性核素向活跃状态转变。

Алексахин（1992）、Павлоцкая（1992）和 Семенютин 等（1989）的著作指出，乌克兰和白俄罗斯低洼多林地带以及俄罗斯部分地区均属于异常区（特点是放射性核素极活跃）。在这些地区分布着贫瘠轻质（砂质和砂质壤土组成）生草灰化壤土和泥炭土，导致在这些土壤中^{137}Cs和^{90}Sr的活性明显高于富含腐殖质、钙和其他交换基的高 pH 且质地较重的土壤。

Бурнадян（1990）的著作分析了“马亚卡”地区放射性痕迹的状况。结果表明，上层土壤中^{90}Sr处于交换形式（72% ~95%），且主要存在于与土壤有机物（富里酸）的复合物中。通过 10 年的观测查明，在 5 ~ 30cm 土层内各类土壤按放射性核素的积聚程度排序为：黑钙土>灰色森林土>盐土>泥炭沼泽土>生草灰壤土>草甸脱碱土，这一排序证明，草甸脱碱土的活性最强。观测数据表明，放射性同位素从土壤上层（0 ~ 5cm）以每年 2% ~5% 的速度向下缓慢移动。但是，在所有类型的生荒土中，沉降 12 年后，大部分放射性同位素（占 60% ~80%）仍处在上部根系层中。

Антоненко 等（1994）的研究也证实，在生草灰壤土中，^{137}Cs与土壤之间的相互作用强度高于在黑钙土和层状冲积土中。

Кудельский 等（1997）在其著作中援引的数据表明，从 1987 年到 1994 年，河水的污染程度随时间降低。除放射性核素的天然降解，放射性产物也在集水区土壤的垂直断面中进行了重新分配，导致近地表土壤层的污染程度减弱，进而使放射性核素的地表冲刷量减少。

Пристер 等（1990）指出，在卡卢加州和图拉州的地下水中，放射性^{137}Cs的含量为布良斯克州的 1/15 ~ 1/20 倍，比莫斯科地区多 8 ~ 10 倍。对受放射性污染地下水的脆弱性评价标准是基于预测计算进行的。

众所周知，^{137}Cs通常以非交换形式存在并通过扩散转移，而^{90}Sr主要以离子交换形式迁移，其迁移强度是^{137}Cs的数十倍，其迁移机制在很大程度上符合对流传输的条件。在污染物的锋面移动时，会发生弥散。从我们理解的溶质运移数学模型角度来看（Белоусова，2001），对于放射性核素的迁移，可以区分出^{137}Cs扩散模型和^{90}Sr弥散模型，根据渗透介质的结构不同，弥散模型具有两个修订：对于均质的双重孔隙介质的微观弥散；对于非均质介质（非均质各向异性-裂隙的介质）的宏观弥散。扩散用分子扩散系数表示，弥散用每种放射性核素的弥散系数和按照中性成分确定的介质结构参数表示。

放射性核素的迁移伴随着物理和化学过程，这些过程包括：离子交换、吸附-解吸、溶解-沉淀、浸滤、放射性降解、渗透作用、络合等。与包气带岩层对放射性核素吸附相比，针对土壤对放射性核素吸附的研究更多，其他过程实际上没有研究。表示吸附的主要参数是放射性核素的分配系数。

由于没有通过实验确定俄罗斯放射性污染受灾区的放射性核素质量迁移参数，我们分析并总结了国内外专家对乌克兰和白俄罗斯切尔诺贝利来源放射性核素行为的观测经验，并分析了来自国外实验和野外观测数据的苏联（自 20 世纪 50 年代起）放射性核素全球沉降的研究结果。

根据文献和经验数据的整合结果，作出如下判断（Белоусова，2001）：

——^{90}Sr 的迁移强度显著超过 ^{137}Cs（前者是对流传输，后者是扩散迁移机制，前者的弥散系数和后者的扩散系数基本相差两个数量级）。

——包气带土壤和岩石对 ^{90}Sr 的吸附比 ^{137}Cs 少。黑钙土的吸附能力最大，$K_p=490\sim1150$ml/g（^{90}Sr）和 $1200\sim10000$ml/g（^{137}Cs）；灰色森林土的 $K_p=6\sim180$ml/g（^{90}Sr）和 $36\sim6100$ml/g（^{137}Cs）；灰壤土的 $K_p=3\sim700$ml/g（^{90}Sr）和 $40\sim1500$ml/g（^{137}Cs）（砂壤土和壤土）；冲积和灰壤砂土的 $K_p=5\sim10$（100）ml/g（100）（^{90}Sr）和 $20\sim400$ml/g（^{137}Cs）。包气带岩石的典型数值为：砂的 $K_p=1\sim100$ml/g（^{90}Sr）和 $10\sim300$ml/g（^{137}Cs）；壤土（黏土）的 $K_p=6\sim200$（^{90}Sr）和 $26\sim1000$ml/g（^{137}Cs）。

——对泥炭沼泽吸附特性观点不一。一些研究人员指出，泥炭沼泽吸附能力最低，$K_p=2\sim10$ml/g（^{90}Sr）和 $5\sim190$ml/g（^{137}Cs），而另一些研究人员则表示，泥炭沼泽吸附能力最高，$K_p=400\sim700$ml/g（^{90}Sr）和 $2000\sim5000$ml/g（^{137}Cs）（Алексахин и др.，1990；Прохоров，1981）。显然，这是由于沼泽自身结构及其复杂的形成条件，以及对沼泽类型（上游、下游和中游）、沼泽流动程度、泥炭分解程度、腐殖质、黄腐酸和低分子酸的组成、金属的复合化合物组成等的依赖性。因此需要对沼泽进行详细研究。

——土壤对放射性核素具有最强的滞留能力，因而土壤层是比包气带更高级的缓冲层。在评价地下水的保护时必须考虑土壤。

制图的下一个阶段是确立地下水的污染防护等级。划分出四个地下水污染防护级别：无防护、低防护、中等防护和条件性防护。长寿命放射性核素中 ^{90}Sr 和 ^{137}Cs 毒性最大，因此应当对每种放射性核素单独进行污染防护性评价。

保护地下水免受任何污染物的影响取决于被污染水体入渗锋面到达含水层的时间（$t_{防护}$）。随着包气带土壤和岩石吸附能力的增加，溶解于水中的放射性核素通过厚度为 M 的包气带土壤和岩石的时间，可以按照如下公式计算（Белоусова，2001）：

$$t_{防护}=\frac{M\vartheta}{v}+\frac{M\vartheta\delta K_p}{W} \tag{7.3.1}$$

式中，K_p 为分配系数（l/kg）；δ 为土壤干容重（kg/dm^3）；v 为渗流速度（m/d）（Биндеман，1963）。

$$v=\frac{1}{\theta}\sqrt[3]{W^2k_\phi} \tag{7.3.2}$$

式中，θ 为岩石天然含水量（用单位分数表示）；W 为入渗补给量（m/d）；k_ϕ 为渗透系数（m/d）。

公式（7.3.1）中的第一项表示非饱和带中水分的运移时间（或中性污染物的运移时间），第二项表示“水–岩”系统中物理化学相互作用（吸附）（或岩石对污染物的滞留）的时间。当分配系数显著大于1时（如放射性核素的典型情况），可以忽略公式（7.3.1）中的第一项，而当分配系数显著小于1时，第二项可以忽略不计。

根据放射性核素的半衰期 T，合理地建立使地下水免受污染的天然防护量级。此种情况下，划分以下等级：

——无防护地下水：$t_{防护}<T$；$t_{防护}<30$ 年；

——低防护地下水：$T<t_{防护}<2T$；30 年$<t<$60 年；

——中等防护地下水：$2T<t_{防护}<3T$；60 年$<t<$100 年；

——条件性防护地下水：$t_{防护}>3T$；$t_{防护}>$100 年。

根据污染物通过防护带的运移时间划分等级实际上是对地下水污染过程的近似预测评价，此处指被放射性核素污染。

地下水免受^{90}Sr和^{137}Cs污染的天然防护地图基于防护带图。对图件进行比较表明，对地下水来说最危险的是^{90}Sr，因为^{90}Sr的污染可以在短时期内（<5 年）影响大面积含水层。

7.3.4　地下水放射性核素污染脆弱性图

调查区的实际人为负荷与地下水防护性之比称为地下水脆弱性。地下水对^{137}Cs的脆弱性图根据^{137}Cs人为负荷图（^{137}Cs地表污染分布）和地下水对^{137}Cs的防护性图编制。

受放射性核素污染的地区反映在每种放射性核素的人为负荷图上。根据俄罗斯水文气象局资料（Карта радиоактивного загрязнения…，1993）编制的人为放射性负荷图（布良斯克州和部分卡卢加州），仅显示了放射性核素^{137}Cs的污染强度（缺乏其他放射性核素的数据）。

在确立^{137}Cs地表污染的背景浓度和最高值时，以《白俄罗斯苏维埃共和国切尔诺贝利核电站事故善后国家规划》制定的《新移民点的选址标准》为依据。假设^{137}Cs的背景浓度$\leqslant 0.2Ci/km^2$，最高值$\leqslant 1Ci/km^2$。

由于目前尚未研究低浓度（小于最高值）放射性核素对环境的影响，因此仅考虑与最高值有关的人为负荷（地表放射性污染程度）。

将地下水对^{137}Cs污染的脆弱性划分为以下等级：灾难性脆弱、极脆弱、高度脆弱、脆弱、低脆弱以及条件性不脆弱和不脆弱。最后一个类别是有条件的，随着脆弱地下水常见地区的渗透流体运移，污染也可能运移到最初“不脆弱”的地下水地区。

我们认为，在评价防护性时，在地下水浓度超过背景值的情况下，受污染的水流能否到达含水层非常关键（Белоусова，1994，2005，2001）。当含水层某一人为来源放射性核素数量超过背景值，且在临界状态下达到最高容许浓度时，证明地下水易受这种放射性核素的污染。含水层被进一步污染的强度将取决于土壤表面放射性核素的初始浓度及其全衰期。

地下水对放射性污染天然防护性图件的编图方法也可以用于编制类似的评价高毒性污染物污染情况的图件。

7.3.5　地下水放射性核素污染防护性和脆弱性的评价结果

7.3.5.1　地下水对^{90}Sr污染的防护性

按照上述方法将地下水对^{90}Sr污染的防护性进行了评价。利用公式（7.3.1）计算受污染水流锋面到达地下水位的时间。每个典型地区都对两个层段进行计算，假设土壤层厚度为0.2m（对放射性核素具有最大滞留的一层），包气带岩石厚度由典型地段地下水埋深平均值与土壤厚度的差值决定。

在评价地下水对放射性核素污染的防护性时，对于沼泽在放射性核素迁移过程中所起到的作用观点不一。有一些研究认为，沼泽对放射性核素的滞留能力很弱（Алексахин и др.，1990）。相反，其他研究工作认为（Прохоров，1981），沼泽的滞留能力强。由于沼泽的详细结构及其生物、物理化学特征未知，因此对沼泽滞留能力的这两个说法都进行了评价。

在大多数研究区中，普遍存在对^{90}Sr污染无防护和弱防护的含水层地下水。在姆格林市、克林齐市、新泽布科夫市、斯塔罗杜布市和俄罗斯的中部地区，普遍存在对^{90}Sr污染具有中等防护性的地下水。在流域分水岭，普遍存在对^{90}Sr污染具有防护条件地下水。

7.3.5.2　地下水对^{137}Cs污染的防护性

地下水的^{137}Cs污染防护性评价与地下水的^{90}Sr污染防护性评价类似。

地下水对^{137}Cs污染的防护程度不同于对^{90}Sr污染的防护程度。在调查区的大部分区域，普遍分布着对^{137}Cs污染具有条件性防护的地下水，在河谷地带分布着对^{137}Cs污染无防护或者低防护的地下水，在河谷山坡上常见对^{137}Cs污染具有中等防护的地下水。

7.3.5.3　地下水对^{137}Cs污染的脆弱性

地下水脆弱性按照实际污染进行评价，通过把^{137}Cs人为负荷图与地下水的^{137}Cs污染防护性图相叠加。

^{137}Cs污染最严重的区域分布在布良斯克州西部的新济布科夫市和克林齐市地区（图7.3.2）。地表污染沿着国境线方向从15Ci/km^{2}增加到40Ci/km^{2}不等。在斯塔罗杜布市和特鲁布切夫斯克市之间，纳夫利亚市、佳季科沃市、卡拉切夫市地区的地表污染为1～5Ci/km^2。

在基洛夫市以南的卡卢加州南部，地表污染为1～5Ci/km^2，其中一个局部地区达到5～15Ci/km^2。

为确定地下水易受^{137}Cs污染的程度（脆弱性），根据^{137}Cs的人为负荷与地下水对^{137}Cs污染的防护度的比值，对脆弱性进行了等级划分。

地下水对^{137}Cs污染的脆弱性示意图显示，在布良斯克州的伊普特河河谷分布着对^{137}Cs污染极脆弱和很脆弱的地下水；在伊普特河以北的国境线附近也分布着极脆弱和很脆弱的地下水；在索日河及其支流的河谷中，主要分布着很脆弱和脆弱地下水，个别河段为很脆弱地下水；沿苏拉日市、斯塔罗杜布市、特鲁布切夫斯克市、纳夫利亚市以南到国境的线路，分布着对^{137}Cs污染很脆弱、脆弱和低脆弱的地下水；在佳季科沃市布良斯克州北部和州界线，分布着对^{137}Cs污染脆弱到低脆弱的地下水；在河谷分布着条件性不脆弱的地下水，而其余区域分布着对^{137}Cs污染不脆弱的地下水。

在卡卢加州境内，沿布良斯克州边界地带，分布着对^{137}Cs污染低脆弱到脆弱的地下水，其中一个地区分布的是极脆弱地下水。河谷则分布着有条件的不脆弱地下水，而在其

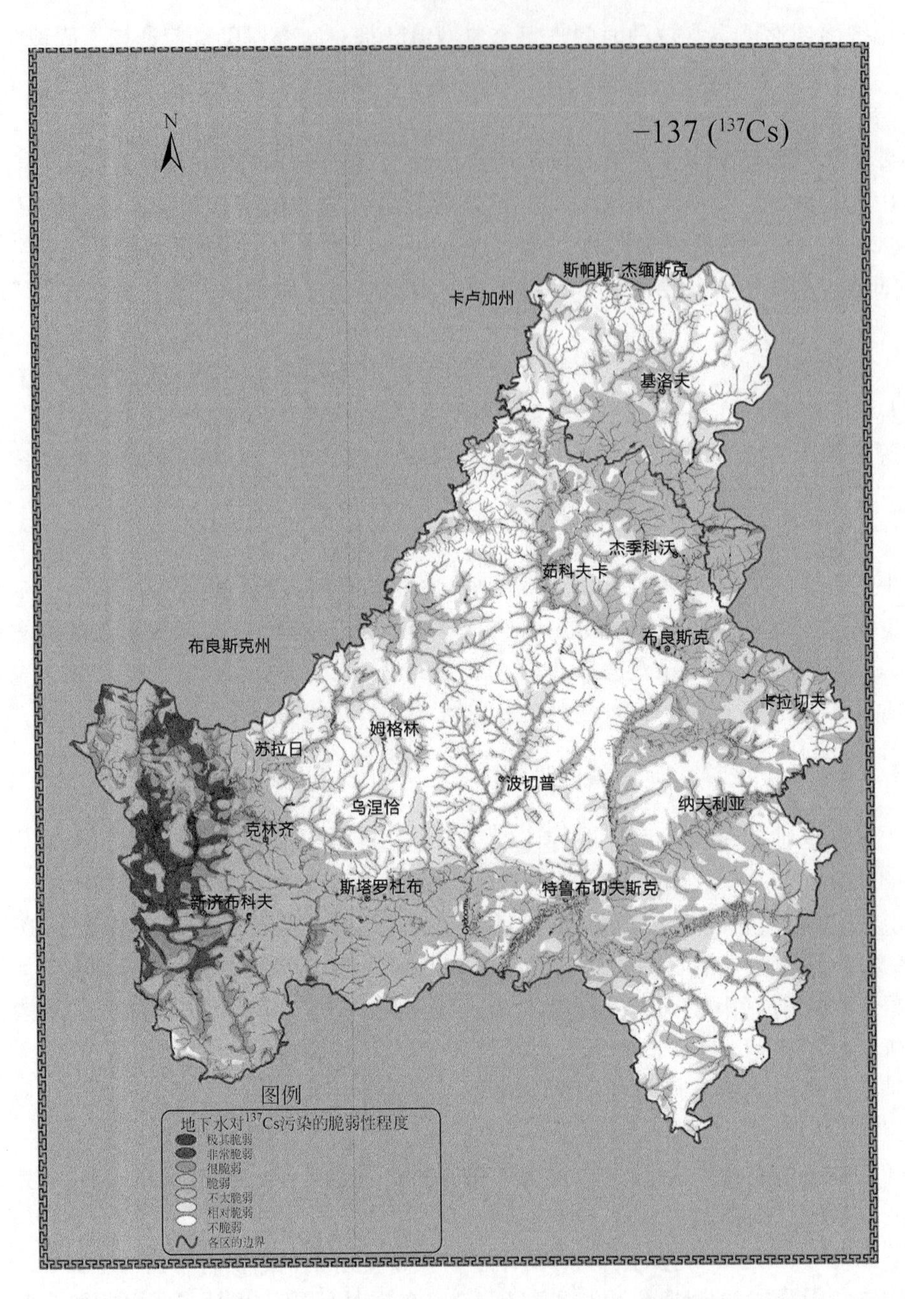

图 7.3.2　布良斯克州和卡卢加州的第聂伯河流域俄罗斯境内的地下水对^{137}Cs污染的脆弱性示意图

余区域分布着不脆弱地下水。

7.3.6　地下水放射性核素污染防护性和脆弱性评价结果分析

评价地下水的污染防护性和脆弱性也是对放射性核素地下水污染发展过程的初步近似预测。

假设背景浓度为5×10^{-14}Ci/L，这与天然水中放射性核素的天然含量和放射性核素全球沉降造成的污染水平相对应（Ветров и Алексеенко，1992）。卡卢加地区的特点是，在检测到^{137}Cs含量超过背景浓度地点的测试结果与很脆弱和脆弱地下水分布地区完全吻合。仅在少数几个地区表现出细微差异。

理论建构（编图）（图7.3.2）与实际取样结果（图7.3.1）之间的一些差异可能是由于对取样对象和对渗透介质及污染物本身的物理化学特征认识不足导致的。

区域研究程度和编图取决于调查的比例尺。中等比例尺的编图无法在图件上反映出地形、地貌、土壤盖层、包气带和地下水的详细结构和所有特征。对限制区域和局部地区的大比例尺编图可以实现细化，从而确保理论建构与现场测试的高度一致性。应当指出，上述对地下水防护性和脆弱性的评价一般基于一个简单的前提，即放射性核素通过对流运移并被土壤和岩石吸附。事实上，放射性核素在土壤和岩石中的迁移强度和进入地下水的速度受很多因素影响。

地形对包气带土壤和岩石的透水性和放射性核素迁移有很大影响。宏观和中观地形的作用在于，低洼处的地下水埋深不大，透水性下降。促使土壤和岩石中放射性核素的累积。放射性核素的累积受到微观地形的不同影响。一方面，地表水积聚在微观洼地，冲刷土壤和岩石，促使放射性核素向深部迁移；而土壤和岩层上部的放射性核素蒸发和积累发生在微高地部分。另一方面，在土壤密度更低的高地，透水性可能高于洼地，因为洼地中存在冲蚀的细粒淤泥且被压实（Назаров，1910）。根据土壤学者的数据，普通和典型黑钙土的透水性最高，浅灰色森林土和碱土的透水性最低。土壤透水性与植被覆盖度和腐殖质含量有关。森林下土壤以最高的透水性为特征，尤其是黑钙土。发育虫孔、鼠穴、植物根孔的土壤透水性大大增加，因为土壤的机械组成及其结构在这种情况下起次要作用（Оценка и прогноз качества…，2001）。相关著作（Изотопы в гидросфере…，1989）指出，地貌和微地形在放射性核素穿过切尔诺贝利核电站禁区防护带的迁移中发挥了特殊作用。考虑到外源过程，尤其是沉降过程，在调查区广泛发育，其在放射性核素快速迁移路径中的作用很显著。

在质地更轻、有机物含量较少的土壤中，放射性核素的垂直迁移增强（Колобов и Хитров，1990）。尽管土壤的透水性高，放射性核素仍然可以被吸附在泥质颗粒上，被有机物、植被和森林凋落物阻滞。

各种结构和性质的土壤、岩石和地形组合形成了所谓的快速迁移路径。已经通过实验确定，垂直迁移分带性，即放射性核素在0～5cm土壤层中的迁移速度慢于5～20cm（Пристер и др.，1990；Семенютин и др.，1989）。污染物逐渐渗透到土层和岩石的更深层，并可以进入地下水，地下水埋深越浅，放射性核素到达含水层的速度就越快。快速迁移路径的影响只能通过大规模研究来确定。除了天然的快速迁移路径，还存在人为快速迁移路径（例如各种装备不合格的井、采矿作业、地下水开发等）。

水流的流体力学特征对地下水污染的形成起着重要作用。含水岩石渗透性的变化和与之相关的动力学弥散，有助于在弱地下径流量条件下定位污染区的位置，通常在地表污染区之下。在地下径流量大和高渗透速率的情况下，污染的峰面开始扩散并随水流转移。因此，地下水污染区的轮廓可能与地表污染点不重合。

除了土壤成分和气象条件外，放射性同位素在溶解和胶体状态下的迁移，也受到放射性核素的物理化学性质的显著影响（与^{137}Cs、^{106}Ru和^{144}Ce不同，^{90}Sr主要通过与入渗对流交换的方式迁移）。对流式迁移比非对流式迁移更快，因此，随着放射性核素垂直迁移深度加大，对流形式的转移应该增加，放射性核素的个别化学性质的特殊性应该更加明显。

土壤中交换的^{90}Sr占其总含量的5%～36%，而^{137}Cs的这一比例不超过1%～18%（Пристер и др.，1990）。但调查表明，在事故发生后几年甚至是最初几年，^{137}Cs就进入污染区域的地下水中。在交换碱含量相对较低且质地轻的土壤中，^{137}Cs与^{90}Sr的表现也存在不同。特别是在砂质和砂质壤土的生草灰化壤土中（Шуколюков，1992），^{137}Cs的活性特别高。由于颗粒填充裂隙（淋溶）和生物扰动作用，在土壤上部普遍存在的^{137}Cs和其他放射性核素迁移也可能发生。这些情况也会促使放射性核素的迁移，形成快速迁移路径。

项目研究数据证实（Оценка и прогноз качества…，2001），地下水已被切尔诺贝利事故产生的放射性核素污染。在该项目框架内进行的野外调查结果表明，在布良斯克州新泽布科夫市和克林齐市地区的地下水中，放射性核素的浓度超过背景浓度很多倍，即使在开采深层地下水的生产井中，^{137}Cs的浓度也超过背景浓度5倍。

而地下水本身是下伏地下水的污染源。白垩系含水层和与之有水力联系的第四系含水层的水头高于泥盆系含水层地下水的水头，因此，调查区的上弗兰–法门阶含水层系可能受到地下水层越流的污染。

作为布良斯克州南部和西南部地区的主要供水来源，白垩系含水层地下水对地表污染几乎没有防护。这里的地表水与地下水之间存在水力联系。在流域分水岭及其坡地上，白垩系含水层地下水的承压水位通常等于或低于地下水面的绝对高程。仅在河谷地带，压力水头关系出现反向变化。

第8章　地下水型饮用水的环境健康问题

在本章的开篇，需要指出的是人为因素诱导的陆地地表水与地下水水质退化现象是现代生态学面临的最为严峻的问题之一。在此背景下，由于地下水水质一般优于地表水（在纯天然条件下），因此地下水受到越来越多的关注。然而，大量累积信息表明，这种认知正在发生重大改变，特别是在由于各种情况导致地下水水质天然形成和储存条件发生巨大变化的地区。由于地下水被广泛用作饮用水，因此必须特别关注这些直接关乎地下水利用的医学生态学信息。

近几十年来，以流行病毒理学、传染性和非传染性疾病的流行病学、微生物学和寄生虫学、医学统计学以及信息学领域成果为基础的医学生态学研究迅猛发展，大大加强并拓展了关于水因素对人体健康影响的认识。随着水化学和水文生态学研究的方法学和技术方法的同步完善，对已建立的病理与水因素的因果关系中的重要细节起到促进作用。毫不夸张地说，在水资源学说中，已经形成并确立了一个重要的医学生态学研究方向。

因此，在做地表水和地下水资源管理方面的决策时，必须考虑水因素对医学生态学的影响。

8.1　关于饮用水质量对人体健康影响的现代认识

在评价水因素的作用时，首先应当指出，水因素对人类居住环境的影响一定取决于具体区域的水文条件。水因素的作用由两部分组成——水的质量和数量。二者均能对居民的生活环境和健康产生直接或间接的影响。而水质对于人类安全居住环境的形成具有主导意义。

自然水域的人为污染显著增加，特别是近几十年来，对受人为因素影响的水质进行医学生态学评价的研究迅猛发展，这些人为因素包括工业和城市污水的排放、城市和农业地区的地表径流及大气污染等。其中，首要问题是饮用水水质问题，它直接取决于地表或地下水源的水质、水保护措施的力度、水净化和消毒技术的有效性、供水设施和供水网络的可靠性。目前，已总结了与水质（主要以饮用水为目标）相关的各种病理性疾病。其中，包括传染性、寄生虫、非传染性和遗传性疾病等。

早在19世纪就开始对流行病学进行长期且详细的研究，这些研究证明了水因素在一系列传染性肠道疾病（伤寒、副伤寒、痢疾、霍乱、沙门氏菌病、病毒性肝炎和其他罕见疾病）传播中的作用。由致病菌、病毒、原生动物或寄生虫引起的传染病是与饮用水相关的最典型且普遍存在的健康风险因素。饮用水受到水源本身或供水管道中被城市生活污水污染，是许多肠道传染病暴发的根本原因。用于判断肠道传染病传播途径的现代流行病学分析方法非常见效。这些方法基于识别在饮用水中发现的病原体（病原微生物）而分离患病人群。疾病的传播模式也很有代表性，当通过给水系统传播时，疾病会沿着受污染水的移动路线而不断扩散。当非集中式供水时，会发现这些疾病往往与某一水源（例如，水井）存在关联。

关于水因素在传染性疾病（主要是胃肠道疾病）暴发中的潜在作用，最新的研究资料表明，受一系列因素影响，在不同地区，即使是同一个地理区域内，传染病的水传播途径也有所不同。决定流行病发展路径的模式尚不完全清楚，因为并不总是存在明显的决定性因素（例如，水源感染）。其中，尚未被揭示的普通生物学（微生物和宏体生物）法则明显控制着种间关系机制。因此，为了查明水中微生物污染对某一地区居民健康的影响程度，必须进行专门的流行病学调查。

许多寄生虫病和自然疫源性疾病（疟疾、后睾吸虫病、裂头绦虫病、兔热病、钩端螺旋体病、蜱传脑炎等）也与水因素紧密相关。关于饮用水疾病问题，贾第虫病在这些疾病中占据特殊地位，其病原体能够引起人体肠道和肝脏损伤。当代流行病学数据把饮用水列为这种疾病病原体传播的主要途径。如果存在被贾第虫感染的人群，通常说明饮用水中存在这种寄生虫（Беэр，2005）。

随饮用水进入人体的一系列化学物质，如重金属、多种微量元素、有毒的有机化合物、放射性物质等，导致的非传染性疾病影响范围相当广泛，包括心血管系统、排泄系统、消化系统、神经和免疫系统、骨骼运动器官、遗传系统等（Guidelines for drinking-water quality，1993）。

工业、农业、城市和生活来源的人为无机和有机物污染与水对人体健康能否产生具体且非特定影响有关。此外，非特定影响体现为机体对其他物理和生物因素影响的防护功能下降，出现过敏等状况。

现代毒理学研究大大拓展了人类对一系列非传染性疾病（包括肿瘤在内）与水污染的认识，水不仅可能被显而易见的有毒物和致癌物污染，也可能被以往认定为水污染的间接特征的物质污染。在机体内转化为致癌的亚硝酸钠的氮化物就是一个例子（Красовский и др.，1992）。

在评价强氧化剂调节水的方法时，水中所含化学物质的转化问题非常重要。已有研究发现，在对含有天然和人为有机化合物的水进行氯化消毒时，会形成致癌的卤代烃类（三卤甲烷），因此亟须制定和运用新的水处理技术。

需要强调的是，癌症发病率的上升无疑也与有机合成物质（以化学杀虫剂为首）对水体污染的加剧有关。能够污染水源（包括地下水源）的人为来源有机物种类非常多，高达数百种。其中包括氯化烷烃、乙烯、苯、芳香烃、化学杀虫剂、水消毒的副产物，以及一系列其他有机组分生产的有机合成材料、石油化工产品以及溶液、洗涤剂和染色剂等。

许多潜在的水污染物都会引发一种或多种毒性效应，如致癌、肾毒性（影响肾脏）、肝毒性（影响肝）、基因毒性、诱变效应等。有必要指出，为制定饮用水质量标准，进行动物试验的实验室研究数据是认识饮用水中无机和有机物浓度增加的有害影响的基础。然而，近年来，在生态学和流行病学研究中，确立人体疾病与饮用水特定天然或人为组分的关系越来越重要（Онищенко и др.，2002）。

对于一些可能进入饮用水的物质，其与某些类型的非传染性疾病间的因果关系已经很明显。在针对地下水利用情况的 8.2 节中，笔者将援引这些因果关系的案例。这里也可以利用《世界卫生组织饮用水质量指导标准》等正规渠道的信息补充这些案例（Guidelines for drinking-water quality，1993）。

在《世界卫生组织饮用水质量指导标准》中列出了 130 多种无机物、有机物和化合物的毒理学特征，其中大部分会通过被污染的饮用水给人体造成危害。例如，高浓度锰会造成中枢神经系统和甲状腺功能损伤；高浓度硒会加快儿童龋齿形成和引发恶性肿瘤；高浓度钼会增加心血管疾病、痛风、地方性甲状腺肿大的发病率；高浓度钡会给心血管系统、造血系统（白血病）造成损害；高浓度硼会破坏碳水化合物的代谢、降低酶的活性、刺激胃肠道、造成男性生育功能下降和女性卵巢和月经周期紊乱；高浓度砷会损伤神经系统、皮肤、视觉器官；高浓度镍会损伤心脏、肝脏、视觉器官；高浓度汞会严重破坏肾脏和神经系统的功能，这样的例子还有很多，在此不再赘述，感兴趣的读者可以查看参考文献或从其他出版物中获得更完整的信息（Онищенко，1999）。

然而，现有资料显示化学物质不仅有负面影响，也有正面作用，这取决于化学物质的生物效应和浓度。这里主要是指水体中的生物微量元素，包括铜、氟、铁、锌、钙、镁和一些其他物质（Guidelines for drinking-water quality，1993）。同时，需注意的是，除了其他来源（例如，食物），通过饮用水获得一定比例生物元素对于人体来说非常重要。另一方面，为了不产生生物学对立特征，重要物质的浓度不应超过饮用水中规定的最高容许水平。还需指出，在单指某物质的危害作用时，通常是指在该物质高浓度且长期影响下造成的危害。

说到水因素在引发人体一系列疾病中所起的作用，目前应当特别关注的是饮用水的天然矿物成分。现有的国内外数据证明，一系列疾病与长期饮用过“软”或过“硬”的饮用水有关，此类水的特点主要是钙、镁碳酸盐和碳酸氢盐的含量异常。当钙和镁的碳酸盐含量异常时，主要引发心血管疾病（例如，高血压），当钙、镁的碳酸氢盐含量异常时，会引发排泄系统疾病（例如，尿结石、肾病）、胃肠道疾病。另外，矿化度高（2 ~ 2.5g/L）的地下水会对胚胎发育、妊娠和分娩造成负面影响，甚至导致月经周期紊乱等。

在专业文献中，越来越多的资料显示，中等矿化度（盐度范围在 200 ~ 500mg/L）的饮用水不会引起负面效应，这与钙、镁离子的存在有关。钙、镁离子被认为是对造成高血压等病理效应的有毒微量元素（如镉）和常量元素（如钠）具有保护性能的物质。关于饮用水对生理功能影响的问题需要解决以下任务：确立饮用水盐分的可接受范围、评价水化学分类的卫生学意义、常量和微量元素的比例差别。对此，早在 20 世纪 70 年代，饮用水的最佳盐分组成的基本概念首次被制定出来，除了其化学成分无害性的要求外，还包括保证人体最佳功能反应的标准，兼顾细胞、器官或整个人体系统水平上发生的过程（Эльпинер и Шафиров，1969）。

在这方面，用于评价饮用水微量元素成分的优化方法值得关注。根据这一方法，评价饮用水为满足人体对特定生物成因微量元素的需求的贡献能力（Рахманин и Михайлова，2010）。

从根据饮用水中某一物质危害程度和毒性特征确立的最高容许浓度上限，到评价水的生理学（准确地说是生物学）价值的优化方法，这种转变无疑反映了饮用水理论的快速发展趋势。直到最近，优化方法仅涉及确定饮用水中氟的最佳含量，缺乏氟元素会导致龋齿，而过剩则会造成氟中毒（破坏牙釉质），甚至损害骨骼。

所有这些数据都促使人们以全新的方式评价生活饮用水的化学成分形成的天然条件（表 8.1.1）。

表 8.1.1 俄罗斯各地区地下水中化学物质超标概率高的天然来源组分和优先指标（Гигиенические требования···，2001）

指标和组分	含水岩层的地球化学特征	地下水成分	已经发现水质不合格地区
1	2	3	4
综合指标			
矿化度（干残渣）	海源陆成地层	氯化钠、硫化钠	西西伯利亚、伏尔加河沿岸
	含石膏的碳酸盐岩地层	硫化物；碳酸氢盐-硫化物	中央区、伏尔加河沿岸
总硬度	含石膏的碳酸盐岩地层	硫化物；碳酸氢盐-硫化物	中央区、伏尔加河沿岸
高锰酸盐指数	有机物含量高的陆成地层	不同成分的含铁锰无氧水	西西伯利亚、阿穆尔州、哈巴罗夫斯克（伯力）边疆区、滨海边疆区
毒性指标			
铝	碱性结晶岩	具有弱碱性反应的碳酸氢钠	摩尔曼斯克州
钡	陆成碳酸盐岩	具有近中性的介质反应的碳酸氢钙、镁	中央区、伏尔加河沿岸
铍	成矿省的含铍岩	混合阳离子成分的碳酸氢盐，氟含量高	乌拉尔、鲁德内阿尔泰、外贝加尔、滨海边疆区
硼	碳酸盐和陆源岩	不同离子成分的钠盐，钠/钙离子比例高	乌拉尔
溴	海源陆成地层	氯化钠	西西伯利亚
硅	潮湿地带的陆成地层	碳酸氢钠，有机物含量高	乌拉尔、西西伯利亚、阿穆尔州、哈巴罗夫斯克（伯力）边疆区、滨海边疆区
砷	成矿省的含砷岩	碳酸氢钠，钠/钙离子比例高	乌拉尔
汞	成矿省的含汞岩	混合阳离子成分的碳酸氢盐，有机物含量高	阿尔泰
硒	具有硫化物矿化的酸性结晶岩	碳酸氢盐、硫化钙，pH 值高	乌拉尔、图瓦、阿尔泰
锶	具有天青石矿化的碳酸盐岩	碳酸氢钙、硫化钙	中央区、伏尔加河沿岸、雅库特
氟	具有萤石矿化的碳酸盐岩、酸性结晶岩	碳酸氢钠，钠/钙离子比例高	中央区、伏尔加河沿岸、雅库特、摩尔曼斯克州、外贝加尔、滨海边疆区
感官指标			
铁	陆源碳酸盐岩，有机物含量高，具有硫化物矿化的陆源结晶岩石	碳酸氢钙，pH 值低和近中性反应硫化物、硫化碳酸氢钙，pH 值低和介质的近中性反应	中央区、西西伯利亚、雅库特、哈巴罗夫斯克（伯力）边疆区、滨海边疆区、阿穆尔州、乌拉尔
锰	陆成岩石，有机物含量高	碳酸氢钙，pH 值低和介质的近中性反应	西西伯利亚、哈巴罗夫斯克（伯力）边疆区、滨海边疆区、阿穆尔州

8.2　与饮用不合格地下水有关的人口发病率

鉴于上述饮用水水质对人体健康的影响，我们需要在城市供水中加强对地下水水质的关注。这里援引了俄罗斯联邦集中式饮用水的地下水源状况官方数据（表8.2.1）。

表8.2.1　集中式饮用水的地下水源状态和取水工程所在地的水质（俄罗斯联邦）
（数据来自《俄罗斯联邦2010年国家卫生和流行病情况报告》）

指标	年份		
	2008	2009	2010
水源数量	102043	101138	100518
其中，不符合《卫生和流行病管理条例与标准（SanPiN 2.1.4.1074-01）》的比例/%	11.0	16.9	16.4
不具备卫生防护带的比例/%	13.1	13.5	12.9
卫生化学指标的调查样品数量	129163	121984	121435
其中，不符合卫生标准的比例/%	28.2	29.0	30.0
微生物指标的调查样品数量	155062	149181	144616
其中，不符合卫生标准的比例/%	4.4	4.1	4.2

上述数据表明，近年来，饮用地下水水质基本上一直没有满足现行的卫生标准。遗憾的是，水样的不合格率达到16%～17%，这非常令人担忧。尽管如此，与饮用水的地表水源相比（不合格率为28.9%），地下水看起来更加安全。但是，必须指出，在俄罗斯的很多地区，含水层的特点是氟、溴、锰、锶和其他标准微量元素的含量偏高。地下水被石油产品污染的规模正在扩大（Онищенко и др., 2002）。

关于地下水被二噁英（高毒性氯化多芳香化合物）污染的报道备受关注。现有的数据资料表明，二噁英问题是俄罗斯目前迫切需要解决的问题。二噁英污染也涉及地下水的水源（例如，乌法市、恰巴耶夫斯克市）（Вакар и др., 1998）。特危险物质污染地下水是生态水文地质学的新课题。现代数据与其他人为因素影响的统计数据以及一些天然杂质的致病性统计数据，极大地改变了早前人们对地下水源是生态安全的认知。

地下水污染源越来越明显。例如，对莫斯科地区地下水污染过程的详细研究表明，所有情况下的污染，都是由于大多数取水工程（提供了该地区80%的水）附近地下水污染的工业源头造成的。在某些开采含水层中，锰、氟、氯、砷、硒和铅含量超标数倍。其原因之一是养殖业违反了肥料储存和施用规定。

地下水被细菌污染的情况也相当常见。通过分析近年来监管部门汇集的数据，使得我们有必要重新审视地下水的天然组分。例如，在莫斯科地区的碳酸盐岩地层的地下水中，已经查明存在稳定性锶的异常（相对于标准值）含量。在莫斯科地区的某些含水层中，锶的浓度达到了30～40mg/L（俄罗斯现行的《国家饮用水质量标准》规定锶的最高容许浓度为7mg/L）。在莫斯科地区，不受人为污染影响的地下水中也发现了氟浓度异常。其浓度从0.2～0.5mg/L到3～5mg/L不等，显著超过卫生标准（1.5mg/L）。还发现锶和氟的地球化学伴生元素——钡和硼的浓度也高于标准值（Эльпинер и др., 1998）。

近十年，在俄罗斯进行了一系列详细的生态学与流行病学研究，以研究人体细胞（非传染性）发病率与饮用水天然和人为污染间的因果关系（Рахманин и др., 1996）。通过这些研究发现，慢性肾炎和肝炎发病率上升、死亡率上升、妊娠中毒症、儿童先天畸形都与饮用含氮和有机氯化合物污染的饮用水有关（例如，克麦罗沃市、尤尔加市）。饮用硼和溴天然含量极高的地下水，导致库尔干地区沙德林斯克市儿童消化器官发病率上升。在诺夫哥罗德州一个城镇，饮用水的铝浓度超过标准浓度5倍以上，对儿童中枢神经系统和免疫系统产生了抑制作用。伏尔加河流域中游的居民饮用水总硬度大于10mg-Eq/L且其中钙含量为300-500mg/L时，尿结石发病率上升。研究数据还显示，俄罗斯欧洲区域的草原地带，约5%居民不得不饮用来自地下水源的水，由于水中含有超标3～5倍的氯化物和硫酸盐，导致当地居民的心血管疾病、胆结石和尿石症的发病率增高。同时，心血管系统疾病是俄罗斯人口死亡的首要原因之一。以利佩茨克市居民的发病率为例，表明饮用水中的亚硝酸盐含量高与人体造血功能被抑制有关。研究还发现，布里亚特共和国一些地区居民消化系统、中枢神经系统和肿瘤疾病的极高发病率与饮用水中的一些微量元素不足有关。通过对克拉斯诺亚尔斯克地区和阿穆尔地区居民的深入医学筛检发现，缺乏钙盐和镁盐会给矿物代谢和中枢神经系统功能造成不利的影响。

《罗斯托夫州2010年国家卫生和流行病情况报告》的数据显示，罗斯托夫州恶性肿瘤的发病率上升了0.9%，每10万人中就有2315.2例患病，恶性肿瘤的死亡率相较于2009年上升了15.1%。通过调查发现，齐姆良斯克市自来水中的有机氯化合物、铝、铁、锰和石油产品含量超标与该市肿瘤发病率高有关（胃肠道癌症患者增加了3倍，皮肤癌和皮下组织癌患者增加了2倍，总死亡率上升了2倍）。

在达吉斯坦共和国（基兹利亚尔市）的调查表明，肿瘤发病率高和饮用水与土样中苯酚、甲醛、铜、铅、锌、砷等有毒物质含量超标存在关联。2010年对利佩茨克地区（马特尔斯基镇）地下饮用水水质相关的公共卫生风险进行了评估。马特尔斯基镇卫生和流行病防治中心证实，根据世界卫生组织标准，调查区的致癌风险超出了居民可接受范围。在所有年龄组从所有吸收途径吸收的有毒物质中，砷造成的风险最大，其次是硝酸盐，第三是氟化物，之后是钙和氧化铬（六价）。

对俄罗斯饮用水氟化物含量的数据分析显示，超过60%的人口没有获取到必要数量的氟元素。卫生监管部门认为这一现象与俄罗斯的龋齿发病率极高有关。一些地区的儿童居民龋齿率甚至达到80%（Онищенко, 1999）。

前面提到，具有致癌作用的水加氯消毒副产物的问题是俄罗斯迫切需要解决的问题。根据现有的数据，在俄罗斯的半数城市中，饮用水的指示性卤素化合物——三氯甲烷的含量不符合卫生要求。其主要原因是水源污染情况不断加重和被迫频繁地进行加氯消毒。例如，加氯消毒的方法导致1995年下诺夫哥罗德市供水系统7.9%的水样中出现三氯甲烷超标（Онищенко, 1999）。需要注意的是，三氯甲烷的存在代表水中存在加氯消毒副产物——三卤甲烷，而三卤甲烷是一种极活跃的致癌物。同时，俄罗斯很多地区居民癌症发病率上升，使癌症问题可以与心血管病理学问题相提并论。

由于加氯消毒副产物是在氯与天然腐殖质化合物或有机污染物相互作用下形成的，因此，对于用来饮用的地下水来说，这些副产物的出现一直是亟待解决的问题。在水质受上游湿地影响的地下水中，可能出现天然腐殖化合物，而由于河水被污染，尤其被氯化的有机物污染，在入渗型取水工程中可能出现有机污染物。然而，河水通常本身就含有天然腐殖质化合物。

如果不考虑现代国外对地下水天然和人为杂质对人口健康影响的研究数据，就无法充分地评价目前俄罗斯的医学生态学环境。已有研究论文（Эльпинер и др.，2007；Эльпинер，2009）的作者对这些数据进行了详细的综合分析，感兴趣的读者可以从相关参考文献中了解到更多的细节。

通过分析最近几十年有关这一问题的文献，可以发现，很多国家的研究范围非常广泛。首先，特别受到关注的是最普遍和最危险的癌症与饮用被化学物质污染的地下水间的关系。在许多研究中，把癌症发病率增加的风险与在地下水源中发现人为来源的致癌有机化合物联系起来。

美国国家癌症研究所的研究证明，由于饮用含有高浓度硝酸盐、石棉产品、放射性核素、砷和水加氯消毒副产物的地下水，癌症发病的风险增加，但是没有证实水中含有的氟化物能够产生类似的影响。与此同时，日本科学家发现该国20个地区的子宫癌发病率与饮用水中的氟浓度呈正相关关系。阿根廷研究人员的数据证实，膀胱癌死亡率的上升与饮用水中出现无机砷有关。其他国家科研人员的研究工作也证明人体健康问题与地下水之间具有密切的关系。

美国国家癌症研究所对地下水的农药污染问题给予了特别的关注。例如，他们的研究人员指出，夏威夷乳腺癌发病率高与当地居民最近40年饮用含有氯丹、七氯、1,2-二溴-3-氯丙烷等化学物质的地下水有关。同时，丹麦技术大学的研究证明，DDT、六氯化苯、狄氏剂等一系列化学杀虫剂可以长期滞留在地下水中。克罗地亚科研人员发现广泛使用的具有致癌作用的除莠剂——氯异丙嗪（除草剂）也有类似情况。在埃及一个地区发现了地下水饮用水被杀虫剂污染。同时，研究发现这些化学制剂也存在于母乳中。通过之前对咸海危机的调查研究，成功破解农药通过“土壤-饮用水-人体”而进入母乳的迁移机制（Эльпинер，2009，2011）。

在现代出版文献中，有关由于燃料泄漏导致致癌化合物渗入地下水的数据越来越多。美国研究人员在地下水饮用水中检测到了甲基叔丁基醚（MTBE）。根据已公布的数据显示，美国约5%的居民饮用水中含有高浓度MTBE（700ppm至14000ppm）。关于地下水MTBE污染引发癌症风险的研究发现，该化合物随饮用水进入人体，其毒性将持续存在。

在评价地下水中的化学污染时，科研人员注意到，无机来源的有毒污染物的影响范围正在扩大。在这方面，通过污染土壤继而污染地下水的工业垃圾场引起越来越多的关注。数据显示，城市垃圾场地区的地下水毒性正在上升。与工业垃圾场影响有关的还有地下水中累积的二氯乙酸盐，这是生产工业化学制剂和药物时的产物，能够引发肿瘤和肝脏疾病。

在加利福尼亚州洛杉矶地区、圣费尔南多谷和蒙特雷公园，发现水井饮用水中的六价铬浓度升高。有趣的是，这些数据并不是来自官方，而是发表在普通刊物中（洛杉矶的

Panorama，2000 年 10 月 11 ~ 17 日，总第 2018 期）。

在评价地下水对居民健康影响的风险时，研究污染物组合的影响变得越来越重要。在这一复杂问题的最新研究中，美国科罗拉多州立大学关于改进化学混合物风险评价方法的研究非常突出。同时，美国环境保护局在 20 世纪 70 年代对饮用水加氯消毒副产物（在有机化合物未充分净化并随后加氯消毒时形成的三卤甲烷）对新奥尔良肿瘤发病率影响的研究，是成功识别化合物类型的特殊作用的一个实例。后续大量研究证实，癌症与饮用水中三卤甲烷含量之间存在显著相关性。在此基础上，还采用了三卤甲烷容许含量的现代标准（Guidelines for drinking-water quality，1993）。在地下水的饮用质量评价方面，其他一些数据也很重要。例如，在饮用水中含有的一些有毒物质中，发现铝与阿尔兹海默症，砷与膀胱癌，硝酸盐与胃癌之间存在密切的关联。

在研究地下水饮用水的化学成分可能造成的危害时，不能忽略其天然组分作用的新信息。

科研人员最近的研究产生了令人意外的惊人结果。对比结肠癌的死亡率（1714 例）与其他疾病的死亡率（考虑研究对象年龄、性别和饮用水总硬度）发现，当自来水的总硬度值下降时，结肠癌的发病率呈现显著增加趋势。

此前，1997 年，日本科研人员在日本兵库县 98 座城镇的研究基础上，也得出了关于形成饮用水总硬度的盐类具有致病作用的新结论。科研人员发现，胃癌死亡率与地下水和自来水中的 Mg^{2+}/Ca^{2+} 比呈显著正相关。协变分析表明，Mg^{2+} 与胃癌死亡率显著相关。科研人员认为，饮用水中的 Mg^{2+} 浓度相对于 Ca^{2+} 浓度偏高可能是日本人胃癌高发的原因之一。

在过去的 20 年中，一些发达国家的科学家一直尝试从实质上修正对饮用水总硬度的传统评价。传统上一直把饮用水的总硬度作为影响其有机性质和适合生活用途的指标。这种尝试性的改变与为了建立水总硬度与心血管疾病水平之间关系所进行的一系列研究有关。

早在 20 世纪 70 年代中期，美国国家生态学研究中心（辛辛那提市）根据美国 135 座城市的调查数据指出，随着饮用水总硬度的升高，心血管疾病发病率呈明显下降趋势。该研究中心的实验研究基于以下认识：心血管系统疾病的发病不仅受盐成分本身的影响，还主要受软水和硬水携带的一系列元素的影响。在这方面，橡树岭国家实验室与田纳西州立大学、密西西比州立大学（杰克逊市）联合调查取得的数据值得被关注。这些调查涉及利用生物模型研究地下水成分对高血压、动脉粥样硬化过程发展的影响。通过研究具有不同水平 Na、K、Ca、Mg、Pb 和 Cd 含量的饮用水的长期作用发现，与 Ca 和 Mg 含量增加相结合的 Cd 在高血压持续升高中起主导作用。而这几个元素的浓度比例颠倒过来后则会使血压趋于下降。其他元素的作用不大。

同时，随着 Na 含量升高，饮用水中 Ca 含量显著降低导致血压较 Ca 含量正常时升高。这些经验数据是判断饮用水中的 Ca 与其他元素（Na、Cd）对高血压保护作用的依据。此外，饮用含 Cd 和 Pb 的软水会促使动脉粥样硬化和血浆中胆固醇含量升高。水中 Ca（100mg/L）的存在对引发动脉粥样硬化效应的 Cd 和 Pb 具有保护作用。但是，仅饮用不含有其他元素的钙化水（100mg/L）反而会破坏脂蛋白的代谢，导致实验动物主动脉中出现动脉粥样硬化斑块。运用生态学与流行病学方法进一步发展上述研究，可以证实这些观察结果并查明一些重要情况。芬兰、意大利、西班牙、德国、俄罗斯、英国、瑞典、荷兰等国的科学家也取得了关于心血管疾病与饮用软水，尤其是饮用缺乏 Mg 元素的水之间存在关联的证据。

国外学术文献还包含关于地下水被生物（微生物和寄生虫）污染的重要信息。一个非常重要的事实是，在城市供水系统和环境保护事业高度发达的国家，传播传染病的水因素主要体现为饮用被污染的浅层含水层地下水。例如，1991 ~ 1992 年间美国 17 个州记录的 34 次传染病暴发中，大多数（76%）是因饮用井水而起。感染人数达 17464 人。同时，在 11 次疫情中，查明有 7 次传染病病原体是贾第鞭毛虫或者隐孢子虫，这是原生动物中致病微生物的代表。另外 2 次疫情中，一次是由于水被痢疾细菌污染，另一次是由于水中携带甲型肝炎病毒。应当指出，在近年来的专业文献中，越来越多地提到地下水被隐孢子虫污染的情况。同时，我们也正关注隐孢子虫，这是一种破坏人体免疫系统的传染性疾病病原体。自 1985 年以来，隐孢子虫病已在美国暴发 12 次，并且在地下水源中发现了这种疾病的病原体。

使用防护性差的地下水水源是病毒性肠道感染暴发的原因。其中一个例子就是 1994 年在芬兰由于饮用被腺病毒 A 和 C、轮状病毒、SRV 病毒污染的井水造成的急性胃肠炎暴发（近 3000 人感染）。

上述事实证实，必须大力加强对非集中式供水的地下水源的保护。在城市供水系统中使用现代饮用水消毒法可以显著降低传播传染病的风险。这些方法在使用受保护的地下水时尤其有效。在俄罗斯，与饮用地下水有关的疫情通常是由于供水系统中的水被微生物二次污染引起的。

8.3　地下水资源管理系统中的医学生态学方法

水资源管理是水资源利用管理体系［即“为经济发展的长远利益和保护人民健康而保护和开发自然资源，以最有效的方式再生产资源环境保障体系”（Реймерс，1990）］中最重要的环节。

水资源管理，是指以改善居民生活的生态和社会环境，使各经济领域充分发挥作用为目的，而采用积极方法改变水文环境（水文情势、水质和水量）。

在水资源管理中，需要处理工业、城市、休憩、农业、交通、能源、自然保护区等十分广泛的区域供水设施相关任务（Данилов-Данильян，2006），从本质上讲，即在本地区特定条件下，以一种或几种利益为优先，应用水利工程方法和/或监管方法对水资源进行保护和分配。“尽管水利事业存在种种特殊性，但在其经营管理中，仍然存在涉及几乎所有的行业经济问题，而任务本身也不可避免地具有综合性，需采取系统性研究策略”（Данилов-Данильян，2006）。这完全适用于保护居民健康这样的国家问题。

在现代学术资料中，水文环境各组成的改变都可能给医学生态学形势造成负面影响，影响的大小取决于水因素对居民健康状况影响的性质和强度。俄罗斯联邦议会起草的《2010 年俄罗斯联邦公民社会状况报告》指出（Доклад…，2010），俄罗斯民众的健康状况持续恶化，在某些方面表现出的暂时向好趋势并不稳定。目前，仅有23.7%的俄罗斯人口属于真正健康人群，16.3%属于高发病风险人群，58.3%需要门诊临床治疗。在2008年俄罗斯人口死亡率持续较高的背景下，与2000年相比，人口原发性疾病发病率（上升5%）和总发病率（上升18%）均有所上升。这表明慢性病患者的数量正在增加。1982～2010年的死亡率和死亡原因数据（表8.3.1）证实了关于饮用水质量对俄罗斯人口健康影响的生态学和病毒学研究的重要性。由表可知，血液循环和肿瘤系统疾病占前两位。同时，世界卫生组织将三分之一的有记录疾病归因于水因素的影响。

表8.3.1　1982～2010年间每10万人口因各种主要疾病导致的死亡率变化情况［数据来自《国家资本》（俄罗斯联邦互联网出版物），http://www.kapital-rus.ru/articles/article/189802/］

原因	年份					
	1982	1987	1990	2004	2009	2010（1～9月）
合计	1070.5	1049.8	1119.1	1598.4	1416.8	1456.2
血液循环系统疾病	569.1	606.0	618.7	892.3	801.0	822.2
肿瘤	169.4	183.7	199.4	201.3	206.9	207.5
外伤和中毒	156.6	101.2	134.0	220.5	158.3	146.7
传染性疾病	18.4	13.8	12.1	25.4	24.0	23.2
呼吸系统疾病	76.3	60.9	59.5	64.1	56.0	52.5
消化系统疾病	29.0	27.6	28.7	58.7	62.7	64.4

表中所列数据表明，在俄罗斯境内居民点的饮用水中发现一系列具有潜在致病风险的物质。这些数据在探究俄罗斯人口危机解决方案上非常重要。

俄罗斯医学和人口状况的不利局面证实，在使用水资源管理技术时必须强制考虑公共健康保护的利益。

同时，俄罗斯联邦现行的卫生法规（《卫生和流行病管理条例与标准（SanPiN 2.1.4.1074-01）》、《方法指南》）具有地方环境卫生与卫生技术导向，尚未规定水文环境的容许变化量（水的数量和情势）。但1992年6月17日《跨界河流与国际湖泊保护和利用公约》的《水与健康议定书》等国际文件及之后的各主要国际论坛的宣言均指出，迫切需要改善水质和水量不足对人类健康造成的极端不利影响。向俄罗斯居民提供合格且充足饮用水的问题已成为成功实施经济改革和加强其社会导向的主要问题之一。国际社会的许多国家都面临着类似问题。同时，在后工业时期的工业发达国家，饮用水质量问题具有显著的社会特征。

对俄罗斯来说，这个问题的严峻性在过去十年尤为突出。近年来，面临的问题涉及立法、经济、生态和技术等方面的饮用水供水危机。在当前水利行业的危机背景下，主要任务是制定供水保障措施，确保城市和定居点充分且安全的饮用水供应。

目前，对饮用水的质量要求包括国际规范和国内规范两个层面。世界上大多数国家在制定国家标准时，都采用《饮用水质量指导标准（WHO）》、1980年7月15日施行的

《欧盟饮用水指令（80/118/EU）》和美国国家标准（美国环境保护局（USEPA）标准）作为基本文件（表8.3.2）。

表8.3.2 现代标准中规定的有害物质最高容许浓度（Рахманини Михайлова，2010）

物质	最高浓度/(mg/dm³)				危险等级
	WHO[1]	USEPA[2]	EU[3]	SanPaN[4]	
铝（Al）	0.2	0.2	0.2	0.5	2（高度危险）
钡（Ba）	0.7	2	0.1	0.1	2（高度危险）
铁（Fe）	0.3	0.3	0.2	0.3	3（危险）
镉（Cd）	0.003	0.005	0.005	0.001	2（高度危险）
钾（K）	—	—	12	—	—
钙（Ca）	—	—	100	—	—
镁（Mg）	—	—	50	—	—
锰（Mn）	0.5	0.05	0.05	0.1	3（危险）
铜（Cu）	2（1）	1-1.3	2	1	3（危险）
锰（Mo）	0.07	—	—	0.25	2（高度危险）
砷（As）	0.01	0.05	0.01	0.05	2（高度危险）
钠（Na）	200	—	200	200	2（高度危险）
镍（Ni）	0.02	—	0.02	0.1	3（危险）
硝酸盐（NO_3）	50	44	50	45	3（危险）
亚硝酸盐（NO_2）	3	3.3	0.5	3	2（高度危险）
汞（Hg）	0.001	0.002	0.001	0.0005	1（极度危险）
铅（Pb）	0.01	0.015	0.01	0.03	2（高度危险）
硒（Se）	0.01	0.05	0.01	0.01	2（高度危险）
硫化物（SO_4）	250	250	250	500	4（中度危险）
磷（P）	—	—	—	0.0001	1（极度危险）
氟化物（F^-）	1.5	2~4	1.5	1.5	2高度危险
氯化物（Cl^-）	250	250	250	350	
铬（$Cr_3{}^+$）	—	0.1	0.05	0.5	3（危险）
氰化物（CN^-）	0.01	0.2	0.05	0.035	2（高度危险）
锌（Zn）	3	5	5	5	3（危险）
苯并芘	0.1	0.2	0.01	0~5	1（极度危险）
表面活性剂	—	—	—	500	—
化学杀虫剂	—	—	0.5	400（1,2-二氯丙烷）	2（高度危险）

注：[1]WHO为世界卫生组织；[2]USEPA为美国环境保护局；[3]EU为欧盟；[4]SanPaN（2.1.4.1014-01）《Питьевая вода …》。

在俄罗斯联邦层面执行的文件是《卫生和流行病管理条例与标准（SanPiN 2.1.4.1074-01）》中的《集中式饮用水供水系统水质卫生要求之质量检查》。该文件规定了居民点集中式饮用水供水系统饮用水供给的水质卫生要求和水质检查规则（表 8. 3. 2）。

在制定饮用水标准时，一般采用毒性实验法确定最高容许浓度（MPC），该方法由苏联医学院通讯院士 С. Н. Черкинский 创立的俄罗斯卫生学派自主制定，之后由俄罗斯科研人员通过详细的调查研究发展至今（Красовский и др., 1992）。应当指出，上述工作成果已获得国际认可。

毒性实验法要求研究不同物质浓度对水的自净化能力（按照普通卫生标准规定的危害特征确定最高容许浓度）以及水的味道、颜色、气味（按照有害有机物特征确定最高容许浓度）和饮用后的毒性反应（按照有害毒性特征确立最高容许浓度）的影响。

关于研究饮用后的毒性反应的情况，通过急性、半急性和慢性毒性的动物实验来全面确定物质毒性作用特征的发展。

毒性实验法极大地补充了正在发展中的生态流行病学领域研究，目前这些研究依赖于生态人口学数据和专项流行病学调查材料。该方向工作表明，人们对一些低浓度有害物质的绝对有害影响认识尚存在偏差。显然，美国环境保护局确定的污染物最高浓度目标值（MCLG）和污染物最高浓度（MCL）二级标准以及《欧盟指令》（GL—指导性数值和 MAC—最高容许浓度）与此有关。然而，与此同时，可用水处理技术和水质监控工具的应用条件规定了风险承受程度（Эльпинери Васильев, 1983）。

在制定预防水因素危害的防治措施时，有针对性的卫生毒理学和生态流行病学研究可以为制定标准提供充足的依据和信息。很大程度上，这些信息也用于建立病情与水因素危害因果关系的现代系统。

现代饮用水水质标准也用于保障饮用其在流行病方面的安全性。例如，国际标准规定，饮用水必须完全不含有致病菌、病毒和寄生虫病的病原体。在短时期内很难获得饮用水中生物组成结果，主要是病原微生物的存在，这是利用卫生指标微生物（大肠杆菌）作为生物污染主要标志之一的依据。实质上，这里所讨论的饮用水粪便污染监测，与传染性和寄生虫病原体进入饮用水有关。这部分标准的完善表明，不论是水源水还是饮用水，大肠杆菌容许含量的要求越来越严格。《世界卫生组织饮用水质量指导标准》（Руководство …, 1994）不允许在 100mL 水样中出现这些微生物。大型供水系统配电网中对纯净饮用水的要求是个例外，在这些饮用水中，允许在 12 个月期间采集的 5% 样品中检测到大肠杆菌。由于难以满足这些要求，上述世界卫生组织的《指导标准》中含有对进入配水管网的饮用水进行强制消毒的要求。

通过对世界卫生组织自 1958 年以来改进的国际标准进行对比分析发现，指标个数稳步增加，监控指标体系呈现发展趋势。法律法规得到扩展主要是由于影响地表水和地下水的多种有机化合物（化学杀虫剂、生产有机合成物和石化工业的产物）被纳入标准中，这些有机化合物加强了人为因素对地表水和地下水的影响。最新的国际标准中，清楚表明对强氧化剂（用于水的消毒）与天然和人为来源的有机化合物相互作用的副产物的极端否定态度。

需要强调的是，近年来，俄罗斯饮用水质量标准经历了逐步完善。一系列指标的数值大大接近国际标准要求，而另一些指标甚至更为严格（表 8. 3. 2）。《饮用水安全法》（联邦技术规范法）（下文简称《安全法》）草案证实了这一点。关于这方面发表的著述

(Рахманини Михайлова, 2010) 指出，未来除了加强水源污染防治外，在俄罗斯境内人口稠密地区的饮用水供应中，还有 3 个主要问题：水处理和给水网的技术改造、监督饮用水供水方案的科学依据、完善饮用水水质的监测工作，这对于水利行业的立法工作极为重要。显然，要切实执行这项法律规定，就需要采取新的策略来评估饮用水源（地下水和地表水）的质量，并加强饮用水源的保护工作，保障用水安全。

《安全法》草案是一部集合了所有现代关于饮用水安全供水规定的法律文件，大大促进了监管、设计和管理单位的工作。这项法律规定，由于水质对于主要健康指标的形成非常重要，因此有必要改善饮用水水质控制系统，使监管法规与世界卫生组织、欧盟推荐标准和发达国家的技术标准协调一致。

除了 32 种无机物外，引入了按照危害性毒理学特征进行标准化的一组有机化合物 (37 种物质)。为了统一国际水平的水质评价标准，采用了大肠杆菌作为粪便水污染的指示生物（取代耐热大肠菌群），并改进了卫生指示生物的指标——葡萄糖阳性大肠菌群；为控制寄生虫病，采用了隐孢子虫卵囊的定义。更重要的是，在《安全法》中进一步提高区域饮用水质量标准（区域水质标准规划）的法律条款。

俄罗斯联邦已出台一系列卫生法律法规，保障在地下水资源管理中有效地兼顾医学生态学策略。例如，《地下水污染防护卫生要求》（卫生管理条例 SR 2. 1. 5. 1059-01）中包含了对地下水的卫生保护、水质和保护监管单位的要求。提出了按照工业因素影响程度划分的地下水卫生等级、在各种设施影响带内地下水中发现的优先污染、优先指标和自然来源成分，以及在俄罗斯各地区地下水中发现的极有可能超过最高容许浓度（MPC）的化学物质。表 8. 3. 3 和表 8. 3. 4 中提供的数据，对于安全使用地下水作为饮用水的工作部署决策极为有用。

表 8. 3. 3　按照工业因素影响的显著程度划分的地下水卫生等级

(Гигиенические требования…, 2001)

工业因素对地下水水质的影响程度	地下水被污染的程度
容许	不定期地高于背景指标，最大污染值全年期间低于卫生标准
略显著	全年每月取样的工业污染指标保持上升趋势。同时，最大污染值低于卫生标准
临界	持续高于背景指标，最大污染值小于或者等于最高容许浓度
危险	持续高于背景指标，最大污染值高于最高容许浓度

表 8. 3. 4　在各类设施影响地区地下水中发现的主要污染物 (Гигиенические требования…, 2001)

经济活动场所	地下水中浓度超过卫生标准的污染物
油库	石油产品、合成的表面活性剂、酚类、铁、溴、铵、锰
炼油企业	石油产品、酚类、合成的表面活性剂、铅、氯化物、硫化物、氯丁橡胶、甲醛、铵、硝酸盐、甲苯、乙基苯、二甲苯
飞机场	石油产品、酚类
油田	石油产品、氯化物、酚类、合成的表面活性剂、汞、锰、铁
生活垃圾场	石油产品、酚类、铵、铁、镉、丙烯酰胺、苯乙烯、氯化物、合成的表面活性剂、铅、锰

续表

经济活动场所	地下水中浓度超过卫生标准的污染物
工业垃圾场	石油产品、酚类、铁、镉、铅、汞、锑、铵、镍、溴、苯
有机合成企业	石油产品、苯、甲醛、乙基苯、单乙醇胺、镉、铅、三氯甲烷、镍、汞、铬、表面活性剂、钴、砷、锰、溴、硼、铵、锌、铜
城市净化设施	石油产品、酚类、铁、铵、硝酸盐、亚硝酸盐、溴、合成的表面活性剂
农业企业	化学杀虫剂、胺、石油产品、酚类、合成的表面活性剂、硝酸盐、亚硝酸盐、矿物、氯化物
石油和天然气管道	石油产品、合成的表面活性剂
集油池	石油产品、铁、矿物、合成的表面活性剂、溴、硼、铵
灌溉区	石油产品、酚类、铵、矿物、硝酸盐、亚硝酸盐、氯化物
热电企业	石油产品、酚类、氯化物、硫化物、合成的表面活性剂、铵、镍、铅、锰、铁、铝、钨
选矿和冶金企业	黄原酸盐、锰、铁、钡、硫化物、矿物、镍、锶、钛、氟、铝、砷、锌、铅、铜、锰、氰化物、硫代氰酸盐

在没有供水网络的情况下，关于安全利用浅层含水层地下水作为饮用水的决策，必须遵守《卫生和流行病管理条例与标准（SanPiN 2. 1. 4-544-96）》中《对非集中式供水的水质要求：水源的卫生保护》的规定。该文件规定了对非集中供水水源的水质、取水设施和邻近地区地址、设备及维护的卫生要求。

属于管理范畴的还包括供应生活饮用水的天然地下淡水储量的人工回补方案。这是指在易渗透土壤中通过开放式结构进行的非承压含水层的补充，包括修建水池、洼地、水渠、垄沟等结构的设施，或利用天然低洼地势（沟壑、露天矿、峡谷等）的自由入渗补给。

为了阐明与地表水混合回补地下水储量问题的研究背景，应当关注俄罗斯联邦主体不断涌现的饮用水供水不足问题。根据俄罗斯联邦消费者权益与公民福利监督局的数据（Государственный доклад…，2006），居民生活及饮用水供水不足的因素，主要与区域内水资源储量有限有关，以及难以利用污染严重的现有水源，还有居民点对饮用自来水的不合理利用、排水系统年久失修且无法接收并排出必要的水量以及供水设施的建设速度缓慢和建设规模缩小。

图拉州、杰尔宾特市、基兹利亚尔市、布伊纳克斯克市、伊兹别尔巴什市、卡斯皮斯克市和哈萨维尤尔特市面临的饮用水短缺问题依然严峻。车臣共和国格罗兹内市古狩猎地区（人口 4.5 ~5.0 万）的居民严重缺水。在斯塔夫罗波尔边疆区，高加索矿泉水区的疗养城市实行了计划供水制度，尤其是夏季。包括农村定居点在内的饮用水短缺问题，原因在于设计和修建供水管道时没有考虑农业用地的灌溉需求。因此，基本上没有单独用于灌溉的水管。饮用水短缺迫使很多居民使用外地运来的水。阿斯特拉罕州的居民（16.7% 的居民使用来自开放式水体的水，1.0% 的居民使用外运水）、库尔干州 1.9% 以上的居民（约 18000 人）、布里亚特共和国 4.3% 的居民（约 40000 人）、罗斯托夫州 2.3% 的居民（83000 人）均使用外运水和来自开放式水源的水作为饮用水。斯塔夫罗波尔边疆区某些地区 3.1% 的居民（88200 人）、阿尔泰共和国 10.3% 的居民（2 万人以上）使用外运的河水。诺夫哥罗德州 0.36% 的居民（2527 人）、楚科奇自治区 0.2% 的居民（约 5500 人）、克麦罗沃州 0.2% 的居民（5659 人）使用来自开放式水体的外运水。在克拉斯诺达尔斯克边疆区，外运水为 46 个农村居民点保障供水。在萨哈（雅库特）共和国，约有 70% 的居民直接使用运水车从水体的沿岸地带运输未经净化和消毒的外运水（Государственный доклад…，2006）。

上述数据不仅证明了广泛使用地下水作为饮用水的必要性，也证明了现有水量不足的情况下进行地下水回补的合理性。

从医学生态学角度考虑，应当指出，该过程会面临一系列新的保护居民健康问题。他们主要与地下水和地表水水质有关，影响混合水作为饮用水的安全性。同时，当前官方数据和科学数据证明，地表水体及河流存在全球性的缺水问题，以及一些疾病与饮用来自地表水和地下水的不合格饮用水的关系。本章的目的、任务和篇幅不允许详细介绍已经查明的若干疾病与使用地表来源的不合格饮用水之间的关联。感兴趣的读者可以通过国内外文献获得相关信息（Онищенко，1999；Прохоров и Ревич，1992）。

在本章前半部分已阐明，居民发病率与地下水饮用水的人为污染和天然矿物成分之间的关系，以及通过地表水入渗进行地下水人工回补的方法。已经确定，在地下水人工回补设施运行的过程中，被污染的水透过土壤渗透时，不能保障充分地去除那些难氧化的有机、无机化合物及其复合物，包括：石油产品、酚类、多环芳香烃、洗涤剂、农药以及重金属盐等一系列其他化学物质。因此，为了预防人工回补地下水发生化学污染，在遵守特定入渗设施设计和运行要求（SanPiN 2.1.4. II75-02）的前提下，必须严格地监管回补水质的指标。与饮用入渗型取水工程中被细菌污染的地表水有关的肠道传染病暴发事件也证明，致病微生物可以通过土壤渗入。这里可以引用俄罗斯联邦卫生部门的官方数据：2008 年，俄罗斯联邦境内共记录到 52 次水源性疫情暴发，总感染人数为 1553 人（2006 年暴发 52 次，感染人数 1552 人）。其中，25 次疫情与集中式供水有关（感染人数 630 人），7 次与开放式水体有关（感染人数 872 人），4 次与其他水源有关（感染人数 51 人）。在俄罗斯联邦的 19 个测试点记录到水源性疫情的暴发。2008 年，滨海边疆区的疫情暴发次数和感染人数最多，共发生 10 次疫情（8 次与集中式供水有关，1 次与开放式水体的水有关，1 次与其他来源的水有关），721 人被感染（49 人与集中式供水有关，644 人与开放式水体有关，28 人与其他来源水有关）。

上文提到的《以生活和饮用为目的的地下水人工回补系统安装和运行卫生管理条例》（SanPiN1974-79）规定，对安装和运行开放式地下水人工回补系统的取水工程要进行预防性和常规卫生监督，以防止地下水被微生物和化学污染物所污染。目前，需要在这些条例的要求中增加一项，即必须考虑在混合水中出现致癌三卤甲烷的可能性。如前所述，这种现象与含有有机化合物的水经加氯消毒有关。后者通常存在于地表水中。在关于污染水毒性的现代资料中，也指出利用污染水来回补地下含水层是极不可取的。

联合使用地表水与地下水为饮用水的一个特例是他们在供水系统中的混合。科学文献中关于使用地下水和地表水的混合水如何影响人体健康的资料极其有限。在这方面，Денисов（1997，2000）的著作提供了非常完整的信息。

Денисов（1997，2000）在莫斯科州泽列诺格勒市进行的研究，旨在揭示不良卫生与流行病学状况的原因。这是因为他观测到，在城市居民长期饮用成分十分复杂的饮用水后，地下水中某些物质组分浓度增加，一些非传染性疾病的发病率增加。同时，根据泽列诺格勒市的供水特征，可以将其与某些市区的医学生态学环境进行对照，这些地区的饮用水类型有所不同，分为地下水、地表水和混合水。

泽列诺格勒市按照供水特点分为三个区域，其社会经济、社会与生活环境（居住条件、饮食习惯、医疗保健水平）相同，但供水性质不同：区域1仅供应自流水（5、6和7号居民区）；区域2供应混合水（1、2、3、4、8、9、10、11、12号居民区）；区域3供应来自莫斯科市北方输水站的河水（克留科沃新区、14、15、16和18号居民区）（图8.3.1）。

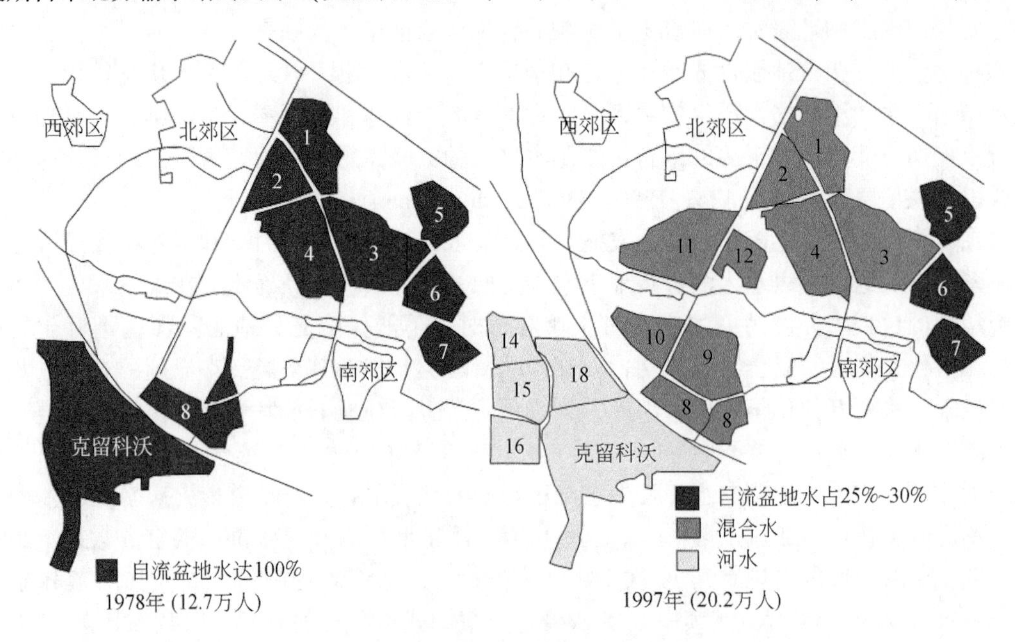

图8.3.1　泽列诺格勒市的供水特点

区域1居民人数为2万人，区域2为12万人，区域3为6.3万人。

泽列诺格勒市自流井开采含水层［卡西莫夫含水层（115–153m）、波多利斯克–米亚奇可夫含水层（180–265m）、卡西拉含水层和奥卡–普拉特瓦含水层（295–350m）］属于莫斯科自流盆地背斜的西北翼。

从北方供水站进入泽列诺格勒市的河水来源于自来水，水质相当高，符合饮用水的现行标准。

在来自地下自流水源的水样中，其主要特征是微量元素不达标（高达44.5%的样品中锂、硼、氟、钡和锶含量超过最高容许浓度）。为了研究水因素可能给泽列诺格勒市居民造成的负面影响，对各种环境因素的影响进行了全面调查，以查明有害于健康的主要危险因素。

通过对大气空气、积雪层、物理因素、食品、自然气候条件形成特征、水文地质、水文情势及各种生产因素的性质和程度进行调查研究，识别饮用水对居民健康的影响。从本质上讲，这是一项大规模研究，需要利用多种现代分析和统计方法对水因素进行风险评价，这些方法用于确定居民发病率的因果关系及其对环境因素的依赖程度。根据疾病的优先类别、患病人群和分类、区域、风险类别和持续时间，可以建立与泽列诺格勒市相关的疾病风险因素的假设。逐步排除所有可能的健康风险后，研究人员开始研究水因素的影响，即饮用水的供水特点。

对标准化指标的评价表明，居民一般发病率在不同供水类型地区的变化与发病率的实际指标是同向的：在自流供水和混合供水地区发病率更高，在河水供水地区发病率较低。根据浓度超标1.5倍到15倍的锂、硼、锶、镉、氟、铝、铁对人体产生不良影响的科研数据，研究了检测到的发病率结构。与此同时，揭示了上肢骨折、脊柱、颅骨和躯干骨折数据差异的可靠性。结果与科学文献中关于锶取代保护骨骼强度的重要元素——钙，而易发骨折的情况相符。例如，在斯摩棱斯克州，俄罗斯科学院水问题研究所进行的专项调查也表明，来自地下水源的饮用水中锶浓度升高对人体骨骼脆弱性的可能影响。通过评价水文地质特征与儿童疾病之间的关系，推测与水因素的负面作用有关，证实了儿童肢体骨折与水中稳定的锶含量增加以及铁与特异性皮炎之间具有显著相关性（非参数统计等级相关性方法）(Шаповалов，2008)。

反观在泽列诺格勒市进行的研究，我们注意到整个城市的发病率分布，可以划分出发病率最高的居民区。该市自流饮用水中氟浓度长期超标的居民区，其氟中毒和骨折的发病率高。

自流水中的氟浓度与硼、钡、锂和锶的含量密切相关。在硼、钡、锂和锶浓度升高的情况下，下肢骨折与饮用水中氟含量显著相关（0.73）。

根据化学因素对合成免疫球蛋白的影响（反过来增加人体对致病微生物的敏感性）数据，科研人员着手研究猩红热（链球菌病原体）在不同供水模式地区的传播情况。分析结果显示，在采用自流供水和混合供水的居住区，儿童的发病率指标高于采用河水供水的居住区。用类似的方式对儿童百日咳发病率进行比较分析，发现与猩红热一样，自流供水居民区的发病率要显著地高于河水供水和混合供水居民区。结果表明，1997年夏季，对城市供水系统进行改造后（混合自流水和河水，降低来自深部自流井的水在总供水中的比例，将自流水在城市总供水中的比例降低到5%～10%），猩红热和百日咳的发病率在自流供水居民区有所下降。

国外的一些信息，尤其是美国某些学术著作中的信息，也可以用于评价使用地下水和地表水的混合水可能造成的医学生态学后果。这些工作致力于评价地下水和再生水（即经过深度净化的城市和生活污水）的混合水。按照水质来说，再生水符合饮用水质量标准的要求。这种类型的供水被用在洛杉矶东部的一些地区。由于饮用水的来源特殊，进行了生态和流行病学研究，对比了2个实验区和2个对照区的死亡率、发病率、流产和患癌率。发现自发流产的病例数量存在显著差异。然而，没有证据表明这种疾病与饮用再生水之间存在关联（Frerichs，1984）。

兰德公司的科研人员也得到了类似结论，通过研究再生水对蒙特贝罗富人区和测试区居民健康的影响，他们发现癌症、传染性疾病发病率和死亡率并没有差异（Sloss et al.，1996）。

但是，不应该就此就认为研究已经足够详尽。例如，实验区流产数量增加的原因尚未找到，没有进行医学遗传学研究及其他一些先进测试。饮用地下来源的自来水存在自发性流产风险得到了其他研究的证实（Hertz-Picciotto et al., 1989）。

前文提到的资料还表明，在决定利用地下和地表混合水作为饮用水时，有必要考虑医学生态学方法。

在决定利用地下来源的咸水和微咸水作为饮用水时，还需采用医学生态学方法。考虑到水质的现代卫生要求的重要性，在利用咸水和微咸水作为饮用水时，必须采用可以达到各种脱盐度的淡化技术。目前众所周知的淡化技术是指蒸馏法、电渗析法或过滤膜法进行部分脱盐。

20 世纪 70 年代到 80 年代，苏联卫生部水运卫生研究所进行的广泛调查都是针对淡化水可饮用性的卫生学评价（Эльпинер，1974）。根据调查工作的结果，苏联卫生部正式出台了卫生法律文件，仅允许在紧急情况下短期内使用蒸馏水用于饮用目的。只有通过富集必要的盐类使蒸馏水达到饮用质量后才允许长期使用蒸馏水（Методические указания…，1968）。

由于需要在缺碘地区、海岸和特殊条件下广泛地采用脱盐方法，瑟辛医学院和公共卫生研究所以及多家合作研究所开展了广泛的工作，使得上述研究得到进一步发展。所有这些研究结果几乎全部由世界卫生组织出版，并由俄罗斯著名卫生学家 Г. И. Сидоренко 和 Ю. А. Рахманин 编写的国际手册《海水淡化卫生指导标准》中（Guidelines on Health Aspects of Water Desalution，1980）。该手册指出，由于是在苏联进行的研究，除了广泛采用的饮用水水质标准外，还需要运用补充的标准，即淡化饮用水化学成分的生理学价值及其质量稳定性标准。

该手册定义，稳定性指数可以作为淡化水水质稳定性的充分等效指标，并取决于水的温度、钙浓度、碱度、总盐量和个别盐类的比例。必须考虑、研究并调节个别确定淡化水质量方法的一些常规及具体指标，包括盐和微量元素组成、个别有机物质含量、物理性质以及水的氘含量与结构特征、个别微生物群。

该手册指出，在居民健康状况筛查期间的野外条件下，通过多年综合性研究，进行各种动物实验，研究淡化水对心血管、消化和排泄系统功能、水盐代谢、生物体稳态的相关指标、人为诱发口渴条件下的饮水反应、甲状腺功能、骨组织的矿物饱和度、体内含水比例、细胞膜的渗透性、体内器官和组织的组织形态结构等的影响，包括对志愿者的临床生理研究的结果，均表明与高矿化度水一样，蒸馏水和低矿化度水也不适于饮用。饮用这样的水后，会引发人体出现一系列的不适，包括因一些盐类被排出机体而引起的体内水盐平衡被破坏。

注意到，水中的钙具有重要的生物学作用，重质碳酸钙可以提高水的感官性状的质量。该手册的作者还注意到，在动物实验和居民健康状况筛查过程中，揭示了饮用水中盐度和钠含量增加对人体（心血管系统和胃肠道功能）的不利影响。

《指导标准》中指出，在增加蒸馏水的饮用性质时，必须采用饮用水加氟法。

该手册还重点关注了淡化水中人为杂质含量的规定。但是，没有制定根本性的新规定。现有的普通来源饮用水水质标准解决了目前出现的问题。但值得注意的是，淡化水的质量不仅应当符合已有的饮用水标准，还应当符合额外的卫生要求，包括：

——所需的最低矿化度标准为100mg/L；
——最佳矿化度范围：
氯化物-硫酸盐水，从200到400mg/L，
碳酸氢盐水，从250到500mg/L；
——钠含量不高于200mg/L；
——硼含量不高于0.5mg/L；
——溴含量不高于0.2mg/L；
——钙含量不低于30mg/L；
——最低容许水总硬度为1.5mg-Eq/L；
——碱度范围为0.5~6.5mg-Eq/L；
——淡化水的温度不高于25℃。

《指导标准》论证了淡化饮用水后处理系统的基本卫生要求。基本上，在淡化水提供给用户之前，其后处理和调节系统包括以下内容：改善感官性状、有机物质的后处理、减少某些微量元素和试剂的过量含量、校正盐成分和氟化、冷却、中和活性反应（pH）、水的稳定处理和消毒。

可能对淡化水水质产生影响的因素有多种（天然、人为和技术因素）。因此，为制取具有饮用质量的淡化水，必须使用差异化（取决于具体的供水条件）技术方案。除了供水水源的流量和水质外，决定技术方案选择的主要因素还有：淡化过程中水质变化的有效性及其处理的各种方法、自然和气候条件、社会经济发展水平以及当地原材料的使用。所选技术方案的卫生效率由制取出来的水与淡化饮用水质量标准的符合程度以及可能对居民健康状况造成的影响决定。

在制定将地下水作为饮用水的管理方案时，显然必须以《指导标准》中的上述规定作为指导。

从医学生态学角度来看，在地下水资源的管理中，目前还需要考虑与全球气候变暖直接相关的全球水文气候变化问题。世界卫生组织、联合国环境规划署和世界气象组织在2003年气候变化问题国际会议上指定的统一原则和立场是基于一系列科学出版物的成果。这一原则性立场反映了全球气候变化对人口健康造成负面影响的观点（Корвалан，2003）。医学生态学领域的专家逐渐认识到，即使是微小的气候变化也可能在千变万化的疾病传播中造成严重后果。但是，也有观点认为，在与环境有关的区域负面（毒理学、病理生理学）问题的常规机制影响下，大规模气候变化不会影响人类的健康。大规模变迁必将发生，且极可能改变自然生物地球化学系统，进而降低“地球对生命的支撑力”（Беэр，2005）。

对于区域内水分条件预计将变差（干旱和沙漠化）的地区，坚持维护居民权益的原则性立场，建立涉及社会经济、工艺技术、医学生态学综合预防措施。但是，这里的首要问题是全面保障供水。加上新出现的社会经济和国民经济问题，这些问题似乎相当复杂，但是实际上也是可以解决的。这里还应当指出，全球气候变化问题的水文地质方面表明，必须加强使用具有有效防护的地下水，这是一个毫无疑问的替代和更安全的饮用水水源，即便是在全球水文气候变化的条件下。讨论在这些背景下使用地下水问题时，应该指出，可

能的气候变化对地下水的影响研究仍然相当薄弱。显然，这一过程比气候变化对地表水的影响更加复杂，主要是由于资源和地下水质量形成的多因素性，以及其对各种自然和人为因素变化相关的滞后性。Ковалевский（1998）认为，未来几十年，地下水天然资源量的变化幅度不会超过±5%～6%，即处于水文计算的精度范围内。仅在俄罗斯境内的北方和草原地区，偏差才可能达到±20%～22%，这样的差异暂时还难以从水文地质学角度解释。尽管如此，这些研究加强了全球水文气候变化背景下地下水资源利用的优势地位。这也得到了咸水和微咸水淡化领域的现代技术和卫生学成就的支持，显然，含水量下降的地带必然会面临水淡化问题。

在本章的最后，有必要强调，为确保水利管理决策有效服从于居民健康保护的优先事项，必须取得相当可靠的与水文地质条件相关的医学生态学数据。如果没有对医学生态学状况进行时空预测，就难以掌握联合工作的初始先决条件。因此，确保居民能够从地下水源获得安全的生活饮用水和生活用水的地下水问题具有明显的难以解决的跨学科特征。充分的水文地质信息（包括地球化学）作为医学研究的基础十分重要。而这一任务只有在专家们充分合作、信息共享的条件下才可能完成。

结　语

考虑到地下水作为饮用水水源的上述优势，应将可靠的免受污染的地下淡水作为生活饮用水的优先来源。在很多情况下，当由于干旱或工业污染造成地表水源匮乏时，总会出现完全或者部分利用地下水弥补水资源短缺的问题。

地下水是战略型水资源之一，因为绝大多数情况下，地下水仍然是自然灾害和人为灾害期间向居民提供饮用水的唯一可靠来源，国家安全在很大程度上取决于这些时期的地下水能否有效利用。

俄罗斯联邦的《水法》和现行国家标准（GOST）《紧急情况下的安全标准：生活饮用水供水系统保护》中规定，大、中型城市的供水应当具有两个及两个以上的独立水源，为此应当引调所有现有的地下淡水资源。将生活饮用水的来源向具有污染防护的地下淡水转型以及维持基于利用地下水的储备水源是国家的重要任务。

目前，在评价地下水的潜在和合理利用前景时，必须考虑地下水资源在人为活动影响下可能发生的变化，以及考虑大规模抽取地下水对各环境组分的影响。

对国外（德国、荷兰、中国、美国）和国内地下水利用经验的分析表明，地下水的人工回补是保持或提高现有取水工程生产力的重要方法，在人工回补的某些情况下，可以补偿潜水位在降落漏斗内的区域性下降，并防止或尽量减少农业用地和自然地貌的干涸。

本专著作者并没有给自己设定一个不切实际的目标——提出与地下水研究和调查相关的所有复杂问题。本书的目的是吸引水文地质、水文、生态、水利、水化学等各领域专家的注意。根据现有的地下水区域性评价和编图经验，提高科研和设计工作效率，以实现合理且环保安全地为居民提供地下水。

下面简要阐述本知识领域水文地质和地质生态研究的主要任务：

1）发展在人为因素和气候变化影响下的地下水资源及其变化的长期预测理论和方法；

2）发展新的并完善现有的地下淡水天然资源量和可开采资源量的评价方法，同时要兼顾环保方面的要求，利用新的水文地质资料和更完善的计算方法重新评价大型自流盆地和河谷的地下水天然资源量和可开采资源量；

3）引入环境保护标准，界定人为活动对地下水的容许影响及地下水抽取对其他环境组分的影响；

4）制定个别大型河流流域水资源的综合利用和保护方案，包括论证合理开采地下水的前景；

5）部署国家地下水监测系统，将其作为水资源和环境总体监测的一部分；

6）评价主要含水层（已使用和潜在的）地下淡水的污染防护性，制定地下水防污染保护措施体系，包括建立专门的水保护带；

7）完善人工回补地下水储量的方法；以现有水源地为基础，更广泛地利用地下水资源；

8）评价大型城市群地下水的可采储量和利用前景，同时兼顾与人为活动有关的地下水形成条件的变化；

9）制定措施，使大型城市的饮用水供水完全或者部分地向具有可靠防护的地下水转型，在某些情况下，要在城市中建立分质供水系统（饮用水和工业用水分流供水）；

10）改进咸水和微咸水的淡化处理技术。

笔者认为，上述任务的完成将会提高地下水作为俄罗斯联邦不同自然气候与人为条件下居民生活饮用水的利用效率。

参考文献

[1] Акуленко Ю. Н., Гурянов Г. Г. Влияние отбора подземных вод на сток малых рек юга Западной Сибири//Рациональное использование и охрана водных ресурсов малых рек: Тез. докл. Всесоюзной научно-технической конференции. Таллин, июль, 1985 г. -Таллин, 1985. 106 с.

Ю. Н. 阿库连科,Г. Г. 古良诺夫．地下水开采对西西伯利亚南部小型河流径流的影响．小河流水资源合理利用与保护:全苏科技会议报告提纲,塔林,1985 年 7 月．塔林,1985:106.

[2] Алексахин Р. М. 《Миграция радионуклидов в агроценозах》//Журнал Проблемы радиохимии и космохимии, М., 1992. С. 179-205.

Р. М. 阿列克萨欣．《农田生物群落中的放射性核素迁移》. 放射化学与宇宙化学问题学报．莫斯科,1992:179-205.

[3] Алексахин Р. М., Круглов С. В., Васильева Н. А. и др. 《О формировании радионуклидного состава почв в зоне аварии Чернобыльской АЭС》//Журнал Почвоведение, № 10 (1990). С. 26-34.

Р. М. 阿列克萨欣,С. В. 克鲁格洛夫,Н. А. 瓦西里耶娃,等．《切尔诺贝利核电站核事故区土壤放射性核素成分的形成》. 土壤学报,1990(10):26-34.

[4] Анисимов О. А. Оценка макроклимата криолитозоны Евразии и распространение вечной мерзлоты в условиях глобального потепления//Метеорология и гидрология, 1994. № 9. С. 12-19.

О. А. 阿尼西莫夫．全球变暖条件下的欧亚大陆冻土带区域气候及多年冻土分布评估．气象与水文学,1994(9):12-19.

[5] Анисимов О. А., Нельсон Ф. Е. О применении математических моделей для исследования взаимосвязи климат-вечная мерзлота//Метеорология и гидрология, 1990. № 10. С. 13-20.

О. А. 阿尼西莫夫, Ф. Е. 纳尔逊．气候与多年冻土关系研究中的数学模型应用．气象与水文学,1990(10):13-20.

[6] Анисимов О. А., Скворцов М. Ю. О применении математических моделей для исследования влияния изменения климата на вечнуюмерзлоту//Метеорология и гидрология, 1989. № 9. С. 98-103.

О. А. 阿尼西莫夫, М. Ю. 斯克沃尔佐夫．气候变化对多年冻土影响研究中的数学模型应用．气象与水文学,1989(9):98-103.

[7] Антоненко Г. И., Моисеев И. Т. и др. 《Радиоэкологические аспекты почвенной химии и агрохимии ^{137}Cs》//Журнал Экология регионов атомных станций / Под ред. Ю. А. Егорова. Вып. 1, (1994). С. 255-261.

Г. И. 安东年科, И. Т. 莫伊谢耶夫,等．《土壤化学和农业化学中^{137}Cs 的放射生态学》. 核电站区域生态学报/Ю. А. 叶戈罗夫主编,1994(1):255-261.

[8] Ахмедсафин У. М. и др. Формирование, прогноз, управление режимом подземных вод конусов выноса (на примере предгорного шлейфа Заилийского Алатау). -Алма-Ата: Наука, 1978. 155 с.

У. М. 阿赫梅察芬,等．冲积扇地下水的形成、预测和管理(以外伊犁山脉山前坡积裙为例). 阿拉木图:科学出版社,1978:155.

[9] Ахмедсафин У. М., Шлыгина В. Ф., Мирлас В. И. и др. Особенности формирования подземных вод

в нарушенных условиях. Гидрогеологические модели межгорных артезианских бассейнов. - Алма-Ата:《Наука》Казахской ССР, 1982. С. 64-89.

У. М. 阿赫梅察芬,В. Ф. 什雷金娜,В. И. 米尔拉斯,等. 断裂条件下地下水形成特征——山间自流盆地的水文地质模型. 阿拉木图:科学出版社,哈萨克斯坦苏维埃社会主义共和国,1982:64-89.

[10] Бабкин В. И. Водные ресурсы Российской Федерации в XX веке//Водные ресурсы, 2004. № 4. С. 395-400.

В. И. 巴布金. 二十世纪俄罗斯联邦水资源. 水资源,2004(4):395-400.

[11] Бабушкин В . Д., Ванькова Н. Н. Примеры влияния горнорудных работ на изменение гидрогеологических условий. Курская магнитная аномалия//Оценка изменений гидрогеологических условий под влиянием производственной деятельности. -М. : Недра, 1978. С. 188-189.

В. Д. 巴布什金,Н. Н. 万科娃. 采矿作业对水文地质条件变化的影响实例——库尔斯克磁力异常区. 工业活动影响下水文地质条件变化评价. 莫斯科:矿产出版社,1978:188-189.

[12] Бабушкин В. Д., Лосев Ф. И., Плотников В. С. Влияние водоотлива из гонных выработок и дренирующих устройств. Железнорудные месторождения курской магнитной аномалии (КМА)// Гидрогеология СССР. Сводный том в пяти выпусках. Вып. 4. Влияние производственной деятельности человека на гидрогеологические и инженерно- геологические условия. - М. : Недра, 1973. С. 65-75.

В. Д. 巴布什金,Ф. И. 洛谢夫,В. С. 普洛特尼科夫. 矿井作业及排水构筑物的排水影响——库尔斯克磁力异常区(KMA)的铁矿床. 苏联水文地质学,五辑合卷,第4辑,人类生产活动对水文地质与工程地质条件的影响. 莫斯科:矿产出版社,1973:65-75.

[13] Бабушкин В. Д., Ванькова Н. Н., Лебедянская З. П. и др. Изменение гидрогеологических условий при разработке месторождений твёрдых полезных ископаемых и мероприятия по охране водных ресурсов//Водные ресурсы, 1977. № 6. С. 59-75.

В. Д. 巴布什金,Н. Н. 万科娃,З. П. 列别江斯卡娅. 固体矿床开发过程中的水文地质条件变化及水资源保护措施. 水资源,1977(6):59-75.

[14] Бабушкин В. Д., Плотников В. С., Лосев Ф. И. Прогноз режима подземных вод на территории КМА при разработке месторождений и эксплуатации водозаборов. -М. : ВСЕГИНГЕО, 1967. 91 с.

В. Д. 巴布什金,В. С. 普洛特尼科夫,Ф. И. 洛谢夫. 矿床及水源地开采过程中的库尔斯克磁力异常区地下水情势预测. 莫斯科:全苏水文地质工程地质科学研究所,1967:91.

[15] Баренбаум А. А. Механизм формирования месторождений нефти и газа//Доклады АН, 2004. Т. 399. № 6. С. 802-805.

А. А. 巴伦包姆. 油气田形成机制. 科学院报告,2004,第399卷(6):802-805.

[16] Баренбаум А. А. О возможной связи газогидратов с субмаринными подземными водами//Водные ресурсы, 2007. Т. 34. № 4. С. 1-6.

А. А. 巴伦包姆. 天然气水合物与海底地下水之间的潜在联系. 水资源,2007,第34卷(4):1-6.

[17] Батоян В. В., Глазовский Н. Ф. Разгрузка подземных вод через грязевой вулкан Татаромогла на дне р. Куры. - В. кн. : Взаимодействие поверхностного и подземного стока. Вып. 2. - М., 1974. С. 186-190.

В. В. 巴托扬,Н. Ф. 格拉佐夫斯基. 库拉河底的塔塔尔蒙古泥火山的地下水排泄. 专著系列《地表径流与地下径流之间的相互作用》,第2辑 莫斯科,1974:186-190.

[18] Белецкий С. С. Влияние отбора подземных вод на режим малых рек БССР//Доклады Академии наук БССР, 1987. Том XXXI №4. С. 351-354.

С. С. 别列茨基．地下水开采对白俄罗斯苏维埃社会主义共和国小型河流水文情势的影响．白俄罗斯苏维埃社会主义共和国科学院报告,1987,第 31 卷(4):351-354.

[19] Белецкий С. С., Осипова Л. С., Томин И. С., Томина Н. М. Влияние антропогенных факторов на речной и подземный сток некоторых районов БССР//Гидрогеологические и инженерно-геологические условия Белоруссии: Сб. науч. тр. /БелНИГРИ. - Минск: БелНИГРИ, 1978. С. 12-25.

С. С. 别列茨基,Л. С. 奥西波娃,И. С. 托明,Н. М. 托明娜．人为因素对白俄罗斯苏维埃社会主义共和国部分地区河流及地下径流的影响．白俄罗斯的水文地质与工程地质条件:论文集．白俄罗斯地质勘探科学研究所．明斯克:白俄罗斯地质勘探科学研究所,1978:12-25.

[20] Белоусова А. П. Качество подземных вод. Современные подходы к оценке. - М. : Наука, 2001. 340 с.

А. П. 别洛乌索娃．地下水水质．现代评估方法．莫斯科:科学出版社,2001:340.

[21] Белоусова А. П. Ресурсы подземных вод и их защищенность от загрязнения в бассейне реки Днепр и отдельных его областях: Российская территория. - М. : ЛЕНАНД, 2005. 168 с.

А. П. 别洛乌索娃．第聂伯河流域及其部分区域的地下水资源及污染防护:俄罗斯境内．莫斯科:连南德出版社,2005:168.

[22] Белоусова А. П., Галактионова О. В. 《К методике оценки естественной защищенности подземных вод от радиоактивного загрязнения》, Журнал Водные ресурсы, Т. 21, № 3 (1994). С. 340-345.

А. П. 别洛乌索娃．,О. В. 加拉克季奥诺娃．《关于地下水免受放射性污染的自然保护性评估方法》. 水资源学报,第 21 卷,1994(3):340-345.

[23] Беэр С. А. Влияние изменений климата на паразитарные системы (стартовые позиции концепции)/Теория и практика борьбы с паразитарными болезнями. - М., 2005. С. 54-56.

С. А. 贝尔．气候变化对寄生系统的影响(观点起源)/寄生虫病防治理论与实践．莫斯科,2005: 54-56.

[24] Биндеман Н. Н., Бочевер Ф. М. Региональная оценка эксплуатационных ресурсов подземных вод. 《Советская геология》, 1964. №1. С. 65-78.

Н. Н. 宾杰曼,Ф. М. 博切韦尔．地下水资源开采的区域评估．《苏联地质学》,1964(1):65-78.

[25] Бисембаева К. К., Хордикайнен М. А. Роль паводков различной обеспеченности в формировании эксплуатационных запасов трещинно-карстовых вод в условиях их взаимосвязи с поверхностными (на примере Айдосского месторождения в Центральном Казахстане)//Вопросы оценки эксплуатационных запасов подземных вод. - М. : ВСЕГИНГЕО, 1976. С. 45-58.

К. К. 比谢姆巴耶娃,М. А. 霍尔季凯年．不同规模洪水在裂隙岩溶水与地表水相联通条件下形成可开采储量中的作用(以哈萨克斯坦中部艾多斯矿床为例). 地下水开采储量评估问题．莫斯科:全苏水文地质工程地质科学研究所,1976:45-58.

[26] Богуславский С. Г. Вертикальный турбулентный обмен в поверхностном слое моря//Труды Морского гидрофизического института-Севастополь: МГИ АН УССР, 1958. №3 С. 14-20.

С. Г. 鲍古斯拉夫斯基．海洋表层的垂直湍流交换．海洋水文物理研究所论文集 塞瓦斯托波尔:乌克兰苏维埃社会主义共和国科学院海洋水文物理研究所,1958 (3):14-20.

[27] Боревский Б. В., Дробноход Н. И., Язвин Л. С. Оценка запасов подземных вод. - Киев: Вища школа, 1989. 407 с.

Б. В. 博列夫斯基,Н. И. 德罗布诺霍德,Л. С. 亚兹温．地下水储量评估．基辅:高级中学出版社, 1989:407.

[28] Боревский Б. В., Ершов Г. Е. Оценка эксплуатационных запасов подземных вод при неравномерном водоотборе в речных долинах в условиях сработки и восполнения их емкостных запасов, Разведка и охрана недр, №11. 2005 С. 25-30.

Б. В. 博列夫斯基, Г. Е. 叶尔绍夫. 地下水储量减少与补充条件下的河谷不均匀取水过程中的地下水开采储量评估. 矿产资源勘探与保护,2005(11):25-30.

[29] Боревский Б. В., Язвин А. Л. Оценка ресурсного потенциала питьевых подземных вод. Современные проблемы изучения и использования. В кн. 《Ресурсы подземных вод: Современные проблемы изучения и использования》(Материалы международной научной конференции. К 100-летию со дня рождения Б. И. Куделина). -М.: МГУ, ИВП РАН, 2010. С. 30-39.

Б. В. 博列夫斯基, А. Л. 亚兹温. 饮用地下水的资源潜力评估:研究及应用的当代问题.《地下水资源:研究及应用的当代问题》(Б. И. 库德林诞辰 100 周年国际学术会议论文集). 莫斯科:莫斯科国立大学,俄罗斯科学院水问题研究所,2010:30-39.

[30] Боревский Б. В., Язвин Л. С. Методические рекомендации по перспективной оценке эксплуатационных запасов подземных вод в слабо изученных районах. -М.: ВСЕГИНГЕО, 1971.

Б. В. 博列夫斯基,Л. С. 亚兹温. 研究不足地区的地下水开采储量前瞻性评估方法指南. 莫斯科:全苏水文地质工程地质科学研究所,1971.

[31] Боревский Б. В., Язвин Л. С. Оценка обеспеченности населения Российской Федерации ресурсами подземных вод для хозяйственно- питьевого водоснабжения (Методические рекомендации по проведению второго этапа работ). М.: ГИДЭК, 1995.

Б. В. 博列夫斯基,Л. С. 亚兹温. 为俄罗斯联邦居民提供生活用水和饮用水的地下水资源保障性评估(第二阶段工作方法指南). 莫斯科:水文地质与地质生态公司,1995.

[32] Боревский Б. В., Язвин Л. С. Стратегия развития ресурсной базы питьевых подземных вод на территории России в XXI веке. Разведка и охрана недр, 2003. №10. С. 2-10.

Б. В. 博列夫斯基,Л. С. 亚兹温. 21 世纪俄罗斯境内地下饮用水的资源基础开发战略. 矿产资源勘探与保护,2003 年(10):2-10.

[33] Боревский Б. В., Хордикайнен М. А., Язвин Л. С. Разведка и оценка эксплуатационных запасов месторождений подземных вод в трещинно-карстовых пластах. -М.:《Недра》, 1976. 247 с.

Б. В. 博列夫斯基,М. А. 霍尔季凯年,Л. С. 亚兹温. 裂隙-岩溶地层中的地下水矿床开采储量勘探与评估. 莫斯科:矿产出版社,1976:247.

[34] Брашнина И. Д. О возможности изучения субмариной разгрузки карстовых вод электрокаротажным методом. Новости капстоведения и спелеологии, 1963, № 3. С. 62-65.

И. Д. 布拉什宁娜. 利用电测井法研究海底岩溶水排放的可能性. 岩溶学和溶洞学资讯,1963(3):62-65.

[35] Брусиловский С. А. О возможности оценки субмаринного стока по его геохимическим проявлениям. -Комплексные исследования Каспийского моря, 1971. Вып. 2. С. 68-74.

С. А. 布鲁西洛夫斯基. 关于通过地球化学指示来评估海底径流的可能性. 里海综合研究,1971,第 2 辑:68-74.

[36] Буачидзе И. М., Мелива А. М. К вопросу разгрузки подземных вод в Черное море в районе г. Гагра//Тр. н-и лаб. гидрогеологии и инж. геол. Груз. политехн. ин-та. 1967. №3. С. 33-39.

И. М. 布阿奇泽,А. М. 梅莉娃. 关于加格拉市地区向黑海排泄地下水的问题. 水文地质与工程地质实验室论文集. 格鲁吉亚工业学院,1967(3):33-39.

[37] Булатов Р. В. Взаимосвязь поверхностных и подземных вод//А. М. Черняев, М. П. Дальков,

И. С. Шахов, Н. Б. Прохорова. Бассейн. эколого- хозяйственныепроблемы, рациональное водопользование. -Екатеринбург: Изд-во《Виктор》, 1995. С. 84-87.

Р. В. 布拉托夫．地表水和地下水之间的相互关系．А. М. 切尔尼亚耶夫,М. П. 达利科夫,И. С. 沙霍夫,Н. Б. 普罗霍罗娃．流域．生态农业经济问题,水资源合理利用．叶卡捷琳堡:《维克多》出版社,1995:84-87.

[38] Булатов Р. В. Влияние отбора подземных вод на сток малых рек Урала//Рациональное использование и охрана водных ресурсов малых рек: Тез. докл. Всесоюзной научно- технической конференции. Таллин, июль, 1985 г. -Таллин, 1985. С. 113-114.

Р. В. 布拉托夫．地下水开采对乌拉尔地区小型河流径流的影响．小河流水资源合理利用与保护:报告提纲,全苏科技会议,塔林,1985 年 7 月 塔林,1985:113-114.

[39] Бурнадян А. И. Итоги изучения и опыт ликвидации последствий аварийного загрязнения территории продуктами деления урана. -М. : Атомэнергоиздат, 1990. 81 с.

А. И. 布尔纳江．铀裂变产物污染区治理的研究方法与经验总结．莫斯科:原子能出版社,1990:81.

[40] Вакар Н. Г., Зеегофер Ю. О., Овсянников В. М. Геохимические аспекты диоксиновой проблемы. В сб. Диоксины. Супертоксиканты XXI века. -М., 1998. С. 113-129.

Н. Г. 瓦卡尔,Ю. О. 泽耶戈费尔,В. М. 奥夫相尼科夫．二噁英问题的地球化学视角．《21 世纪超级毒剂-二噁英》论文集．莫斯科,1998:113-129.

[41] Васильев В. Г., МакогонЮ. Ф., Требин Ф. А. и др. Свойство природных газов находиться в земной коре в твердом состоянии и образовывать газогидратные залежи. Открытия в СССР: 1968- 1969 гг. -М. : ЦНИИПИ, 1970. 5 с.

В. Г. 瓦西里耶夫,Ю. Ф. 马科贡,Ф. А. 特列宾,等．天然气体以固体状态留在地壳中并形成气体水合物矿床的特性．苏联发现:1968-1969 莫斯科:中央专利情报及技术经济科学研究所,1970:5.

[42] Величко А. А., Нечаев В. П. К оценке динамики зонымноголетней мерзлотыв Северной Евразии при глобальном потеплении климата//Докл. РАН. 1992. Т. 324. № 3. С. 667-671.

А. А. 韦利奇科,В. П. 涅恰耶夫．全球变暖条件下欧亚大陆北部多年冻土带的动态评估．俄罗斯科学院报告,1992,第 324 卷(3):667-671.

[43] Ветров В. А., Алексеенко В. А.《Модуль выноса некоторых радионуклидов с речных водосборов в до- и послечернобыльский период и прогноз радиоактивного загрязнения речных вод》Журнал Метеорология и гидрология, № 11 (1992). С. 21-28.

В. А. 韦特罗夫,В. А. 阿列克谢延科．《切尔诺贝利事故前后流域集水区对某些放射性核素的清除系数以及对河水放射性污染的预测》. 气象与水文学杂志,1992(11):21-28.

[44] Владимиров Ю. И. Изменение стока малых рек при отборе подземных вод в горно- складчатой части Урала. Сб. раб. по гидрологии № 18. -Л. : Гидрометеоиздат, 1987. С. 17-44.

Ю. И. 弗拉基米罗夫．乌拉尔山区褶皱带地下水开采过程中的小型河流径流变化．水文学论文集(18). 列宁格勒:国立水文气象科学技术出版社,1987:17-44.

[45] Владимиров Ю. И. Прогнозная оценка эксплуатационных ресурсов подземных вод по графикам сокращения речного стока. -《Разведка и охрана недр》№8. 1985. С. 47-51.

Ю. И. 弗拉基米罗夫．根据河流径流减少的水文过程线对可开采地下水资源的预测评估．《矿产资源勘探与保护》(8),1985:47-51.

[46] Водные ресурсы России и их использование /Под ред. И. А. Шикломанова. СПб. : ГГИ, 2008, 600 с.

俄罗斯水资源及利用/由 И. А. 希克洛曼诺夫主编．圣彼得堡:国立水文研究所,2008:600.

[47] Геотермальная активность и осадочный процесс в Карибско-Мексиканском регионе. М.：Наука，1990. 192 с.
加勒比-墨西哥地区的地热活动和沉积过程．莫斯科：科学出版社，1990：192.

[48] Гигиенические требования к охране подземных вод от загрязнения：Санитарные правила. - М.：Федеральный центр госсанэпиднадзора Минздрава России，2001.
保护地下水免受污染的卫生要求：卫生条例．莫斯科：俄罗斯联邦卫生部国家卫生和流行病学监测中心，2001.

[49] Гидрогеологическое прогнозирование. Андерсон М. Г.，Барт Т. П. -М.：Мир，1988. 139 с.
水文地质预报．M. Г. 安德森，T. П. 巴尔特 莫斯科：世界出版社，1988：139.

[50] Гидрогеология Европы. Т. 2. Карта геотермических условий Европы. -М.：Недра，1989. 237 с.
欧洲水文地质学，第 2 卷，欧洲地热条件图．莫斯科：矿产出版社，1989：237.

[51] Гидрогеология СССР / Под ред. Язвина Л. С. Сводный том. Выпуск 3，1977.
苏联水文地质学/Л. С. 亚兹温主编．合卷本，第 3 辑，1977.

[52] Гинсбург Г. Д.，Соловьев В. А. Субмаринные газовые гидраты. -СПб.：ВНИИОкеангеология，1994. 199 с.
Г. Д. 金斯堡，В. А. 索洛维约夫．海底天然气水合物．圣彼得堡：全俄海洋地质科学研究所，1994：199.

[53] Гипсометрическая карта Европейской части СССР（масштаб 1：1 500 000）. -М.，1941.
苏联欧洲区等高线图（比例尺 1：1500000）．莫斯科，1941.

[54] Глазовский Н. Ф.，Иванов В. А.，Месхетели А. В. Об изучении субмаринных источников. Океанология，1973. Вып. 2，т. XIII. С. 249-254.
Н. Ф. 格拉佐夫斯基，В. А. 伊万诺夫，А. В. 梅斯赫捷利．海底泉研究．海洋学报，1973，第 2 辑，第 13 卷：249-254.

[55] Голицын М. С. Проблема оценки качества，экологического значения и использования питьевых подземных вод России. Разведка и охрана недр，2010，№ 7. С. 72-73.
М. С. 戈利岑．俄罗斯饮用地下水水质、生态意义及利用问题评估．矿产资源勘探与保护，2010（7）：72-73.

[56] Голубев В. А. О недооценке тепловыноса из недр Байкальской рифтовой зоны при использовании традиционных методов геотермии//Доклады АН. 2003. Т. 390. Т 2. С. 247-250.
В. А. 戈卢别夫．传统地热方法的应用低估了贝加尔裂谷带地下资源的热量散失．科学院报告．2003，第 390 卷，第 2 册：247-250.

[57] Государственный доклад《О состоянии и об охране окружающей среды Российской Федерации в 2006 году》. -М.：АНО《Центр международных проектов》，2007. 500 с.
《2006 年俄罗斯联邦环境情势及保护》国家报告．莫斯科："国际项目中心"自主非营利组织，2007：500.

[58] Государственный доклад о санитарно-эпидемической обстановке в российской федерации. 2006.
《俄罗斯联邦卫生及流行病情势》国家报告．2006.

[59] Гродзенский В. Д. Влияние отбора подземных вод на сток малых рек//Изучение условий формирования эксплуатационных ресурсов пресных подземных вод：Сб. науч. тр. / ВСЕГИНГЕО. -М.：1985. С. 12-16.
В. Д. 格罗津斯基．地下水开采对小型河流径流的影响．可开发地下淡水资源形成条件研究：论文集．全苏水文地质工程地质科学研究所．莫斯科，1985：12-16.

[60] Гудак С. П., Фадеева М. В., Штаковская А. Я. Влияние отбора подземных вод на сток малых рек Белоруссии//Влияние хозяйственной деятельности на гидрогеологические и инженерно-геологические условия республики: Сб. науч. тр. /БелНИГРИ. -Минск, 1989. -С. 48-56.

С. П. 古达克,М. В. 法杰耶娃,А. Я. 什塔科夫斯卡娅. 地下水开采对白俄罗斯小型河流径流的影响. 经济活动对共和国水文地质与工程地质条件的影响:论文集. 白俄罗斯地质勘探科学研究所. 明斯克,1989:48-56.

[61] Гуревич Е. В. Влияние температуры воздуха на зимний сток рек (на примере бассейна р. Алдан). // Метеорология и гидрология, 2009. С. 92-99.

Е. В. 古列维奇. 气温对河流冬季径流的影响(以阿尔丹河流域为例). 气象与水文学,2009:92-99.

[62] Данилов-Данильян В. И. Обоснование стратегии управления водными ресурсами. -М.: Научный мир, 2006. 336 с.

В. И. 丹尼洛夫-丹尼利扬. 水资源管理战略基础. 莫斯科:科学世界出版社,2006:336.

[63] Данилов-Данильян В. И., Хранович И. Л. Управление водными ресурсами. Согласование стратегий водопользования. -М.: Научный мир, 2010, 232 с.

В. И. 丹尼洛夫-丹尼利扬,И. Л. 赫兰诺维奇. 水资源管理. 用水策略协调莫斯科:科学世界出版社,2010:232.

[64] Денисов Л. А. Организация социально- гигиенического мониторинга в Зеленограде//Гигиена и санитария, 2000. №4. С. 10-16.

Л. А. 杰尼索夫. 泽列诺格勒地区公共卫生监督组织. 卫生与保健,2000(4):10-16.

[65] Денисов Л. А. Гигиеническая оценка влияния подземных источников водоснабжения на здоровье населения г. Зеленограда. //Автореф. дисс. канд. мед. наук, 1997. 112 с.

Л. А. 杰尼索夫. 泽列诺格勒市地下水源对居民健康影响的卫生评估. 医学副博士学位论文摘要,1997:112.

[66] Джамалов Р. Г., Зекцер И. С., Месхетели А. В. Подземный сток в моря и Мировой океан. -М.: Наука, 1977. 94 с.

Р. Г. 贾马洛夫,И. С. 泽克塞尔,А. В. 梅斯赫捷利. 汇入大海及世界各大洋的地下径流. 莫斯科:科学出版社,1977:94.

[67] Джамалов Р. Г., Зекцер И. С. и др. Изменение подземного стока под влиянием климата и антропогенных воздействий//Водные ресурсы, 2008. Т. 35. № 1. С. 17-24.

Р. Г. 贾马洛夫,И. С. 泽克塞尔,等. 气候及人为因素影响下的地下径流变化. 水资源,2008,第35卷(1):17-24.

[68] Джамалов Р. Г., Зекцер И. С., Семендяев Л. И. Выделение областей разгрузки подземных вод в морях//Водные ресурсы, 1976. № 2. С. 101-109.

Р. Г. 贾马洛夫,И. С. 泽克塞尔,Л. И. 谢缅佳耶夫. 海洋地下水排泄区划分. 水资源,1976(2):101-109.

[69] Джамалов Р. Г., Сафронова Т. И. Ресурсы подземных вод. Их изменения под влиянием климата и распределение по странам Мира в начале XXI века. Электронное научн. изд. ГЕОразрез, 2009. 32 с.

Р. Г. 贾马洛夫,Т. И. 萨夫龙诺娃. 地下水资源. 21世纪初气候影响下的地下水资源变化及世界各国分布. 电子科学出版社. 地质剖面,2009:32.

[70] Джамалов Р. Г., Фролова Н. Л., Киреева М, Б. и др. Изменение режима и величины подземного стока рек европейской территории России под влиянием нестационарного климата. В кн. Ресурсы

подземных вод: Современные проблемы изучения и использования. М.: Макс Пресс, 2010. С. 83-93.

Р. Г. 贾马洛夫,Н. Л. 弗罗洛娃,М. Б. 基列耶娃,等. 非稳定气候影响下的俄罗斯欧洲区域河流地下径流情势及流量变化. 专著系列:《地下水资源:研究及应用的当代问题》. 莫斯科:马克斯出版社,2010:83-93.

[71] Дзюба А. В. Формализация дальней корреляционной связи североатлантического колебания и температурного режима атлантико-евразийской приполярной зоны. Метеорология и гидрология, 2009. N 5. С. 16-33.

А. В. 久巴. 北大西洋涛动与大西洋-欧亚环北极地区温度情势之间的遥相关形式. 气象与水文学,2009(5):16-33.

[72] Дзюба А. В., Зекцер И. С. Взаимосвязь подземных вод криолитозоны и изменений климата//Водные ресурсы, 2011. Т. 38. № 1. С. 20-29.

А. В. 久巴,И. С. 泽克塞尔. 冻土区地下水与气候变化之间的相互关系. 水资源,2011,第38卷(1):20-29.

[73] Дзюба А. В., Зекцер И. С. Изменения климата и многолетнемерзлые породы: прямые и обратные связи//Доклады АН, 2009. Т. 429. № 3. С. 402-405.

А. В. 久巴,И. С. 泽克塞尔. 气候变化与多年冻土:互馈关系. 科学院报告,2009,第429卷(3):402-405.

[74] Дмитриевский А. Н., Баланюк И. Е. Газогидраты морей и океанов- источник углеводородов будущего. -М.: ООО《ИРЦ Газпром》, 2009. 416 с.

А. Н. 德米特里耶夫斯基,И. Е. 巴兰纽克. 海洋天然气水合物-未来碳氢化合物之源. 莫斯科:“俄罗斯天然气工业股份公司信息咨询中心”有限责任公司,2009:416.

[75] Доброумов Б. М., Устюжанин В. С. Преобразование водных ресурсов и режима рек центра ЕТС. -Л.: Гидрометеоиздат, 1980. 222 с.

Б. М. 多布罗乌莫夫,В. С. 乌斯秋扎宁. ETC中心水资源及河流情势转变. 列宁格勒:国立水文气象科学技术出版社,1980:222.

[76] Доклад о состоянии гражданского общества с в Россиийской Федерации за 2010 год. Общественная палата Российской Федерации. -М., 2010. http://oprt.tatarstan.ru/rus/file/pub/pub_67319.pdf

2010年俄罗斯联邦社会情势报告. 俄罗斯联邦公共事务部. 莫斯科,2010. http://oprt.tatarstan.ru/rus/file/pub/pub_67319.pdf

[77] Дрозд В. В. Преобразование малых рек при водохозяйственных мероприятиях//Комплексное использование водных ресурсов: Сб. науч. тр. /ВНИИГиМ. -М., 1979. Вып. 7. С. 63-67.

В. В. 德罗兹德. 水利管理活动中的小型河流改造. 水资源综合利用:论文集/全苏水利工程与土壤改良科学研究所. 莫斯科,1979,第7辑: 63-67.

[78] Дрозд В. В., Гущин В. И. Изменение водного режима рек при отборе подземных вод//Комплексное использование водных ресурсов: Сб. науч. тр./ ВНИИГиМ. -М.: 1977. Вып. 5. С. 81-88.

В. В. 德罗兹德,В. И. 古辛. 地下水开采中的河流水文情势变化. 水资源综合利用:论文集. 全苏水利工程与土壤改良科学研究所. 莫斯科,1977,第5辑:81-88.

[79] Единая государственная система информации об обстановке в Мировом океане. 2011. www.esimo.oceanography.ru

世界海洋环境统一国家信息系统. 2011. www.esimo.oceanography.ru

[80] Елисеев А. В., Мохов И. И., Аржанов М. М. и др. Взаимодействие метанового цикла и процессов в

болотных экосистемах в климатической модели промежуточной сложности//Изв. РАН. Физика атмосферы и океана, 2008. Т. 44. № 2. С. 147-162.

А. В. 叶利谢耶夫,И. И. 莫霍夫,М. М. 阿尔扎诺夫,等. 中等复杂度气候模型中沼泽生态系统的甲烷循环与过程之间相互作用. 俄罗斯科学院出版社. 大气与海洋物理学,2008,第44卷(2):147-162.

[81] Елисеев А. В., Мохов И. И., Мурышев К. Е. Оценки изменений климата XX- XXI веков с использованием версии климатической модели ИФА РАН, включающей в себя модель общей циркуляции океана//Метеорология и гидрология, 2011. №2 С. 5-16.

А. В. 叶利谢耶夫,И. И. 莫霍夫,К. Е. 穆雷舍夫. 应用俄罗斯科学院奥布霍夫大气物理研究所气候模型(包括海洋环流模型)方案评估20-21世纪气候变化. 气象与水文学,2011(2):5-16.

[82] Железняков Г. В. Теория гидрометрии. -Л.: Недра, 1976. 344 с.

Г. В. 热列兹尼亚科夫. 水文测量学原理. 列宁格勒:矿产出版社,1976:344.

[83] Жоров А. А. Подземные воды и окружающая среда. -М.: Геоцентр-Москва, 1995. 136 с.

А. А. 若罗夫. 地下水与环境. 莫斯科:莫斯科地质中心,1995:136.

[84] Жямайтис В. Ю., Покшус В. Ю. Методические особенности оценки влияния эксплуатации подземных вод на сток малых рек Литвы//Рациональное использование и охранаводныхресурсовмалыхрек: Тез. докл. Всесоюзнойнаучно-техническойконференции. Таллин, июль 1985. -Таллин, 1985. С. 101-102.

В. Ю. 扎迈季斯,В. Ю. 波克舒斯. 评估地下水开采对立陶宛小型河流径流影响的方法特点. 小型河流水资源合理利用与保护:全苏科技会议报告摘要,塔林,1985年7月. 塔林,1985:101-102.

[85] Зверев В. П. Вода в Земле. -М.: Научный мир, 2009. 252 с.

В. П. 兹韦列夫. 地球中的水. 莫斯科:科学世界出版社,2009:252.

[86] Зверев В. П. Подземные воды земной коры и геологические процессы. -М.: Научный мир, 2006. 255 с.

В. П. 兹韦列夫. 地壳与地质过程中的地下水. 莫斯科:科学世界出版社,2006:255.

[87] Зеегофер Ю. О., Клюквин А. Н., Пашковский И. С., Рошаль А. А. Постоянно действующие модели гидролитосферы территорий агломераций. -М.: Наука, 1991. 198 с.

Ю. О. 泽耶戈费尔,А. Н. 克柳克温,И. С. 帕什科夫斯基,А. А. 罗沙利. 集聚区水文岩石圈的永久实用模型. 莫斯科:科学出版社,1991:198.

[88] Зекцер И. С. Закономерности формирования подземного стока и научно-методические основы его изучения. -М.: Наука, 1977. 173 с.

И. С. 泽克塞尔. 地下径流形成规律及其研究的科学方法基础. 莫斯科:科学出版社,1977:173.

[89] Зекцер И. С. Подземный океан//Экология и жизнь, 2000. №3 (15). С. 54-58.

И. С. 泽克塞尔. 地下海洋. 生态环境与生命,2000. No. 3 (15):54-58.

[90] Зекцер И. С. Подземные воды как компонент окружающей среды. - М.: Научный мир, 2001. 328 с.

И. С. 泽克塞尔. 地下水——环境组成部分. 莫斯科:科学世界出版社,2001:328.

[91] Зекцер И. С., Джамалов Р. Г., Месхетели А. В. Подземный водообмен суши и моря. - Л.: Гидрометеоиздат, 1984. 208 с.

И. С. 泽克塞尔,Р. Г. 贾马洛夫,А. В. 梅斯赫捷利. 陆地与海洋之间的地下水交换. 列宁格勒:国立水文气象科学技术出版社,1984:208.

[92] Иванушкина Н. И, и др. 《Стронций-90 в грунтовых водах мелиоративных систем Полесья УССР. Геохимические пути миграции искусственных радионуклидов в биосфере》, Тезисы доклада 19

конференции научного совета при ГЕОХИ АН СССР по программе《АЭС- ВО》, Гомель (1990). 106 с.

Н. И. 伊万努什金娜,等.《乌克兰苏维埃社会主义共和国森林洼地土壤改良系统的地下水锶-90. 生物圈中人工放射性核素迁移的地球化学路径》,苏联科学院地球化学与分析化学研究所学术委员会第 19 次会议关于"核电站-ВО"项目报告摘要,戈梅利(1990):106.

[93] Изотопы в гидросфере. Тезисы докладов 3- го Всесоюзного симпозиума, Каунас, 29 мая-1 июня 1989 г., М., 1989. 336 с.

水圈中的同位素. 第三届全苏学术研讨会报告摘要,考纳斯,1989 年 5 月 29 日 - 6 月 1 日,莫斯科,1989:336.

[94] Информационный бюллетень о состоянии недр на территории Российской федерации в 2004 г. Вып. 28. -М. : ООО《Геоинформмарк》. 176 с.

2004 年俄罗斯联邦境内地下资源情势信息通报. 第 28 辑. -莫斯科:"地质信息标志"有限责任公司:176.

[95] Информационный бюллетень о состоянии недр на территории Российской Федерации в 2009. Вып. 33. Подземные воды. Экзогенные геологические процессы. -М. : Геоинформмарк, 2010.

2009 年俄罗斯联邦境内地下资源情势信息通报. 第 33 辑. 地下水. 外动力地质作用. 莫斯科:"地质信息标志"有限责任公司,2010.

[96] Информационныйбюллетень о состоянии недр территории Астраханской области за 2009 год. Выпуск 14. Астрахань, 2010.

2009 年阿斯特拉罕州境内地下资源情势信息通报. 第 14 辑. 阿斯特拉罕,2010.

[97] Информационный бюллетень о состоянии недр территории Волгоградской области за 2009 год. Выпуск 12. Волгоград, 2010.

2009 年伏尔加格勒州境内地下资源情势信息通报. 第 12 辑. 伏尔加格勒,2010.

[98] Информационный бюллетень о состоянии недр территории Кабардино- Балкарской Республики за 2009 год. Выпуск 15. Нальчик, 2010.

2009 年卡巴尔达-巴尔卡尔共和国境内地下资源情势信息通报. 第 15 辑. 纳尔奇克,2010.

[99] Информационный бюллетень о состоянии недр территории Республики Дагестан за 2009 год. Выпуск №13. Махачкала, 2010.

2009 年达吉斯坦共和国境内地下资源情势信息通报. 第 13 辑. 马哈奇卡拉,2010.

[100] Информационный бюллетень о состоянии недр территории Республики Ингушетия за 2009 год. Выпуск 10. Грозный, 2010.

2009 年印古什共和国境内地下资源情势信息通报. 第 10 辑. 格罗兹尼,2010.

[101] Информационный бюллетень о состоянии недр территории Республики Калмыкия за 2009 год. Выпуск 13. Элиста, 2010.

2009 年卡尔梅克共和国境内地下资源情势信息通报. 第 13 辑. 埃利斯塔,2010.

[102] Информационный бюллетень о состоянии недр территории Республики Северная Осетия- Алания за 2009 год. Выпуск 13. Владикавказ, 2010.

2009 年北奥塞梯-阿兰共和国境内地下资源情势信息通报. 第 13 辑. 弗拉季高加索,2010.

[103] Информационный бюллетень о состоянии недр территории Ростовской области за 2009 год. Выпуск 14. Ростов-на-Дону, 2010.

2009 年罗斯托夫州境内地下资源情势信息通报. 第 14 辑. 顿河畔罗斯托夫,2010.

[104] Информационный бюллетень о состоянии недр территории Ставропольского края за 2009 год.

Выпуск 14. Ставрополь, 2010.

2009 年斯塔夫罗波尔边疆区境内地下资源情势信息通报 . 第 14 辑 . 斯塔夫罗波尔,2010.

[105] Информационный бюллетень о состоянии недр территории Южного федерального округа Российской Федерации за 2009 год. Выпуск 6. Ессентуки, 2010.

2009 年俄罗斯联邦南部联邦区境内地下资源情势信息通报 . 第 6 辑 . 叶先图基,2010.

[106] Карта подземного стока СССР. Масштаб: 1:5 000 000. -М. : ГУГК, 1964. 4 л.

苏联地下径流图 . 比例尺 1:5000000. 莫斯科:苏联大地测量和制图总局,1964:4.

[107] Карта подземного стока территории СССР. Масштаб: 1:2 500 000. -М. : ГУГК, 1974. 12 л.

苏联境内地下径流图 . 比例尺 1:2500000. 莫斯科:苏联大地测量和制图总局,1974:12.

[108] Карта подземного стока Центральной и Восточной Европы. Масштаб: 1:1 500 000. -М., 1983. 16 л.

中欧及东欧地下径流图 . 比例尺 1:1500000. 莫斯科,1983:16.

[109] Карта радиоактивного загрязнения Европейской части и Уральского региона России цезием-137 по состоянию на январь 1993 года. Масштаб 1:500000. Израэль Ю. А. (ответственный редактор), Назаров И. М., Фридман Ш. Д. и др. Росгидромет, ИГКЭ, ИПГ, НПО《Тайфун》, ВНИСХМ, ГМП《Рамон》, ГНТП《Аэрогеофизика》, Невскгеология, ГГП《Севзапгеология》, ПГО《Казгеофизика》.

俄罗斯欧洲及乌拉尔地区铯-137 放射性污染地图(1993 年 1 月). 比例尺 1:500000. Ю. А. 伊兹拉埃利(责任编辑),И. М. 纳扎罗夫,Ш. Д. 弗里德曼,等 . 俄罗斯联邦水文气象与环境监测局,全球气候及生态学研究所,俄罗斯科学院应用地球物理研究所,科学生产联合公司“台风”,全俄农业微生物研究所,小型国有企业“拉蒙”,国家科学技术计划“航空地球物理”,国营企业“涅夫斯克地质”,国家地质企业“西北地质”,生产地质协会“哈萨克斯坦地球物理”.

[110] Карта распределения поверхностного загрязнения почвы цезием- 137 в результате аварии на Чернобыльской АЭС на территории Белорусской ССР, РСФСР и Украинской ССР (декабрь 1989). Масштаб 1:1000000. Международное агентство по атомной энергии. -Вена, 1991.

切尔诺贝利核电站的事故在白俄罗斯苏维埃社会主义共和国、俄罗斯苏维埃联邦社会主义共和国和乌克兰苏维埃社会主义共和国境内造成的表层土壤铯-137 污染分布图(1989 年 12 月). 比例尺 1:1000000. 国际原子能机构 . 维也纳,1991.

[111] Карта распространения подземных вод с природным несоответствиемкачества требованиям нормативов к питьевым водам по Южному федеральному округу. ФГУГП《Гидроспецгеология》, 2008.

天然水质不符合饮用水标准的南部联邦区地下水分布图 . 联邦国家地质单一制企业“专门水文地质学”,2008.

[112] Каталог-справочник по технологиям и технологическому оборудованию для очистки природных вод, доочистки водопроводной воды и приготовления питьевой воды. -М. : ПО《Совинтервод》, 2000, 182 с. Дополнительный выпуск №1, 2004. 182 с.

关于天然水净化、自来水再净化及饮用水制备技术与工艺设备参考手册 . 莫斯科:生产联合公司“苏维特沃德”,2000:182. 增刊 2004(1):182.

[113] Кикнадзе Т. З. Карст массива Арабика. -Тбилиси: Мецниереба, 1972. 245 с.

Т. З. 基克纳泽 . 阿拉比卡地块喀斯特 . 第比利斯:麦尼热巴出版社,1972:245.

[114] Кикнадзе Т. З. Геология, гидрогеология и активность известнякового карста. -Тбилиси: Мецниереба, 1979. 232 с.

Т. З. 基克纳泽. 石灰岩喀斯特的地质、水文地质与活动性. 第比利斯:麦尼热巴出版社,1979:232.

[115] Кислов А. В., Евстигнеев С. М., Малхазова С. М. и др. Прогноз ресурсообеспеченности Восточно-европейской равнины в условиях потепления XXI века. - М. МАКС Пресс, 2008. 291 с.

А. В. 基斯洛夫,С. М. 叶夫斯季格涅耶夫,С. М. 马尔哈佐娃,等. 21 世纪气候变暖条件下东欧平原资源保有量预测. 莫斯科:马克斯出版社,2008:291.

[116] Классификация эксплуатационных запасов и прогнозных ресурсов подземных вод. Утверждена Приказом Министра природных ресурсов РФ от 07. 03. 1997 г. № 40

地下水开采储量与资源预测分类. 经俄罗斯联邦自然资源部 1997 年 3 月 7 日第 40 号部长令批准.

[117] Климчук А. Б. Глубочайшая пещера на Арабике и эволюция Черного моря//Свет, 2006. №2 (31). С. 33-36.

А. Б. 克利姆丘克. 阿拉比卡最深洞穴与黑海演化. 光明出版社,2006. №2(31):33-36.

[118] Климчук А. Б., Самохин Г. В., Касьян Ю. М. Глубочайшая пещера Мира на массиве Арабика (Западный Кавказ) и ее гидрогеологическое и палеогеографическое значение. Спелеология и Карстология, 1, 2008, С. 100-104.

А. Б. 克利姆丘克,Г. В. 萨莫欣,Ю. М. 卡西扬. 阿拉比卡地块(西高加索)全球最深洞穴及其水文地质与古地理意义. 洞穴与岩溶学,1,2008:100-104.

[119] Ковалевский В. С. Основы прогнозов естественного режима подземных вод. - М. : Стройиздат, 1974. 204 с.

В. С. 科瓦列夫斯基. 地下水天然动态预测原理. 莫斯科:国家建筑书籍出版社,1974:204.

[120] Ковалевский В. С. Методы и результаты прогнозных оценок воздействия глобальных изменений климата на экологическое состояние подземных вод и сопряженных природных сред//Глобальные изменения природной среды. - Новосибирск. СО РАН, 1988. С. 287-302.

В. С. 科瓦列夫斯基. 全球气候变化对地下水生态情势及相关自然环境影响的预估方法与结果. 全球自然环境变化. 新西伯利亚,俄罗斯科学院西伯利亚分院,1988:287-302.

[121] Ковалевский В. С. Влияние изменений геологических условий на окружающую среду. - М. : Наука, 1994. 139 с.

В. С. 科瓦列夫斯基. 地质条件变化对环境的影响. 莫斯科:科学出版社,1994:139.

[122] Ковалевский В. С. Комбинированное использование ресурсов поверхностных и подземных вод. - М. : Научный мир, 2001. 332 с.

В. С. 科瓦列夫斯基. 地表水与地下水资源综合利用. 莫斯科:科学世界出版社,2001:332.

[123] Колобов Е. М., Хитров Л. М. 《Ландшафтно- геохимические исследования миграции радионуклидом Чернобыльского происхождения》//Журнал Геохимия, № 10 (1990), С. 1379-1519.

Е. М. 科洛博夫,Л. М. 希特罗夫.《切尔诺贝利来源放射性核素迁移的景观地球化学研究》. 地球化学学报,1990(10):1379-1519.

[124] Колотаев В. Н. Водообмен рек и бассейнов подземных вод в районах многолетней мерзлоты// Труды ГГИ У Всесоюзн. гидрол. съезда, т. 2, 1988. С. 379-386.

В. Н. 科洛塔耶夫. 多年冻土区河流与地下水流域之间的水交换. 国立水文研究所全苏水文会议论文集,第 2 卷,1988:379-386.

[125] Кондратьев К. Я., Крапивин В. Ф. Моделирование глобального круговорота углерода. М. : Физматлит, 2004. 336 с.

К. Я. 孔德拉季耶夫,В. Ф. 克拉皮温. 全球碳循环模拟. 莫斯科:物理、数学和技术文献出版社,

2004:336.

[126] Кондратьев С. И., Прусов А. В., Юровский Ю. Г. Наблюдения субмаринной разгрузки подземных вод (Южный берег Крыма)//Морской гидрофизический журнал, 2010. №1 С. 32-45.

С. И. 孔德拉季耶夫,А. В. 普鲁索夫,Ю. Г. 尤罗夫斯基. 海底地下水(克里米亚南岸)排泄观测. 海洋水文物理学报,2010(1):32-45.

[127] Коноплев А. В., Борзилов В. А., Бобовникова Ц. И. 《Распределение радионуклидов, выпавших в результате аварии на Чернобыльской АЭС в системе почва- вода》//Журнал Метеорология и гидрология, № 12, (1988) С. 63-74.

А. В. 科诺普廖夫,В. А. 博尔济洛夫,Ц. И. 博博夫尼科娃.《切尔诺贝利核电站核事故在土壤-水系统中释放的放射性核素分布》. 气象与水文学杂志,1988(12):63-74.

[128] Корбанова А. И., Сорокина Н. С., Молодкина Н. Н. и соавт. Свинец и его действие на организм. Мед. труда и пром. экология, 2001. № 5.

А. И. 科尔班诺娃,Н. С. 索罗金娜,Н. Н. 莫洛德金娜,等. 铅及其对生物的影响. 劳动医学与工业生态学,2001(5).

[129] Корвалан К. Ф., Кемпбелл- Лендрум Д. Х., Ниензи Б. Изменения климата и здоровье человека-риски и ответные меры / Всемирная конференции по изменению климата. Тезисы докладов. -М., 2003. С. 234-236.

К. Ф. 科尔瓦兰,Д. Х. 坎贝尔-连德鲁姆,Б. 尼延济. 气候变化及人类健康——风险与应对. 世界气候变化大会. 报告摘要. 莫斯科,2003:234-236.

[130] Коркмасов Ф. М. Роль геотермии в изучении энергетического состояния Земли//Региональный вестник молодых ученых. Серия Геофизика, 2004. № 3. С. 1.

Ф. М. 科尔克马索夫. 地热在地球能量状态研究中的作用. 青年学者区域学报. 地球物理学集, 2004(3):1.

[131] Коротков А. И., Павлов А. Н. Гидрохимический метод в геологии и гидрогеологии. -Л.: Недра, 1972. С. 183-184.

А. И. 科罗特科夫,А. Н. 巴甫洛夫. 地质学与水文地质学中的水文化学方法. 列宁格勒:矿产出版社,1972:183-184.

[132] Коротков А. И., Павлов, А. Н., Юровский Ю. Г. Гидрогеология шельфовых областей. - Л.: Недра, 1980.

А. И. 科罗特科夫,А. Н. 巴甫洛夫,Ю. Г. 尤罗夫斯基. 陆架区水文地质学. 列宁格勒:矿产出版社,1980.

[133] Кравченко В. В. Особенности взаимодействия поверхностных и подземных вод в малых бассейнах криолитозоны//Ландшафтно- гидрологический анализ территории. - Новосибирск: Наука (Сиб. отд- ние), 1992, С. 88-106.

В. В. 克拉夫琴科. 冻土区小流域的地表水与地下水之间相互作用特征. 境内景观与水文分析. 新西伯利亚:科学出版社(西伯利亚分社),1992:88-106.

[134] Кравченко В. В., Гизетдинов А. М., Черных О. А. Наледные системы речных бассейнов как результат взаимодействия поверхностных и подземных вод//Проблемы наледеведения. - Новосибирск: Наука, 1991.

В. В. 克拉夫琴科,А. М. 吉泽特金诺夫,О. А. 切尔内赫. 地表水与地下水相互作用结果——河流流域冰层系统. 冻结问题. 新西伯利亚:科学出版社,1991.

[135] Крайнов С. Р., Рыженко Б. Н., Швец В. М. Геохимия подземных вод. Теоретические, прикладные

и экологические аспекты. -М. : Наука, 2004. 677 с.

С. Р. 克拉诺夫,Б. Н. 雷任科,В. М. 什韦茨. 地下水地球化学:理论、应用及生态视角. 莫斯科:科学出版社,2004:677.

[136] Крайнов С. Р., Швец В. М. Геохимия подземных вод хозяйственно- питьевого назначения. - М., Недра, 1987. 237 с.

С. Р. 克拉诺夫,В. М. 什韦茨. 生活及饮用地下水地球化学. 莫斯科:矿产出版社,1987:237.

[137] Красовский Г. Н., Авалиани С. Л., Жолдакова З. И. Система критериев комплексной оценки опасности химических веществ, загрязняющих окружающую среду//Гигиена и санитария, 1992, №9-10. С. 15-17.

Г. Н. 克拉索夫斯基,С. Л. 阿瓦利阿尼,З. И. 若尔达科娃. 环境污染化学品的危险综合评估标准体系. 卫生与保健,1992(9-10):15-17.

[138] Кудельский А. В. и др. 《О радиоактивном загрязнении природных вод и водной миграции радионуклидов на юго- востоке Белоруссии》//Доклад АН БССР, Т. 34, № II (1990). С. 1039-1042.

А. В. 库杰利斯基,等.《关于白俄罗斯东南部天然水域的放射性污染及放射性核素水体迁移的问题》. 白俄罗斯苏维埃社会主义共和国科学院报告,第 34 卷,1990(II):1039-1042.

[139] КудельскийА. В., ПашкевичВ. И. и др. 《Радионуклидычернобыльского происхождения в речном стоке Беларуси》//Журнал Водные ресурсы. Т. 24. № 3 (1997). С. 304-310.

А. В. 库杰利斯基,В. И. 帕什克维奇,等.《白俄罗斯河流径流中源于切尔诺贝利的放射性核素》. 水资源学报. 第 24 卷,1997(3):304-310.

[140] Кузнецов Ф. А., Истомин В. А., Родионова Т. В. Газовые гидраты: исторический экскурс, современное состояние, перспективы исследования//Российский химический журнал. 2003. Т. XLVII. №3. С. 5-18.

Ф. А. 库兹涅佐夫,В. А. 伊斯托明,Т. В. 罗迪奥诺娃. 天然气水合物:历史、现状及研究前景. 俄罗斯化学学报. 2003,第 47 卷(3):5-18.

[141] Кузьмина С. И., Йоханнессен О. М., Анискина О. Г., Бобылев Л. П. Данные о приповерхностной температуре воздуха в высоких северных широтах: Создание нового сеточного набора данных о приповерхностной температуре воздуха в высоких северных широтах//Проблемы Арктики и Антарктики, 2008. № 1. С. 95-102.

С. И. 库兹明娜,О. М. 约翰内森,О. Г. 安妮斯金娜,Л. П. 博贝列夫. 北半球高纬地区近地表气温数据:北半球高纬地区最新近地表气温日数据集创建. 南北极问题,2008(1):95-102.

[142] Куренной В. В., Куренная Л. М., Соколовский Л. Г. Общее гидрогеологическое районирование. Концепции и реализации//Разведка и охрана недр. 2009. № 9. С. 42-48.

В. В. 库连诺恩,Л. М. 库连娜尼娅,Л. Г. 索科洛夫斯基. 综合水文地质分区:概念与实施. 矿产资源勘探与保护. 2009(9):42-48.

[143] Лебедянская З. П., Жербак В. А. Примеры влияния горнорудных работ на изменение гидрогеологических условий. Североуральский бокситовый бассейн (СУББ)//Оценка изменений гидрогеологических условий под влиянием производственной деятельности. -М. : Недра, 1978. С. 199-205.

З. П. 列别扬斯卡娅,В. А. 热尔巴克. 采矿作业对水文地质条件变化影响实例——北乌拉尔斯克铝土矿区. 工业活动影响下的水文地质条件变化评估. 莫斯科:矿产出版社,1978:199-205.

[144] Лукнер Л., Шестаков В. М. Моделирование геофильтрации. -М. : Недра, 1976. 407 с.

Л. 卢克涅尔,В. М. 舍斯塔科夫. 水文地质渗流模拟. 莫斯科:矿产出版社,1976:407.

[145] Лясковский Б. Ю. Преобразование стока малых рек Украины нарастающим отбором подземных вод//Состояние и задачи комплексного использования водных ресурсов страны: Тез. докл. Всесоюзного научно-технического совещания. Минск, апрель, 1986 г. -Минск, 1986. С. 74.
Б. Ю. 利亚斯科夫斯基. 地下水开采量增加所导致的乌克兰小型河流径流变化. 国家水资源综合利用现状与挑战:全苏科技会议报告摘要. 明斯克,1986年4月 明斯克,1986:74.

[146] Макогон Ю. Ф. Метод определения запасов газа в газогидратных залежах//Газовое дело, 1966. № 1. С. 21-30.
Ю. Ф. 马科贡. 天然气水合物矿床中天然气储量测定方法. 燃气,1966(1):21-30.

[147] Макогон Ю. Ф. Природные газовые гидраты: распространение, модели образования, ресурсы//Рос. Хим. ж., 2003. Т. XLVII. № 3. С. 70-79.
Ю. Ф. 马科贡. 天然气水合物:分布、形成模式及资源量. 俄罗斯化学学报, 2003,第47卷(3):70-79.

[148] Марков М. Л. Роль криогенного барража в формировании стока рек районов многолетней мерзлоты//Метеорология и гидрология №2 1994. С. 98-104.
М. Л. 马尔科夫. 低温拦河坝在多年冻土区河川径流形成中的作用. 气象与水文学,1994(2):98-104.

[149] Марков М. Л. Аккумуляция воды в руслах перемерзающих рек//Труды ГГИ, 1988. Вып. 335.
М. Л. 马尔科夫. 冻结河流的河道蓄水. 国立水文研究所论文集,1988,第335辑.

[150] Марков М. Л. Проблемы оценки естественных ресурсов подземных вод по гидрологическим данным в условиях изменения климата. В кн. Ресурсы подземных вод: Современные проблемы изучения и использования. -М.: Макс Пресс, 2010. С. 94-97.
М. Л. 马尔科夫. 在不断变化的气候条件下基于水文数据评估天然地下水资源的问题. 专著系列:《地下水资源:研究及应用的当代问题》. 莫斯科:马克斯出版社,2010:94-97.

[151] Марков М. Л. Пространственно-временная динамика взаимосвязи поверхностных и подземных вод//Сб. работ по гидрологии, 2003. №25. С. 90-104.
М. Л. 马尔科夫. 地表水与地下水之间相互关系的时空动态. 水文学论文集,2003(25):90-104.

[152] Маруашвили И. Морфологический анализ карстовых пещер//Очерки по физической географии Грузии. Тбилиси, 1969. С. 5-80.
И. 马鲁阿什维利. 喀斯特溶洞形态分析. 格鲁吉亚自然地理学论文集. 第比利斯,1969:5-80.

[153] Маруашвили И. Стадии малого спелеоморфогенетического цикла//Сообщ. АН Груз. ССР, 1970. Т. 59. №3.
И. 马鲁阿什维利. 小型溶洞发育旋回的各个阶段. 格鲁吉亚苏维埃社会主义共和国科学院院刊, 1970,第59卷(3).

[154] Матвеева Т. В., Соловьев В. А., МазуренкоЛ. Л. и др. Газовые гидраты Мирового океана: механизмы образования, распространение, источники, ресурсный потенциал. В кн. 60 лет в Арктике, Антарктике и Мировом океане. ВНИИокеанологии. СПб, 2008. С. 409-426.
Т. В. 马特维耶娃,В. А. 索洛维约夫,Л. Л. 马祖连科,等. 世界海洋天然气水合物:形成机制、分布、来源及资源潜力. 南北极与世界海洋60周年专著系列. 全俄海洋地质科学研究所. 圣彼得堡, 2008:409-426.

[155] МГЭИК, 2007: Изменение климата, 2007 г.: Обобщающий доклад. Вклад рабочих групп I, II и III в Четвертый доклад об оценке Межправительственной группы экспертов по изменению

климата / Пачаури, Р. К., Райзингер, А. и основная группа авторов (ред.). МГЭИК, Женева, Швейцария. 104 с.

政府间气候变化专门委员会,2007:2007 年度气候变化总结报告. 第 I、II、III 工作组对政府间气候变化专门委员会第四次评估报告贡献/Р. К. 帕奇奥里,А. 莱辛格及主要作者团队(主编). 政府间气候变化专门委员会,瑞士日内瓦:104.

[156] Методические рекомендации по оценке подземного притока в реки. -Л.: Гидрометеоиздат, 1991. 94 с.

河川地下径流评估方法指南. 列宁格勒:国立水文气象科学技术出版社,1991:94.

[157] Методические указания по гигиене водоснабжения транспортных и рыбопромысловых морских судов. -М.: Минздрав СССР. 1968. № 729-68, 23 с.

海洋运输与渔业船舶供水卫生准则. 莫斯科:苏联卫生部. 1968(729-68):23.

[158] Минкин Е. Л. Взаимосвязь подземных и поверхностных вод и ее значение при решении некоторых гидрогеологических и водохозяйственных задач. -М.: Стройиздат, 1973. 103 с.

Е. Л. 明金. 地下水与地表水相互关系及其在解决某些水文地质和水利问题中的重要性. 莫斯科:国家建筑书籍出版社,1973:103.

[159] Мировой водный баланс и водные ресурсы Земли. -Л.: Гидрометеоиздат, 1974. 638 с.

全球水量平衡与地球水资源. 列宁格勒:国立水文气象科学技术出版社,1974:638.

[160] Монин А. С. Теоретические основы геофизической гидродинамики. -Л.: Гидрометеоиздат, 1988. 424 с.

А. С. 莫宁. 地球物理流体动力学理论基础. 列宁格勒:国立水文气象科学技术出版社,1988:424.

[161] Монин А. С., Шишков Ю. А. История климата. -Л.: Гидрометеоиздат, 1979. 408 с.

А. С. 莫宁,Ю. А. 希什科夫. 气候史. 列宁格勒:国立水文气象科学技术出版社,1979:408.

[162] Мохов И. И., Елисеев А. В., Денисов С. Н. Модельная диагностика эмиссий метана болотными экосистемами во второй половине XX века с использованием данных реанализа//Докл. РАН. 2007. Т. 417. № 2. С. 258-262.

И. И. 莫霍夫,А. В. 叶利谢耶夫,С. Н. 杰尼索夫. 利用再分析数据对 20 世纪下半叶沼泽生态系统甲烷排放的模拟诊断. 俄罗斯科学院报告. 2007,第 417 卷(2):258-262.

[163] Мохов И. И., Семенов В. А., Хон В. Ч. Оценки возможных региональных изменений гидрологического режима в XXI веке на основе глобальных климатических моделей//Изв. РАН, Физика атмосферы и океана, 2003. Т. 39. № 2. С. 150-165.

И. И. 莫霍夫,В. А. 谢苗诺夫,В. Ч. 洪. 基于全球气候模型评估 21 世纪水文情势的潜在区域变化. 俄罗斯科学院出版社,大气与海洋物理学,2003,第 39 卷(2):150-165.

[164] Назаров Г. В. Зональные особенности водопроницаемости почв СССР. -Л.: Издательство ЛГУ, 1970. 183 с.

Г. В. 纳扎罗夫. 苏联土壤渗水性的区域特征. 列宁格勒:列宁格勒国立大学出版社,1970:183.

[165] Найденов В. И, Швейкина В. И. Гидрологическая теория глобального потепления климата Земли//Метеорология и гидрология, 2005. № 12. С. 63-76.

В. И. 奈焦诺夫,В. И. 什韦金娜. 全球气候变暖的水文学原理. 气象与水文学,2005(12):63-76.

[166] Нечаев В. П. О некоторых соотношениях между мерзлотными и климатическими параметрами и их палеогеографическое значение//Вопросы палеогеографии плейстоцена ледниковых и перигляционных областей / Под ред. Величко А. А., Гричука В. П. -М., 1981. С. 211-220.

В. П. 涅恰耶夫. 多年冻土与气候参数的关系及其古地理意义. 更新世冰川与冰川边缘区古地理

问题．А. А. 韦利奇科,В. П. 格里丘克主编．莫斯科,1981:211-220.

[167] Никитин М. Р. Классификация гидрогеологических карт и принципы отраслевого гидрогеологического картирования на примере серии карт подземных вод повышенной минерализации. В кн.: Изучение и картирование ресурсов подземных вод. -М.: Наука, С. 10-24.

М. Р. 尼基京．水文地质图分类与行业水文地质制图原理:以高矿化度地下水图集为例．地下水资源研究与制图系列专著．莫斯科:科学出版社:10-24.

[168] Новоселова Л. П. Анализ методов гидрогеологического картографирования//Водные ресурсы, 2004, т. 31, № 6. С. 661-667.

Л. П. 诺沃肖洛娃．水文地质制图方法分析．水资源,2004,第 31 卷(6):661-667.

[169] Новоселова Л. П. Картографические исследования в изучении водных проблем. Воды суши: проблемы и решения. -М.: ИВП РАН, 1994. С. 513-527.

Л. П. 诺沃肖洛娃．水问题研究中的制图分析．陆地水文:问题与解决方案．莫斯科:俄罗斯科学院水问题研究所,1994:513-527.

[170] Новоселова Л. П. Вопросы картографирования комплексного использования и охраны водных ресурсов//Матер. Всесоюз. Конф. Пермь, 1975. С. 12-13.

Л. П. 诺沃肖洛娃．水资源综合利用与保护的制图问题．全苏会议论文集．彼尔姆,1975:12-13.

[171] О санитарно-эпидемиологической обстановке в Российской Федерации в 2010 году: Государственный доклад. -М.: Федеральный центр гигиены и эпидемиологии Роспотребнадзора, 2011. 431 с.

2010 年俄罗斯联邦卫生与流行病学情势:国家报告．莫斯科:俄罗斯联邦消费者权益保护和公益监督局联邦卫生和流行病学中心,2011:431.

[172] Онищенко Г. Г. Вода и здоровье//Экология и жизнь, 1999 №4. С. 12-13.

Г. Г. 奥尼申科．水与健康．生态与生命,1999(4):12-13.

[173] Онищенко Г. Г., Новиков С. М., Рахманин Ю. А., Авалиани С. П., Буштуева К. А. Основы оценки риска для здоровья населения при воздействии химических веществ, загрязняющих окружающую среду. -М.: НИИ ЭЧ и ГОС, 2002. 408 с.

Г. Г. 奥尼申科,С. М. 诺维科夫,Ю. А. 拉赫马宁,С. П. 阿瓦利阿尼,К. А. 布什图耶娃．化学物品作用下环境污染的公共卫生风险评估原理．莫斯科:人类生态与环境卫生科学研究所,2002:408.

[174] Островский Л. А., Куренной В. В., Шпак А. А., Стрепетов В. П., Пугач С. Л. Гидрогеологические структуры России//Разведка и охрана недр, 2003. № 7. С. 8-12.

Л. А. 奥斯特洛夫斯基,В. В. 库连诺恩,А. А. 什帕克,В. П. 斯特列佩托夫,С. Л. 普加奇．俄罗斯水文地质结构．矿产资源勘探与保护,2003(7):8-12.

[175] Островский В. Н., Рылов С. П., Семенов В. А., Хордикайнен М. А. Влияние крупных водозаборов подземных вод на их взаимосвязь с поверхностными водами и сток рек засушливой зоны// Взаимодействие поверхностных и подземных вод: Труды IV Всесоюзного гидрологического съезда, Том 8. -Л.: Гидрометеоиздат, 1976. С. 252-260.

В. Н. 奥斯特洛夫斯基,С. П. 雷洛夫,В. А. 谢苗诺夫,М. А. 霍迪凯宁．大型地下水水源地对其与地表水及干旱区河流径流关系的影响．地表水与地下水之间的相互作用:第四届全苏水文大会论文集,第 8 卷．列宁格勒:国立水文气象科学技术出版社,1976:252-260.

[176] Островский В. Н., Хордикайнен М. А., Рылов С. П., Лоскутова И. М. О взаимосвязи поверхностных и подземных вод в карстовых районах Центрального Казахстана в естественных и нарушенных условиях. Поверхностные и подземные воды и баланс вод. -М.: ВСЕГИНГЕО, 1977.

С. 13-28.

В. Н. 奥斯特洛夫斯基,М. А. 霍迪凯宁,С. П. 雷洛夫,И. М. 洛斯库托娃. 哈萨克斯坦中部喀斯特地区天然及扰动条件下的地表水与地下水之间相互关系. 地表水、地下水与水均衡. 莫斯科:全苏水文地质工程地质科学研究所,1977:13-28.

[177] Оценка и прогноз качества воды в районах, пораженных в результате Чернобыльской аварии (Брянская область) (1997-2001 гг.). Окончательный отчет по проекту. -М. : ПРООН, 2001.
受切尔诺贝利核事故影响区(布良斯克州)的水质评估及预测(1997-2001 年). 项目结题报告. 莫斯科:联合国开发计划署,2001.

[178] Оценка ресурсов поверхностных и подземных вод в условиях проведения горнорудных работ /Под ред. И. Б. Вольфцуна и К. И. Смирнова. -Л. : Гидрометеоиздат, 1974. 196 с.
采矿作业条件下的地表水与地下水资源评估. И. Б. 沃利夫聪和 К. И. 斯米尔诺夫主编. 列宁格勒:国立水文气象科学技术出版社,1974:196.

[179] Оценочный доклад об изменениях климата и их последствиях на территории Российской Федерации. Техническое резюме. -М. : Росгидромет, 2008. 90 с.
气候变化及其对俄罗斯联邦境内影响的评估报告. 技术摘要. 莫斯科:俄罗斯联邦水文气象与环境监测局,2008:90.

[180] Павлов А. В. Мерзлотно- климатический мониторинг России: Методология, результаты наблюдений, прогноз//Криосфера Земли. 1997. №1. С. 47-58.
А. В. 巴甫洛夫. 俄罗斯多年冻土与气候监测:方法、观测结果及预测. 地球冰冻圈. 1997(1):47-58.

[181] Павлов А. В. Закономерности формирования криолитозоны при современных изменениях климата//Изв. РАН, Сер. геогр., 1997. № 4, С. 61-73.
А. В. 巴甫洛夫. 当代气候变化条件下的冻土区形成规律. 俄罗斯科学院出版社,地理系列,1997(4):61-73.

[182] Павлоцкая Ф. И. 《Геомиграция искусственных радионуклидов》//Журнал Проблемы радиогеохимии и космохимии. -М. : Наука, 1992, С. 148-171.
Ф. И. 巴甫洛茨卡娅.《人工放射性核素的地质迁移》. 放射性地球化学与宇宙化学问题学报. 莫斯科:科学出版社,1992:148-171.

[183] Пересунько Д. И., Крашин И. И., Боревский Б. В., Язвин Л. С. Методические рекомендации по перспективной оценке эксплуатационных запасов подземных вод для хорошо изученных районов. -М. : ВСЕГИНГЕО, 1972.
Д. И. 佩列孙科,И. И. 克拉申,Б. В. 博列夫斯基,Л. С. 亚兹温. 深入研究地区的地下水开采储量前瞻性评估方法指南. 莫斯科:全苏水文地质工程地质科学研究所,1972.

[184] Петраков Е. В., Северина Н. Н. О необходимости учёта влияния эксплуатации подземных вод в Молдавии на сток малых рек при решении водоохранных задач//Рациональное использование и охрана водных ресурсов малых рек: Тез. докл. Всесоюзной научно- технической конференции. Таллин, июль 1985. -Таллин, 1985. 115 с.
Е. В. 彼得拉科夫,Н. Н. 谢韦林娜. 关于在解决水资源保护目标时需要考虑摩尔多瓦地下水开采对小型河流径流量影响的问题. 小型河流水资源合理利用与保护:全苏科技会议报告提纲,塔林,1985 年 7 月. 塔林,1985:115.

[185] Плотников Н. А. Проектирование систем искусственного восполнения подземных вод для водоснабжения. -М. : Стройиздат, 1983. 230 с.

Н. А. 普洛特尼科夫．地下水供水的人工回补系统设计．莫斯科：国家建筑书籍出版社，1983:230.

[186] Плотников Н. А., Алексеев В. С. Проектирование и эксплуатация водозаборов подземных вод. -М. : Стройиздат, 1990. 256 с.
Н. А. 普洛特尼科夫,В. С. 阿列克谢耶夫．地下水水源地设计与开采．莫斯科:国家建筑书籍出版社,1990:256.

[187] Плотников Н. И., Плотников Н. А., Сычев К. И. Гидрогеологические основы искусственного восполнения запасов подземных вод. М. : Недра, 1978. 301 с.
Н. И. 普洛特尼科夫,Н. А. 普洛特尼科夫,К. И. 瑟乔夫．人工回补地下水储量的水文地质原理. 莫斯科:矿产出版社,1978:301.

[188] Подземные воды мира: ресурсы, использование, прогнозы / Под ред. И. С. Зекцера. -М. : Наука, 2007. 438 с.
世界地下水:资源、利用及预测/И. С. 泽克塞尔主编．莫斯科:科学出版社,2007:438.

[189] Подземный сток на территории СССР / Под ред. Куделина Б. И. Изд-во МГУ, 1966. 303 с.
苏联境内地下径流/Б. И. 库德林主编．莫斯科国立大学出版社,1966:303.

[190] Подземный сток Центральной и Восточной Европы. -М. : ВСЕГИНГЕО, 1982. 288 с.
中欧和东欧地下径流．莫斯科:全苏水文地质工程地质科学研究所,1982:288.

[191] Поляк Б. Г. Тепломассопоток из мантии в главных структурах земной коры. -М. : Наука, 1988. 191 с.
Б. Г. 波利亚克．地壳主要结构中的地幔来源热质流．莫斯科:科学出版社,1988:191.

[192] Попов О. В., Ратнер Н. С., Устюжанин Б. С. Гидрометрическая оценка взаимодействия речных и подземных вод: Временные методические рекомендации. -Л. : ГГИ, 1973. 78 с.
О. В. 波波夫,Н. С. 拉特纳,Б. С. 乌斯秋扎宁．河水与地下水之间相互作用的水文测量评估:暂行方法指南．列宁格勒:国立水文研究所,1973:78.

[193] Преображенский А. И. Экономическая картография. -М. : Географгиз, 1962. 319 с.
А. И. 普列奥布拉任斯基．经济地图学．莫斯科:国家地理出版社,1962:319.

[194] Пристер Б. С., Омельченко И. П., Перепелятникова А. В. 《Миграция радионуклидов в почве и переход их в растения в зоне аварии Чернобыльской АЭС》//Журнал Почвоведение, № 10 (1990), С. 51-60.
Б. С. 普里斯捷尔,И. П. 奥梅利琴科,А. В. 佩列佩利亚特尼科娃.《切尔诺贝利核电站核事故区土壤中的放射性核素迁移及其向植物的转移》. 土壤学报,1990(10):51-60.

[195] Проблемы радиогеохимии и космохимии / Под ред. Шуколюкова Ю. А. -М. : Наука, 1992. 320 с.
放射性地球化学与宇宙化学问题/Ю. А. 舒科柳科夫主编．莫斯科:科学出版社,1992:320.

[196] Прохоров Б. Б. Ревич Б. А. Медико-демографическая ситуация в России и состояние окружающей среды//Рабочие Доклады РАН. Центр демографии и экологии человека. -М., 1992. Вып. 6. 26 с.
Б. Б. 普罗霍罗夫,Б. А. 列维奇．俄罗斯医疗与人口形势及环境状况．俄罗斯科学院工作报告．人口与人类生态学中心．莫斯科,1992,第 6 辑:26.

[197] Прохоров В. М. Миграция радиоактивных загрязнений в почвах. Физико-химические механизмы и моделирование. -М. : Энергоиздат, 1981.
В. М. 普罗霍罗夫．放射性污染在土壤中的迁移．物理与化学机制及建模．莫斯科:能源出版社,1981.

[198] Расчет подземного питания рек криолитозоны. Методическое пособие. - Л: Гидрометеоиздат,

1989. 104 с.
冻土区河流的地下径流补给计算．教学参考书．列宁格勒:国立水文气象科学技术出版社，1989:104.

[199] Рахманин Ю. А., Михайлова Р. И., Монисов А. А., Роговец А. И., Ческис А. Б. Региональные особенности качества питьевых вод России и современная методика их комплексной гигиенической оценки. В кн. Региональные проблемы управления здоровьем России / отв. ред. акад В. Д. Беляков. -М. : РАЕН 1996. С. 162-171.
Ю. А. 拉赫马宁,Р. И. 米哈伊洛娃,А. А. 蒙尼索夫,А. И. 罗戈韦茨,А. Б. 切斯基斯．俄罗斯饮用水水质的区域特征及其卫生评估的当代综合方法．俄罗斯卫生管理的区域问题系列专著．责任编辑-В. Д. 别利亚科夫院士．莫斯科:俄罗斯自然科学院,1996:162-171.

[200] Рахманин Ю. А., Михайлова Р. И. Научные основы федерального закона- технического регламента 《О безопасности питьевой воды》 / Сборник докл. Конференции Международной водной ассоциации (IWA), (электронный ресурс). -М. : Фирма Сибико Интернешнл, 2010.
Ю. А. 拉赫马宁,Р. И. 米哈伊洛娃.《饮用水安全》联邦法律——技术法规的科学依据．国际水文协会(IWA)会议报告集(电子材料)．莫斯科:锡比科国际公司,2010.

[201] Реймерс Н. Ф. Экология (теории, законы, правила, принципы и гипотезы)//Россия Молодая, 1994. 367 с.
Н. Ф. 赖默尔斯．生态学(理论、规律、定理、原理与假说)．俄罗斯青年,1994:367.

[202] Руководство по контролю качества питьевой воды. Второе изд., том 1, ВОЗ, Женева, 1994. 250 с.
饮用水的水质控制指南．第二版,第1卷,联合国世界卫生组织,日内瓦,1994:250.

[203] Саваренский Ф. П. Гидрогеология. -М. -Л. -Новосибирск, 1933.
Ф. П. 萨瓦连斯基．水文地质学．莫斯科-列宁格勒-新西伯利亚,1933.

[204] СанПиН 2. 1. 4. 1074- 01 《Питьевая вода. Гигиенические требования к качеству воды централизованных систем питьевого водоснабжения. Контроль качества》.
卫生和流行病管理条例与标准 2. 1. 4. 1074-01《饮用水．集中式饮用水供水系统水质卫生要求．质量控制》.

[205] СанПиН 2. 1. 4. II75- 02 《Гигиенические требования к качеству воды нецентрализованного водоснабжения. Санитарная охрана источников》.
卫生和流行病管理条例与标准 2. 1. 4. II75-02《非集中式饮用水供水水质卫生要求．水源卫生防护》.

[206] Семенов С. М., Израэль Ю. А., Груза Г. В., Ранькова Э. Я. Глобальные и региональные климатические последствия некоторых программ стабилизации концентраций диоксида углерода и метана//Проблемы экологического мониторинга и моделирования экосистем. 2007. Т. 21. С. 75-91.
С. М. 谢苗诺夫,Ю. А. 伊兹拉埃利,Г. В. 格鲁扎,Э. Я. 兰科娃．某些二氧化碳和甲烷浓度稳定计划的全球及区域气候影响．生态监测与生态系统模拟问题．2007,第21卷:75-91.

[207] Семенютин А. И., Пристер Б. С., Перепелятникова А. В. 《Особенности вертикального распределения цезия-137 в почвах зоны Чернобыльской АЭС》//Тезисы Всесоюзного совещания, Суздаль, 13-17 ноября 1989 г. -М., 1989. С. 84-85.
А. И. 塞门尤丁,Б. С. 普里斯捷尔,А. В. 佩列佩利亚特妮科娃.《切尔诺贝利核电站地区土壤中铯-137垂直分布特征》. 全苏会议摘要,苏兹达尔,1989年11月13-17日．莫斯科,1989:84-85.

[208] Семилетов И. П., Зимов С. А., Воропаев Ю. В. и др. Атмосферный метан в прошлом и будущем//Докл. РАН. 1994. Т. 339. № 2. С. 253-256.

И. П. 谢米列托夫,С. А. 济莫夫,Ю. В. 沃罗帕耶夫,等. 过去和未来的大气甲烷. 俄罗斯科学院报告,1994. 第339卷(2):253-256.

[209] Семилетов И. П. О роли водных и наземных экосистем Арктики в формировании планетарных максимумов CH_4 и CO_2 в атмосфере//Докл. РАН, 1996. Т. 348 № 6. С. 817-820.

И. П. 谢米列托夫. 大气 CH_4 和 CO_2 全球峰值形成中的北极水生与陆地生态系统作用. 俄罗斯科学院报告,1996. 第348卷(6):817-820.

[210] Семилетов И. П. Парниковый эффект, цикл углерода в Арктике, Российская трансарктическая экспедиция-2000//Вестн. РФФИ, 2001. № 2 (24). С. 59-63.

И. П. 谢米列托夫. 2000年温室效应、北极碳循环及俄罗斯跨北极探险. 俄罗斯联邦财产基金会学报,2001. № 2(24):59-63.

[211] Славянова Л. В., Лумельский И. Л. Гидрогеология Северного Кавказа. 1970 с.

Л. В. 斯拉维亚诺娃,И. Л. 卢梅利斯基. 北高加索水文地质学:1970.

[212] Соболевский Э. Э., Яковлев Е. А. Геолого-экологические аспекты использования подземных вод УССР//Состояние и задачи комплексного использования водных ресурсов страны: Тез. докл. Всесоюзного научно-технического совещания. Минск, апрель, 1986. -Минск, 1986. 35 с.

Э. Э. 索博列夫斯基,Е. А. 雅科夫列夫. 乌克兰苏维埃社会主义共和国地下水利用方面的地质生态视角. 国家水资源综合利用现状与挑战:全苏科技会议报告摘要. 明斯克,1986年4月. 明斯克,1986:35.

[213] Соколов Б. Л. Стокоформирующая роль наледей//Водные ресурсы, 1986, №1, С. 3-14.

Б. Л. 索科洛夫. 冰层的径流形成作用. 水资源,1986(1):3-14.

[214] Станкевич Р. А., Сытник Е. В., Черепанский М. М. Исследование влияния водозабора подземных вод на прилегающие территории с учетом взаимосвязи с поверхностными водами//В кн.: 《Изучение и использование водных ресурсов》. -М.: ВНИИГиМ, 1980. С. 153-159.

Р. А. 斯坦凯维奇,Е. В. 瑟特尼克,М. М. 切列潘斯基. 考虑与地表水具有水力联系的地下水水源地开采对邻近地区的影响研究.《水资源研究与利用》系列专著. 莫斯科:全苏水利工程与土壤改良科学研究所,1980:153-159.

[215] Станкевич Р. А., Черепанский М. М. Проблема оценки влияния водозаборов подземных вод на сток рек Белоруссии//Особенности формирования гидрогеологических и инженерно-геологических условий Белоруссии: Сб. науч. тр. -Минск: БелНИГРИ., 1979. С. 65-71.

Р. А. 斯坦凯维奇,М. М. 切列潘斯基. 白俄罗斯地下水水源地对河川径流的影响评估问题. 白俄罗斯水文地质与工程地质条件形成特征:科学论文集. 明斯克:白俄罗斯地质勘探科学研究所,1979:65-71.

[216] Судницын И. И. Движение почвенной влаги и водопотребление растений. -М.: Издво МГУ, 1979. 254 с.

И. И. 苏德尼岑. 土壤水分运动与植物耗水量. 莫斯科:莫斯科国立大学出版社,1979:254.

[217] Сычев К. И., Чернов А. С., Плотников Н. А., Волосевич Ю. И. Методические рекомендации по применению систем искусственного пополнения запасов подземных вод в различных природных условиях территории СССР. М.: ВСЕГИНГЕО, 1985. 90 с.

К. И. 瑟乔夫,А. С. 切尔诺夫,Н. А. 普洛特尼科夫,Ю. И. 沃洛谢维奇. 苏联境内不同自然条件下人工地下水储量回补系统的使用方法指南. 莫斯科:全苏水文地质工程地质科学研究所,

1985:90.

[218] Тепловой режим недр СССР. М.: Наука, 1970. 224 с.
苏联地下资源的热力机制．莫斯科:科学出版社,1970:224.

[219] Усенко В. С., Черепанский М. М., Язвин Л. С., Гродзенский В. Д. Прогноз влияния отбора подземных вод на сток малых рек гидродинамическими методами//Рациональное использование и охрана водных ресурсов малых рек: Тез. докл. Таллин, июль, 1985 г. -Таллин, 1985. С. 103-104.
В. С. 乌先科,М. М. 切列潘斯基,Л. С. 亚兹温,В. Д. 格罗津斯基．利用流体力学方法预测地下水开采对小型河流径流的影响．小型河流水资源合理利用与保护:报告摘要．塔林,1985年7月-塔林,1985:103-104.

[220] Устюжанин Б. С. Об исследовании интенсивной эксплуатации подземных вод на сток рек: Труды ГГН. Вып. 182. -Л.: Гидрометеоиздат, 1970. С. 113-127.
Б. С. 乌斯秋扎宁．关于地下水超采对河川径流影响的研究:国家矿山监察论文集,第182辑．列宁格勒:国立水文气象科学技术出版社,1970:113-127.

[221] Фиделли И. Ф. Принципы и методы региональной оценки подземного стока//Научные основы изучения и охраны подземных вод. -М.: Изд-во МГУ, 1980. Ч. 1. С. 14-80.
И. Ф. 菲德利．地下径流区域评估原理与方法．地下水研究与保护科学原理．莫斯科:莫斯科国立大学出版社,1980(1):14-80.

[222] Фролов Н. М. Температурный режим гелиотермозоны. М.: Недра, 1966. 156 с.
Н. М. 弗罗洛夫．变温层的温度动态．莫斯科:矿产出版社,1966:156.

[223] Хордикайнен М. А. О принципах и методике районирования территории СССР по условиям создания искусственных запасов подземных вод, сб. Гидрогеологическое обоснование искусственного пополнения запасов подземных вод. -М.: ВСЕГИНГЕО, 1973. С. 135-148.
М. А. 霍迪凯宁．《关于根据地下水储量人工回补条件的苏联境内分区原则与方法》,地下水储量人工补给的水文地质研究论文集．莫斯科:全苏水文地质工程地质科学研究所,1973:135-148.

[224] Хордикайнен М. А. Комплексное использование поверхностных и подземных вод с учётом их взаимосвязи//Гидрогеологические основы охраны подземных вод: 2 т. - М.: Центр международных проектов ГКНТ, 1984. С. 252-254.
М. А. 霍迪凯宁．考虑地表水与地下水水力联系的地表与地下水资源综合利用．地下水保护的水文地质学原理:第2卷．莫斯科:苏联部长会议科学技术委员会国际项目中心,1984:252-254.

[225] Хордикайнен М. А., Язвин Л. С. Влияние эксплуатации водозаборов на гидрогеологические условия территории Советского Союза//Оценка гидрогеологических условий пол влиянием производственной деятельности /Под. ред. В. М. Фомина. -М.: Недра, 1978. С. 13-45.
М. А. 霍迪凯宁,Л. С. 亚兹温．水源地开采对苏联境内水文地质条件的影响．工业活动影响下的水文地质条件评估．В. М. 福明主编．莫斯科:矿产出版社,1978:13-45.

[226] Черепанский М. М. Региональная оценка влияния отбора подземных вод на речной сток// Природные ресурсы, 1999а. №2. С. 30-39.
М. М. 切列潘斯基．地下水开采对河流径流影响的区域评估．自然资源,1999a(2):30-39.

[227] Черепанский М. М. Гидрогеологические прогнозы влияния отбора подземных вод на речной сток//Природные ресурсы, 1999б. №3. С. 39-51.
М. М. 切列潘斯基．地下水开采对河流径流影响的水文地质预测．自然资源,1999b(3):39-51.

[228] Черепанский М. М. Исследования влияния эксплуатации подземных водозаборов на сток малых рек (на примере Белорусской ССР)//Автореферат диссертации на соискание ученой степени

канд. геол. -мин. наук. М., ВСЕИНГЕО, 1983. 22 с.

М. М. 切列潘斯基. 地下水水源地开采对小型河流径流的影响研究(以白俄罗斯苏维埃社会主义共和国为例). 地质学与矿物学副博士学位申请论文摘要. 莫斯科, 全苏水文地质与工程地质科学研究所, 1983:22.

[229] Черепанский М. М. Теоретические основы гидрогеологических прогнозов влияния отбора подземных вод на речной сток. -М. : НИА-Природа, 2005. 260 с.

М. М. 切列潘斯基. 地下水开采对河流径流影响的水文地质预测理论基础. 莫斯科:自然通讯出版社,2005:260.

[230] Черепанский М. М. Региональные оценки сокращения речного стока при отборе подземных вод. -М. : НИА-Природа, 2006. 156 с.

М. М. 切列潘斯基. 地下水开采中河流径流量减少的区域评估. 莫斯科:自然通讯出版社,2006:156.

[231] Чижов А. Н. Формирование ледяного покрова и пространственное распределение его толщины. -Л: Гидрометеоиздат, 1990. 126 с.

А. Н. 奇若夫. 冰盖形成及其厚度的空间分布. 列宁格勒:国立水文气象科学技术出版社,1990:126.

[232] Чудинова С. М., Быховец С. С., Сороковиков В. А. и др. Особенности изменения температуры почв России в период последнего потепления климата//Криосфера Земли, 2003. Т. VII. № 3. С. 23-30.

С. М. 丘季诺娃,С. С. 贝霍韦茨,В. А. 索罗科维科夫,等. 末次气候变暖期的俄罗斯土壤温度变化特征. 地球冰冻圈,2003,第7卷(3):23-30.

[233] Шагапов В. Ш. Образование и разложение гидратов в пористой среде, каналах и в воде. Рос. конф. 《Многофазные системы: природа, человек, общество, технологии》. - Уфа, 2010. С. 11-17.

В. Ш. 沙加波夫. 水合物在多孔介质、通道及水中的形成与分解. 俄罗斯会议《多相流系统:自然、人类、社会与技术》. 乌法,2010:11-17.

[234] Шаповалов А. Е. Медико-географическая оценка влияния загрязнения питьевых подземных вод на здоровье населения на примере Смоленской области. : Дисс. канд. -М., 2008. 115 с.

А. Е. 沙波瓦洛夫. 饮用地下水污染对居民健康影响的医学地理评估(以斯摩棱斯克地区为例):副博士论文. 莫斯科,2008:115.

[235] Шикломанов И. А., Георгиевский В. Ю. Изменение стока рек России при глобальном потеплении, 2008//Доклады 6 Всеросссийского гидрологического съезда. Секция 3. Ч. 2. С. 159-163.

И. А. 希克洛曼诺夫,В. Ю. 格奥尔吉耶夫斯基. 2008 年全球变暖条件下俄罗斯河流径流变化. 第6届全俄水文代表大会报告,第3会场,第2部分:159-163.

[236] ШтаковскийА. В., Черепанский М. М. Влияние эксплуатации водозаборов подземных вод на сток малых рек Белоруссии. Малые реки Белорусской ССР, их использование и охрана//Тезисы докладов республиканской научно- технической конференции. - Гомель, 16- 17 октября 1984. С. 74-76.

А. В. 什塔科夫斯基,М. М. 切列潘斯基. 白俄罗斯地下水水源地开采对小型河流径流的影响. 白俄罗斯苏维埃社会主义共和国小型河流及其利用与保护. 共和国科技会议报告摘要. 戈梅利,1984年10月16-17日:74-76.

[237] Штаковский А. В., Черепанский М. М. Оценка ущерба речному стоку, обусловленного

водоотбором подземных вод//Использование и охрана водных ресурсов. - Минск, 1976. С. 86-90.

А. В. 什塔科夫斯基，М. М. 切列潘斯基．地下水开采对河流径流减少评估．水资源利用与保护．明斯克，1976：86-90.

[238] Экогеология России. Европейская часть. Том 1. Гл. ред. Г. С. Вартанян, ЗАО《Геоинформмарк》. - М., 2000. 300 с.

俄罗斯生态地质学．欧洲部分．第 1 卷．Г. С. 瓦尔塔尼扬主编，封闭式股份公司“地理信息标记”．莫斯科，2000：300.

[239] Эльпинер . Л. И., Васильев В. С. Проблемы питьевого водоснабжения в США. М. : Наука, 1983. 168 с.

Л. И. 埃尔皮纳，В. С. 瓦西里耶夫．美国饮用水供应问题．莫斯科：科学出版社，1983：168.

[240] Эльпинер Л. И., Шафиров Ю. Б. Придание питьевых свойств опресненным водам. -《Гигиена и санитария》, 1969. № 10. С. 19-25

Л. И. 埃尔皮纳，Ю. Б. 沙菲罗夫．海水淡化的饮用特性．《卫生学与环境卫生》，1969(10)：19-25.

[241] Эльпинер Л. И. Медико- экологические аспекты проблемы глобальных гидроклиматических изменений//Материалы II Международного научного конгресса《ГЛОБАЛИСТИКА-2011 : впоиске новых ресурсов глобального развития》Москва, май 2011. С. 43-48.

Л. И. 埃尔皮纳．全球水文气候变化问题的生态医学视角．第 2 届国际科学代表大会论文集《全球化——2011 年全球发展新资源探索》．莫斯科，2011 年 5 月：43-48.

[242] Эльпинер Л. И., Беэр С. А., Зекцер И. С., Клиге Р. К., Шаповалов А. Е. К проблеме влияния изменений обводненности территории на здоровье населения при глобальном изменении климата//Водные ресурсы, 2007, том 34 № 3. С. 364-374.

Л. И. 埃尔皮纳，С. А. 贝尔，И. С. 泽克塞尔，Р. К. 克利格，А. Е. 沙波瓦洛夫．全球气候变化条件下水资源量变化对公众健康的影响问题．水资源，2007，第 34 卷(3)：364-374.

[243] Эльпинер Л. И. Зеегофер Ю. О., Вакар Н. Г. Геоэкологические и медико-экологические проблемы использования подземных вод (на территориях мега- и технополисов)//Инженерная экология// 1998, №3. С. 21-30.

Л . И. 埃尔皮纳，Ю. О. 泽耶戈费尔，Н. Г. 瓦卡尔．地下水利用的地质生态与医学生态问题(特大城市与科技城地区)．工程生态学．1998(3)：21-30.

[244] Эльпинер Л. И. Водоснабжение на морских и речных судах. В кн. : Руководство по гигиене водного транспорта / Под ред. Е. П. Сергеева. - М., 1974. С. 131-168.

Л. И. 埃尔皮纳．海洋与河流船舶供水．水运卫生指南系列专著．Е. П. 谢尔盖耶夫主编．莫斯科，1974：131-168.

[245] Юровский Ю. Г. , Юровская Т. Н. Субмаринная разгрузка трещинно- карстовых вод в юго-западном Крыму//Геологический журнал, 1986. 46, №3. С. 58-63.

Ю. Г. 尤罗夫斯基，Т. Н. 尤罗夫斯卡娅．克里米亚西南部裂隙岩溶水的海底排泄．地质学报，1986. 46(3)：58-63.

[246] Язвин Л. С. и др. Карта модулей прогнозных ресурсов питьевых подземных вод территории Российской Федерации. - М. : ГИДЭК, 2003.

Л. С. 亚兹温，等．俄罗斯联邦境内饮用地下水资源预测模数图．莫斯科：吉德克公司，2003.

[247] Язвин Л. С. Оценка прогнозных ресурсов питьевых подземных вод и обеспеченность населения России подземными водами для хозяйственно- питьевого водоснабжения. 《Разведка и охрана

недр》, 2003. №10. С. 13-20.

Л. С. 亚兹温．饮用地下水预测资源评估及俄罗斯居民生活饮用地下水供应保障．《矿产资源勘探与保护》,2003(10):13-20.

[248] Яковлев Е. А. 《Оценка защитной способности почв и грунтов в районах радиохимического влияния АЭС》, Журнал Атомная энергия, Т. 67, вып. 3 (1990), С. 207-210.

Е. А. 雅科夫列夫．《核电站放射性化学影响区的土壤保护能力评估》,原子能学报,第67卷,第3辑(1990):207-210.

[249] http://geopubs.wr.usgs.gov/fact-sheet/sf030-02/index.html

[250] Alley W. M., Healy R. W., LaBaugh J. W., Reilly T. E. (2002). Flow and storage in groundwater systems. Science, 295: 1985-1990.

[251] Anderson M. P., Woessner W. W. (1992). The role of postaudit in model validation. Adv. Water Res. № 15. P. 167-173.

[252] Anderson J., Miliken K. and Wallace D. (2010). Coastal impact underestimated from rapid sea level rise. EOS, Transactions of the American Geophysical Union 91, no. 23. P. 205-206.

[253] Audra P., Mocochain L., Camus H., Gilli E., Clauzon G., and Bigot J. Y. (2004). The effect of the Messinian Deep Stage on karst development around the Mediterranean Sea. Examples from Southern France. Geodinamica Acta. v. 17, no. 6. P. 27-38.

[254] Bazzaz F., Sombroek W. (1996). Global Climate Change and Agricultural Production: Direct and Indirect Effects of Changing Hydrological Soil and Plant Physiological Processes. Food and Agriculture Organization of the United Nations. 196 p.

[255] Bertoldi G. L., Johnston R. H., Evenson K. D. (1991). Groundwater in the Central Valley, California, a summary report. U. S. Geological Survey Professional Paper 1401A. U. S. Geological Survey, Sacramento, California (http://water.usgs.gov/pubs/circ/circ1182/pdf/06sanjoaquinvalley.pdf).

[256] Bonacci O. (1987). Karst hydrology with special references to Dinaric karst. Springer Verlag, Berlin: 184 p.

[257] Braudo C. J., Mero F., Mercado A. Submarine spring discharge using radioactive tracers. Proc. ASCE, 1967, v. 94, NHY-2. P. 399-409.

[258] Bray, B., Tsai F. T., Sim Y., and Yeh W. W. (2007). Model Development and Calibration of a Saltwater Intrusion Model in Southern California. Journal of the American Water Resources Association 43, no. 5. P. 1329-1343.

[259] Bredehoeft J. D. 2003. From models to performance assessment the conceptualization problem. Ground Water. № 41. P. 571-577.

[260] Bredehoeft, J. 2005. The conceptualization model problem -surprise. Hydrogeol. J. № 13. P. 37-46.

[261] Brown J., Hinkel K. M., Nelson F. E. The Circumpolar Active Layer Monitoring (CALM) program: research designs and initial results//Polar Geography. 2000. № 3. P. 165-258.

[262] Brown N., Pezzetti T., Carlson F., Dumas L. (1997). San Francisco groundwater master plan technical memorandum TM-18. CH2MHill, Inc., San Francisco, California.

[263] California Department of Water Resources (CDWR). (2006). Progress on Incorporating Climate Change into Management of California's Water Resources. Sacramento, California.

[264] Canadel I. J., Dickenson R., Hibbard K. et al. //Global Carbon Project: Report N 1. 2003. Earth System Science Partnership. Canberra. 69 p.

[265] Cavalera T., Gilli E. (2009). The submarine river of Port Miou (France), A karstic system inherited from the Messinian deep stage. Geophysical Research Abstracts Vol. 11, EGU 2009-5591.

[266] CEC. (1982). Groundwater resources of the European Community: Synthetical Report. Commission of the European Communities, Directorate-General for the environment, consumer protection and nuclear safety. Th. Schäfer GmbH, Hannover. 75p.

[267] Christensen T. R., Prentice I. C., Kaplan J. et al. (1996). Methane flux from northern wetlands and tundra//Tellus, V. B48. № 5. P. 409-416.

[268] Clauzon G., Suc J. P., Popescu S. M., Mărunţeanu M., Rubino J. L., Marinescu F., Melinte M. C. (2005). Influence of the Mediterranean sea-level changes over the Dacic Basin (Eastern Paratethys) in the Late Neogene. The Mediterranean Lago Mare facies deciphered. Basin Research 17, P. 437-462.

[269] Custodio E. Elements of groundwater flow balance (natural and as affected by man). Intern. Symp. Computation of Groundwater Balance. Varna, 1982. 17 p.

[270] Davidson D. W. Water. A Comprehensive Treatise. Ed. by F. Franks. V. 2. Water in Cryctalline Hydrates. Aqueuos Solution of Simple Nonelectrolytes. N. Y.: Plenum Press, 1973. P. 115-234.

[271] Davis F. W., Stoms D. M., Hollander D. A., Thomas K. A., Stine P. A., Odion D., Borchert M. I., Thorne J. H., Gray M. V., Walker R. E., Warner K., Graae J. (1998). The California gap analysis project-final report. University of California, Santa Barbara, California (http://www.biogeog.ucsb.edu/projects/gap/gap_rep.html).

[272] de Vries J. J., Simmers I. (2002). Groundwater recharge: an overview of processes and challenges//Hydrogeol. J. №10. P. 5-17.

[273] Diersch H. J. G. (2006). FEFLOW 5.3: Finite Element Subsurface Flow and Transport Simulation System User Manual Version 5.3. Berlin: WASY GmbH Institute for Water Resources Planning and Systems Research.

[274] Dörfliger N., Fleury P., Bakalowicz M., El Hajj H., Al Charideh A., Ekmekci M. Sustainability of the karst environment dinaric karst and other karst reguins. International interdisciplinary scientific conference, Plitvici lake, Croatia, 23-26 september, 2009. P. 43-48.

[275] Dlugokencky E. G., Masarie K. A., Lang P. M. et al. Continuing decline in the growth rate of the atmospheric methane burden//Nature, 1998. № 393. P. 447-450.

[276] Douglas B. C. (1997). Global Sea Level Rise: A Redetermination. Surveys In Geophysics 18 (2-3): P. 279-292.

[277] DuMars C. T., Minier J. D. (2004). The evolution of groundwater rights and groundwater management in New Mexico and the western United States. Hydrogeology Journal, 12(1): P. 40-51

[278] Edwards B. D., Evans K. R. (2002). Saltwater intrusion in Los Angeles area coastal aquifers-the marine connection. U. S. Geological Survey Fact Sheet 030-02, San Diego, California.

[279] El-Hajj A., Bakalowicz M., Najem W. (2006). Hydrogéologie des calcaires crétacés du Nord Liban. Conference on the《Water Resources in the Mediterranean Basin》, WATMED 3, Tripoli (Lebanon).

[280] Erman S., Dettinger M. Potential impacts of climate change o n groundwater resources-a global review//Water and climate change, 2011. № 2.4. P. 213-229.

[281] Fleckenstein J., Suzuki E., Fogg G. (2001). Local and regional scale investigation of groundwater surface-water interaction in an over-grafted groundwater basin. Hydrologic Sciences Program, University of California, Davis, California.

[282] Fleischer, P., Orsi, T. H., Richarson, M. D., and Anderson, A. L. (2001). Distribution of free gas in marine sediments: a global overview. Geo-Marine Letters, 21, 103-22.

[283] Frauenfeld, O. W., Zhang T., Barry R. G. et al. 2004. Interdecadal changes in seasonal freeze and thaw

depths in Russia//J. Geophys. Res. № 109. D5101. doi:10.1029/2003JD004245.

[284] Frerichs R. R. Epidemiologic monitoring of possible health reactions of wastewater reuse Sci Total Environ 1984 Jan 27. 32(3). P. 353-63.

[285] Garrels R. M., Mackenzie F. T. Evolution of sedimentary rocks. -N. Y., 1971. 397 p.

[286] Gelt J. (1992, Summer). Arroyo, 6(2). University of Arizona Water Resources Research Center (Ed.). Retrieved from http://www.ag.arizona.edu/AZWATER/arroyo/062land.html

[287] Genereux D. P., Hooper R. P. (1998). Oxygen and hydrogen isotopes in rainfall-runoff studies. In: Isotope Tracers in Catchment Hydrology (C. Kendall & J. J. McDonnell, eds.). Elsevier, Amsterdam, P. 319-346.

[288] Getches D. H. (1990). Water Law. 2nd ed. West Publishing Co., St. Paul, Minnesota.

[289] Ghyben B. W. (1888). Nota in verband met de voorgenomen putboring nabij Amsterdam (Notes on the probable results of the proposed well drilling near Amsterdam), 8-22. The Hague: Tijdschrift van het Koninklijk Institunt van Ingeniers.

[290] Global Atmospheric-Biospheric Chemistry. Ed. Prinn R. G. N. Y.; L.: Plenum Press, 1994. 261 p.

[291] Green T. R., Bates B. C., Charles S. P., Fleming P. M. (2007). Physically based simulation of potential effects of carbon dioxide-altered climates on groundwater recharge. Vadose Zone J. № 6. P. 597-609.

[292] Groundwater Resources of the World (scale 1:50 000 000). Eds. W. Struckmeier, A. Richts and et al., 2004 (www.whymap.org).

[293] Groundwater Resources of the World. Statistics (scale 1:25 000 000). Eds. W. Struckmeier, A. Richts and et al. 2008 (www.whymap.org).

[294] Groundwater of the World. Transboundary Aquifer System (scale 1:50 000 000). Eds. W. Struckmeier, A. Richts and et al. 2006 (www.whymap.org).

[295] Guidelines for drinking-water quality. Second ed. V. 1; Geneva, WHO, 1993.

[296] Guidelines on Health Aspects of Water Desolution, 1980, Geneva, WHO, ETS/80.4.

[297] Hertz-Picciotto I., Swan S. H., Neutra R. R., et al., Spontaneous Abortions in Relation to Consumption of Tap Water: An Application of Methods from Survival Analysis to a Pregnancy Follow-Up Study, American Journal of Epidemiology, 130(1), 1989, P. 79-93.

[298] Hollis J. M., Holman I. P., Burton R. G. O., Willers C. M., Pavelley D. A Digital Dataset of European Groundwater Resources at 1:500,000. (v. 1.0), 2002. 29 p.

[299] Hsü, K. J., Giovanoli, F. Messinian event in the Black Sea. Palaeogeogr. Palaeoclimatol. Palaeoecol. - 1979. 29 (1-2). P. 75-94.

[300] http://sjr.state.fl.us/programs/plan_monitor/gw_assess/springs/stjohns/crescent_beach.html

[301] http://south-gm.jino.ru

[302] http://www.nympheawater.com

[303] http://www.rusouth.info

[304] http://www.usgs.gov. 2011.

[305] IBG/DHV. (2000). Project of supplying part of the water demand of Damascus city and its countryside form the Syrian coastal area water surplus, Hydrogeological investigation, NR.1 Phase 1-first stage, Damascus water supply and sewerage authority, Damascus, Syrian Arabi Republic

[306] IGAC. Project №32. Stockholm, 1994. 134 p.

[307] IPCC. (2007). Climate Change 2007: The Physical Science Basis. Contribution of Working Group I to the Fourth Assessment Report of the Intergovernmental Panel on Climate. Eds. Solomon S., D. Qin, M.

Manning, Z. Chen et al. Cambridge Univer. Press. Cambridge, New York. 996 p.

[308] Jones P. D., Moberg A. Hemisphere and large-scale surface air temperature variations: An extensive revision and an update to 2001//J. Climate. 2003. №. 16. P. 206-223.

[309] Kareh R. (1967). Les sources sous-marines de Chekka (Liban). PhD, Faculté des Sciences, Géologie, Université de Montpellier.

[310] Kernodle J. M., McAda D. P., Thorn C. R. (1995). Simulation of groundwater flow in the Albuquerque-Belen Basin, New Mexico. U. S. Geological Survey Water-Resources Investigations Report 86-4194, Reston, Virginia.

[311] Konikow L. F. (1986). Predictive accuracy of a ground-water model lessons from a postaudit. Ground Water. № 24. P. 173-184.

[312] Kumar C. P., Chacahadi A. G., Purandara B. K., Kumar S. and Juyal R. (2007). Modeling of Seawater Intrusion in Coastal Area of North Goa. Water Digest 2, no. 3. P. 80-83.

[313] Kvenvolden K. A. and Lorenson T. D. (2001). In Paull, C. K. and Dillon, W. P. (eds.), Natural Gas Hydrates. American Geophysical Union, Geophysical Monograph 124. P. 5-7.

[314] Lieberman L. (2003). Recycled wastewater used to irrigate crops in California. In: The Vegetable Growers News. Great American Publishing, Inc., Boston, Massachusetts.

[315] Loáiciga H. A. (2003a). Sustainable groundwater exploitation. International Geology Review, 44(12): P. 1115-1121.

[316] Loáiciga H. A. (2003b). Groundwater mining. In: Stewart BA, Howell, TA (eds) Encyclopedia of Water Sciences, Marcell Dekker, Inc., New York. P. 345-349.

[317] Loáiciga H. A. (2003c). Climate change and groundwater. Annals of the Association of American Geographers, 93(1): P. 30-41.

[318] Loáiciga H. A., Pingel TJ., Garcia E. S. (2012). Seawater intrusion by sea-level rise: 21st century scenarios. Ground Water, vol. 50, issue 1. P. 37-47.

[319] Longley G. (1981). The Edwards' aquifer: Earth's most diverse groundwater ecosystem. International Journal of Speleology, 11: P. 123-128.

[320] Lorenz E. Climatic change as a mathematical problem. -J. Appl. Meteor., 1970, vol. 9. P. 325-329.

[321] Lorenz E. Climatic determinism. -Meteor. Monogr., 1968, №30. P. 1-3.

[322] Louie C. (2001). Salt water: a threat after a century of pumping. San Mateo County Times. March 18, 2, San Mateo, California.

[323] Majorovicz J., Safanda J., Skinner W. East to west retardation in the onset of the recent warming across Canada inferred from inversions of temperature logs//J. Geophys. Res. 2002. V. 107. № 1310. P. ETG 6/11-ETG 6/12.

[324] Mapping of Groundwater Resources and Environmental Geology in Asia (Outline), Institute of Hydrogeology and Environmental Geology, CAGS, August 18, 2009. 13 p.

[325] Markstrom S. L., Niswonger R. G., Regan R. S., Prudic D. E., Barlow P. M. (2008). GSFLOW-coupled ground-water and surface-water flow model based on the integration of the Precipitation-Runoff Modeling System (PRMS) and the Modular Ground-Water Flow Model (MODFLOW-2005). In: Chapter 1 of Section D, Ground-Water/Surface-Water Book 6, Modeling Techniques. US Geological Survey, Washington, DC.

[326] McCarthy J. J., Canziani O. E., Leary N. A., Dokken D. J., White K. S. (2001). Climate change 2001: impacts, adaption and vulnerability. In: Contribution of Working Group II to the Third Assessment Report

of the Intergovernmental Panel on Climate Change. Available from: http://www.grida.no/climate/ipcc_tar/wg2/index.html.

[327] Meditate (2007). Final report and public deliverables available on the web : www.meditate-eu.org

[328] Milkov A. V., (2000). Worldwide distribution of submarine mud volcanoes and associated gas hydrates. Marine Geology, 167. P. 29-42.

[329] Mocochain L., Audra P., Clauzon G., Bellier O., Bigot J. Y., Parize O. and Monteil P. (2009). The effect of river dynamics induced by the Messinian Salinity Crisis on karst landscape and caves: Example of the Lower Ardèche river (mid Rhône valley) Geomorphology, v. 106, no. 1-2. P. 46-61.

[330] Nabhan P. G., Holdsworth A. R. (1998). State of the Sonoran desert biome: uniqueness, biodiversity, threats and the adequacy of protection in the Sonoran bioregion. Wildlands Project University of Arizona, Tucson, Arizona (http://alic.arid.arizona.edu/sonoran/documents/nabhan/dbgroundwater.html).

[331] Nace R. World hydrology status and prospects//Proc. IASH- UNESCO- WHO Sump. On world Water Balance: Reading. AIHS, Louvain, 1970, V. 1, publ. 92. P. 1-0.

[332] Nelson F. E. Eurasian contributions to the Circumpolar Active Layer Monitoring (CALM) Workshop//Polar Geogr. 2004. № 28. P. 253-340.

[333] Nicholls R. J. and Cazenave A. (2010). Sea-level rise and its impacts on coastal zones. Science 328: P. 1517-1520.

[334] Potié L. and Tardieu B. (1977). Development of submarine springs. In: Karst hydrogeology. Tolson, J. S. & Doyle, F. L. (ed.), University of Alabama at Huntsville Press, Huntsville, Alabama. P. 39-48.

[335] Potié L., Ricour J., Tardieu B. (2005). Port-Mioux and Bestouan freshwater submarine springs (Cassis-France) investigations and works (1964-1978). Proceedings of International Conference《Water resources & environmental problems in karst》, Belgrade and Kotor. P. 266-274.

[336] Sanlaville P. (1977). Etude géomorphologique de la région littorale du Liban. Publ. Univ. Lib. Section des etudes géogaphie, 2 tomes. 859 p.

[337] Semiletov I. P. Aquatic sources and sinks of CO_2 and CH_4 in the polar regions//J. of the Atmospheric Sciences. 1999. № 56. P. 286-306.

[338] Sloss E. M., Geschwind S. A., McCaffrey D., Ritz B. R. / RAND Corporation, Santa Monica, CA Groundwater recharge with reclaimed water; an epidemiologic assessment in Los Angeles County, 1987-1991. 1996. 124 p.

[339] Smith J. J. (1994). The effect of drought and pumping on steelhead and coho in Redwood Creek from July to October 1994. Department of Biological Sciences, San Jose State University, San Jose, California.

[340] Smith L. C., Sheng Y., MacDonald G. M., Hinzman L. D. Disappearing Arctic lakes//Science. 2005. V. 308. № 5727. P. 1429.

[341] Smith S. L., Burgess M. M., Riseborough D., Nixon F. M. Recent trends from Canadian permafrost thermal monitoring network sites//Permafrost and Periglacial Processes. 2005. № 16 P. 19-30.

[342] Sophocleous M., Koussis A., Martin J. L., Perkins S. P. (1995). Evaluation of simplified stream-aquifer depletion models for water rights administration. Groundwater, 33: P. 579-588.

[343] Stamon C. L., Nishikawa T., Martin P. (2001). Water supply in the Mojave River groundwater basin, 1931-99, and the benefits of artificial recharge. U. S. Geological Survey Water fact sheet 122-01, San Diego, California (http://water.usgs.gov/pubs/FS/fs-122-01).

[344] Stienstra T. (2001). Lake Merced's troubled waters: action taken to stop overpumping at Lake. San Francisco Gate, 3-4, San Francisco, California (http://www.lakemerced.org/press/stienstra/

stienstra013001. html).

[345] Submarine groundwater discharge. Management implications, measurements and effects. Prepared for International Hydrological Program (IHP) Intergovernmental Oceanographic Commission (IOC) by Scientific Committee on Oceanic Research (SCOR) Land-Ocean Interactions in the Coastal Zone (LOICZ). IHP-VI, SERIES ON GROUNDWATER NO. 5 IOC MANUALS AND GUIDES NO. 44.

[346] Taniguchi M., Burnett W. C., Cable J. E. and Turner J. V. (2002). Investigation of submarine groundwater discharge. Hydrological Processes, 16. P. 2115-29.

[347] Testa S. M. Elevation changes associated with groundwater withdrawal and reinjection in the Wilmington area. IAHS Publ. №200. P. 485-502.

[348] Theis Ch. The relation between rivers and lowering of the piezometric groundwater surface. Trans. Amer. Geophys. Union, 1935.

[349] Tignor H. L., Miller Jr. and Chen Z. Cambridge: Cambridge University Press.

[350] Trefrey M. G. and Muffels C. (2007). FEFLOW: A Finite-Element Ground Water Flow and Transport Modeling Tool. Ground Water 45, no. 5: P. 525-528.

[351] UNESCO/PHI. Mapa Hidrogeologico de America del Sur, 1996.

[352] U. S. Fish and Wildlife Service. (1996). San Marcos and Comal Springs and associated ecosystems (revised) recovery plan. Ecological Services Station, U. S. Fish and Wildlife Service, Austin, Texas.

[353] WMO. WDCGG data summary 2005. GAV Data. V. 4. № 29. Greenhouse gases and other atmospheric gases. 755 p.

[354] WMO. WDCGG data summary 2005. GAV Data. V. 4. Greenhouse gases and other atmospheric gases. CD-ROM, № 11.

[355] World man Hydrogeological conditions and Groundwater flow scale 1:10 000 000 USA, 1999.

[356] www. codata. org

[357] ODNR. Devision of Soil and Water Resources. Groundwater Mapping and Technical Service (www. ohiodn. com).

[358] Yeh W. W. and B. Bray. (2006). Modeling and Optimization of Seawater Intrusion Barriers in Southern California Coastal Plain 41. University of California Water Resources Center.

[359] Zektser I., Dzhamalov R. Submarine Groundwater. London; N. Y. : CRC Press, 2007. 466 p.

[360] Zhang X., Harvey K. D., Hogg W. D., Yuzyk T. R. Trends in Canadian streamflow//Water Resour. Res. 2001. № 37. P. 987-998.

[361] Zhang T. Spatial and temporal variability in active layer thickness over the Russian Arctic drainage basin// J. Geophys. Res. 2005. V. 110. № D16101. doi:10. 1029/2004JD005642.

[362] Zhang X., Vincent L. A., Hogg W. D., Niitsoo A. Temperature and precipitation trends in Canada during the 20th century//Atmos-Ocean. 2000. № 38. P. 395-429.

[363] Zhuang Q., Melillo J. M., Kicklighter D. W. et al. Methane fluxes between terrestrial ecosystems and the atmosphere at northern high latitudes during the past century: A retrospective analysis with a process-based biogeochemistry model//Glob. Biogeochem. Cycles. 2004. V. 18. № 3. GB3010. P.